教育部职业教育与成人教育司推荐教材
职业教育改革与创新规划教材

建筑装饰效果图绘制
——3ds Max+VRay+Photoshop

主 编 杨 茜
副主编 王 静 赵庆谱
参 编 傅文清 赵新伟 陈春伟
张 晓 贾 燕

机 械 工 业 出 版 社

本书通过设置学习情境，采用案例教学的编写模式，全面、详细地介绍了 3ds Max + VRay + Photoshop 制作室内建筑装饰效果图所需要的基础知识、制作方法和相关技巧。本书分为 3ds Max 单体建模、VRay 材质设置及灯光的应用、综合案例三个模块，通过 10 个项目的学习，帮助读者在最短的时间内从入门到精通，从新手成为高手。

为便于教学，本书附带一张 DVD 教学光盘，内容包括本书全部实例的场景文件、源文件、贴图。本书可作为职业院校建筑类专业教材，也可作为效果图制作初中级读者的学习用书，还可作为相关专业以及效果图培训班的学习和上机实训教材。

图书在版编目（CIP）数据

建筑装饰效果图绘制：3ds Max + VRay + Photoshop/杨茜主编. —北京：机械工业出版社，2012.8（2016.1 重印）

教育部职业教育与成人教育司推荐教材. 职业教育改革与创新规划教材

ISBN 978-7-111-39591-1

Ⅰ.①建… Ⅱ.①杨… Ⅲ.①建筑装饰－建筑设计－计算机辅助设计－图形软件－高等职业教育－教材 Ⅳ.①TU238－39

中国版本图书馆 CIP 数据核字（2012）第 203774 号

机械工业出版社（北京市百万庄大街 22 号　邮政编码 100037）
策划编辑：王莹莹　责任编辑：王莹莹　吴超莉
版式设计：霍永明　责任校对：纪　敬
封面设计：马精明　责任印制：乔　宇
保定市中画美凯印刷有限公司印刷
2016 年 1 月第 1 版第 2 次印刷
184mm×260mm · 18.25 印张 · 423 千字
3001—4500 册
标准书号：ISBN 978-7-111-39591-1
　　　　　ISBN 978-7-89433-625-5（光盘）
定价：65.00 元（含 1DVD）

凡购本书，如有缺页、倒页、脱页，由本社发行部调换

电话服务	网络服务
社服务中心：(010)88361066	教材网：http://www.cmpedu.com
销售一部：(010)68326294	机工官网：http://www.cmpbook.com
销售二部：(010)88379649	机工官博：http://weibo.com/cmp1952
读者购书热线：(010)88379203	**封面无防伪标均为盗版**

教育部职业教育与成人教育司推荐教材

职业教育改革与创新规划教材

编委会名单

出版说明

2004年10月，教育部、建设部发布了《关于实施职业院校建设行业技能型紧缺人才培养培训的通知》，并组织制定了《中等职业学校建设行业技能型紧缺人才培养培训指导方案》（以下简称《指导方案》），对建筑施工、建筑装饰、建筑设备和建筑智能化四个专业的培养目标与规格、教学与训练项目、实验实习设备等提出了具体要求。

为了配合《指导方案》的实施，受教育部委托，在中国建设教育协会中等职业教育专业委员会的大力支持和协助下，机械工业出版社专门组织召开了全国中等职业学校建设行业技能型紧缺人才培养教学研讨和教材建设工作会议，并于2006年起陆续出版了建筑施工、建筑装饰两个专业的系列教材，该系列教材被列为教育部职业教育与成人教育司推荐教材。

该套教材出版后，受到广大职业院校师生的一致好评，为职业院校建筑类专业的发展提供了动力。近年来，随着教学改革的不断深入，建筑施工和建筑装饰专业的教学体系、课程设置已经发生了很大变化。同时，鉴于本系列教材出版时间已较长，教材涉及的专业设备、技术、标准等诸多方面也已发生了较大变化。为适应科技进步及职业教育当前需要，机械工业出版社在中国建设教育协会中等职业教育专业委员会的支持下，于2011年5月组织召开了该系列教材的修订工作会议，对当前职业教育建筑施工和建筑装饰专业的课程设置、教学大纲进行了认真的研讨。会议根据教育部关于《中等职业教育改革创新行动计划（2010—2012)》和2010年新颁布的《中等职业学校专业目录》，结合当前教学改革的现状，以实现“五个对接”为原则，将以前的课程体系进行了较大的调整，重新确定了课程名称，修订了教材体系和内容。

由于教学改革在不断推进，各个学校在实施过程中也在不断摸索、总结、调整，我们会密切关注各院校的教学改革情况，及时收集反馈信息，并不断补充、修订、完成本系列教材，也恳请各用书院校及时将本系列教材的意见和建议反馈给我们，以便进一步完善。

本系列教材编委会

前言

三维设计是指在三维空间中绘制出生动形象的三维立体图形，从而提高图形的表现力。三维立体图形可以从任意角度观察，创建三维对象的过程称为三维建模。三维设计包含的内容非常广泛，常见的有产品造型、电脑游戏、建筑、结构、配管、机械、暖通、水道、影视表现等。

本书根据使用 3ds Max+VRay+Photoshop 进行室内建筑装饰效果图制作的流程和特点，精心设计了多个实例，循序渐进地讲解了使用 3ds Max+VRay+Photoshop 制作室内建筑装饰效果图所需要的基础知识、制作方法和相关技巧。本书分为 3ds Max 单体建模、VRay 材质设置及灯光的应用、综合案例 3 个模块。模块一为 3ds Max 单体建模，按照初学者的学习规律，介绍了 3ds Max 的基本操作和建筑构件、各类简单家具模型的创建方法。模块二为 VRay 材质设置及灯光的应用，介绍了室内效果图制作各种材质类型的表现和制作方法；3ds Max 灯光和 VRay 灯光的创建和应用方法。模块三为综合案例，介绍了不同类型、不同时间、不同气氛的现代室内装饰建筑效果图的制作流程和方法，以及效果图的后期处理，帮助读者综合运用所学知识，积累实战经验。

本书采用案例教学的编写模式，内容丰富、技术实用、讲解清晰、案例精彩，兼具技术手册和应用技巧参考手册的特点。

本书由杨茜任主编，王静、赵庆谱任副主编。傅文清、赵新伟、陈春伟、张晓、贾燕参加编写。

由于编写时间仓促，编者水平有限，书中疏漏和不妥之处在所难免，欢迎广大读者和同行批评指正。

编　者

目　录

模块一　3ds Max 单体建模

项目一

装饰品的建模

【项目概述】

在室内点缀适当的装饰性工艺品造型，对室内空间的美化起着不可忽视的作用。在设计中注意根据装饰环境和住户的喜好，选择合适的工艺品。在现代生活中，花瓶和装饰画逐渐成为现代家居装饰中的常见装饰品。它们可以增加空间的层次感，丰富整体空间的气氛。

学习情境 1　制作花瓶及干枝

【学习目标】

1. 利用线的“创建”、“车削”、“壳”命令制作各类旋转体。
2. 利用“编辑样条线”、“可编辑多边形”、“附加”、“缩放”命令完成干枝的制作。

【情境描述】

制作室内装饰用的各类花瓶及瓶内装饰物，如图 1-1 所示。

【任务实施】

一、制作花瓶

1. 启动 3ds Max 2012 软件，将单位设置为毫米，如图 1-2 所示。

图 1-1　完成的花瓶及干枝效果图

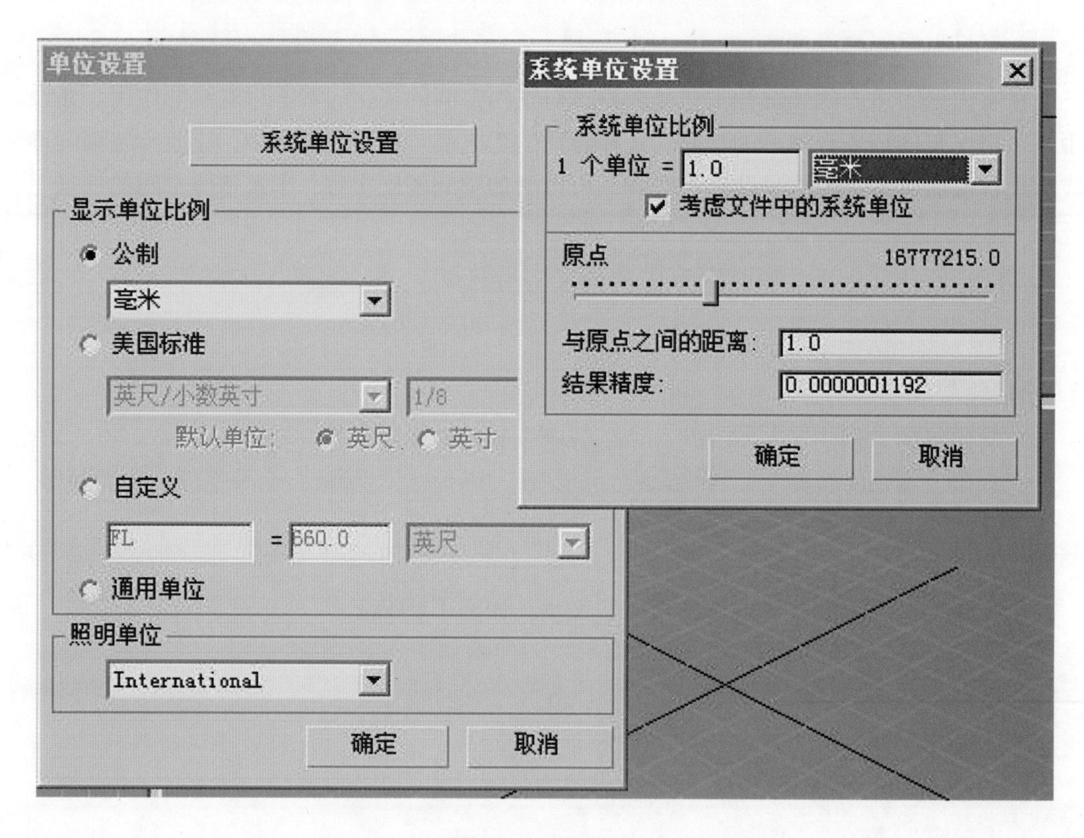

图 1-2　单位设置

2. 单击 （创建）→ （图形）→ 线 按钮，在前视图中绘制出花瓶的剖面线，可以先绘制一个矩形作为尺寸参照。尺寸形态如图 1-3 所示。

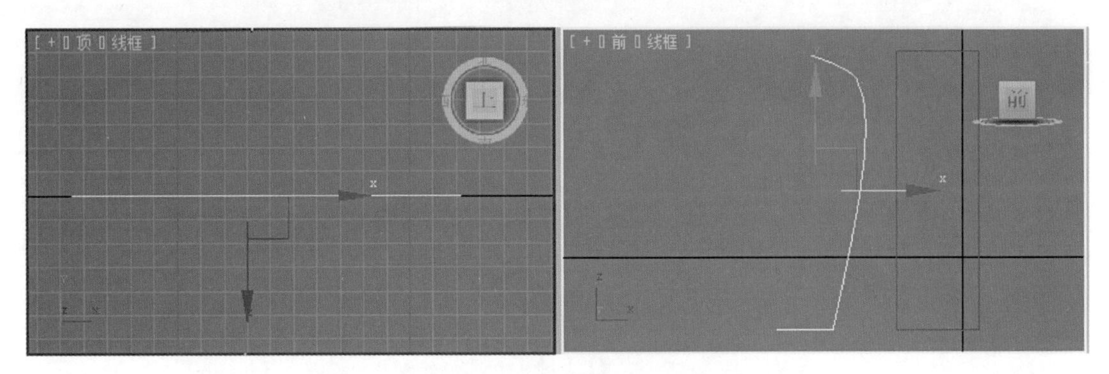

图 1-3　绘制花瓶的剖面线

3. 确认图形处于被选择状态，在修改器列表中选择“车削”选项，为绘制的图形添加“车削”命令，勾选“翻转法线”复选框，然后单击“对齐”选项组中的 最小 按钮，如图 1-4 所示。

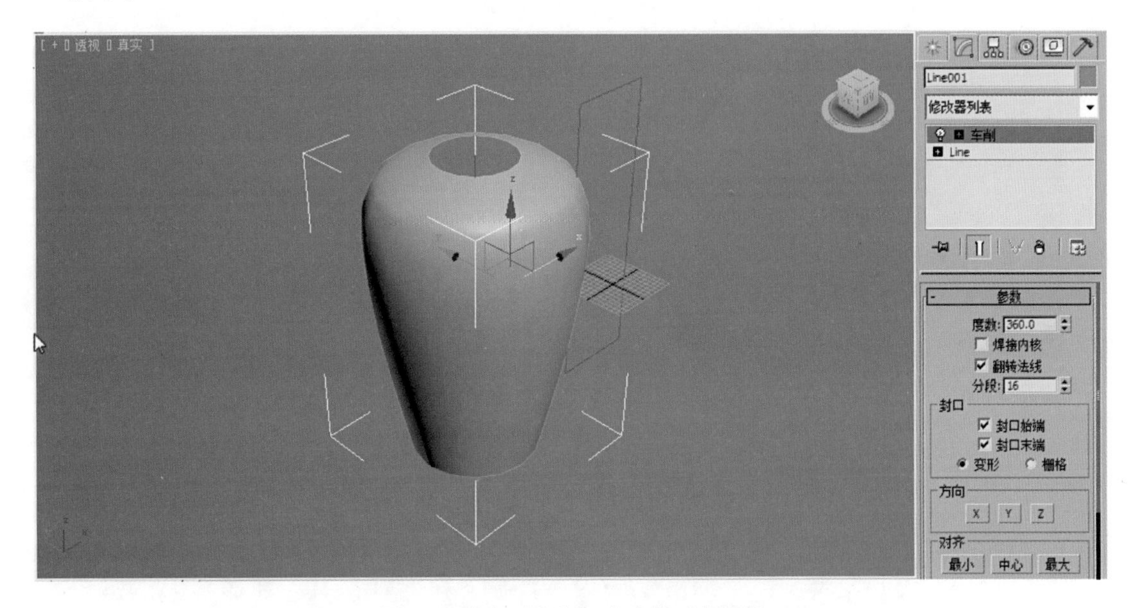

图 1-4　执行“车削”命令并对齐图像

注意：是否勾选“翻转法线”复选框和线的绘制方向有关。

4. 单击 （修改）→修改器列表→壳，修改“外部量”的数值，调整花瓶的厚度。用同样的方法制作其他花瓶，效果如图 1-5 所示。

5. 按住 <Shift> 键，在顶视图中用“移动”工具拖动第二次制作的花瓶，在弹出的“克隆选项”对话框中单击 确定 按钮，如图 1-6 所示。

6. 用工具栏中的 （缩放）工具将复制的花瓶缩小，形态如图 1-7 所示。

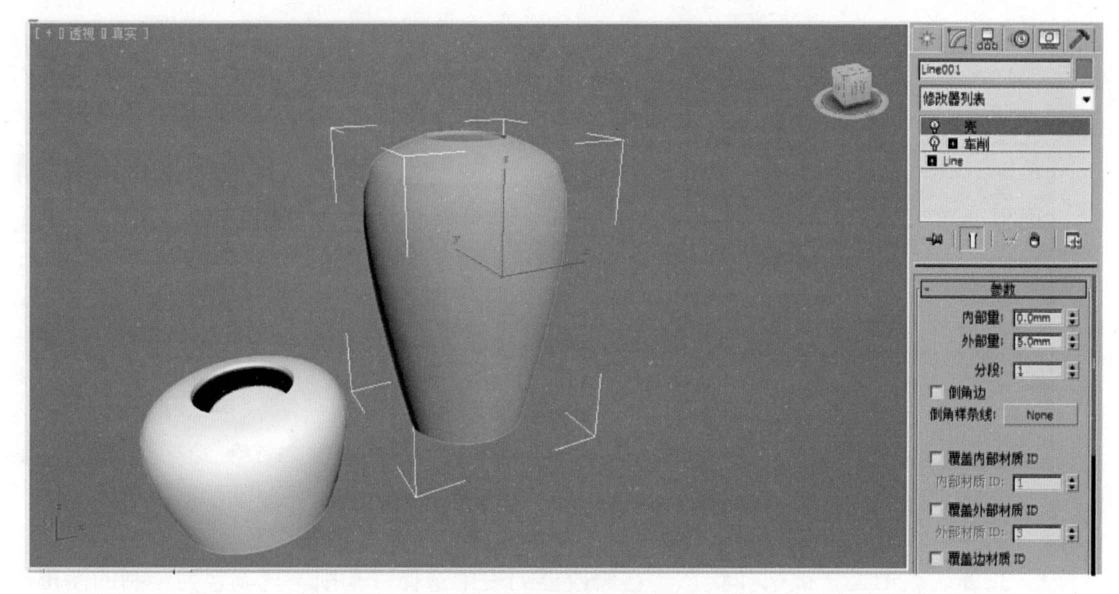

图 1-5　调整花瓶的厚度

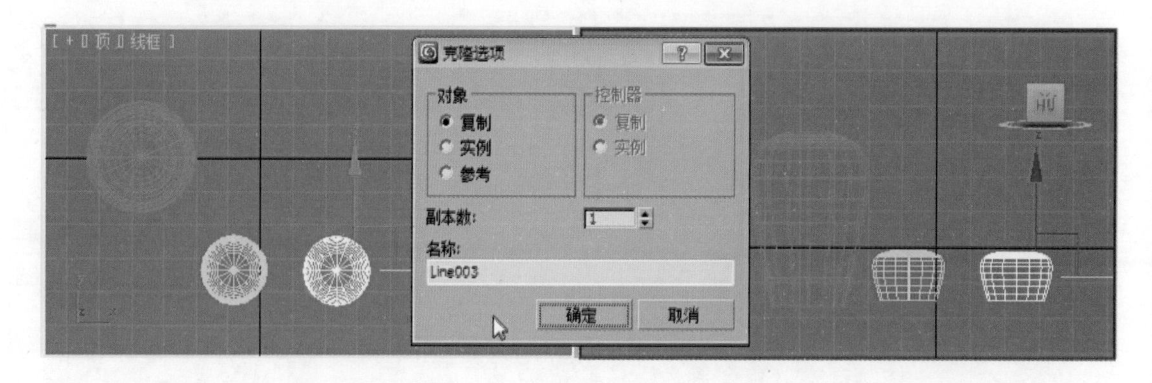

图 1-6　复制花瓶

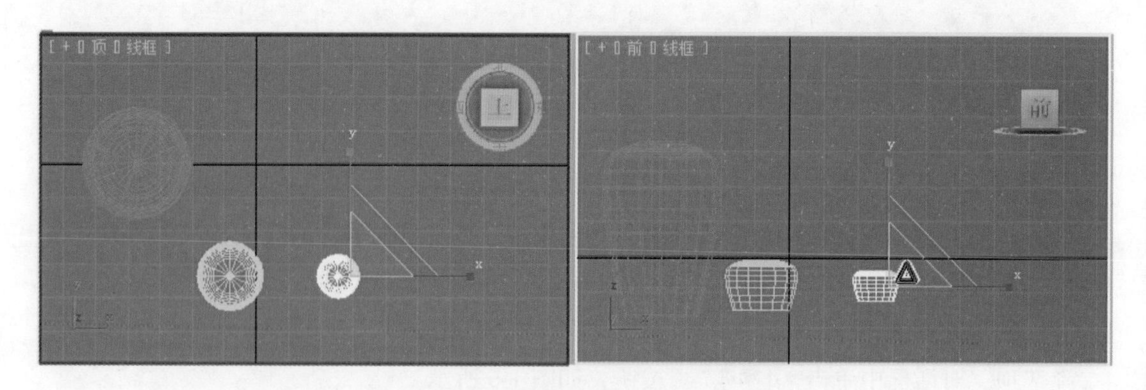

图 1-7　将复制的花瓶缩小

二、制作干枝

1. 在前视图中用线绘制出干枝，形态如图 1-8 所示。然后在顶视图和透视图中进行干枝的立体方位的调整使干枝线条不规则，如图 1-9 所示。然后选中一条线条并单击鼠标右键，在弹出的快捷菜单中选择“附加”命令，然后点选其他线条，使干枝成为一个整体。进入修改面板，单击（顶点）进行点的编辑，框选所有顶点（快捷键 <Ctrl+A>）并单击鼠标右键，在弹出的快捷菜单中选择“平滑”命令，使线条圆滑真实，如图 1-10 所示。

图 1-8　绘制干枝

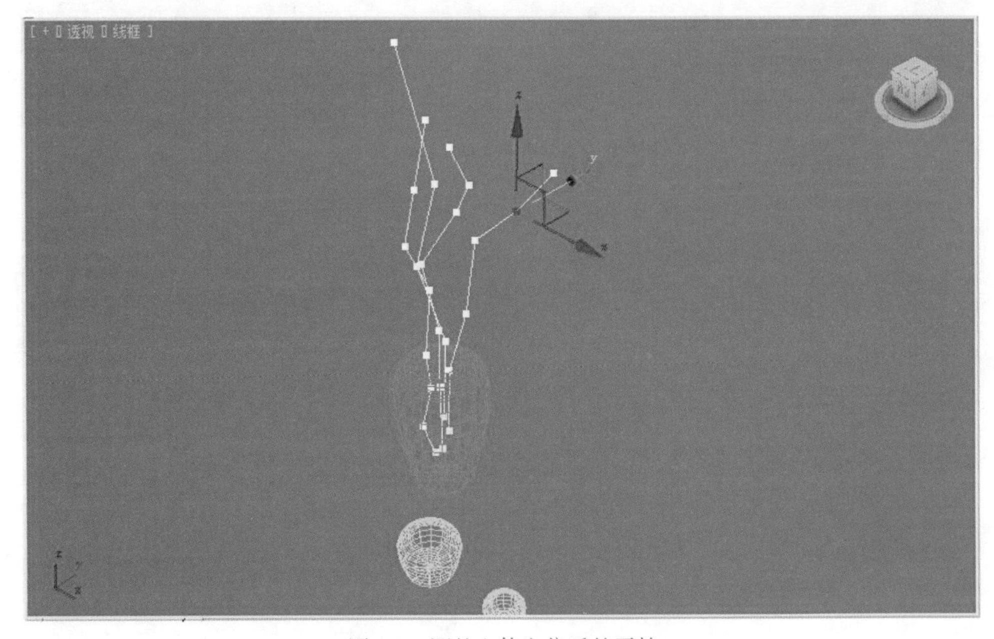

图 1-9　调整立体方位后的干枝

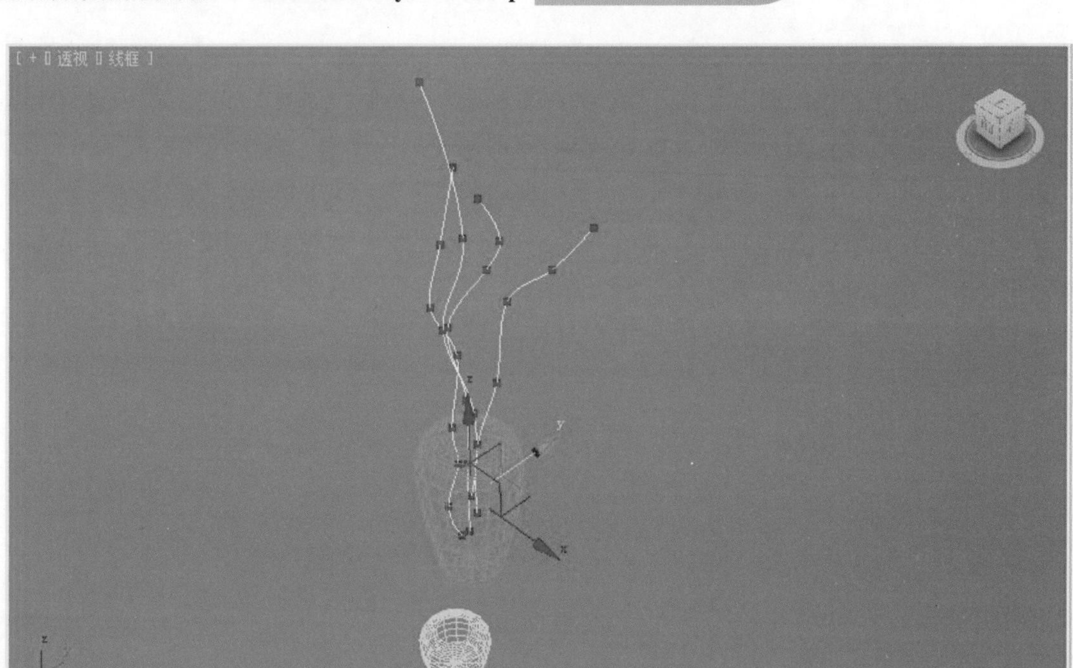

图 1-10　将多个干枝附加并圆滑后的形态

2. 进入干枝的样条线修改命令面板，在“渲染”卷展栏中勾选“在渲染中启用”、“在视口中启用”、“生成贴图坐标”复选框。设定干枝的直径（厚度）使线条可渲染，如图 1-11 所示。

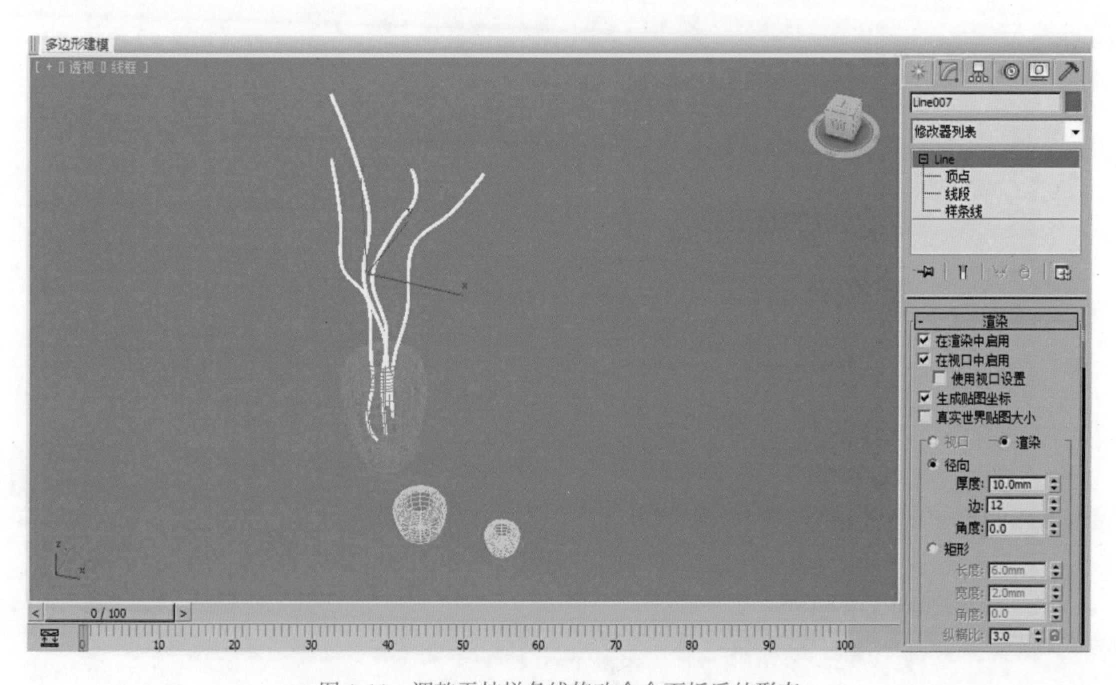

图 1-11　调整干枝样条线修改命令面板后的形态

3. 为了让干枝的顶点位置更真实，需要把顶点位置变细些。选择干枝线条并在线条上单击鼠标右键，在弹出的快捷菜单中选择“转换为→转换为可编辑多边形”命令，如图 1-12 所示。

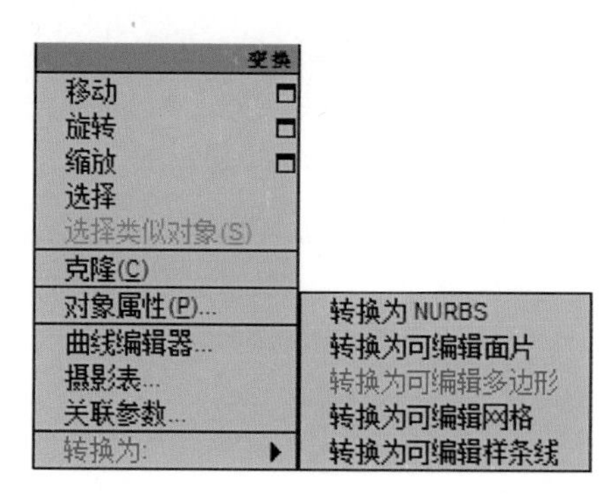

图 1-12　用鼠标右键转换为可编辑多边形

4. 单击（修改）进入修改命令面板下的（顶点）选项，然后选中干枝的顶点。选择工具栏中的（缩放）工具，调整每个干枝顶点的大小，使干枝顶部出现粗细变化，如图 1-13 所示。

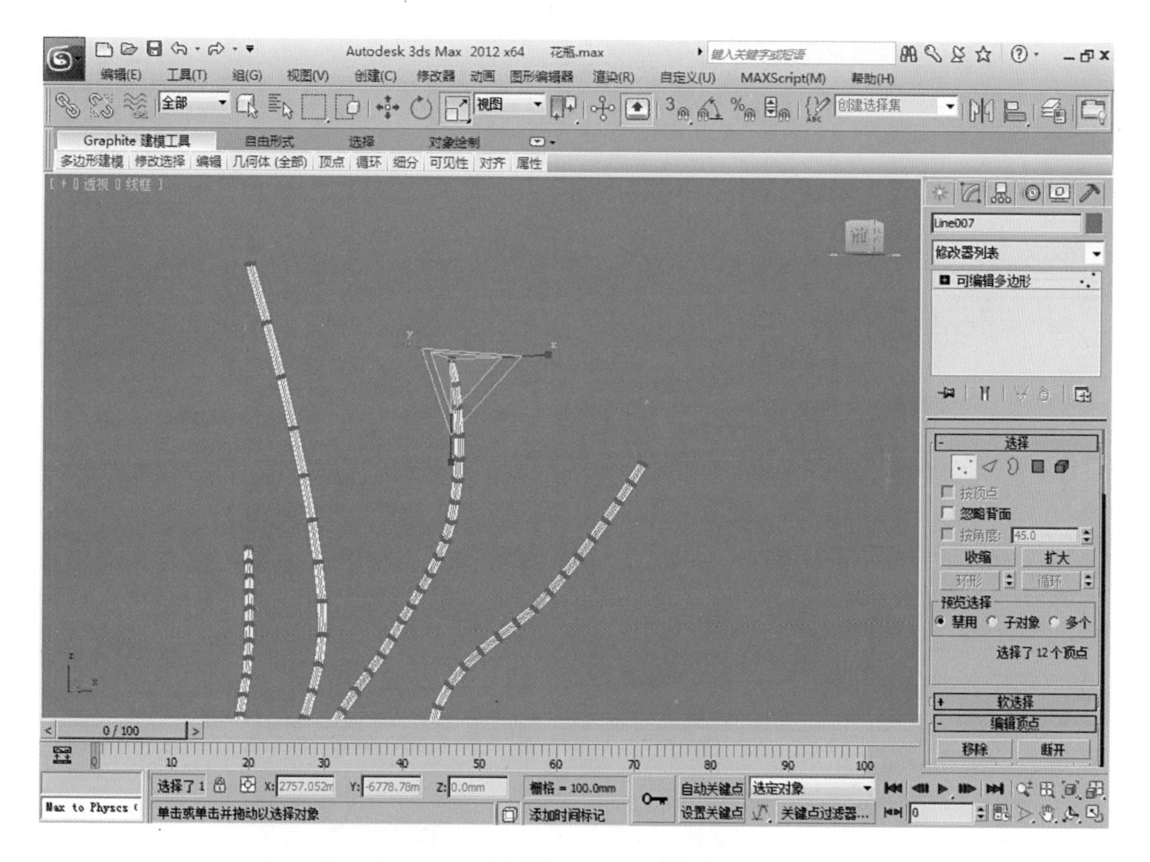

图 1-13　调整干枝的顶部形态

5. 单击菜单栏中的“文件→保存”命令，将此造型保存为“装饰物.max”。

【知识链接】

1. 装饰品的风格要和室内环境相协调，如青花瓷类的花瓶适合中式风格的家居环境，而不锈钢、玻璃类的花瓶则适合现代风格的家居环境。

2. 装饰品的大小要和室内空间的大小相协调，色彩要和谐统一。

【任务评价】

任务内容	满　分	得　分
本项任务需一课时内完成	10 分	
花瓶的造型是否美观	35 分	
干枝的形态是否多样，排列是否美观	35 分	
干枝和花瓶的比例关系是否协调	20 分	

学习情境 2　制作装饰画

【学习目标】

利用“倒角剖面”命令完成各种复杂画框和相框的制作。

【情境描述】

制作室内装饰画，如图 1-14 所示。

图 1-14　完成的装饰画效果图

【任务实施】

1. 启动 3ds Max 2012 软件，在菜单栏中单击“自定义→单位设置”命令，将单位设置为毫米，如图 1-15 所示。

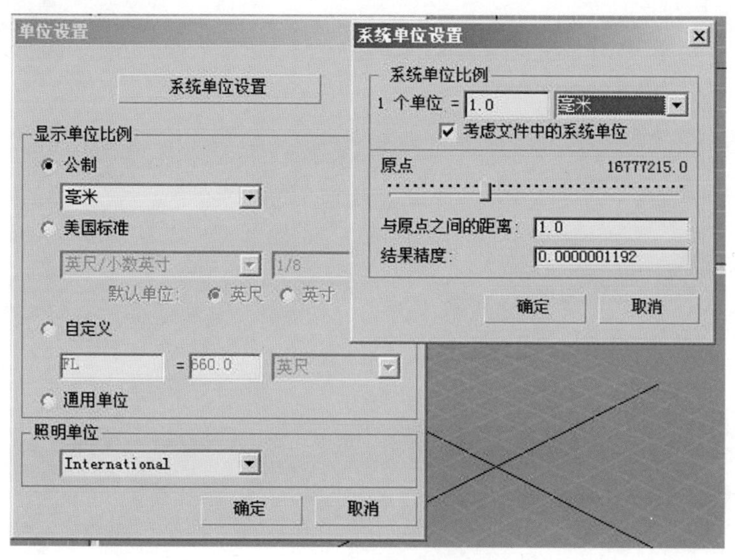

图 1-15　单位设置

2. 单击（创建）→（图形）→ 矩形 按钮，在前视图中创建一个 800×1200 的矩形（作为“路径”）。用“线”命令在顶视图中绘制出画框的剖面线（25×45），如图 1-16 所示。

图 1-16　绘制的矩形及画框的剖面线

3. 确认矩形处于被选择状态，在修改器列表中执行“倒角剖面”命令，在“参数”卷展栏中单击“拾取剖面”按钮。在顶视图中拾取绘制的剖面线，此时画框生成，效果如图 1-17 所示。

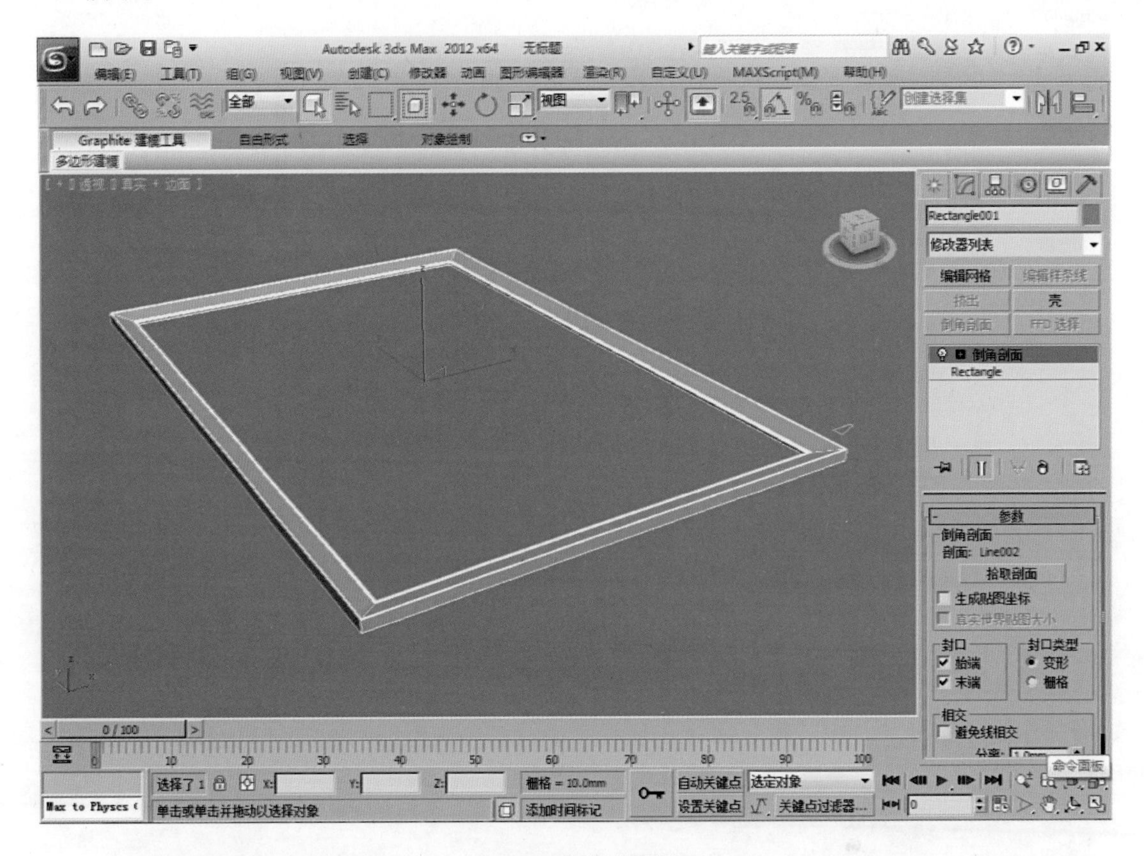

图 1-17 制作的画框

4. 在画框中间部位创建一个长方体（710×1110×2）作为画，效果如图 1-18 所示。

5. 装饰画赋予材质后的效果如图 1-19 所示。

6. 将制作的模型保存起来，文件名为“装饰画.max”。

【知识链接】

1. 在设计装饰画时，注意根据装饰环境和住户的喜好选择图饰，要在整体性上保证整个居室氛围的一致性。偏中式风格的房间最好选择国画、水彩和水粉画等，图案带有传统的民俗色彩；偏欧式风格的房间适合搭配油画作品；偏现代的装修适合搭配印象、抽象类油画，也可选用个性十足的装饰画。

2. 客厅装饰画的材料不需要奢华，也不必刻意雕琢，但要营造出一种安宁温馨的氛围和纯朴返真的情调，借以展示主人独特的审美情趣，并且能让居室环境更加协调。

图 1-18　为画框封口产生画布

图 1-19　装饰画赋予材质后的效果

【任务评价】

任务内容	满　分	得　分
本项任务需一课时内完成	10 分	
画框装饰角的造型是否美观和谐	35 分	
选取的装饰画风格是否与室内空间风格相一致	35 分	
画框长宽的比例关系和装饰角的比例关系是否协调	20 分	

学习情境 3　制作床头灯

【学习目标】

1. 利用线的“创建”、“车削”命令制作床头灯的灯座部分。
2. 利用“创建圆柱体”、“可编辑多边形”、“缩放”命令完成灯体支撑物的制作。
3. 利用“创建管状体”、“锥化”命令完成灯罩部分的制作。

【情境描述】

制作床头灯，如图 1-20 所示。

图 1-20　完成的床头灯效果图

【任务实施】

一、制作床头灯灯体

1. 启动 3ds Max 2012 软件，在菜单栏中单击“自定义→单位设置”命令，将单位设置为毫米，如图 1-15 所示。

2. 单击 (创建)→ (图形)→ 线 按钮，在前视图中绘制床头灯底座的剖面线，可以先绘制一个矩形作为尺寸参照。尺寸形态如图 1-21 所示。

3. 确认图形处于被选择状态，在修改器列表中选择“车削”选项，为绘制的图形添加“车削”命令，勾选“翻转法线”复选框，在“方向”选项组中单击 Y 按钮，将“分段”数值设置为 90，使底座更加圆滑，然后单击“对齐”选项组中的 最大 按钮，如图 1-22 所示。

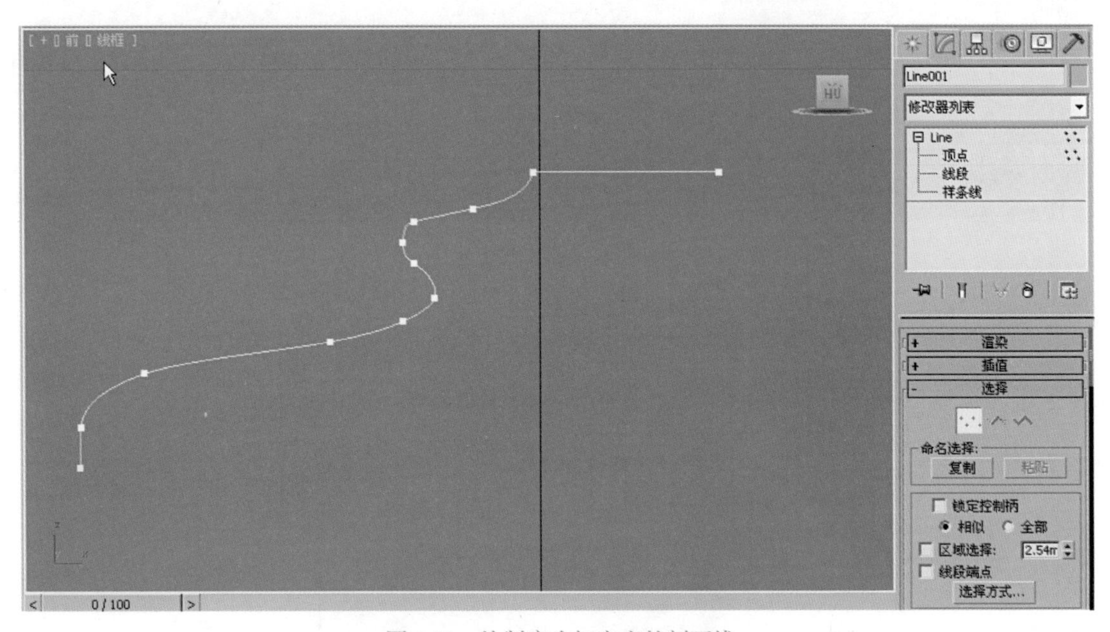

图 1-21　绘制床头灯底座的剖面线

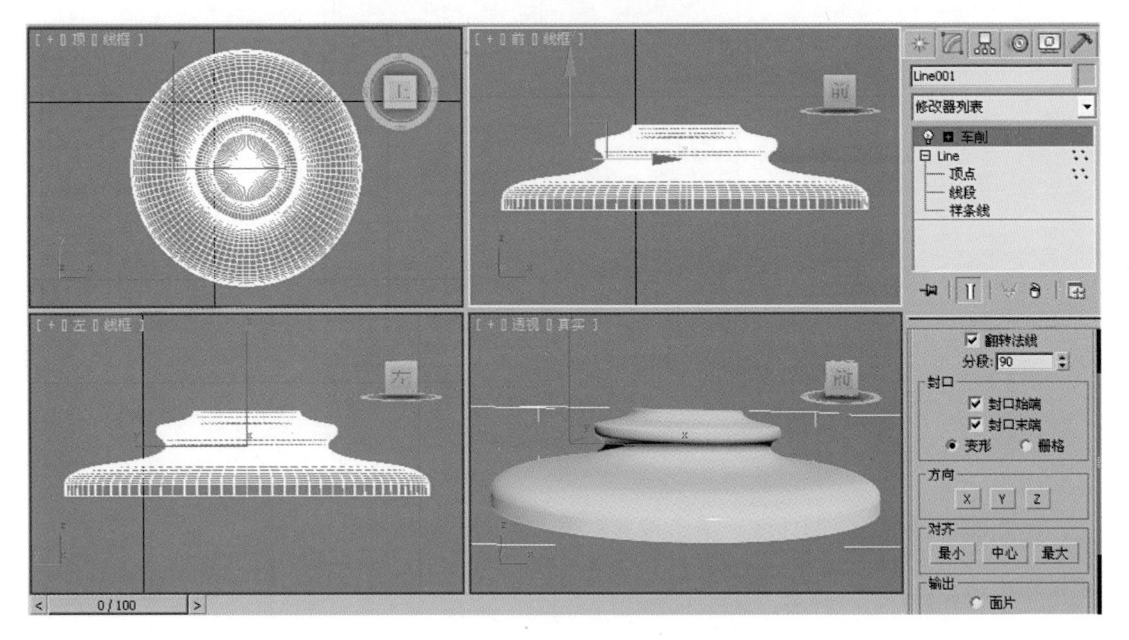

图 1-22　执行“车削”命令并对齐图像

注意：是否勾选“翻转法线”复选框和线的绘制方向有关。

4. 单击 (创建)→ (几何体)→ 圆柱体 按钮，在顶视图中绘制床头灯的灯身部分，如图 1-23 所示。

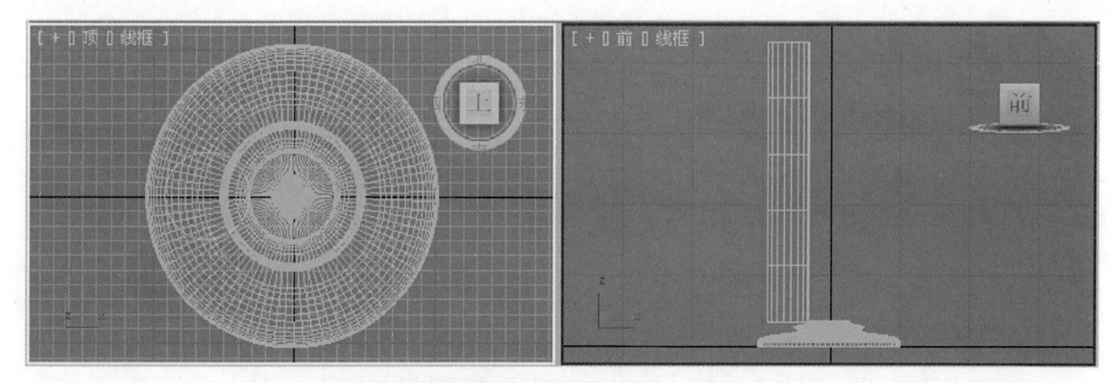

图 1-23　绘制灯身

5. 使用 (对齐) 工具将灯身与床头灯的底座进行对齐，在弹出的“对齐当前选择”对话框中进行设置，如图 1-24 所示。然后单击 确定 按钮，效果如图 1-25 所示。

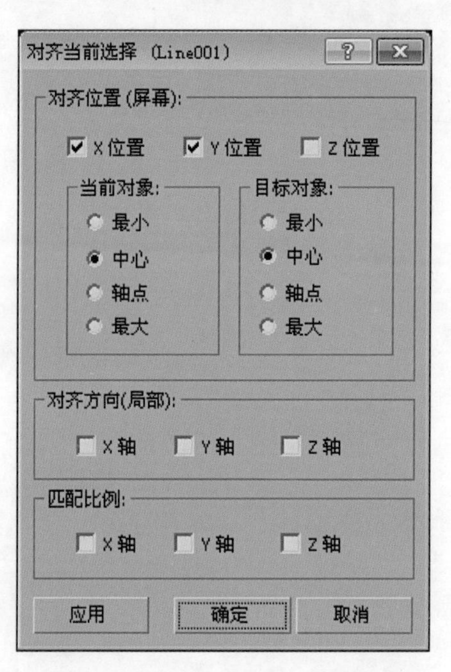

图 1-24　“对齐当前选择”对话框

6. 在前视图中选择圆柱体，单击鼠标右键，在弹出的快捷菜单中选择“转换为→转换为可编辑多边形”命令，单击 (边) 级别进行编辑，选择圆柱体的横向边，使用 (缩放) 工具调整灯身形态，如图 1-26 所示。

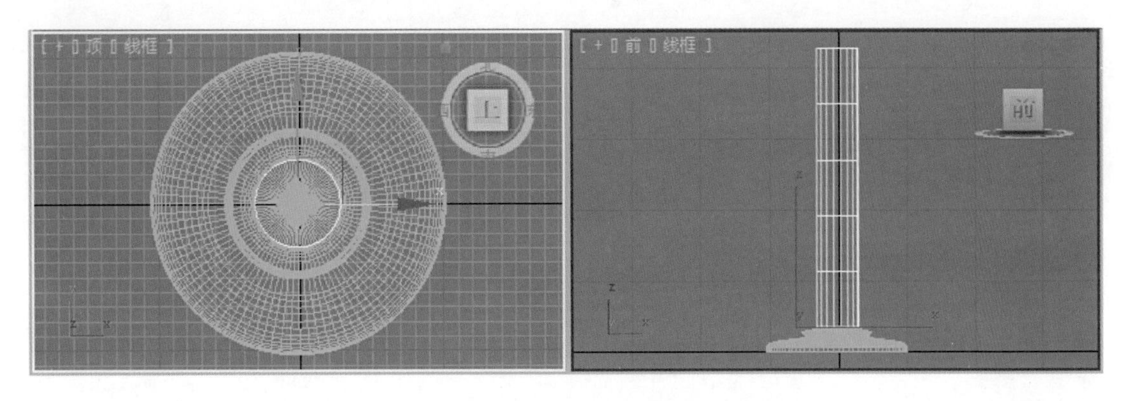
图 1-25　对齐灯身与灯座

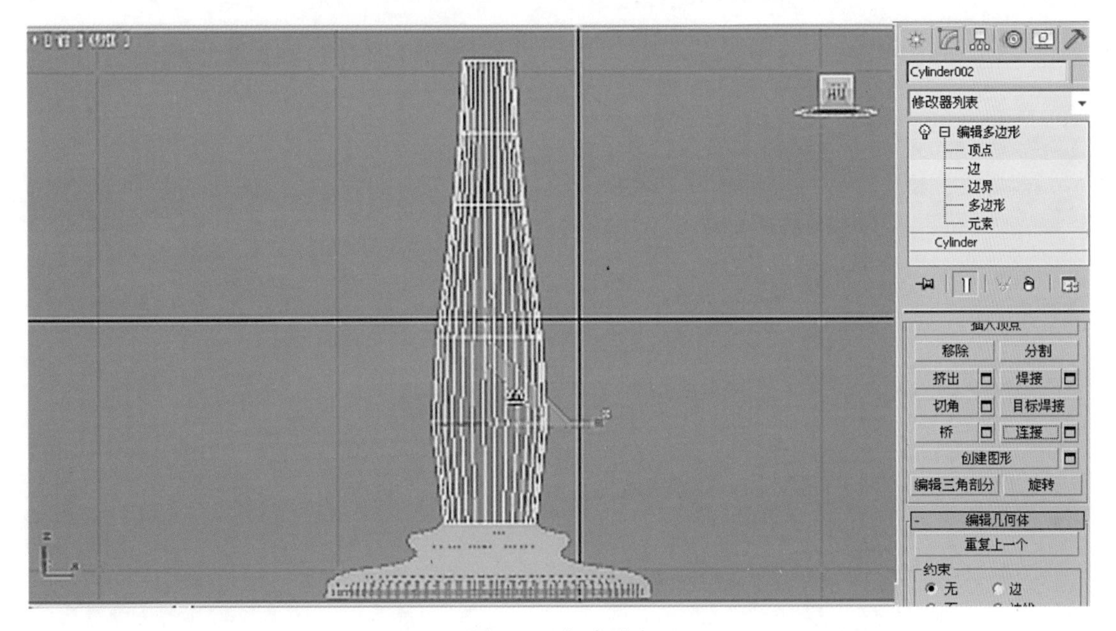

图 1-26　灯身形态

注意：配合 <Alt> 键进行边的选择。

7. 为了使灯体更加平滑，选择如图 1-27 所示位置的线段，单击 （修改）→ （边），然后单击 编辑边 卷展栏中的 连接 按钮，给灯体添加一个新的横向边，如图 1-28 所示。

8. 使用 （缩放）工具继续调整床头灯灯体形态，效果如图 1-29 所示。

二、制作灯头部分

1. 在透视图中复制灯座，并使用 （旋转）工具进行翻转，如图 1-30 所示。然后使用 （缩放）工具调整为灯口的形态，并调整灯口大小，如图 1-31 所示。

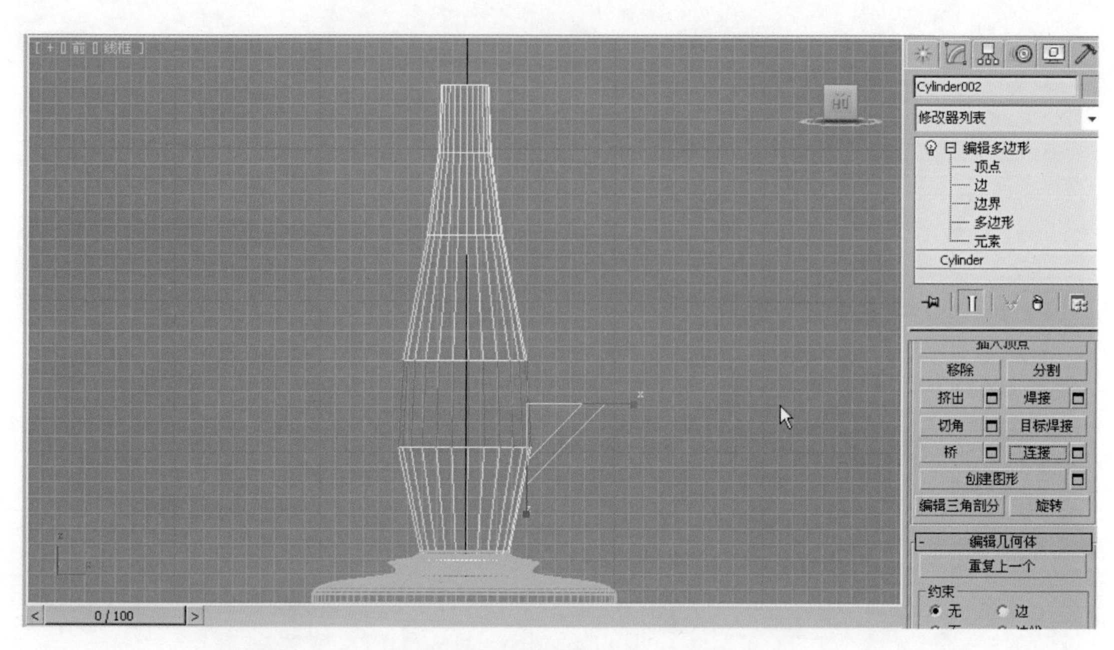

图 1-27　调整灯身

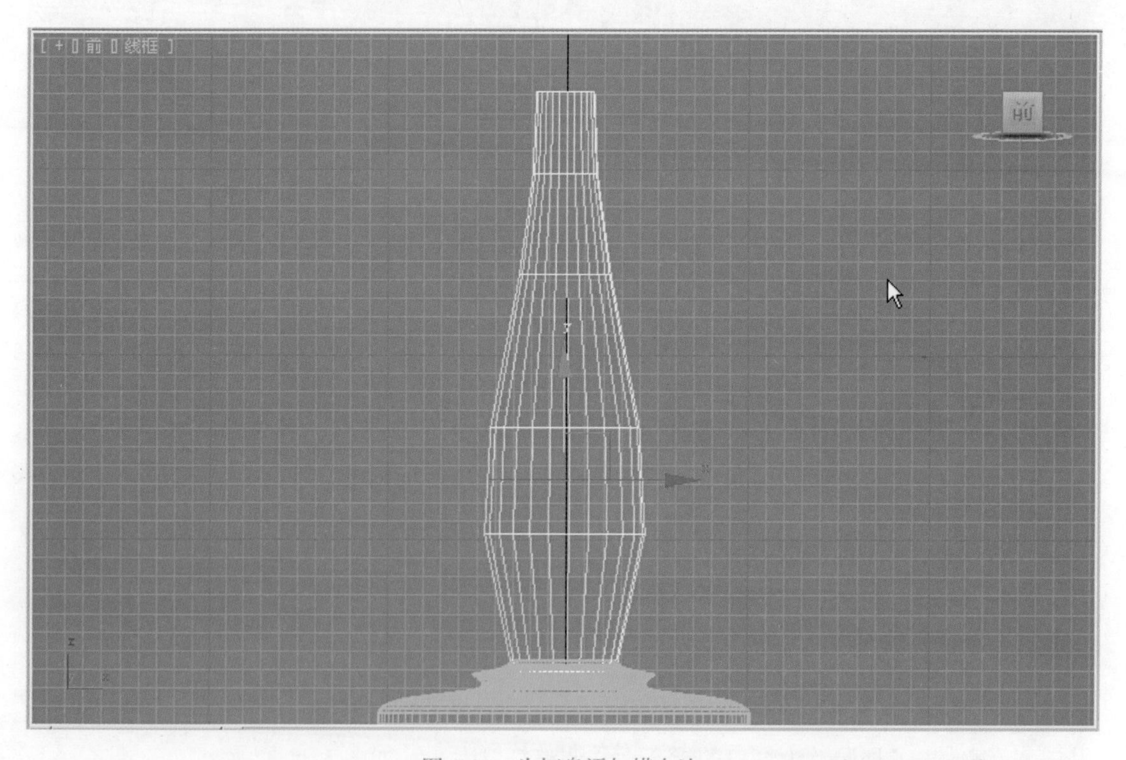

图 1-28　为灯身添加横向边

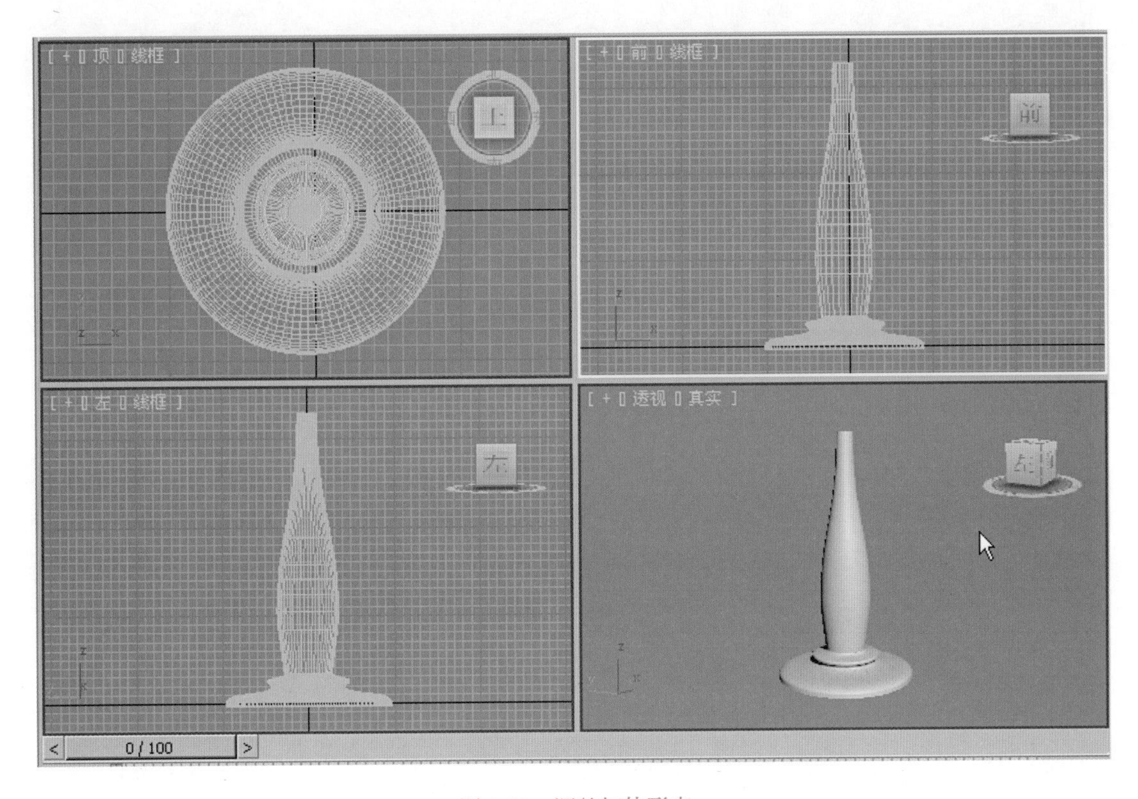

图 1-29　调整灯体形态

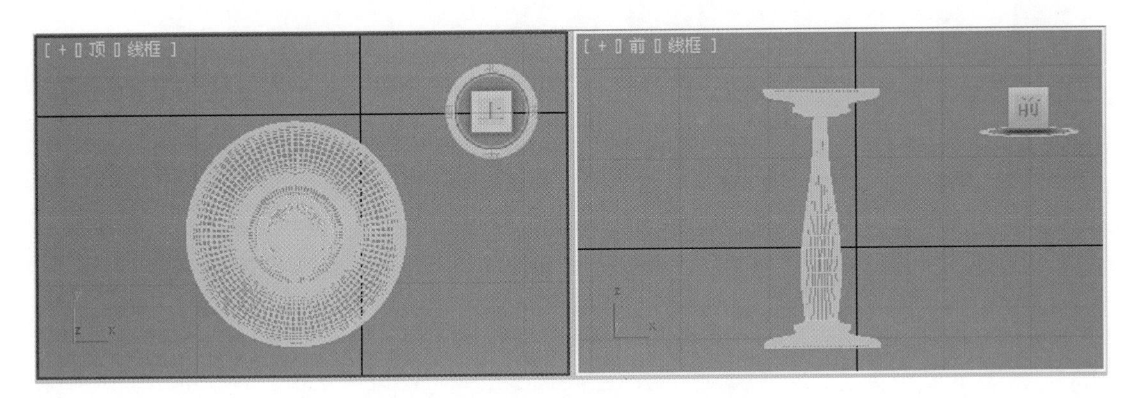

图 1-30　将灯座翻转为灯口

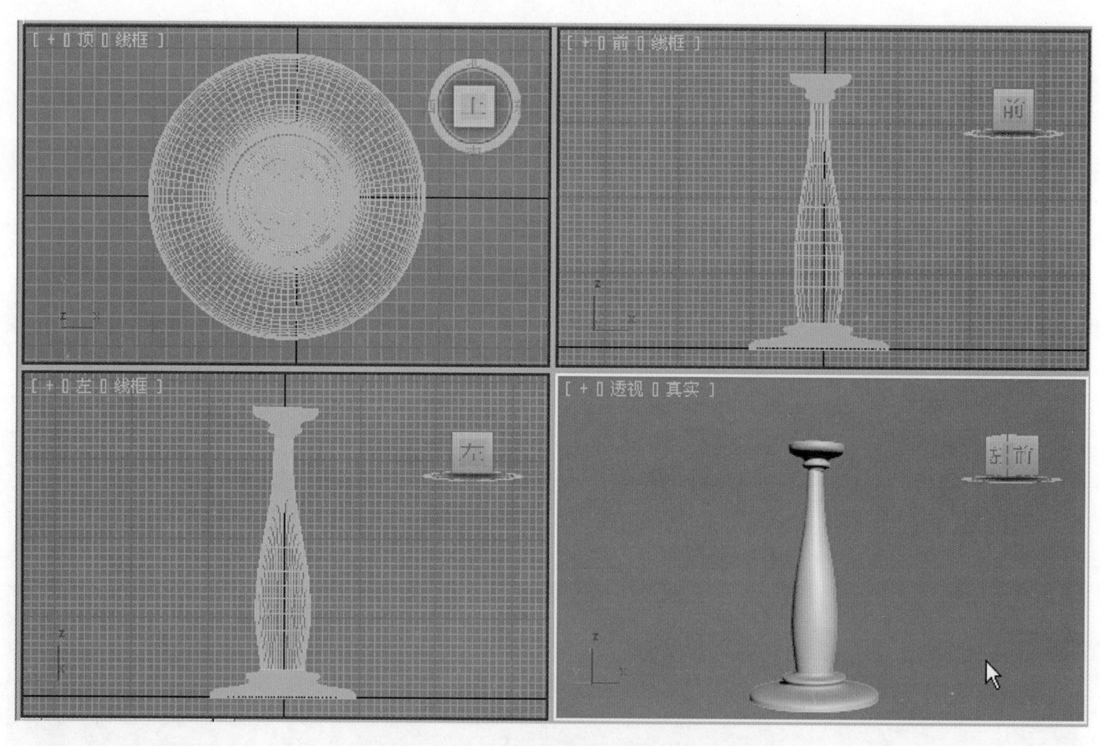

图 1-31　对复制翻转的灯口调整大小

2. 选择灯口，单击（修改）→编辑多边形→（边），选择边，使用（缩放）工具调整灯口形态，如图 1-32 所示。

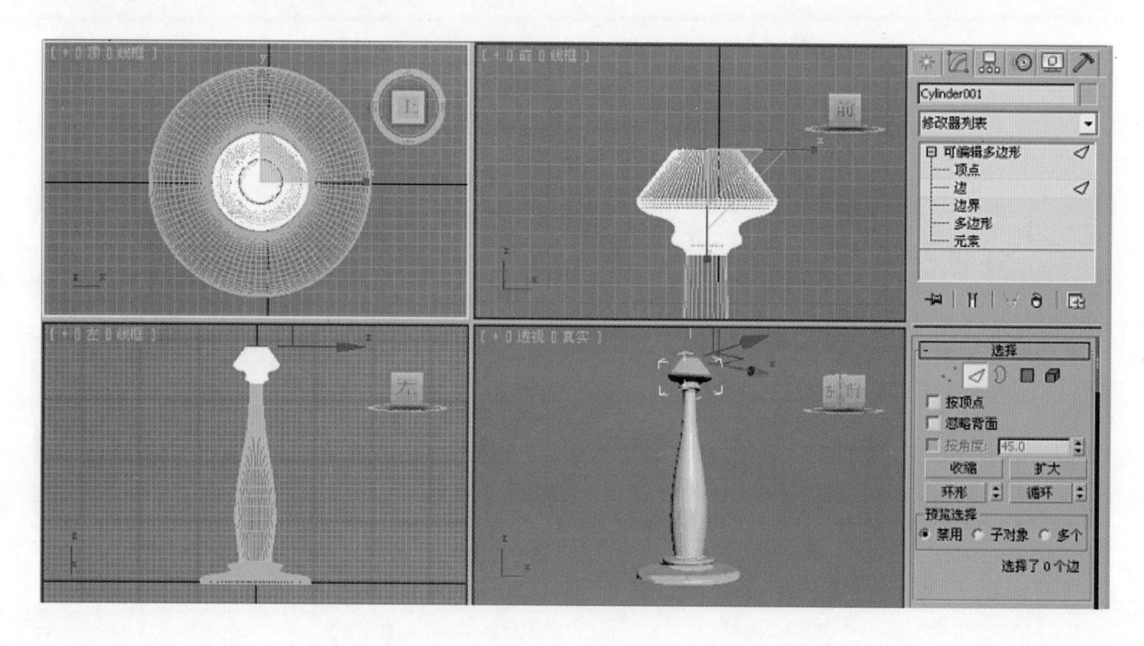

图 1-32　使用“缩放”工具调整灯口形态

3. 在前视图中，单击 (创建)→ (图形)→ 线 按钮，绘制出灯泡的剖面线，如图 1-33 所示。

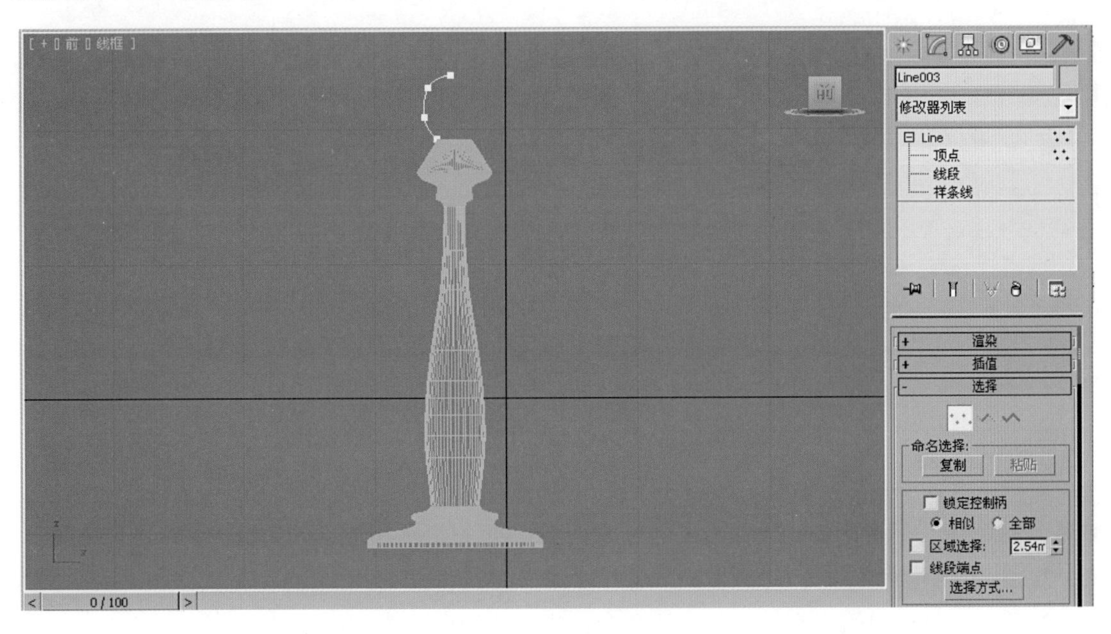

图 1-33　绘制灯泡的剖面线

4. 确认图形处于被选择状态，在修改器列表中选择“车削”选项，为绘制的图形添加“车削”命令，效果如图 1-34 所示。

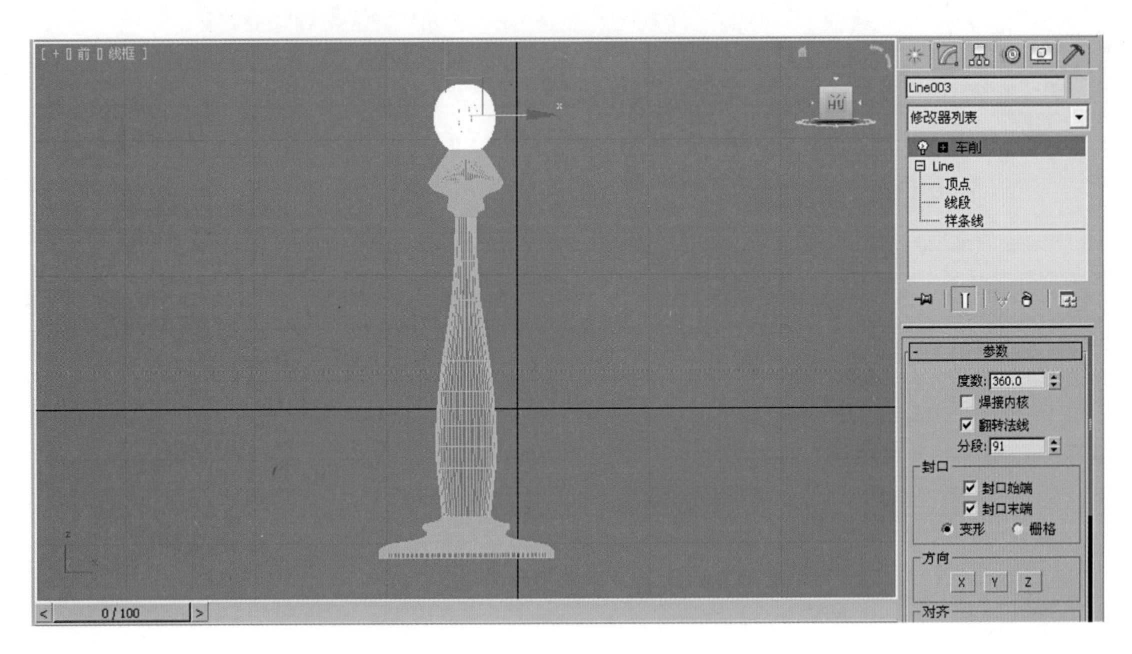

图 1-34　执行“车削”命令绘制灯口

三、制作灯罩

1. 在前视图中，单击 (创建)→ (几何体)→ 管状体 按钮，绘制出灯罩的基本形态，效果如图 1-35 所示。

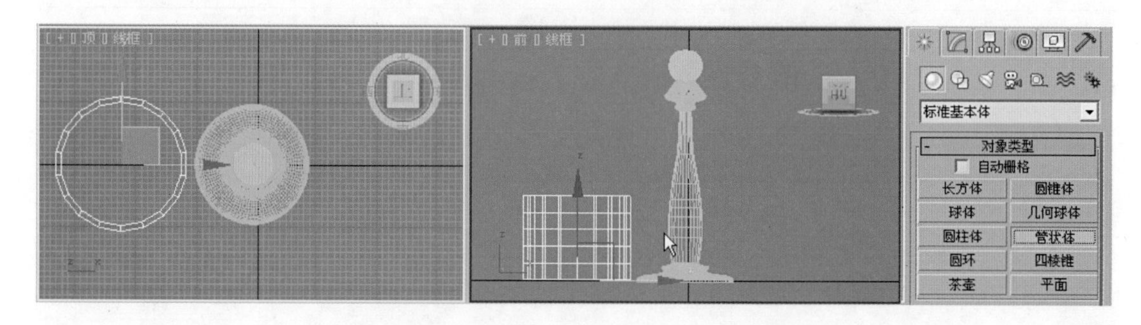

图 1-35　使用管状体作为灯罩的基本形体

2. 单击 (修改) 按钮，调整圆柱体的边数为 8，在修改器列表中选择“锥化”选项，如图 1-36 所示。然后调整锥化参数的数量为 –0.5、曲线值为 –0.7，取得如图 1-37 所示效果。

注意：绘制圆柱体时，注意取消勾选“平滑”复选框。

3. 单击菜单栏中的“文件→保存”命令，将此造型保存为“床头灯.max”。

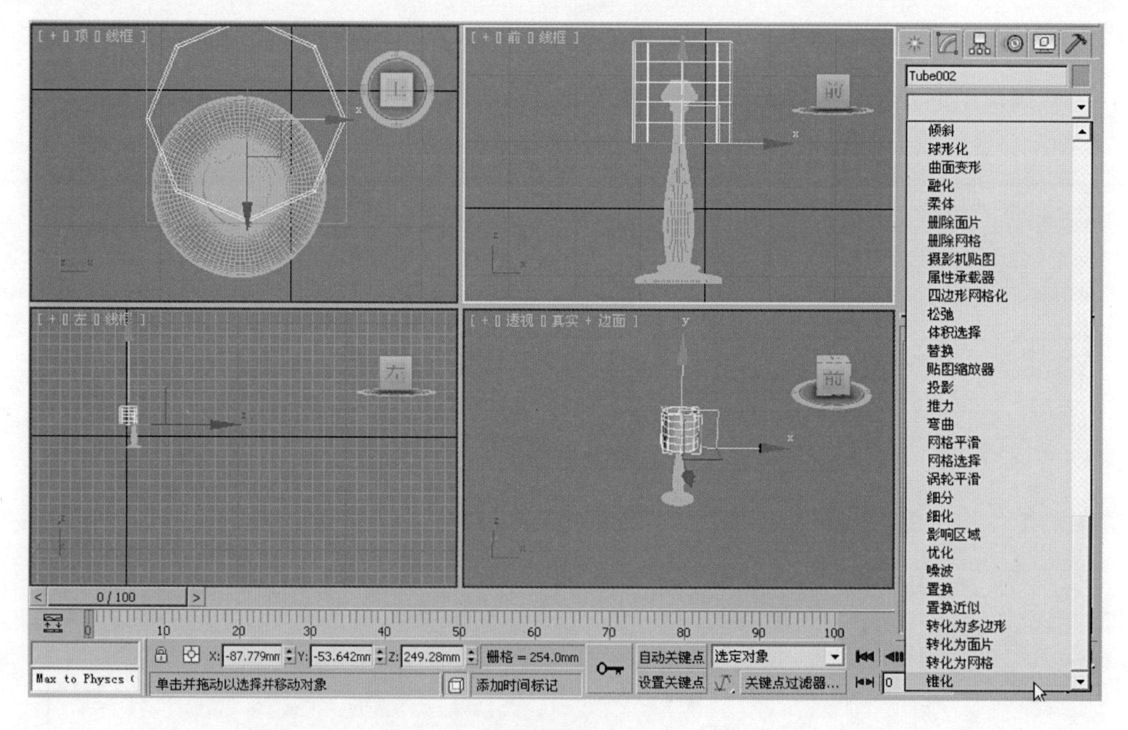

图 1-36　为管状体使用“锥化”命令

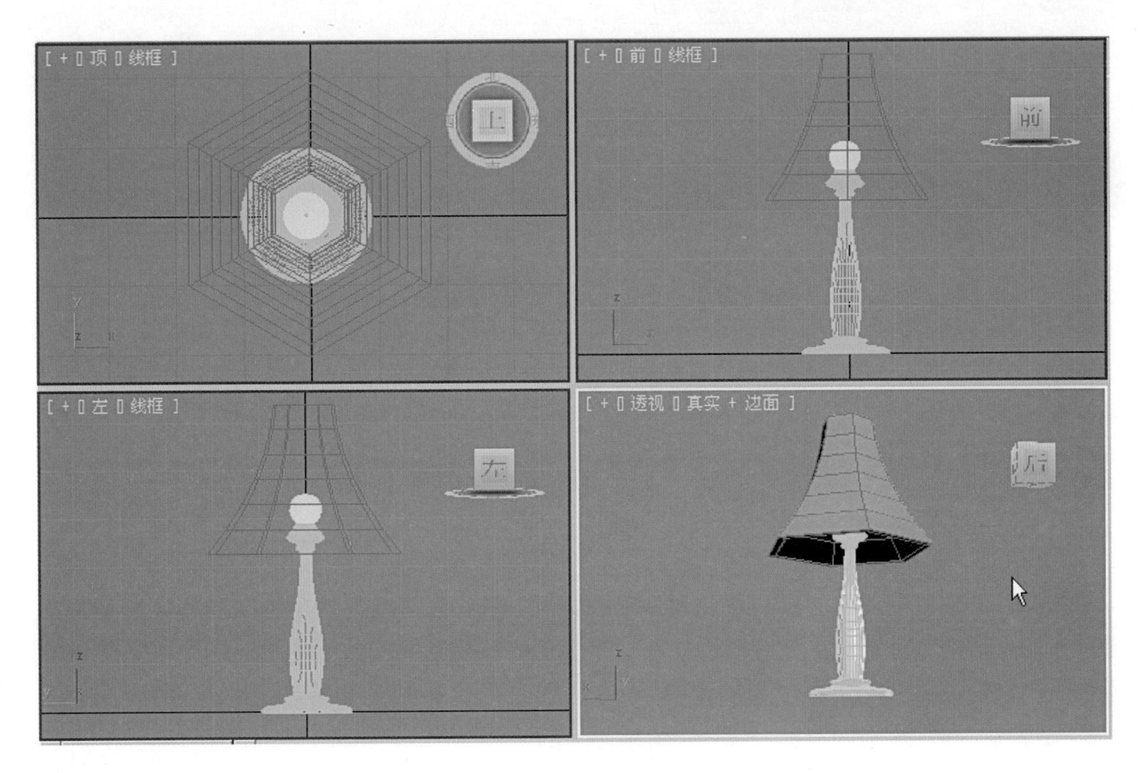

图 1-37　调整灯罩的形态

【知识链接】

床头灯集普通照明、局部照明、装饰照明 3 种功能于一身。因此，床头灯的光照效果应当明亮且柔和，能够营造一种温馨的氛围。床头灯的光线趋于柔和，符合人们夜间的心理状态，刺眼的灯光只会打消睡意，令眼睛感到不适。一般床头灯的色调以泛暖色或中性色为宜，比如鹅黄色、橙色、乳白色等。

【任务评价】

任务内容	满　分	得　分
本项任务需一课时内完成	10 分	
灯罩的造型是否美观	35 分	
灯身的形态比例是否美观	35 分	
床头灯整体的比例关系是否协调	20 分	

项目二

家具的建模

【项目概述】

本项目分别以餐椅、餐桌、茶几和沙发为案例。这些家庭生活中不可缺少的家具不但能满足人们生活的基础要求，而且使人们在居室生活中享受到愉悦的时光，还能为居家空间增添一个闪光点。

学习情境1 制作餐椅

【学习目标】

1. 利用标准基本体的“创建”、“可编辑多边形”命令完成餐椅的基本结构。
2. 利用“FFD修改”命令、“缩放”命令制作餐椅靠背。

【情境描述】

制作专供就餐用的椅子，如图2-1所示。

图2-1 完成的餐椅效果图

【任务实施】

一、制作餐椅的基本结构

1. 启动 3ds Max 2012 软件，在菜单栏中单击“自定义→单位设置”命令，将单位设置为毫米，如图 1-15 所示。

2. 单击 (创建)→ (几何体)→扩展基本体 → 切角长方体 按钮，在顶视图中绘制出椅子的座面，尺寸形态如图 2-2 所示。

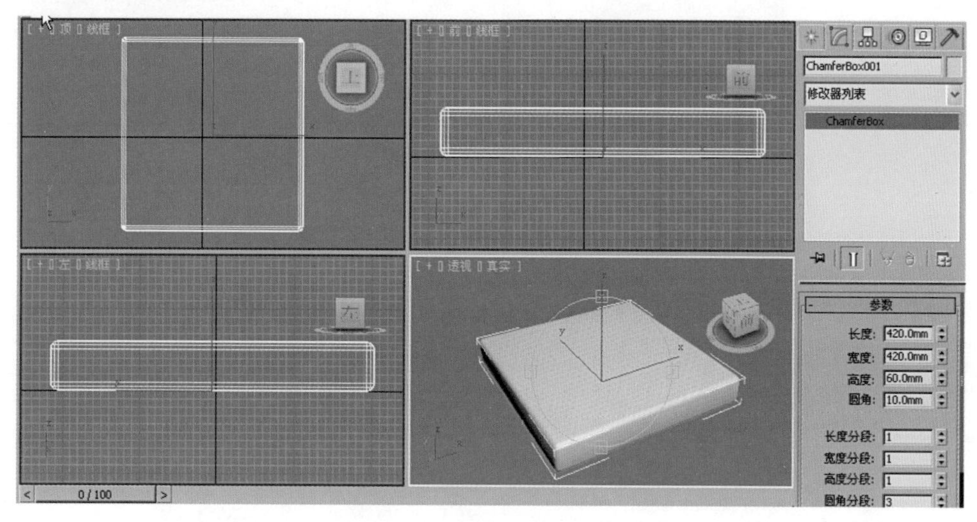

图 2-2　绘制椅子的座面

3. 继续制作椅腿，单击 (创建)→ (几何体)→扩展基本体 → 切角长方体 按钮，在顶视图中绘制出椅腿部分，尺寸形态如图 2-3 所示。

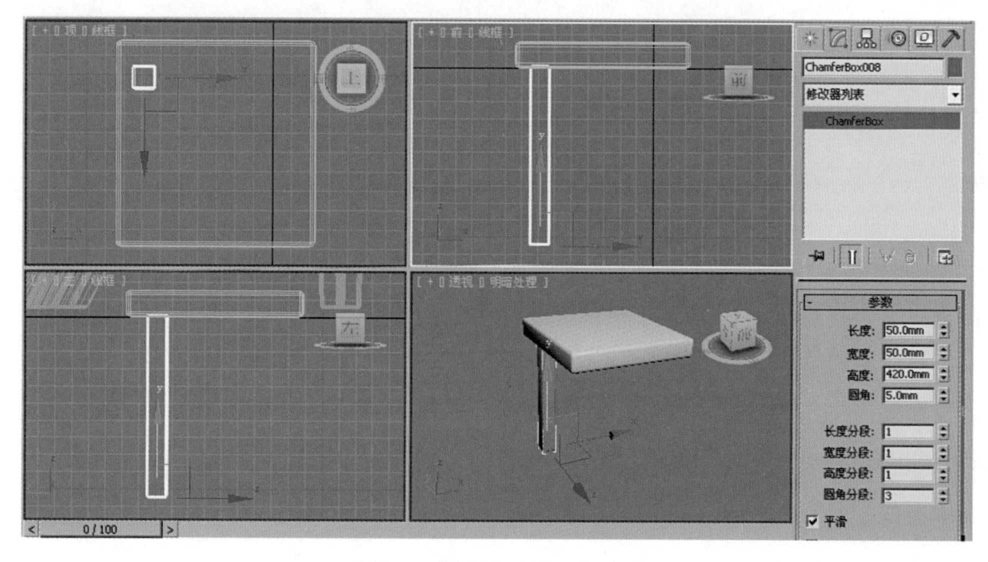

图 2-3　制作椅子的基本结构

4. 按住 <Shift> 键，在顶视图中用“移动”工具拖动复制出另一条椅腿，在弹出的“克隆选项”对话框中单击 确定 按钮，如图 2-4 所示。

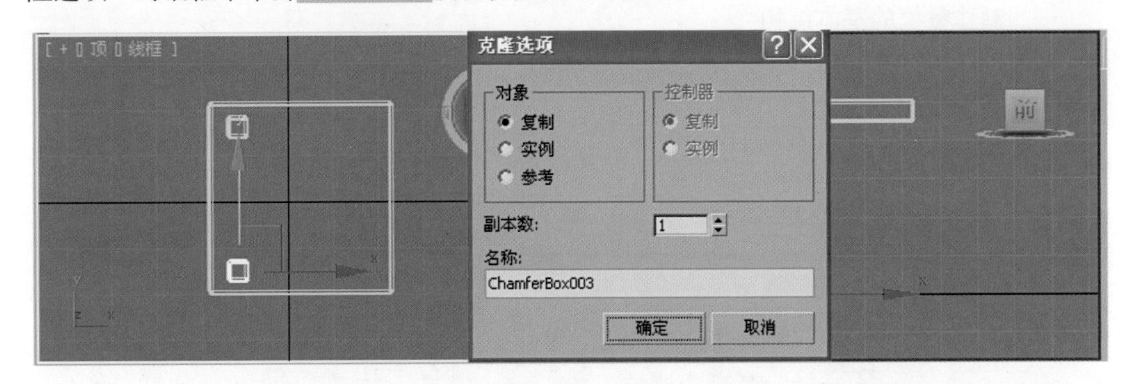

图 2-4　复制椅腿

5. 在左视图中，单击 (创建)→ (几何体)→ 扩展基本体 → 切角长方体 按钮，绘制出椅背部分，尺寸形态如图 2-5 所示。

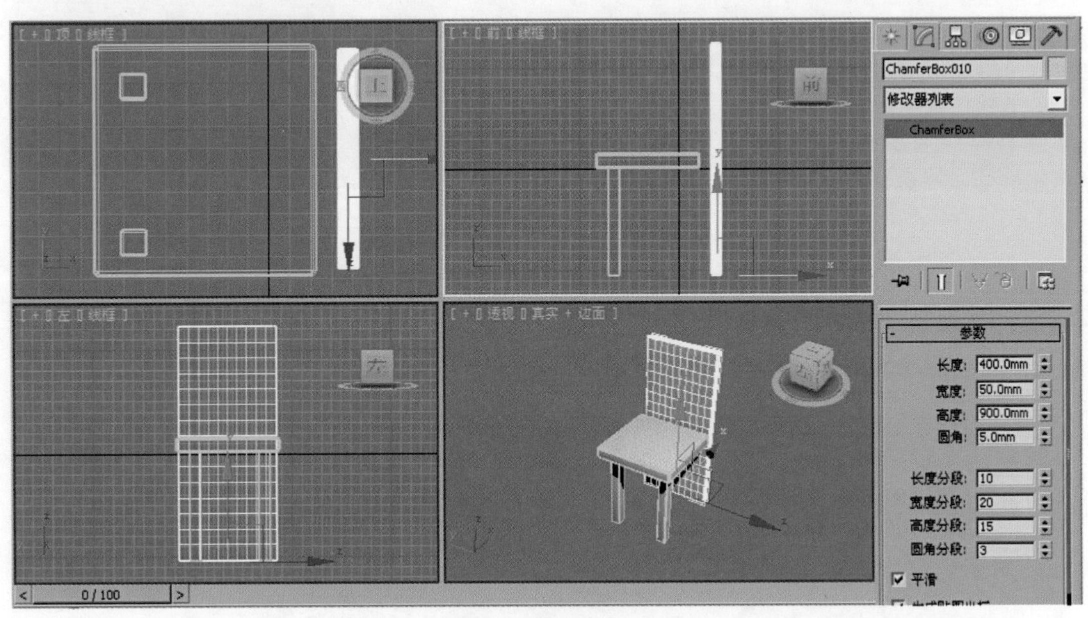

图 2-5　绘制椅背

注意：不要将椅子的座面部分和靠背进行相接。

二、制作餐椅的细节形态

1. 在顶视图中选择椅垫，单击 (修改)→修改器列表→FFD 2×2×2→控制点级别，选择椅背一侧的控制点，如图 2-6 所示。

2. 单击 (缩放) 按钮，沿 Y 轴方向拖动鼠标进行缩放，调整椅垫的形态，如图 2-7 所示。

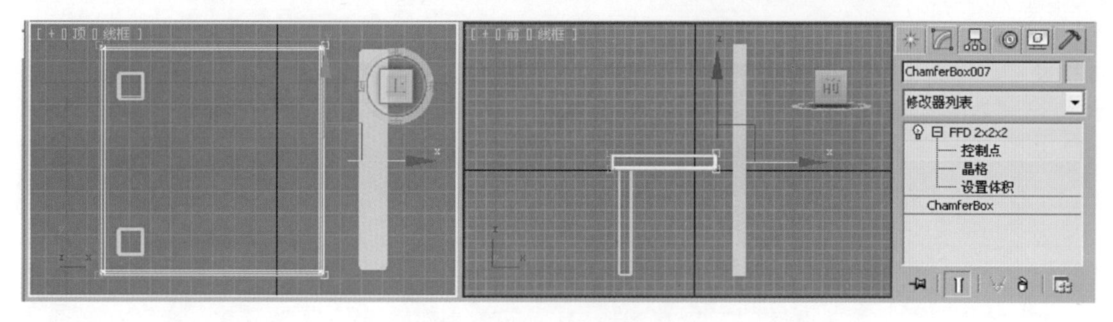

图 2-6　选择椅垫的控制点位置

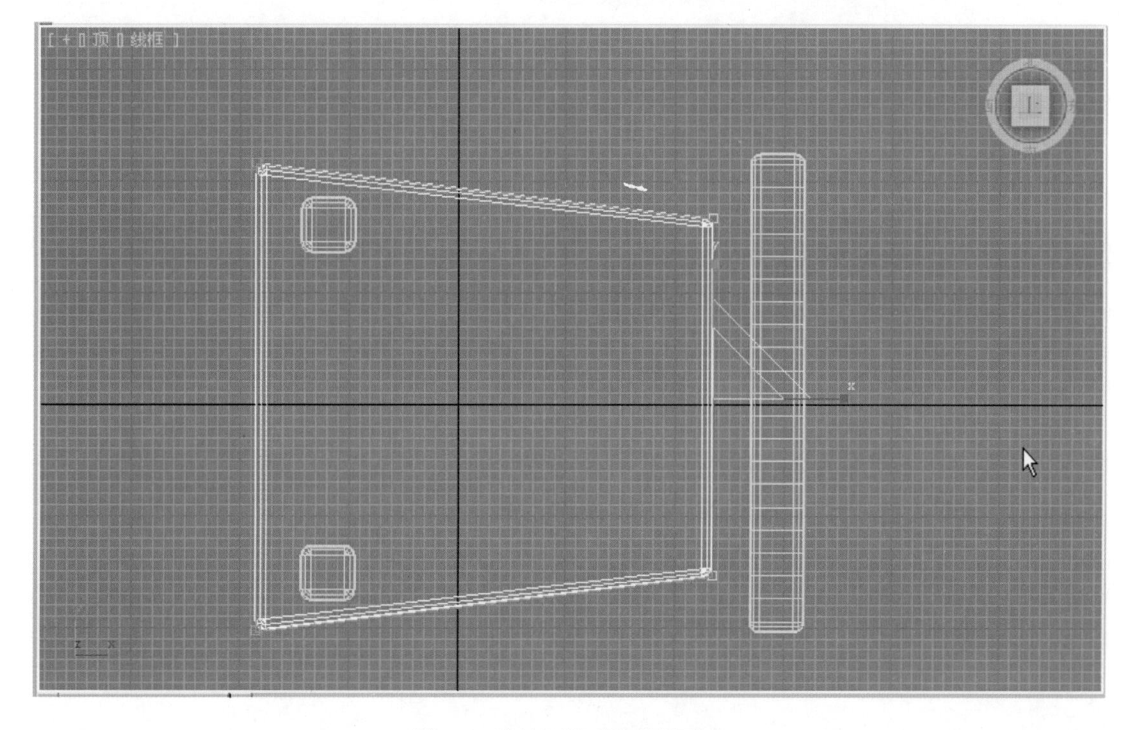

图 2-7　缩放调整后椅垫的形态

3. 在前视图中选择椅垫前面部分的控制点，使用 （移动）工具沿 Y 轴方向向上进行拖动调整，形态如图 2-8 所示。

4. 在前视图中选择一条椅腿，单击 （修改）→修改器列表→FFD 2×2×2→控制点级别，选择椅腿底部的控制点，配合 （缩放）工具沿 X 轴拖动调整椅腿部分，如图 2-9 所示。

注意：将另一条椅腿删除，复制缩放完成的椅腿，以保证椅腿的比例一致。

5. 再用同样的方法调整椅背。在顶视图中选择椅背，单击 （修改）→修改器列表→FFD 4×4×4→控制点级别，选择椅背中部的控制点，调整形态如图 2-10 所示。

注意：设置的切角长方体的长、宽、高的分段数值越高，弧形曲线越细致。

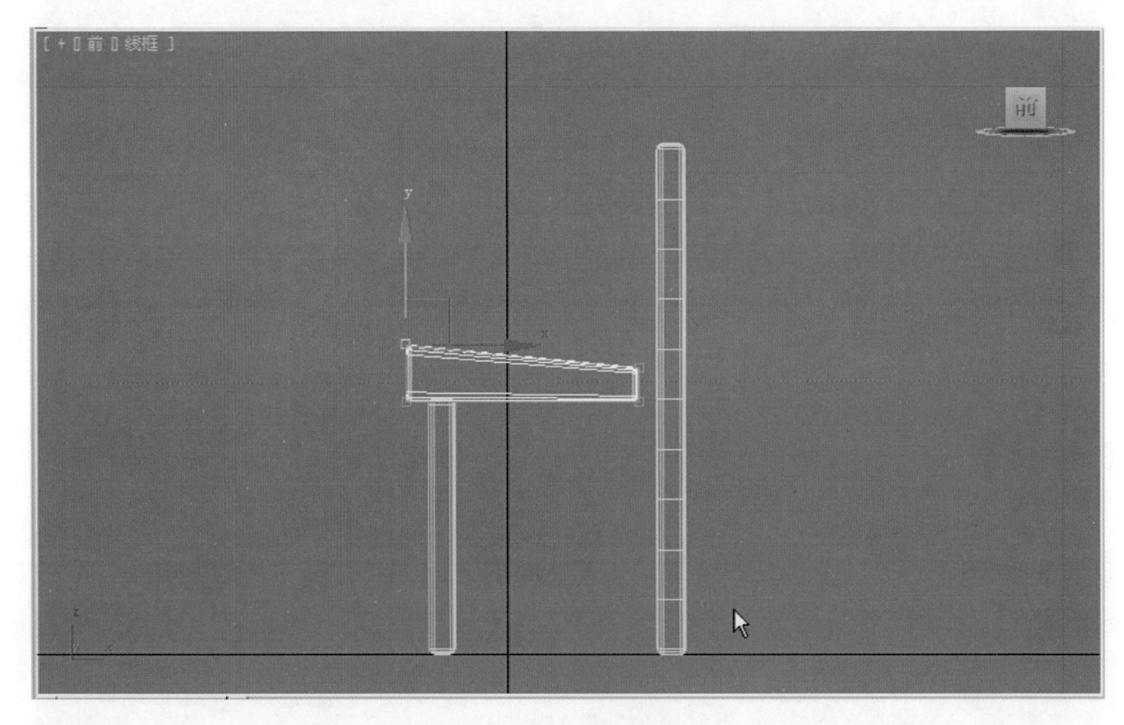

图 2-8　椅垫侧面调整形态

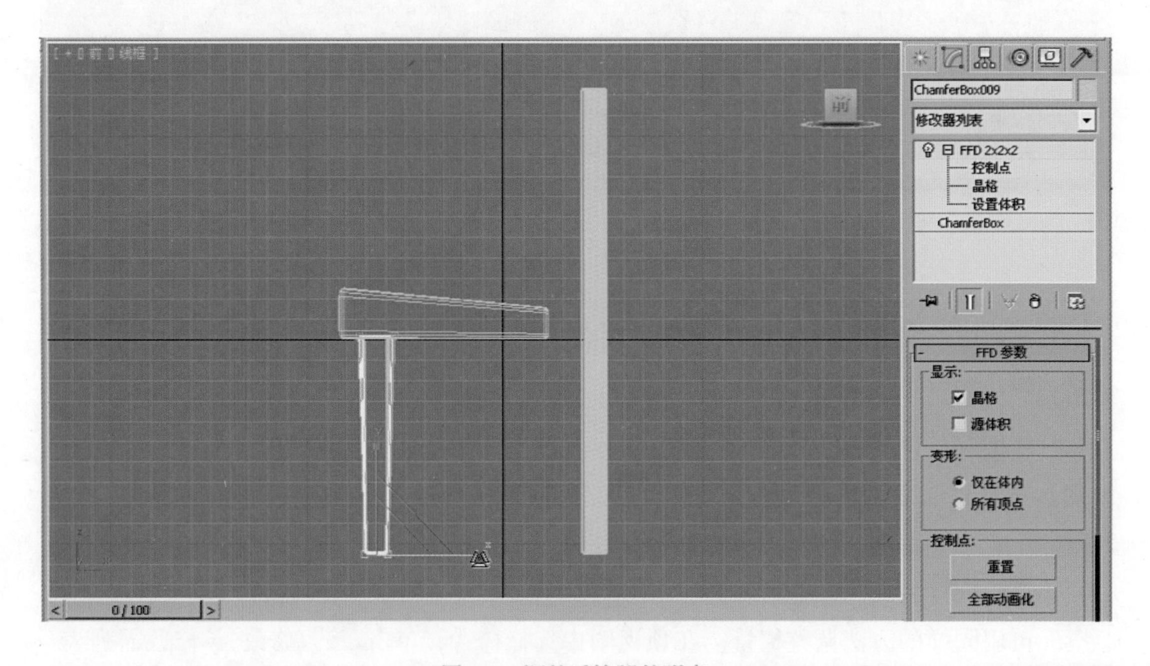

图 2-9　调整后椅腿的形态

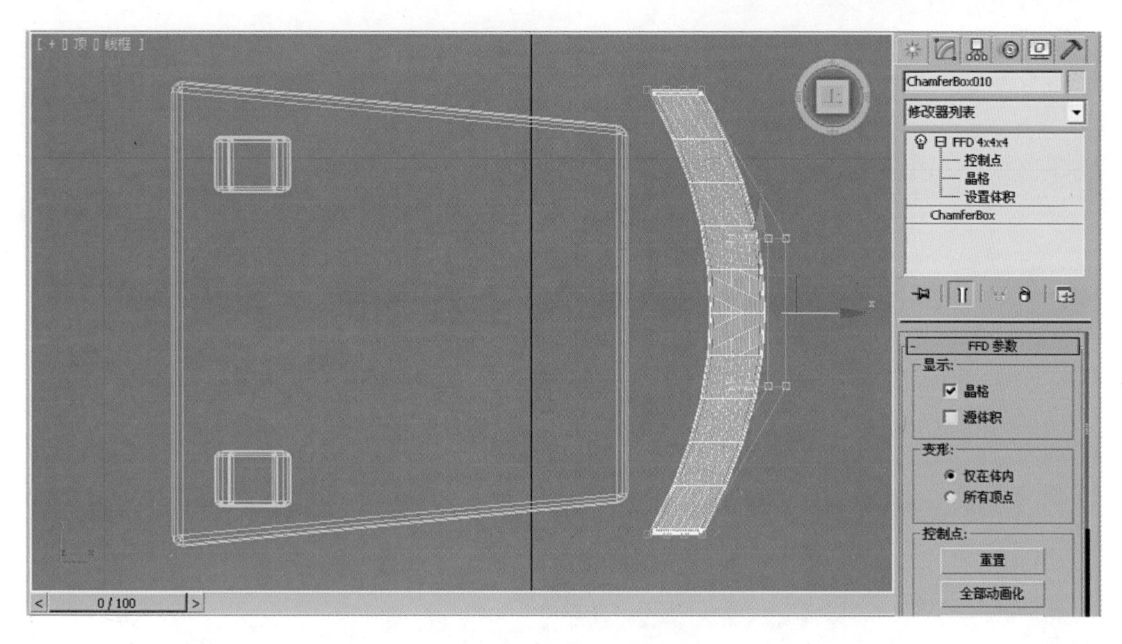

图 2-10　将椅背进行弧形调整

6. 在透视图中可以看到椅子的形态有些不稳定，如图 2-11 所示。

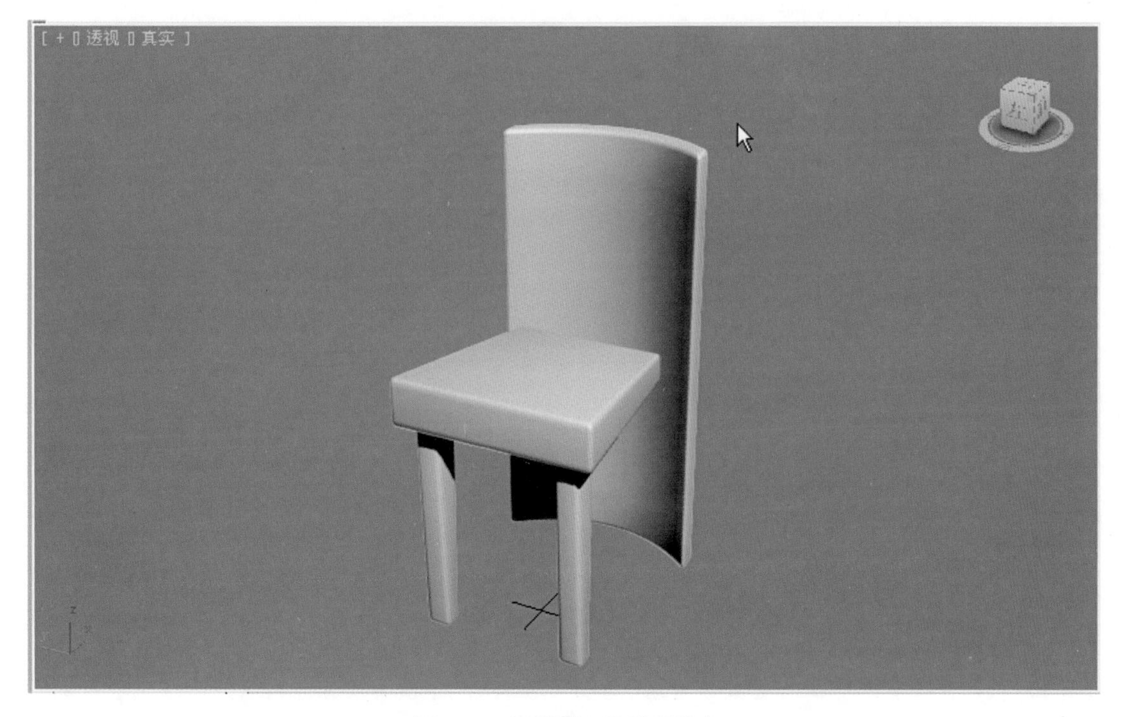

图 2-11　透视图中椅子的形态

7. 在前视图中选择椅背，继续调整椅背的形态，单击（修改）→修改器列表→FFD 4×4×4→控制点级别，在前视图中选择椅背中部的控制点，使用（移动）工具沿 X 轴进行拖动，调整到如图 2-12 所示形态。

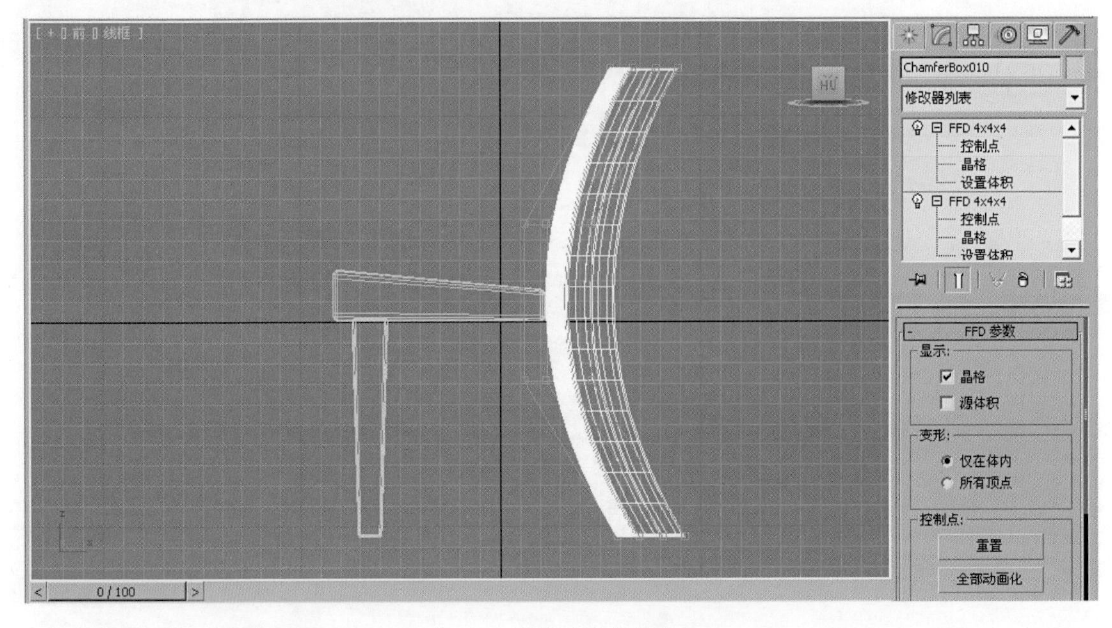

图 2-12 调整后椅背的形态

8. 最后再次调整椅背。在左视图中，单击 (修改)→修改器列表→FFD 2×2×2→控制点级别，选择椅子下端的控制点，配合工具栏中的 (缩放) 工具沿 X 轴进行缩放，使椅子看起来更加稳定，如图 2-13 所示。

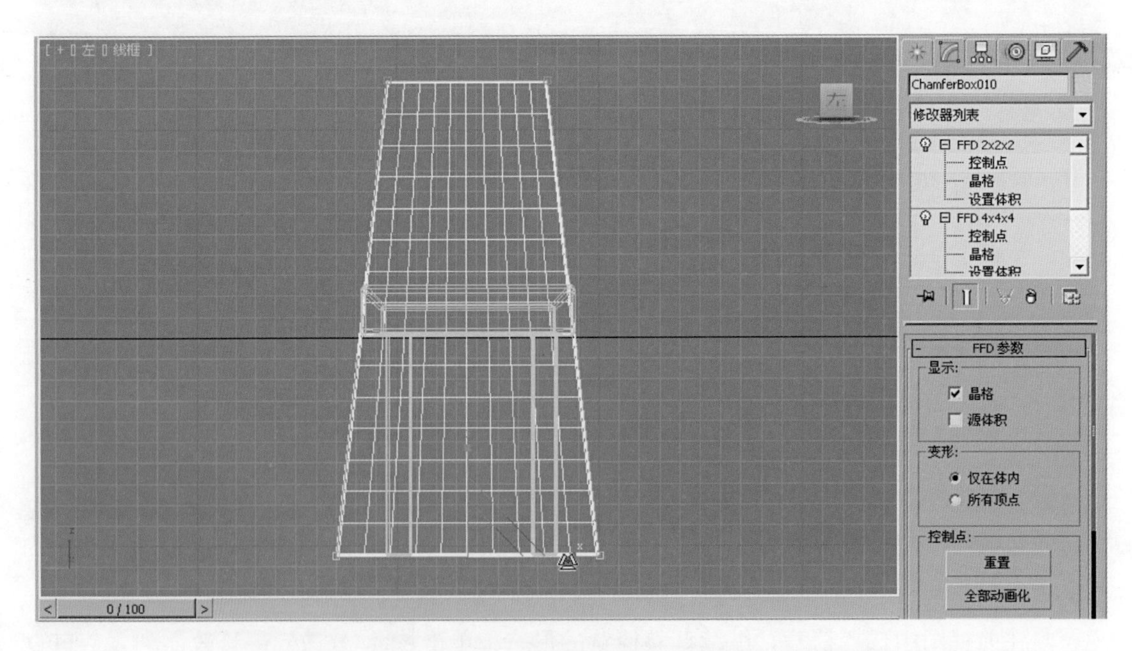

图 2-13 调整后的形态

9. 最后，单击菜单栏中的“文件→保存”命令，将此造型保存为“餐椅.max”。

【知识链接】

1. 餐椅的高度比例要符合人体工程学，一般餐椅的座面高度为 450mm。
2. 餐桌椅配套使用，桌椅高度差应控制在 280~320mm 范围内。

【任务评价】

任务内容	满　分	得　分
本项任务需一课时内完成	20 分	
椅背的弧度造型是否合理美观	40 分	
椅子的整体比例关系是否稳定协调	40 分	

学习情境 2　制作餐桌

【学习目标】

1. 利用“倒角”、“切角”命令对创建的形体进行修改、调整，完成餐桌形态的制作。
2. 利用连接可编辑多边形的边增加面的细分。

【情境描述】

制作室内设计中餐厅必不可少的家具——餐桌，如图 2-14 所示。

图 2-14　完成的餐桌效果图

【任务实施】

一、制作餐桌桌面

1. 启动 3ds Max 2012 软件，在菜单栏中单击“自定义→单位设置”命令，将单位设置为毫米，如图 1-15 所示。

2. 在顶视图中，单击 （创建）→ （几何体）→标准几何体→ 长方体 按钮，绘制一个矩形作为餐桌的桌面，形态如图 2-15 所示。

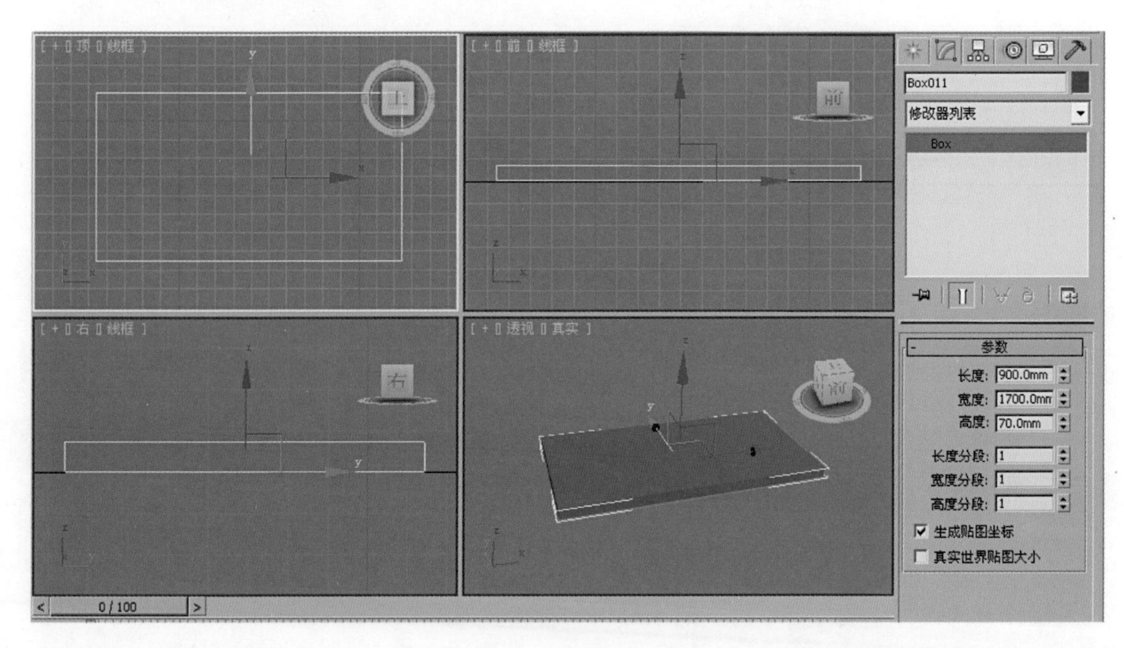

图 2-15　绘制餐桌的桌面

3. 在前视图中选择矩形，单击鼠标右键，在弹出的快捷菜单中选择“转换为→转换为可编辑多边形”命令，进入 （边）层级，如图 2-16 所示。

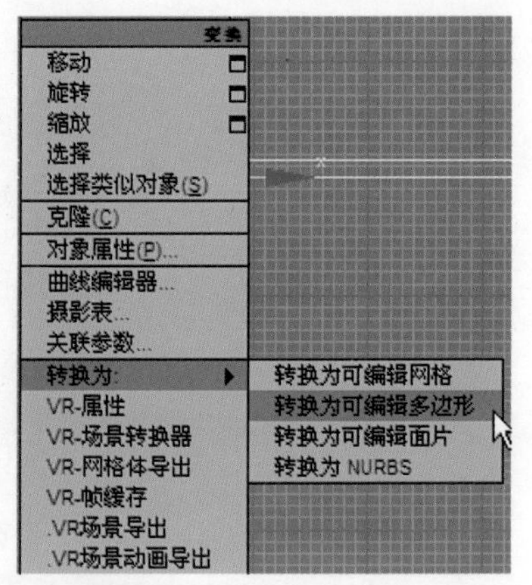

图 2-16　“转换为”子菜单

4. 单击 （修改）→可编辑多边形→ （边）层级，在左视图中选择桌面的 4 条边，如图 2-17 所示。然后单击“编辑边”卷展栏下的 连接 按钮，增加边的分段，如图 2-18 所示。

5. 确认选择刚才新增加分段的边，单击 切角 按钮，设置“切角”值，如图 2-19 所示。在透视图中使用 （环绕子对象）工具配合 <Ctrl> 键，将其转换为面的选择，然后单击“收缩”按钮，如图 2-20 所示。

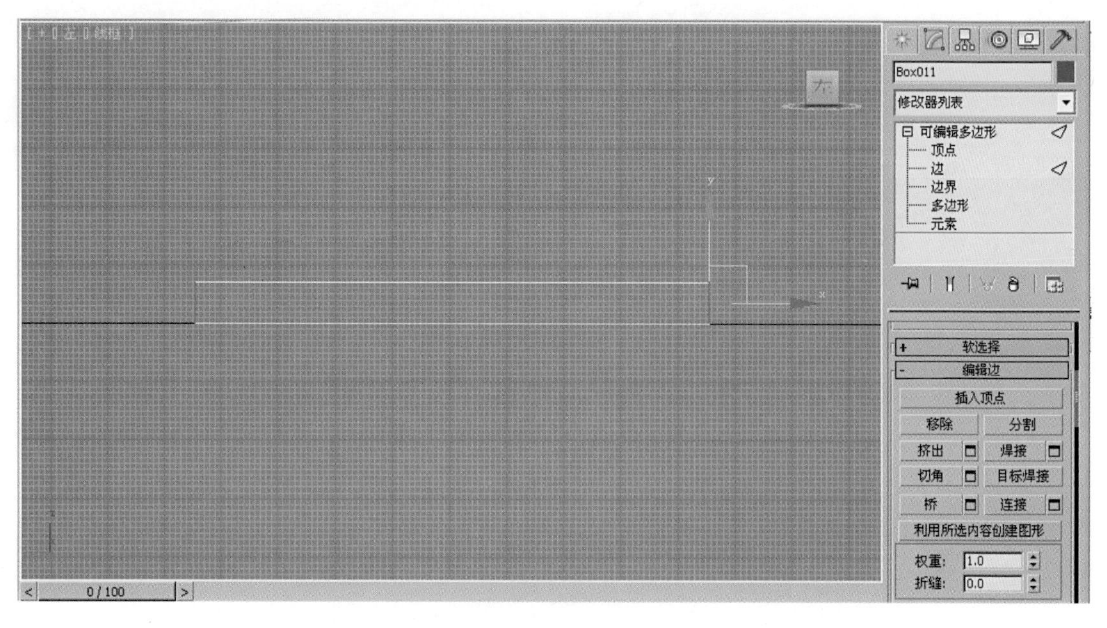

图 2-17　选择桌面的 4 条边

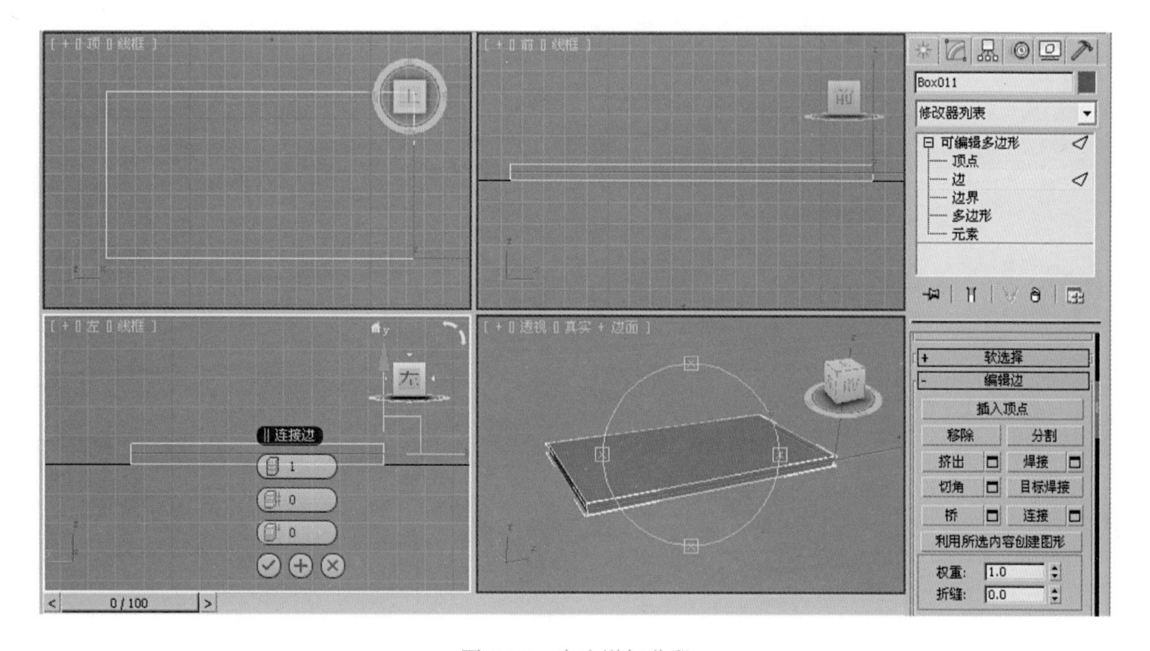

图 2-18　为边增加分段

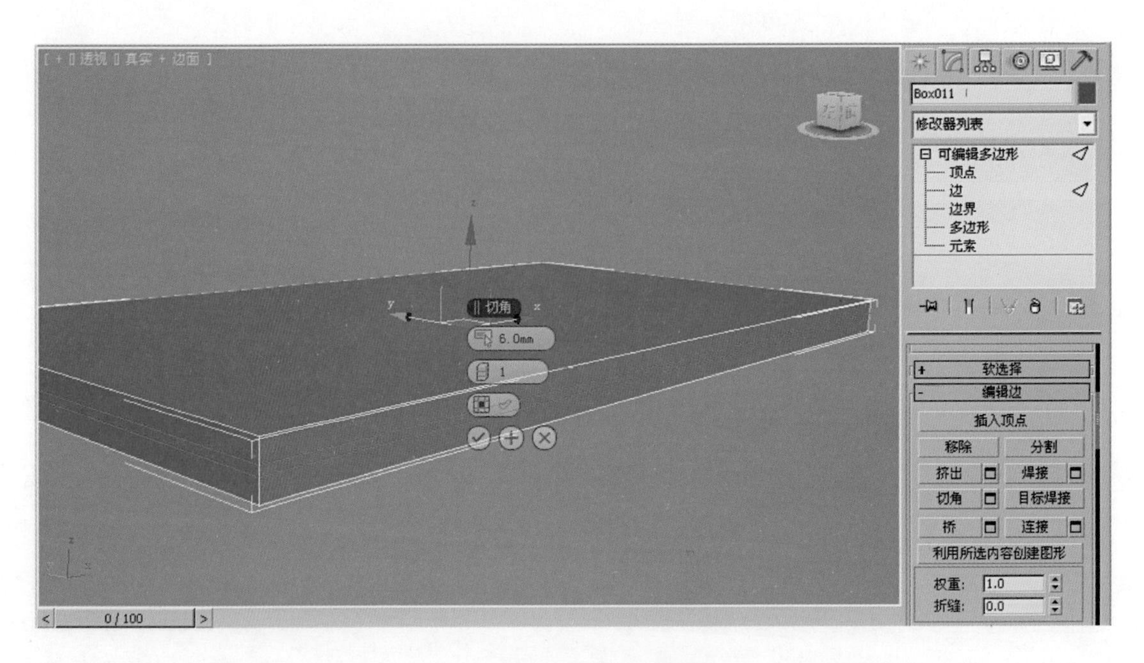

图 2-19　为增加的边进行切角

图 2-20　为增加的面进行收缩

6. 继续上一步，单击“**挤出**”按钮，将挤出类型设置为“**局部法线**”，基础高度为 -6mm，如图 2-21 所示。

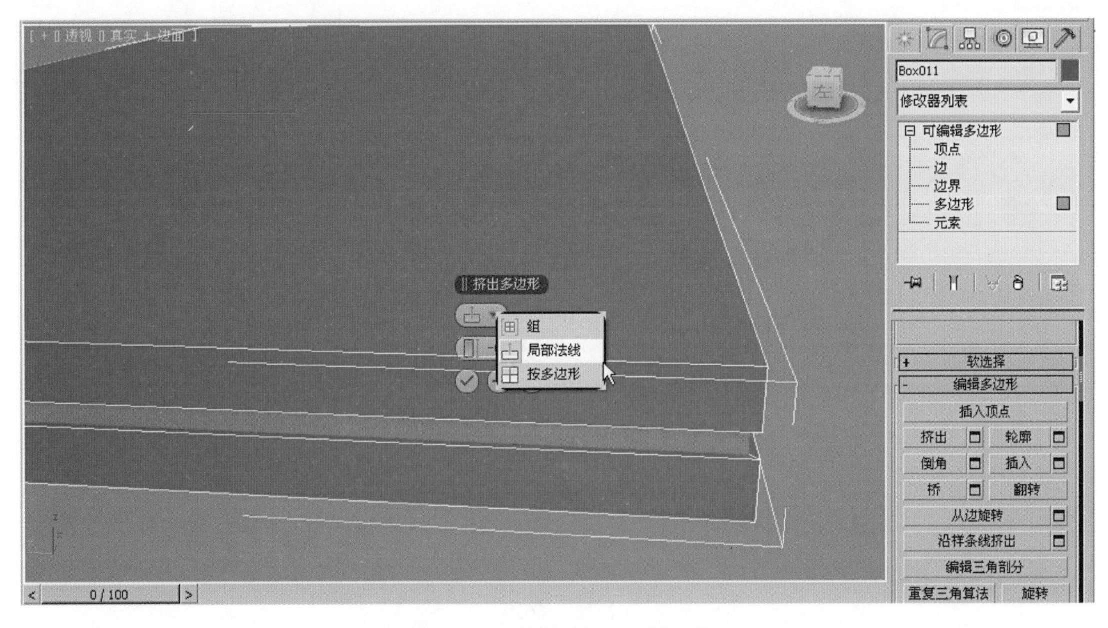

图 2-21　对增加的边进行切角

7. 在透视图中，单击进入到 (边）层级。选择所有的边并为其增加切角，餐桌桌面就制作完成了，如图 2-22 所示。

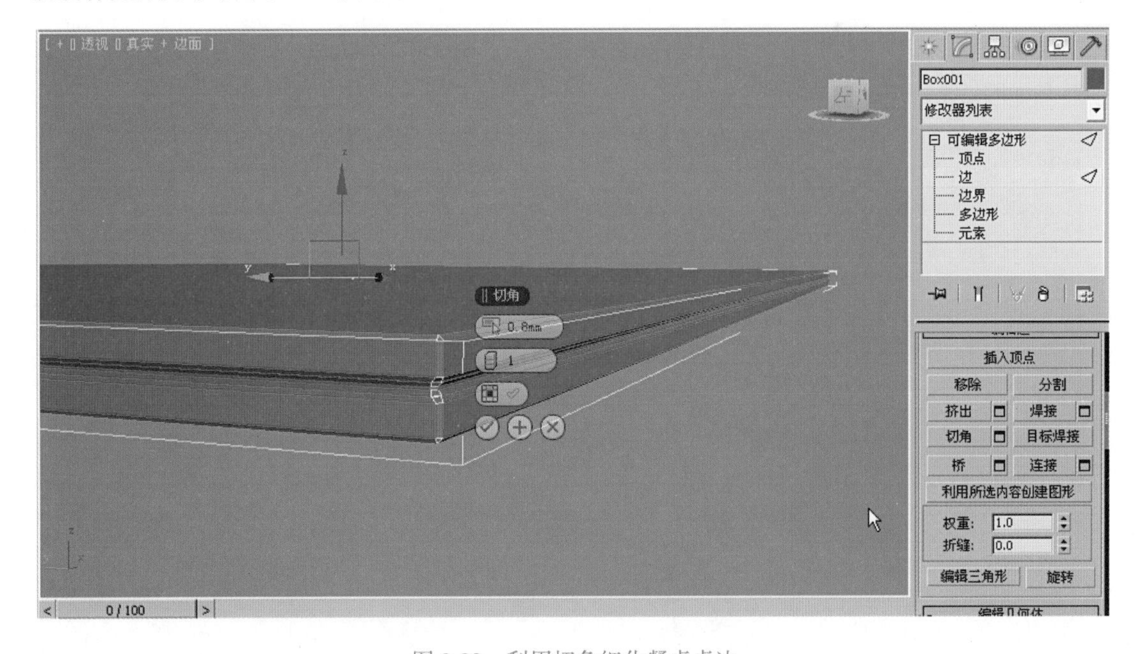

图 2-22　利用切角细化餐桌桌边

8. 然后单击进入 (多边形) 层级。选择餐桌桌面，单击“编辑多边形”卷展栏中的 倒角 按钮，如图 2-23 所示。

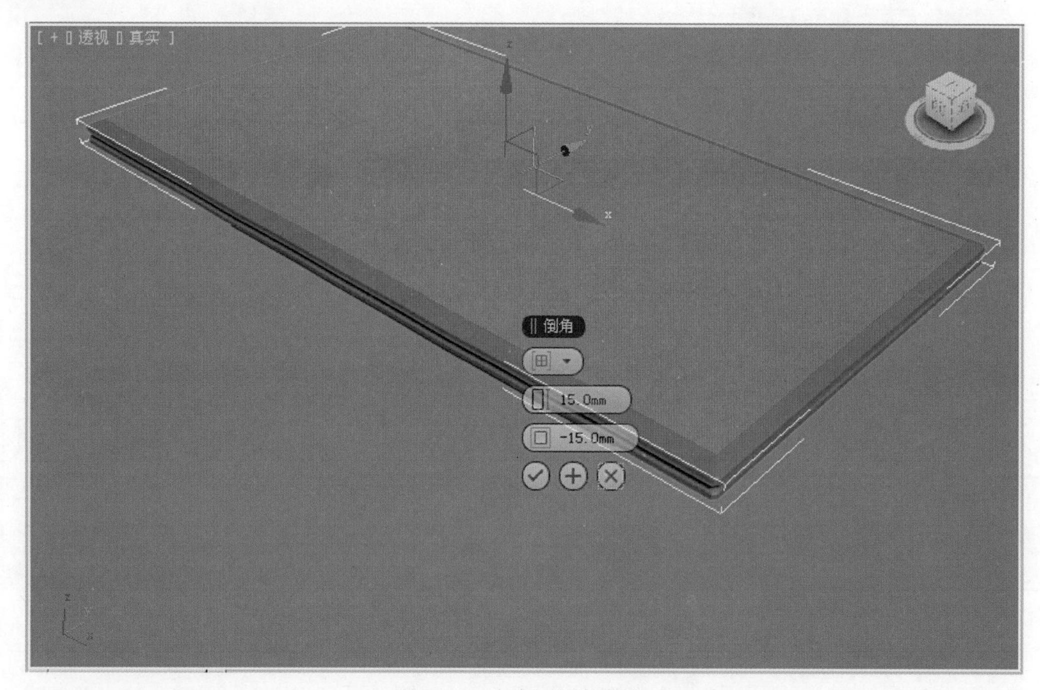

图 2-23　为桌面添加倒角

二、制作餐桌桌腿

1. 在顶视图中，单击 (创建)→ (几何体)→标准几何体→ 长方体 按钮，尺寸形态如图 2-24 所示。

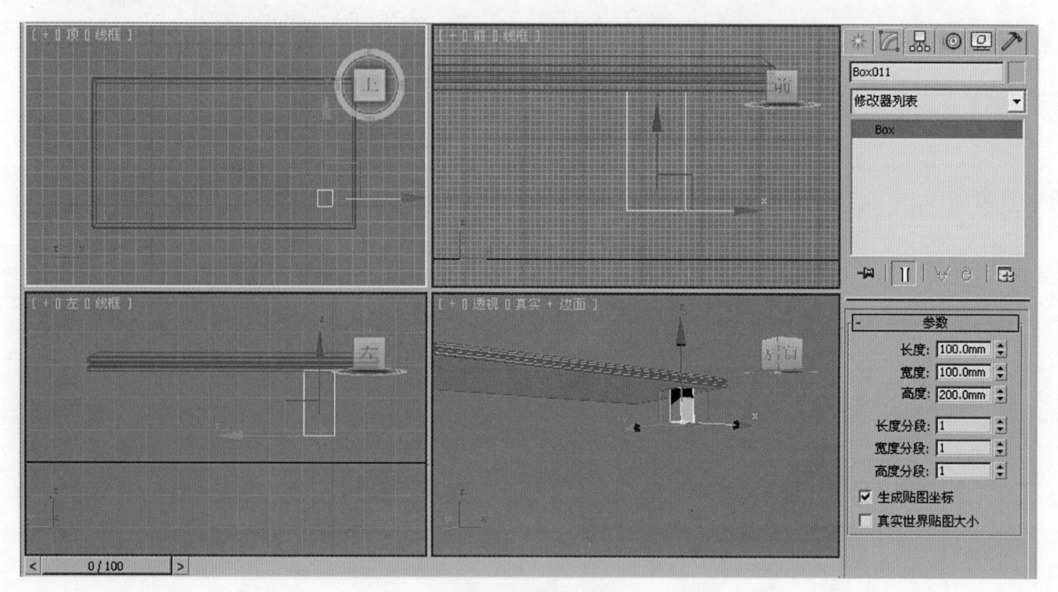

图 2-24　制作桌腿

2. 选择矩形，单击鼠标右键，在弹出的快捷菜单中选择“转换为→转换为可编辑多边形”命令。在透视图中单击（修改）进入（面）层级，然后单击“编辑多边形”卷展栏中的 倒角 按钮，形态如图 2-25 所示。

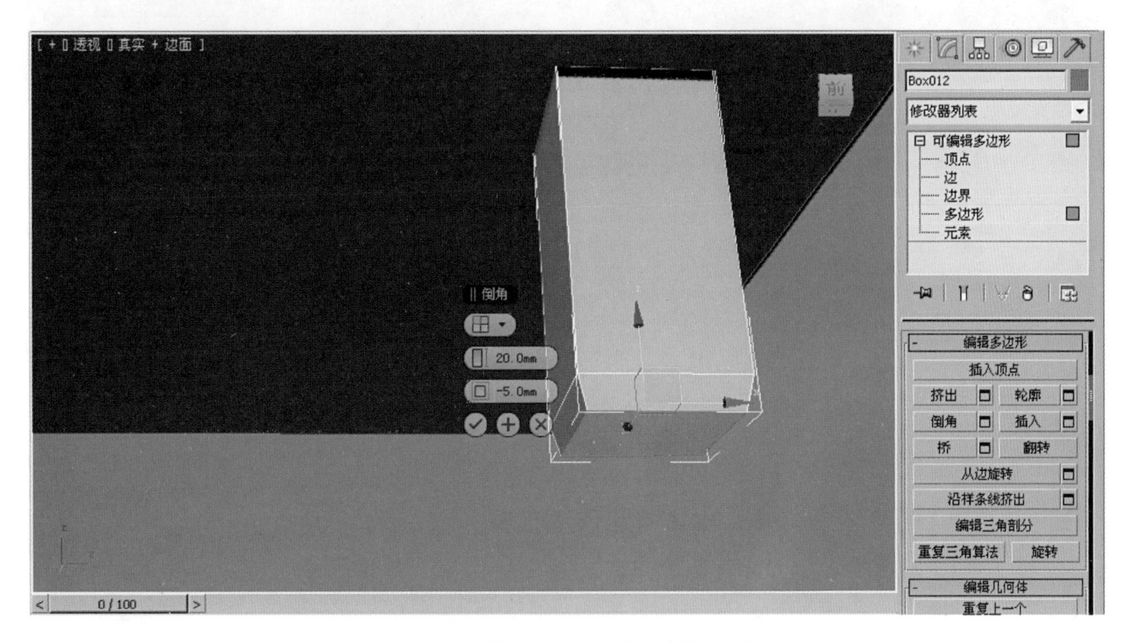

图 2-25 利用“倒角”命令制作桌腿

3. 继续单击“编辑多边形”卷展栏中的 倒角 按钮，执行多次“倒角”命令，参数参照图 2-26~ 图 2-30，将桌腿调整为如图 2-31 所示形态。

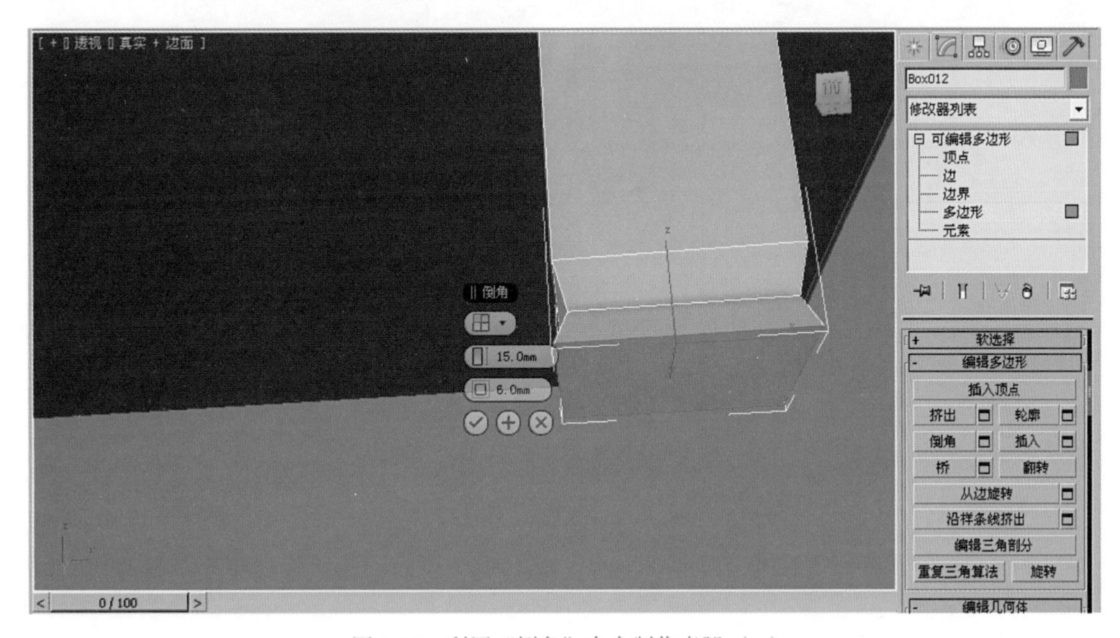

图 2-26 利用“倒角”命令制作桌腿（一）

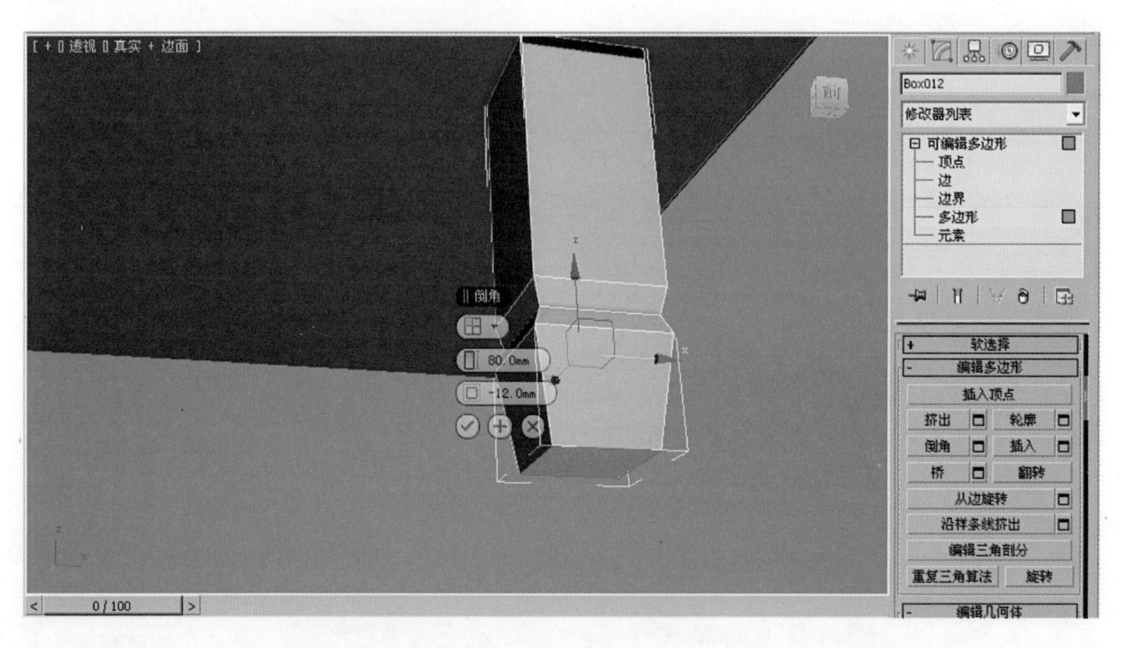

图 2-27　利用“倒角”命令制作桌腿（二）

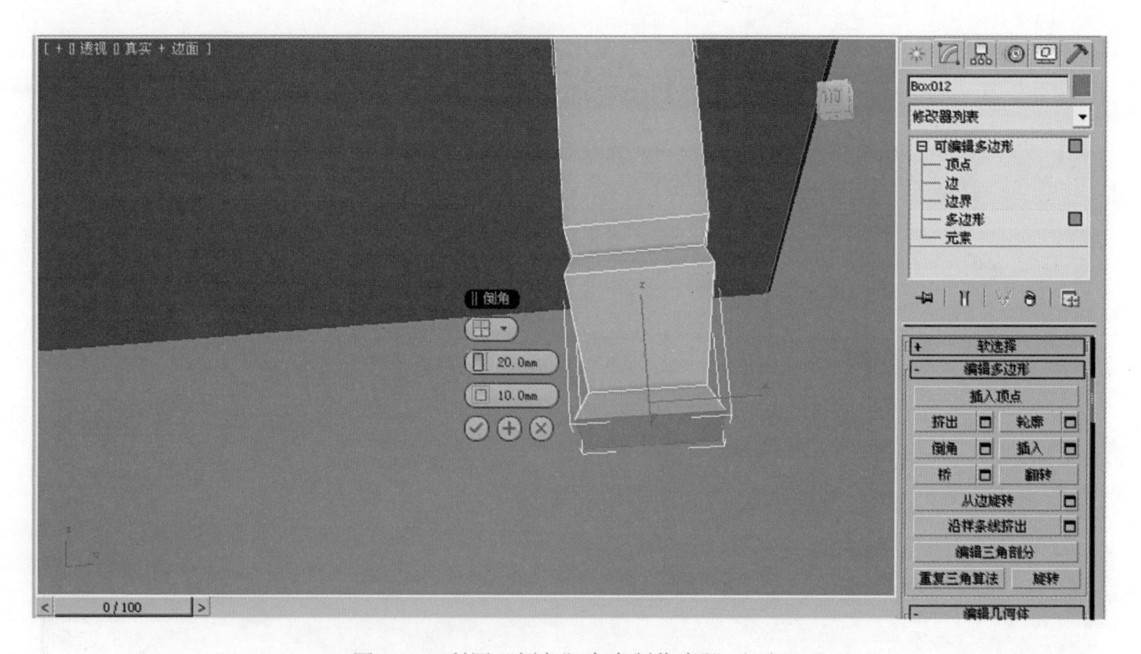

图 2-28　利用“倒角”命令制作桌腿（三）

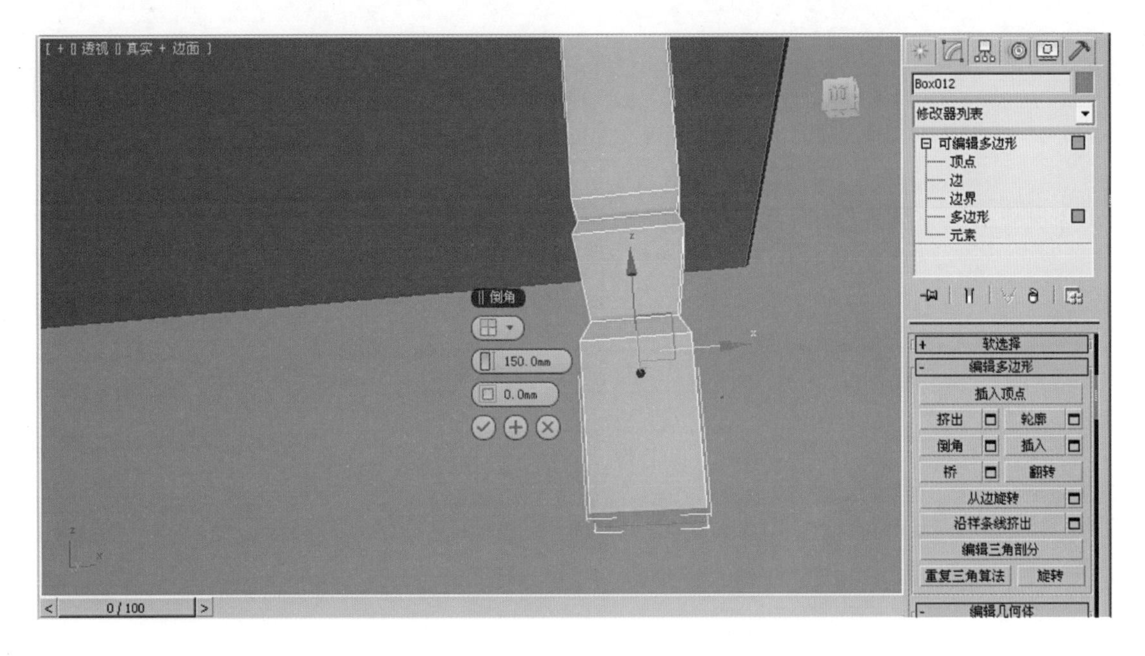

图 2-29　利用“倒角”命令制作桌腿（四）

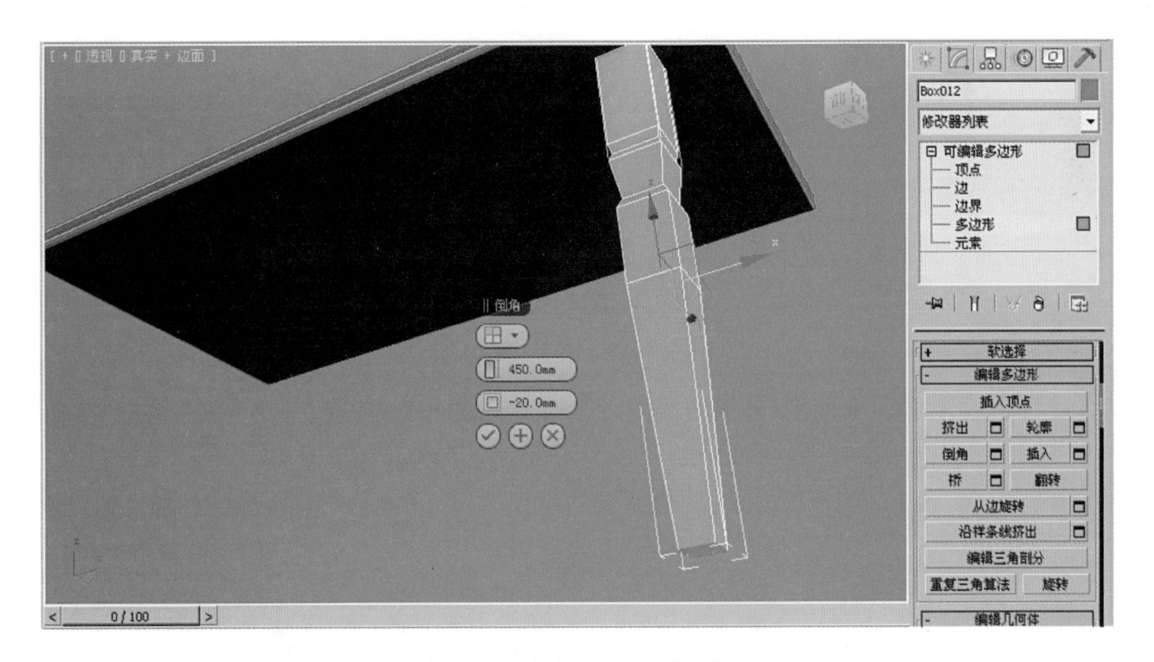

图 2-30　利用“倒角”命令制作桌腿（五）

图 2-31　桌腿的完整形态

4. 在前视图中，进入（边）层级。选择桌腿所有的边，单击“切角”按钮为其添加切角，如图 2-32 所示。

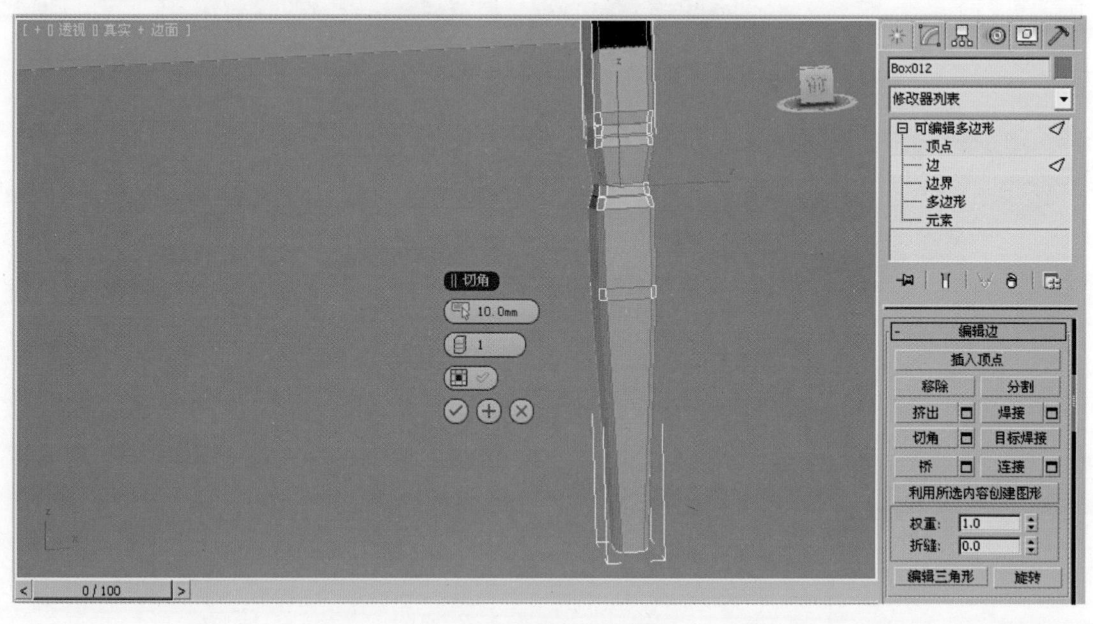

图 2-32　给桌腿添加切角

5. 在顶视图中，选择调整好的桌腿进行实例复制，如图 2-33 所示。

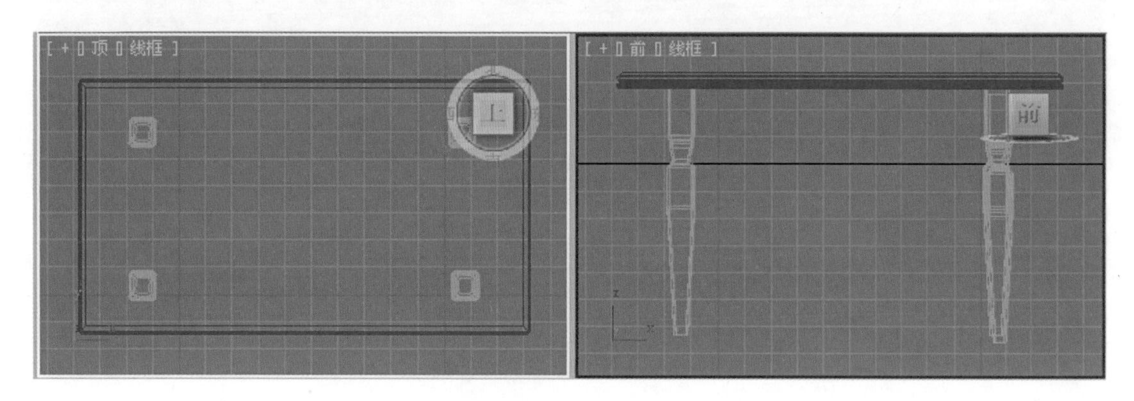

图 2-33　复制桌腿

6. 单击 (创建)→ (几何体)→标准几何体→ 长方体 按钮，尺寸形态如图 2-34 所示。

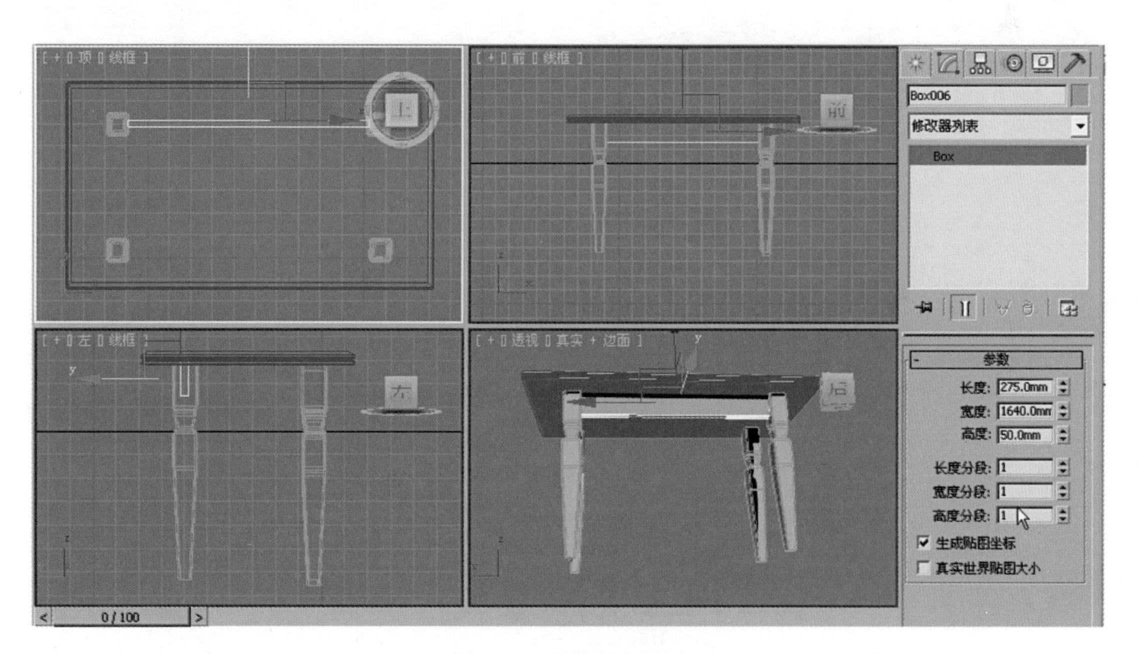

图 2-34　制作餐桌挡板

7. 单击调整好的矩形，对其进行复制，位置及形态如图 2-35 所示。
8. 再用同样的方法创建餐桌两端下面的桌腿，如图 2-36 所示。
9. 单击菜单栏中的“文件→保存”命令，将此造型保存为“餐桌.max”。

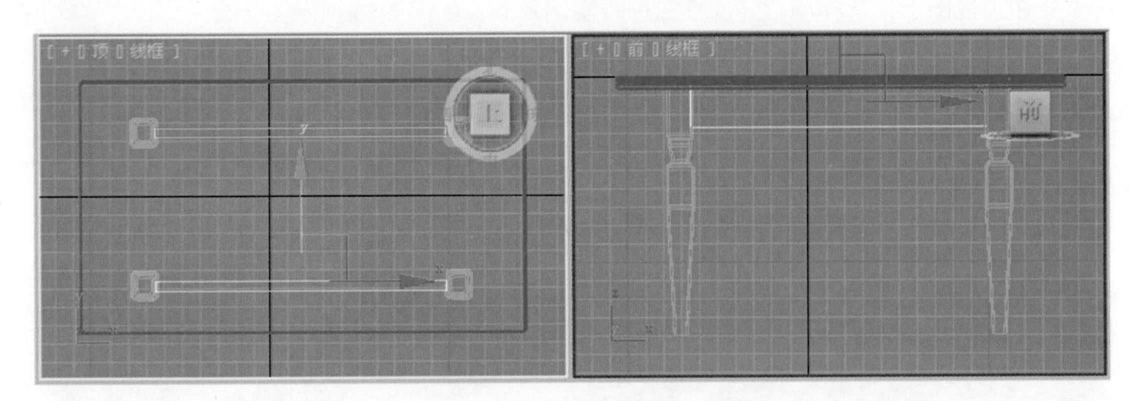

图 2-35　复制餐桌挡板

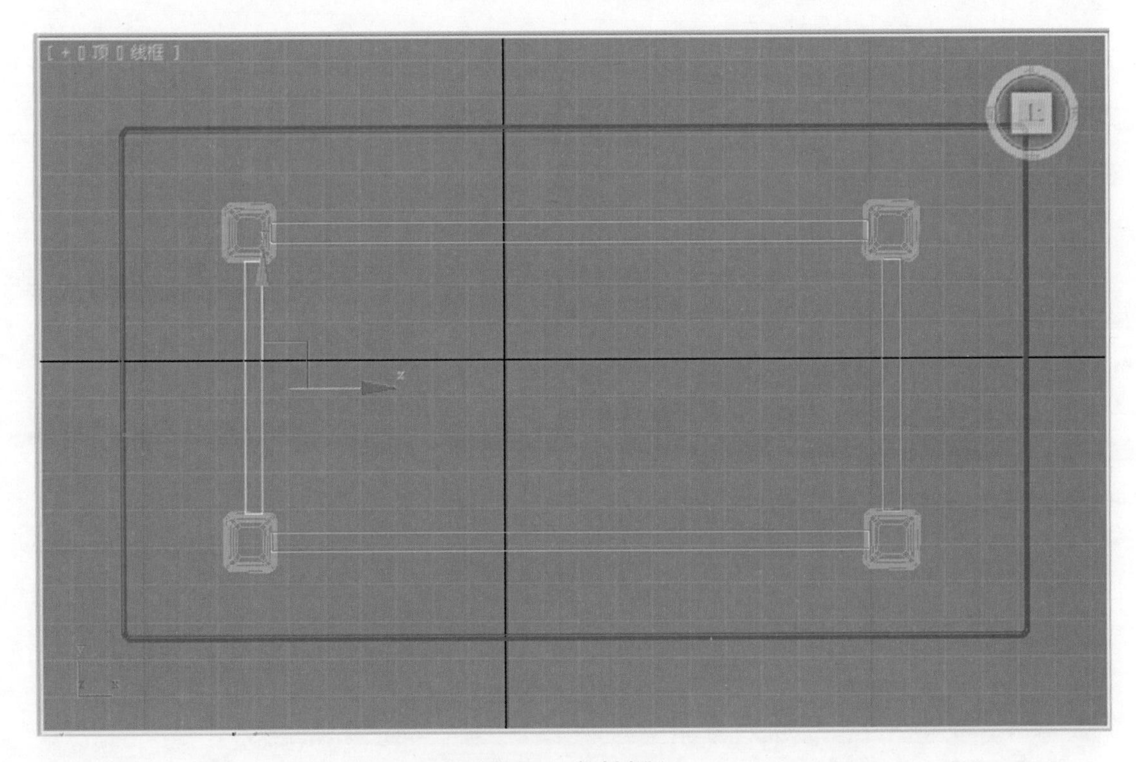

图 2-36　复制桌腿

【知识链接】

餐桌的形状对家居的氛围有一定影响。长方形的餐桌更适合用于较大型的聚会；而圆形餐桌令人感觉更有民主气氛；不规则的桌面，如像一个逗号形状的桌面，则更适合两人小天地使用，显得温馨自然；另有可折叠样式的，使用起来比固定式的灵活。

【任务评价】

任务内容	满　分	得　分
本项任务需一课时内完成	10 分	
桌腿的分割比例及形态是否美观	35 分	
餐桌的倒角处理是否合理到位	20 分	
桌腿和桌面的整体比例关系是否协调	35 分	

学习情境 3　制作茶几

【学习目标】

1. 利用“创建图形”、“可编辑样条线”、“挤出”、“壳”、“布尔”命令完成茶几的主体结构。

2. 利用“可编辑多边形”、“切角”、“缩放”命令修饰茶几的细节。

【情境描述】

制作客厅中的玻璃茶几，如图 2-37 所示。

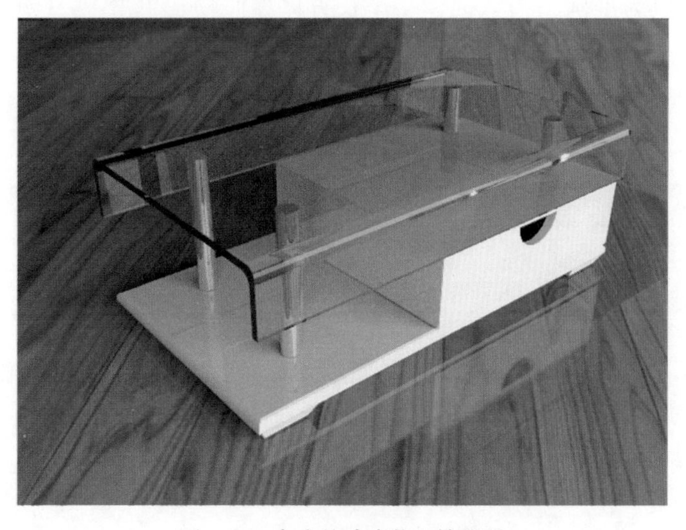

图 2-37　完成的玻璃茶几效果图

【任务实施】

一、制作茶几面

1. 启动 3ds Max 2012 软件，在菜单栏中单击“自定义→单位设置”命令，将单位设置为毫米，如图 1-15 所示。

2. 单击 (创建)→ (图形)→ 线 按钮，在顶视图中绘制出茶几的剖面，形态如图 2-38 所示。

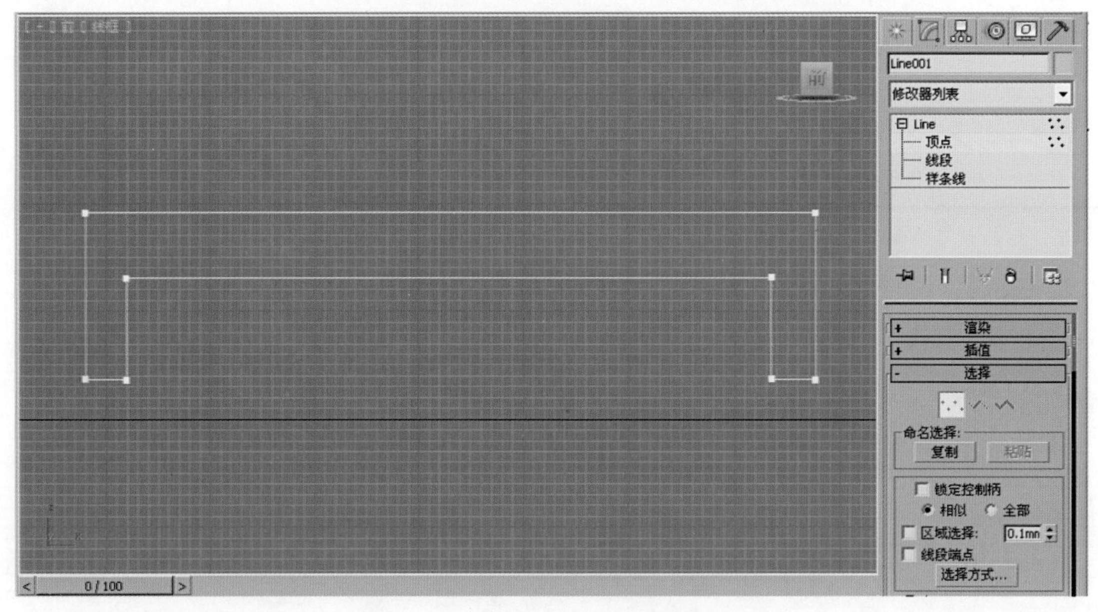

图 2-38　绘制茶几的剖面

3. 为了使茶几的尺寸更为准确，为它创建一个长方体参照物，单击 (创建)→ (几何体)→ 长方体 按钮，尺寸形态如图 2-39 所示。参照长方体调整好尺寸之后，选择长方体将其删除。

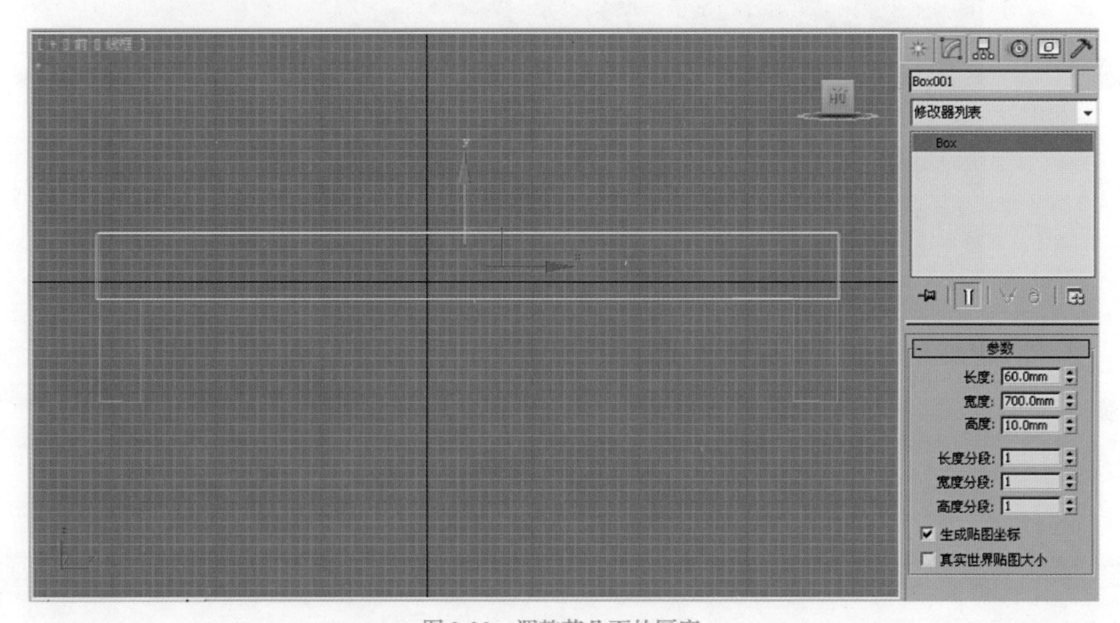

图 2-39　调整茶几面的厚度

4. 单击 （修改）→修改器列表→编辑样条线，进入 （顶点）层级。单击“几何体”卷展栏中的 圆角 按钮，在前视图中调整茶几的剖面图，如图 2-40 所示。

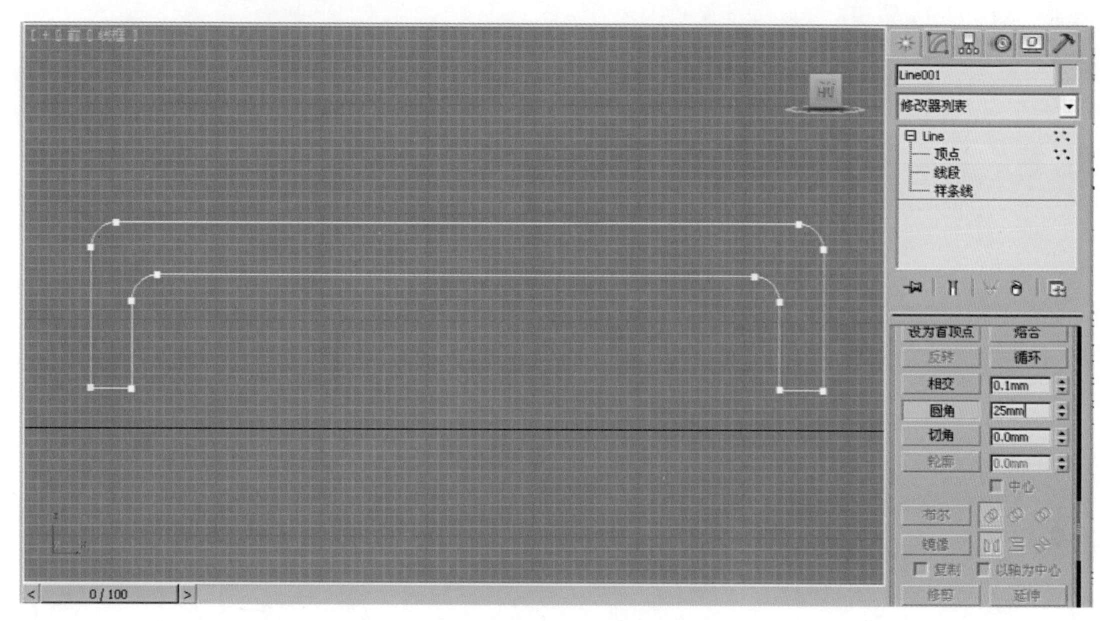

图 2-40 调整茶几的剖面图

5. 单击修改器列表→网格编辑→挤出，对茶几的剖面进行挤压，如图 2-41 所示。

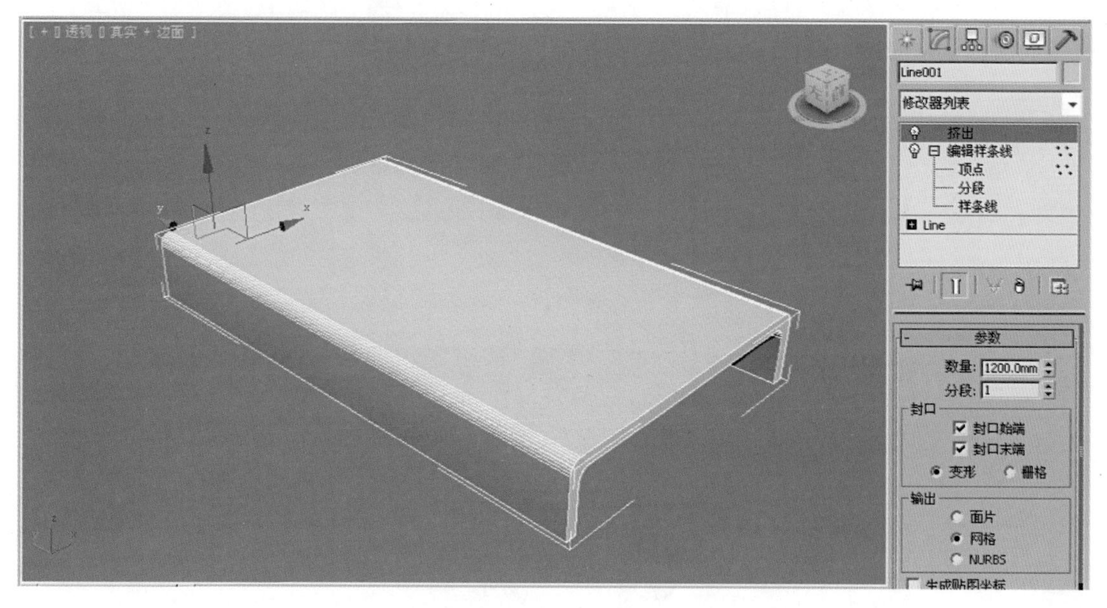

图 2-41 挤出茶几面的立体

注意：如果挤压之后感觉茶几的厚度不合适，可以回到“顶点”级别继续调整。

二、制作茶几的抽屉

1. 单击 （创建）→ （几何体）→标准基本体→ 长方体 按钮，创建茶几的装饰抽屉，如图 2-42 所示。

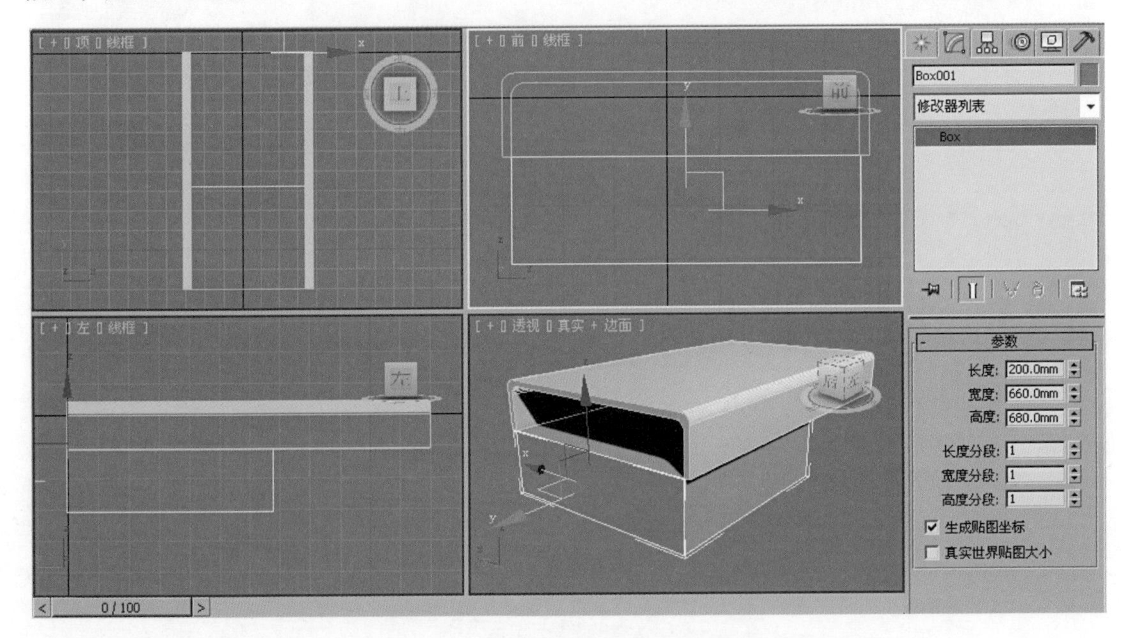

图 2-42　创建茶几的装饰抽屉（一）

2. 单击 （修改）→修改器列表→编辑多边形，进入 （多边形）层级。在透视图中选择长方体的一个面，按 <Delete> 键进行删除，如图 2-43 所示。

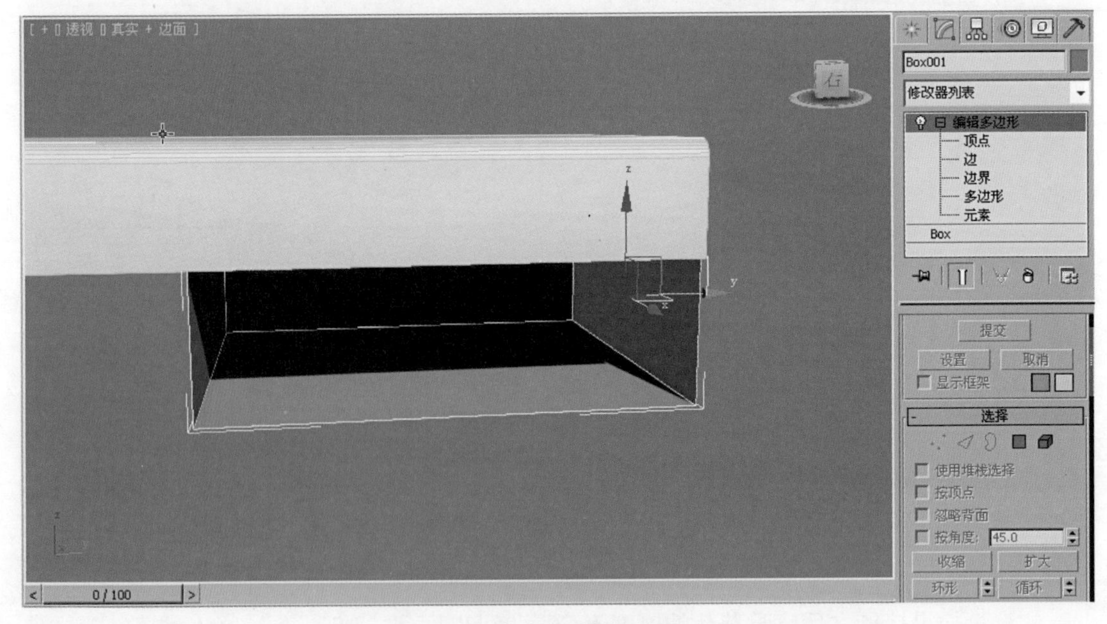

图 2-43　创建茶几的装饰抽屉（二）

3. 单击 （修改）→修改器列表→壳，设置参数如图 2-44 所示。

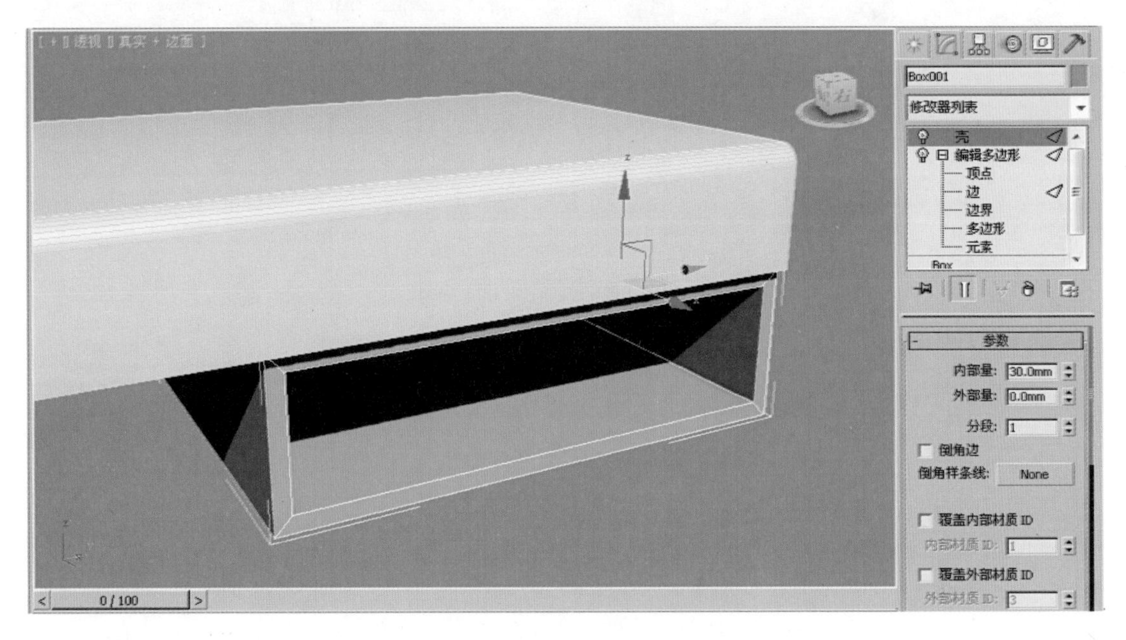

图 2-44　使用“壳”命令设置抽屉厚度

4. 在视图中，单击 （创建）→ （图形）→ 矩形 按钮，在图 2-45 所示位置绘制矩形。然后单击 （修改）→修改器列表→编辑样条线，再次单击 （修改）→修改器列表→挤出，挤出数量参数值设置如图 2-46 所示。

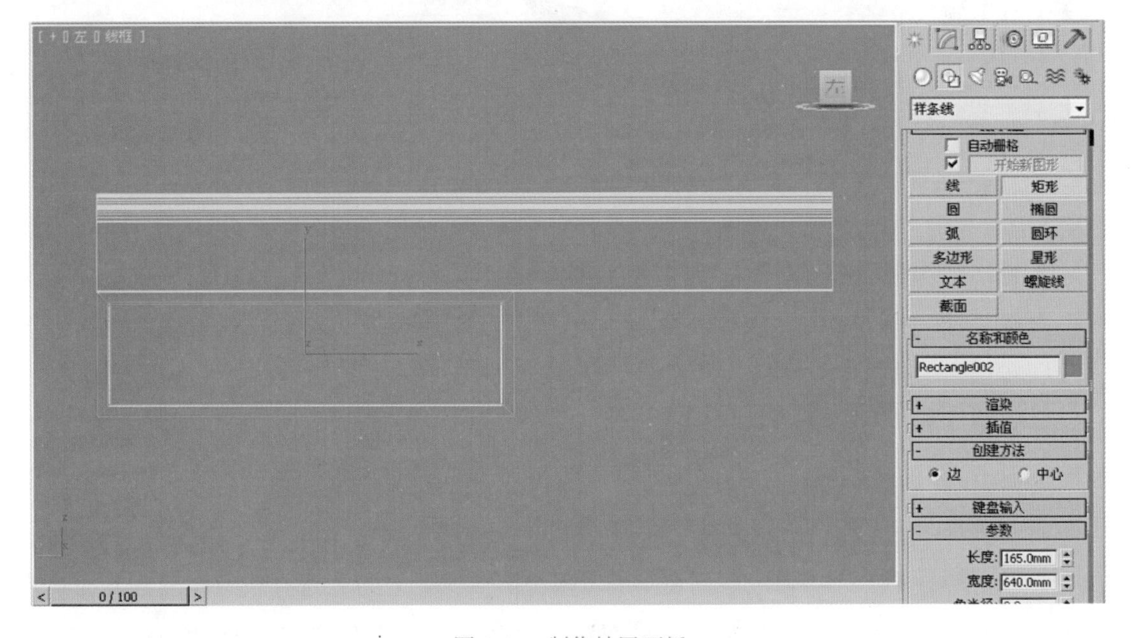

图 2-45　制作抽屉面板

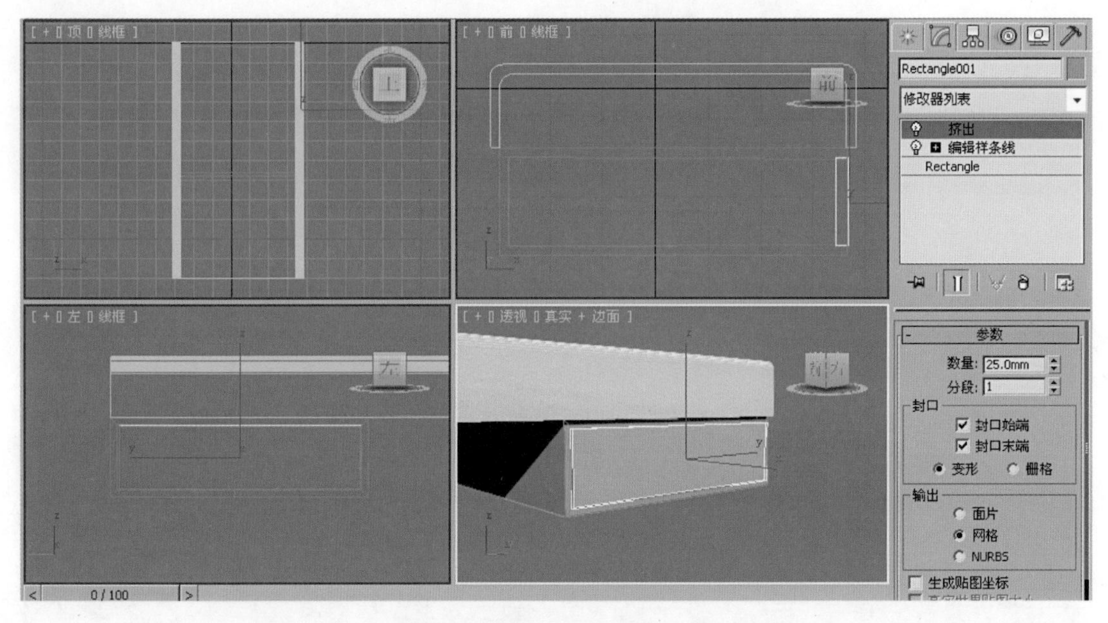

图 2-46 设置抽屉面板的厚度

5. 在左视图中，单击 (创建)→ (几何体)→标准几何体→ 圆柱体 按钮，在如图 2-47 所示位置创建一个圆柱体作为抽屉把手。

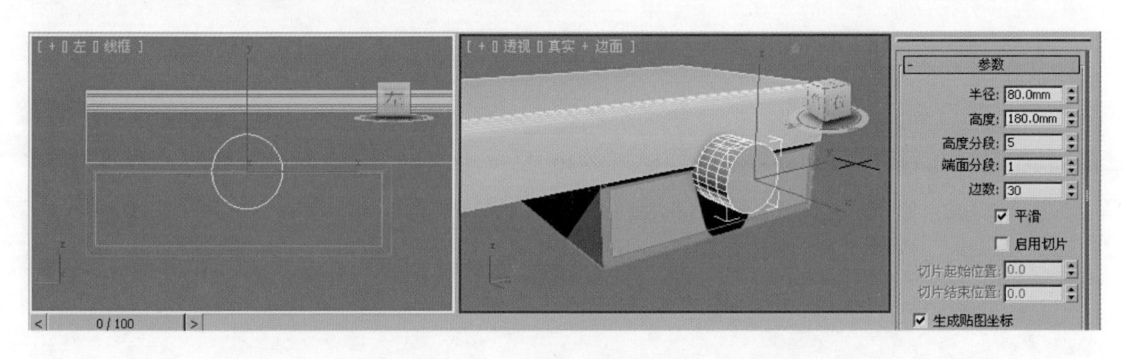

图 2-47 制作抽屉把手（一）

6. 确认挤出的矩形处于被选中状态，单击 (创建)→ (几何体)→复合对象→ 布尔 按钮，在“拾取布尔”卷展栏中单击 拾取操作对象 B 按钮，然后在透视图中选择上一步创建的圆柱体，如图 2-48 所示。

三、制作茶几的底部

1. 单击 (创建)→ (几何体)→标准几何体→ 长方体 按钮，在顶视图中创建长方体，位置及尺寸如图 2-49 所示。

2. 单击 (修改)→修改器列表→编辑多边形→ (边)，选择长方体上部分的 4 条边，然后单击“编辑边”卷展栏中的 切角 按钮，对选择的边进行切角处理，“切角”

值和边数设置如图 2-50 所示。为了使边更加平滑，可以按照上一步的数值设置重复两次切角操作，效果如图 2-51 所示。

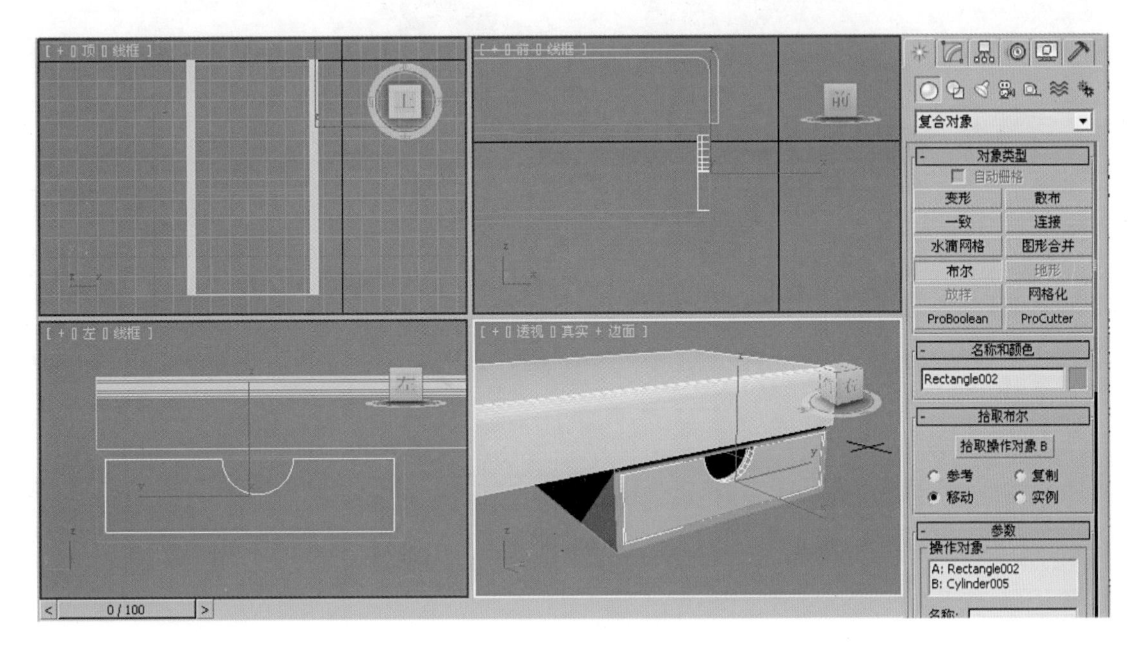

图 2-48　制作抽屉把手（二）

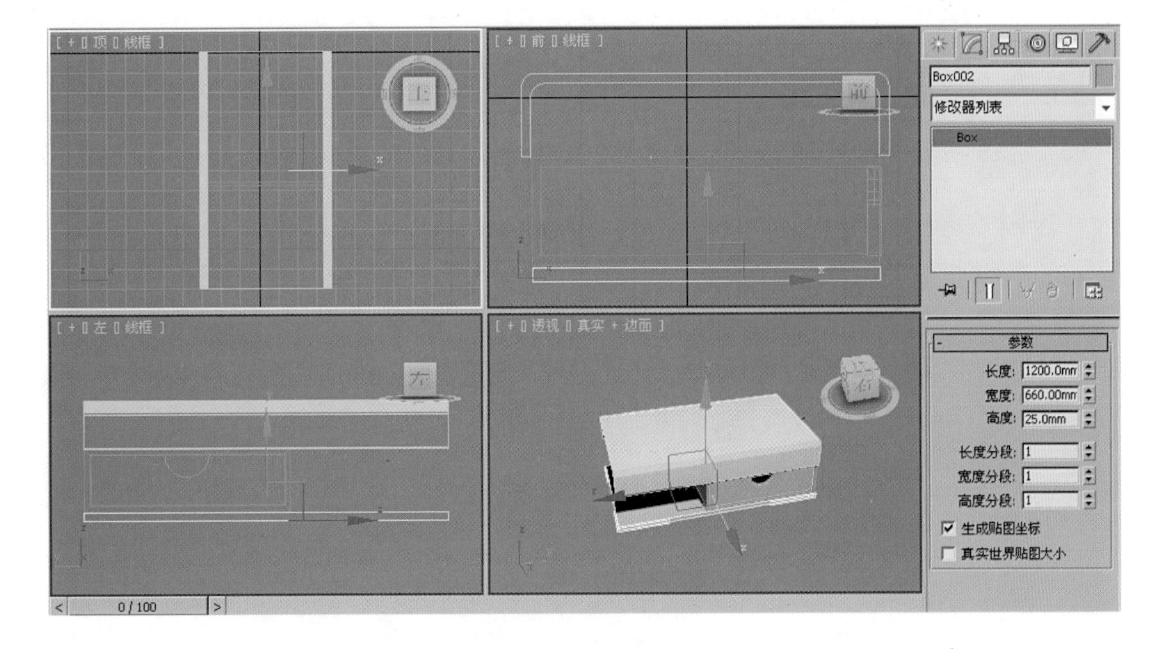

图 2-49　制作茶几的底部

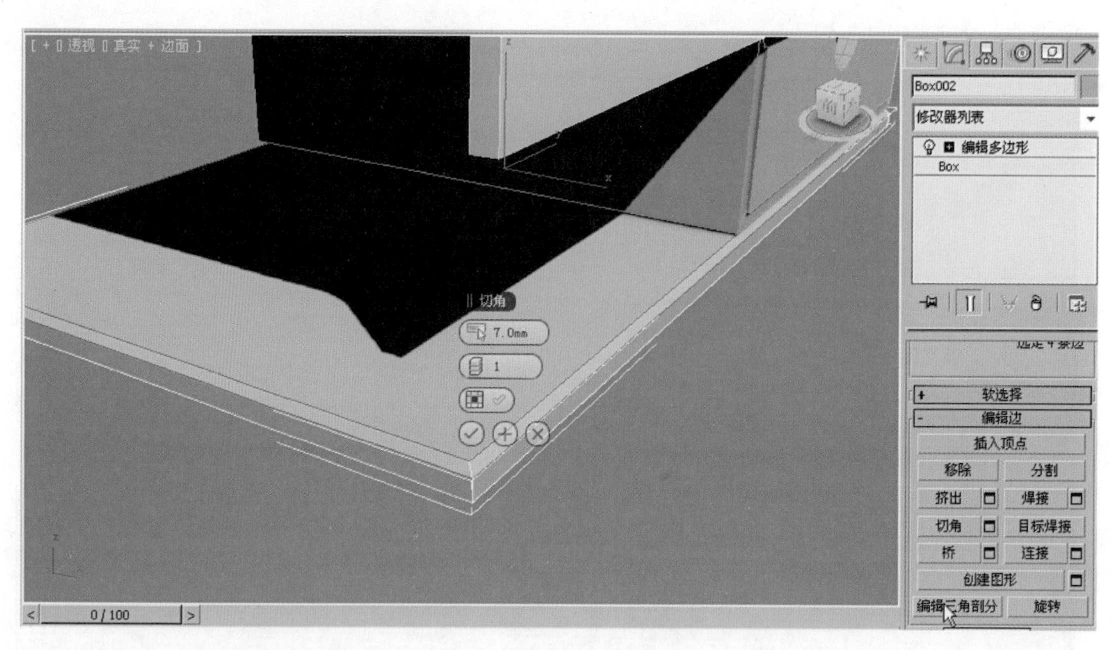

图 2-50　修饰茶几底部（一）

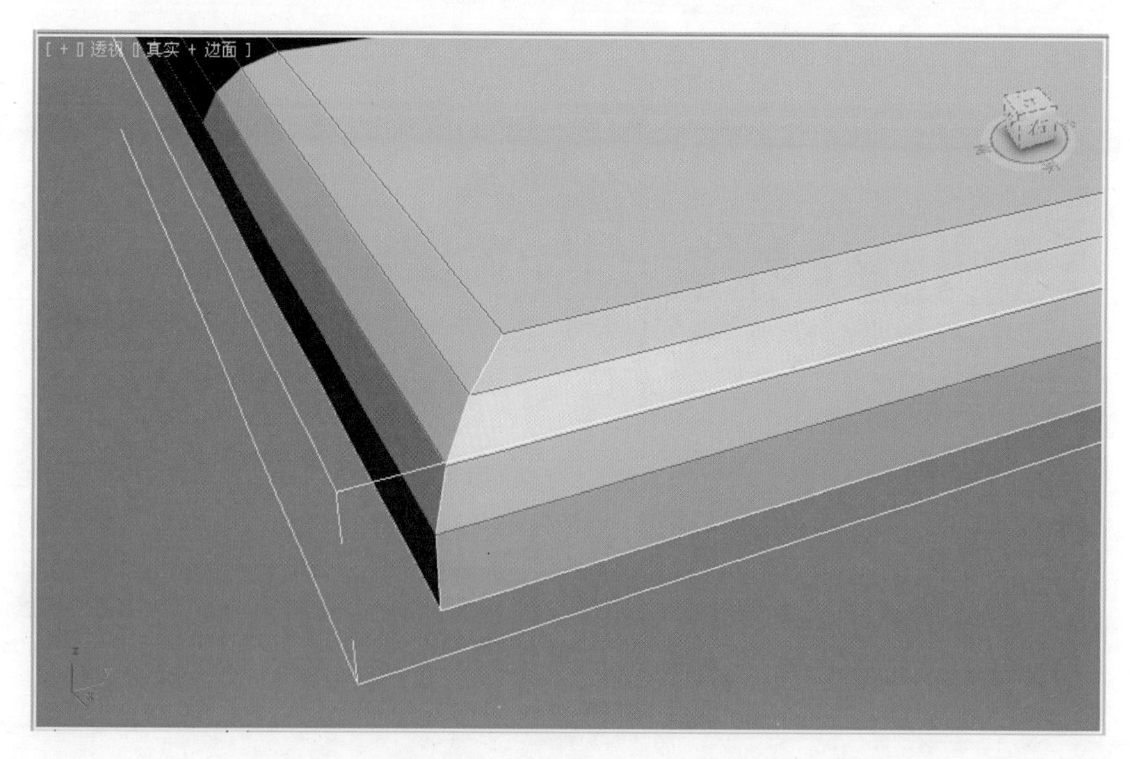

图 2-51　修饰茶几底部（二）

3. 在顶视图中，单击 （创建）→ （几何体）→标准几何体→ 圆柱体 按钮，创建圆柱体，位置及大小如图 2-52 所示，并进行实例复制，数量及位置如图 2-53 所示。然后选择两个圆柱体，继续进行实体复制，使用 （缩放）工具对齐并进行高度调整，位置及大小如图 2-54 所示。

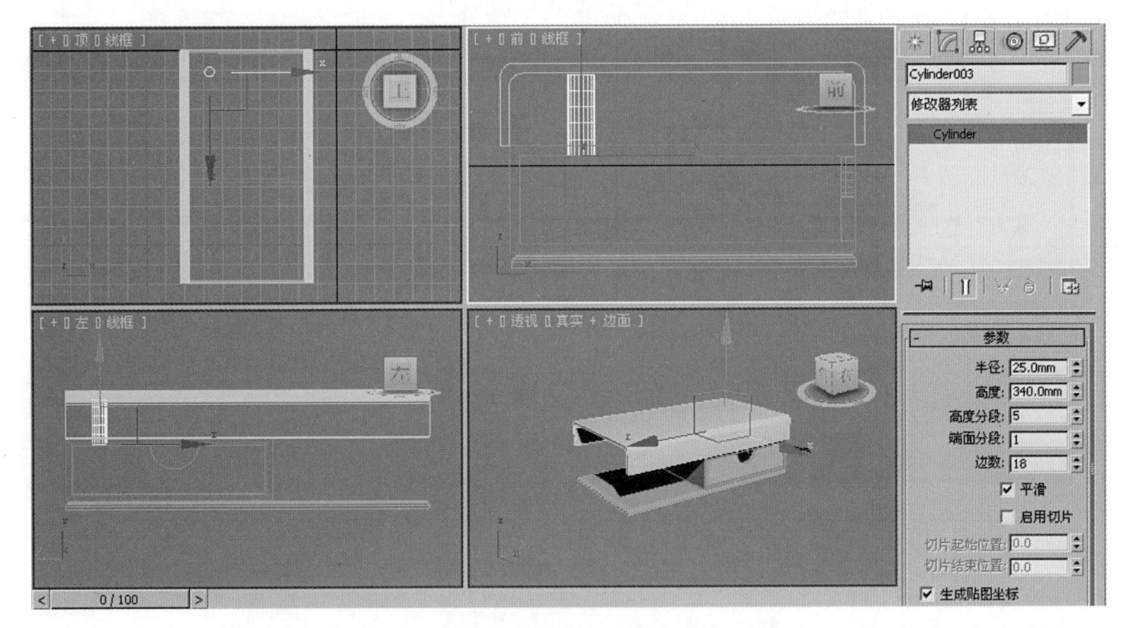

图 2-52　绘制茶几的支撑（一）

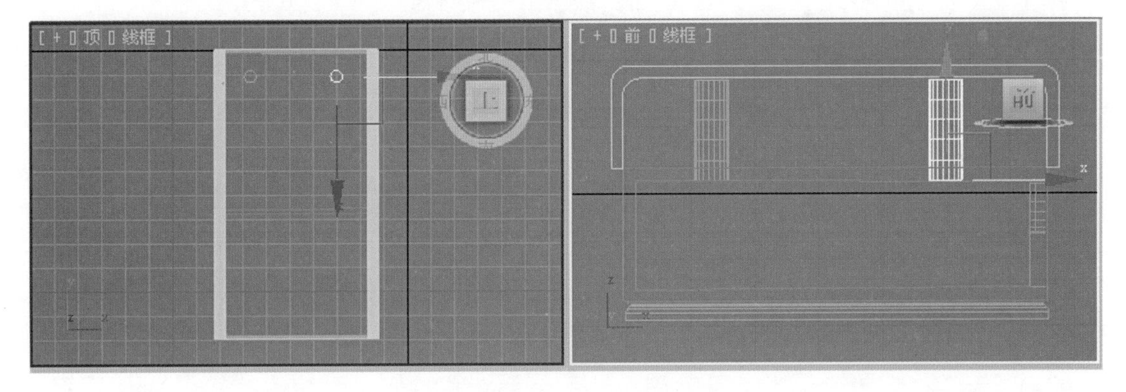

图 2-53　绘制茶几的支撑（二）

4. 在顶视图中，单击 （创建）→ （几何体）→标准几何体→ 长方体 按钮，创建一个长方体，如图 2-55 所示。然后单击修改器列表→Box，再单击鼠标右键，在弹出的菜单中选择“可编辑多边形”命令，如图 2-56 所示。

5. 在透视图中，单击 （修改）→修改器列表→编辑多边形→ （边），使用 （缩放）工具调整茶几脚的形态，如图 2-57 所示。然后再复制其他的茶几脚，最后如图

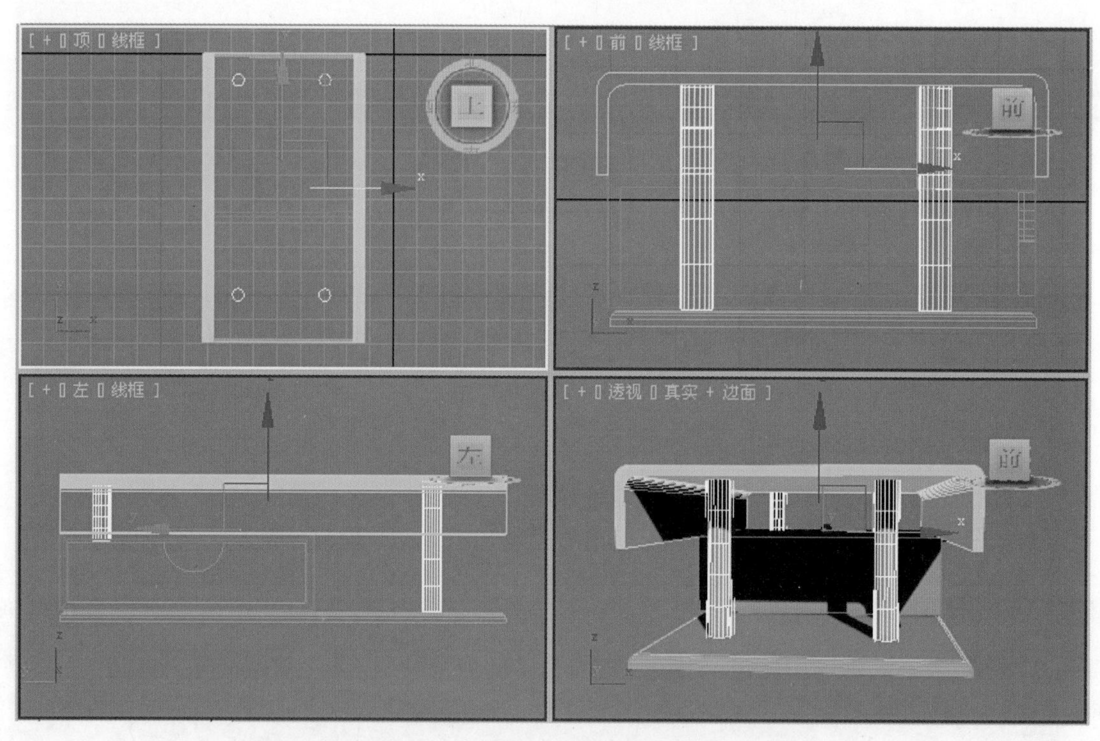

图 2-54　绘制茶几的支撑（三）

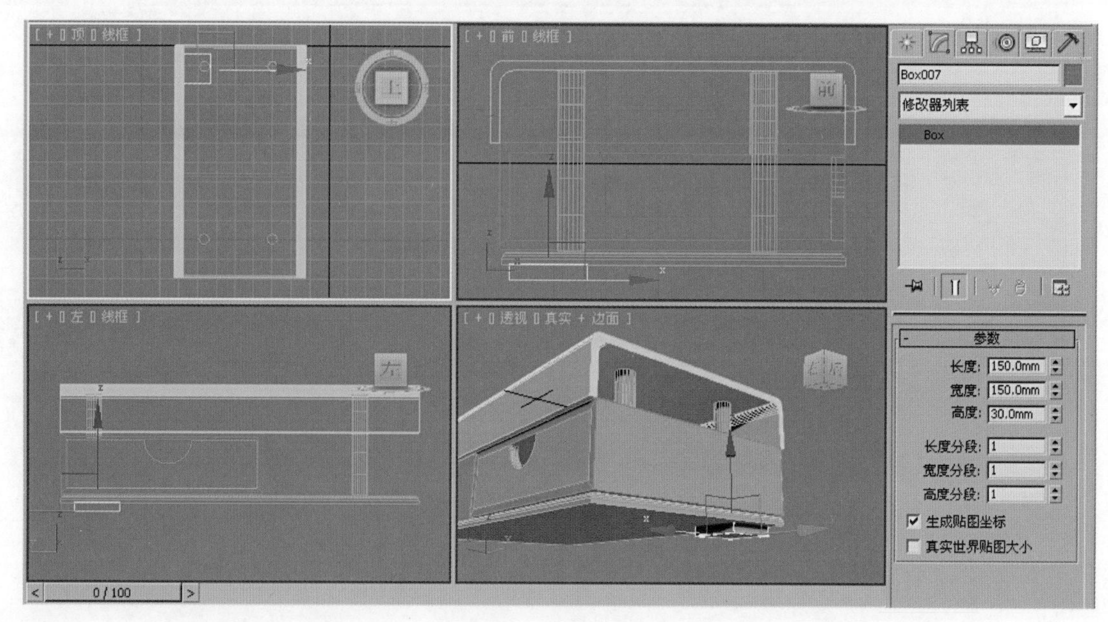

图 2-55　绘制茶几脚

2-58 所示。

6. 单击菜单栏中的“文件→保存”命令，将此造型保存为“茶几.max”。

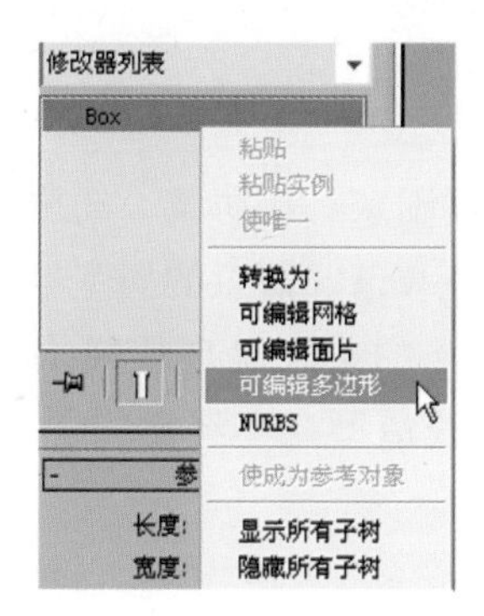

图 2-56 转换为可编辑多边形

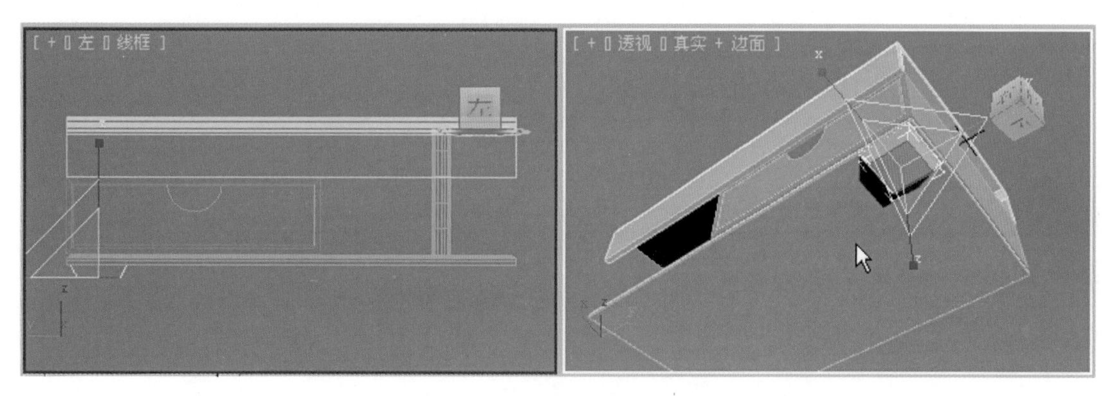

图 2-57 调整茶几脚的形态

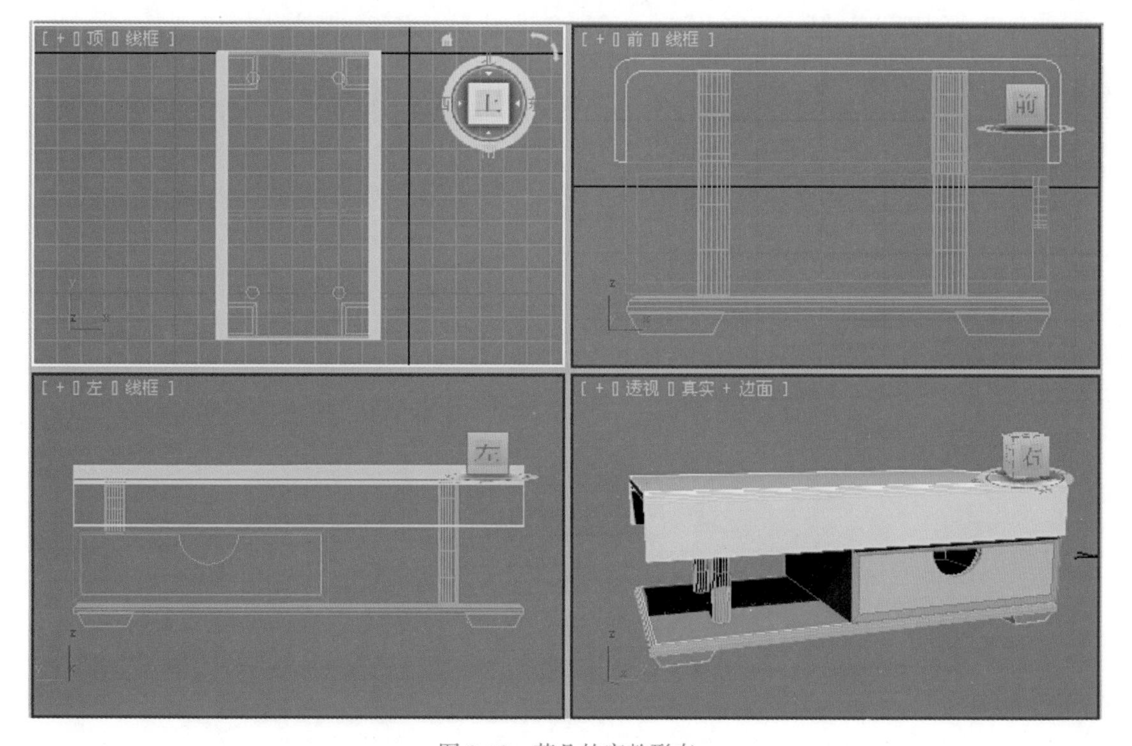

图 2-58 茶几的完整形态

【知识链接】

1. 茶几的造型、色彩不仅要与周围家具相协调，还要与整体的居室环境一致。与其他家具色调统一、款式相近的茶几会营造和谐、惬意的居室氛围。

2. 在造型方面，有着简练直线条的茶几是现代风格家居的首选，但是圆形、椭圆形、不规则的线条同样有优势，这些曲线造型在不经意间更贴合人体曲线，且不易伤及好动的儿童。

【任务评价】

任务内容	满　分	得　分
本项任务需一课时内完成	10 分	
抽屉把手的大小是否合适	35 分	
茶几面的造型是否美观	35 分	
茶几的整体比例关系是否协调	20 分	

学习情境 4　制作沙发

【学习目标】

1. 利用“创建样条线”、“挤出”命令创建沙发扶手、靠背的基本体。

2. 利用 FFD 修改器对沙发扶手、靠背和靠垫进行修改。

【情境描述】

制作放在客厅中的布艺沙发，如图 2-59 所示。

图 2-59　完成的沙发效果图

【任务实施】

一、制作沙发的靠背和坐垫

1. 启动 3ds Max 2012 软件，在菜单栏中单击“自定义→单位设置”命令，将单位设置为毫米，如图 1-15 所示。

2. 首先，使用放样的方法创建沙发的扶手和靠背，单击（创建）→（图形）→ 线 按钮，在前视图中绘制出沙发扶手的剖面，形态如图 2-60 所示。

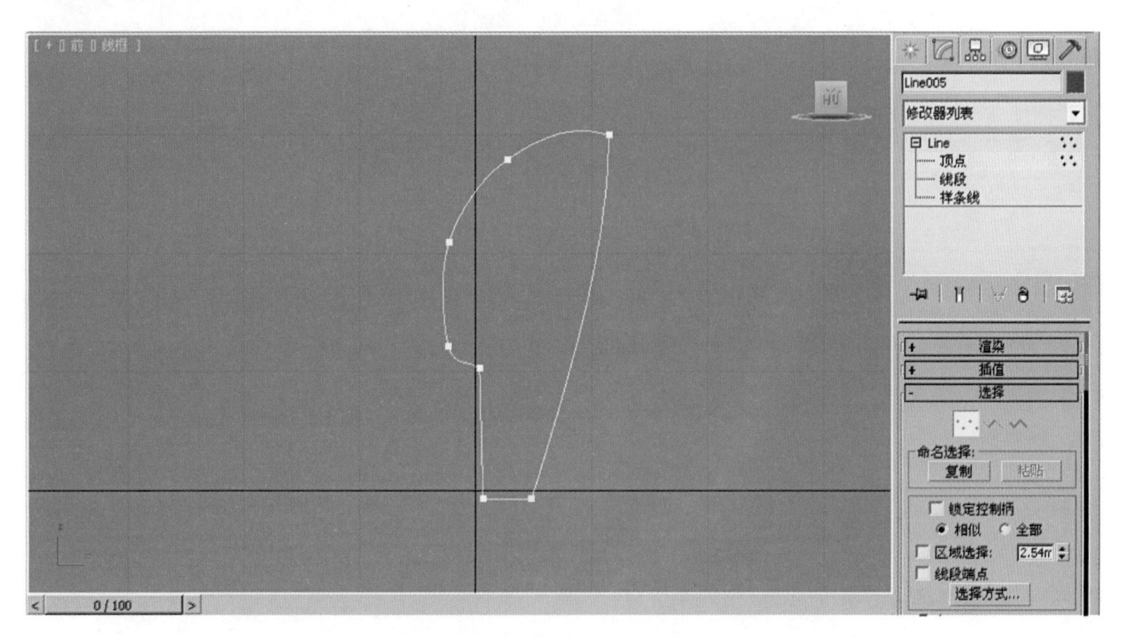

图 2-60 绘制沙发扶手的剖面

3. 然后使用同样的方法，在顶视图中创建如图 2-61 所示的路径。

4. 在顶视图中，单击（创建）→（几何体）→复合对象→ 放样 按钮，选取绘制的沙发扶手的截面图，在右侧的控制面板单击创建方法→ 获取路径，选取上一步绘制的沙发放样路径，效果如图 2-62 所示。

注意：如果对放样出来的扶手形态不满意，可以再次选择绘制的截面中的点层级进行调整。

5. 在顶视图中，选取放样的沙发扶手模型并将其转化为可编辑多边形，然后单击（修改）→可编辑多边形→（边）层级，选择沙发扶手的边，如图 2-63 所示。然后单击 切角 按钮，设置“切角”值如图 2-64 所示。对沙发另一边的扶手执行同样的操作，使沙发的扶手侧面变得圆滑。

注意：配合 <Ctrl>、<Alt> 键完成沙发扶手边的选择。

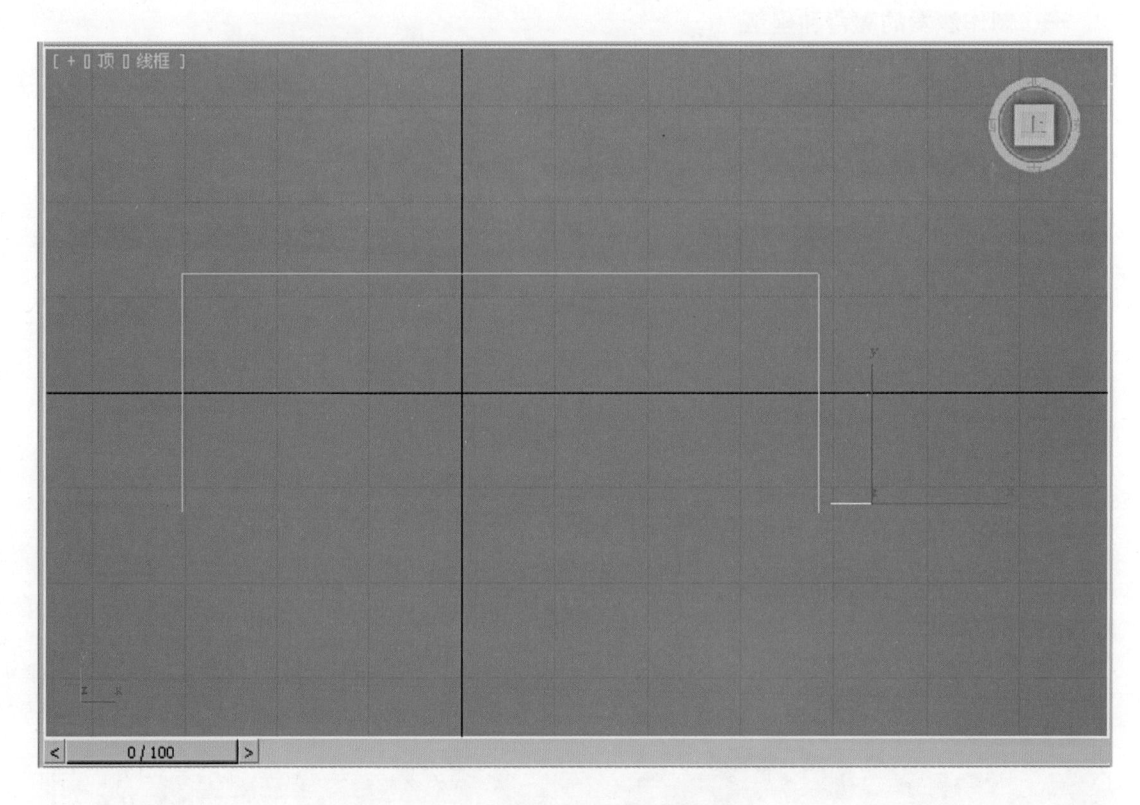

图 2-61　绘制沙发扶手放样的路径

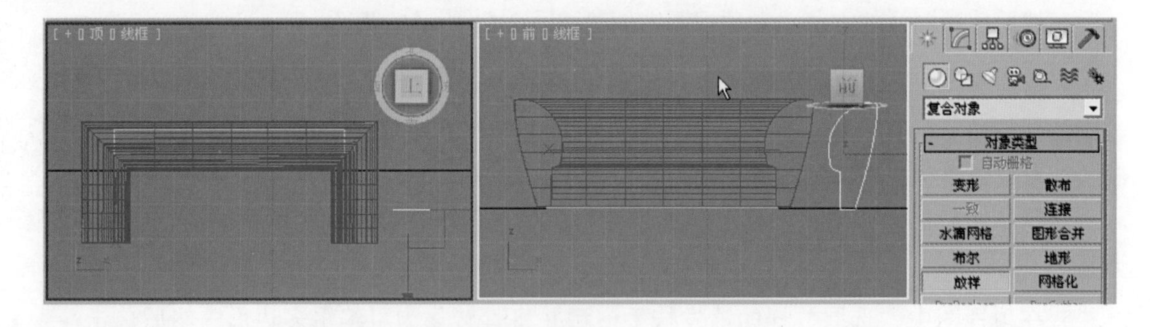

图 2-62　利用放样制作的沙发扶手和靠背

图 2-63　选择沙发扶手的边

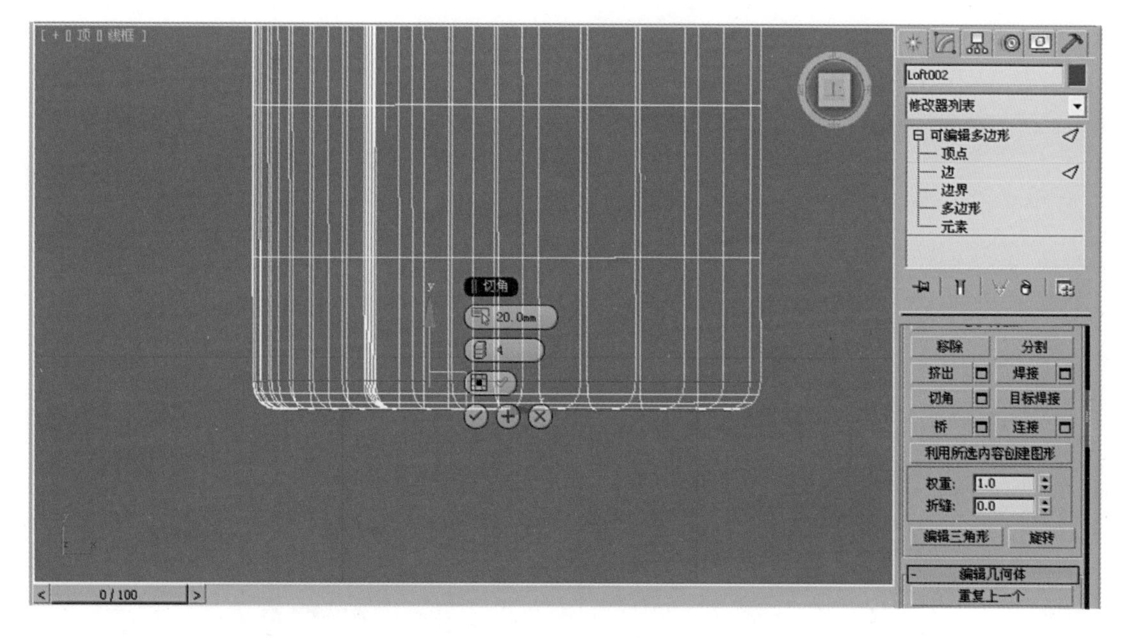

图 2-64　为边添加切角效果

6. 在顶视图中，单击 (创建)→ (几何体)→扩展基础体→ 切角长方体 按钮，创建沙发坐垫，并配合 <Shift> 键拖动进行实例复制，位置及大小如图 2-65 所示。然后单击 (创建)→ (几何体)→标准基础体→ 长方体 按钮，创建沙发底部的坐垫，位置及大小如图 2-66 所示。

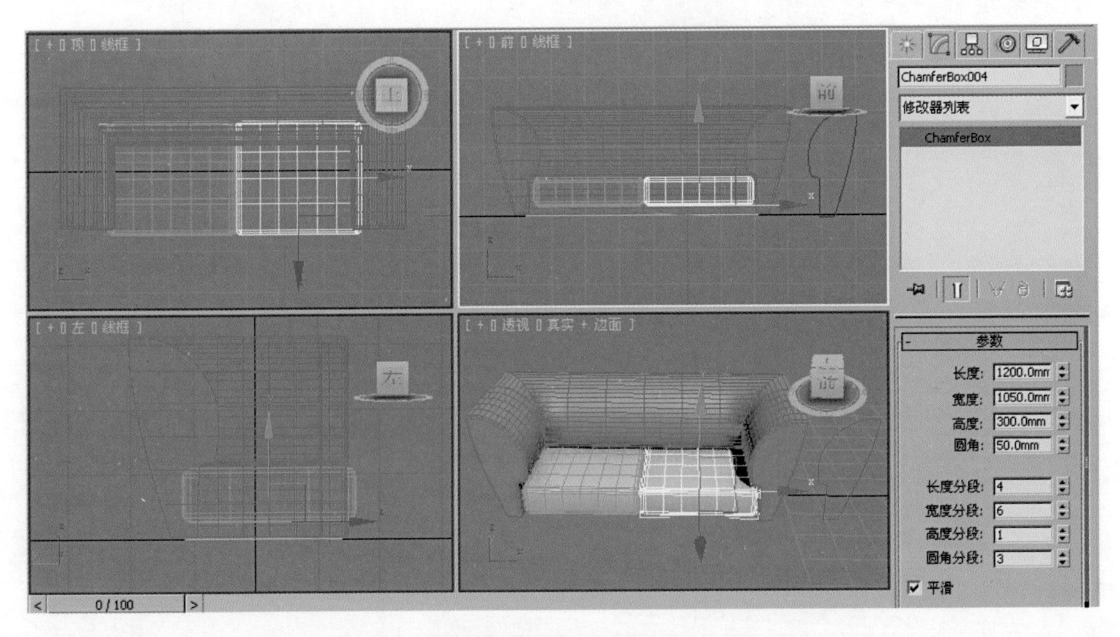

图 2-65　制作沙发坐垫

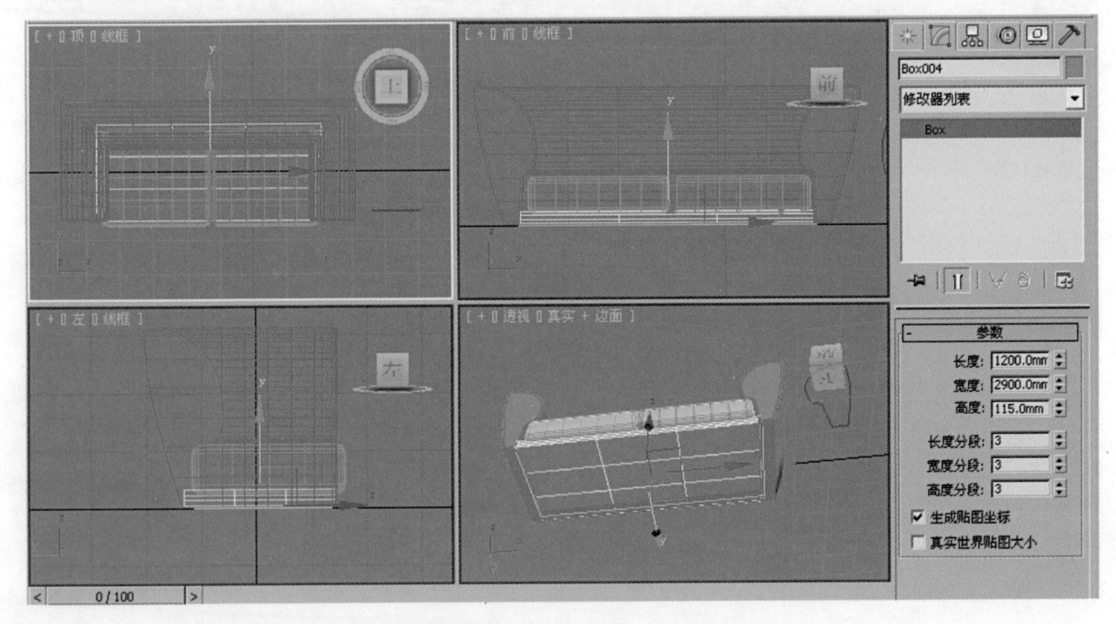

图 2-66　制作沙发底部的坐垫

二、制作沙发的底部和沙发脚

1. 在顶视图中，单击 （创建）→ （几何体）→标准基本体→ 圆柱体 按钮，创建圆柱体作为沙发脚，位置如图 2-67 所示。

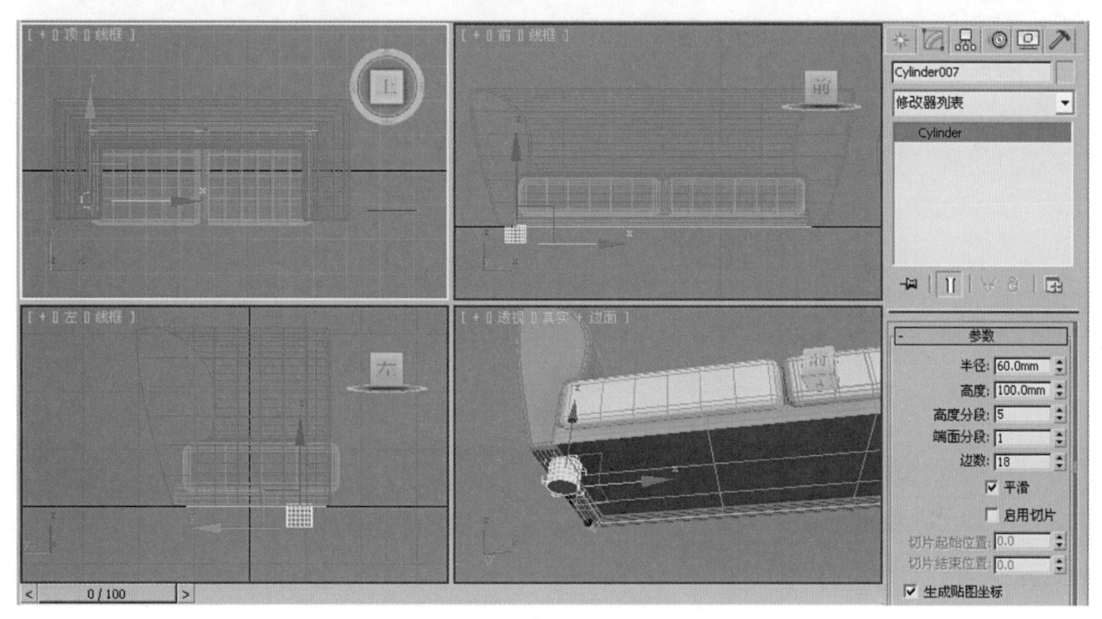

图 2-67　制作沙发脚

2. 在透视图中，选择创建的圆柱体，并将其转化为可编辑多边形，进入 （面）层级，单击“编辑多边形”卷展栏中的 倒角 按钮，如图 2-68 所示。然后在顶视图中对其进行复制，效果如图 2-69 所示。

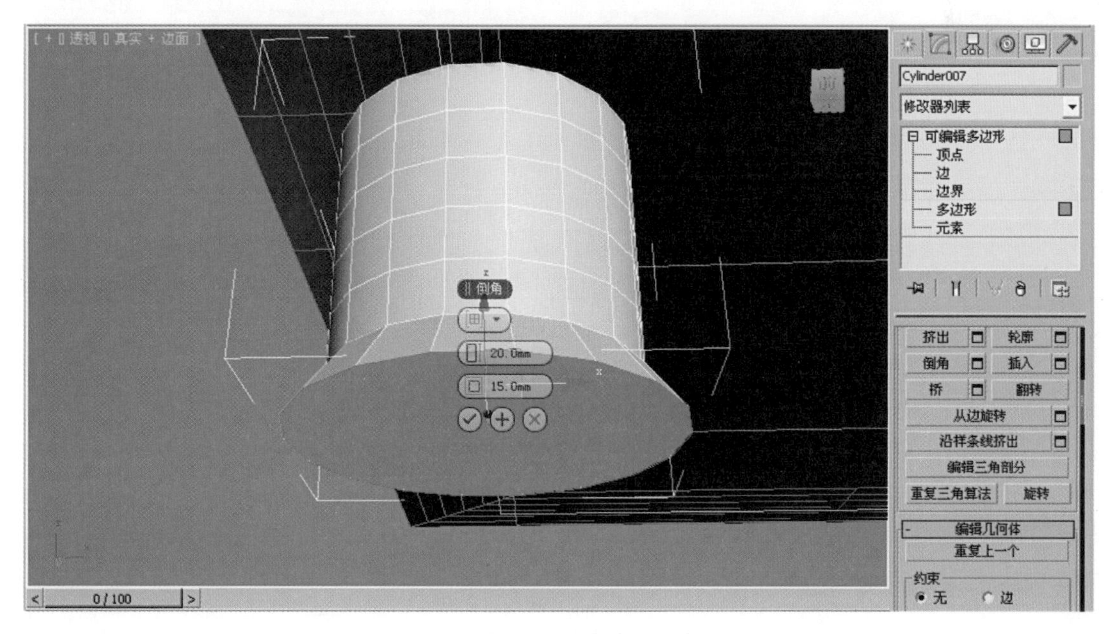

图 2-68　调整沙发脚的形态

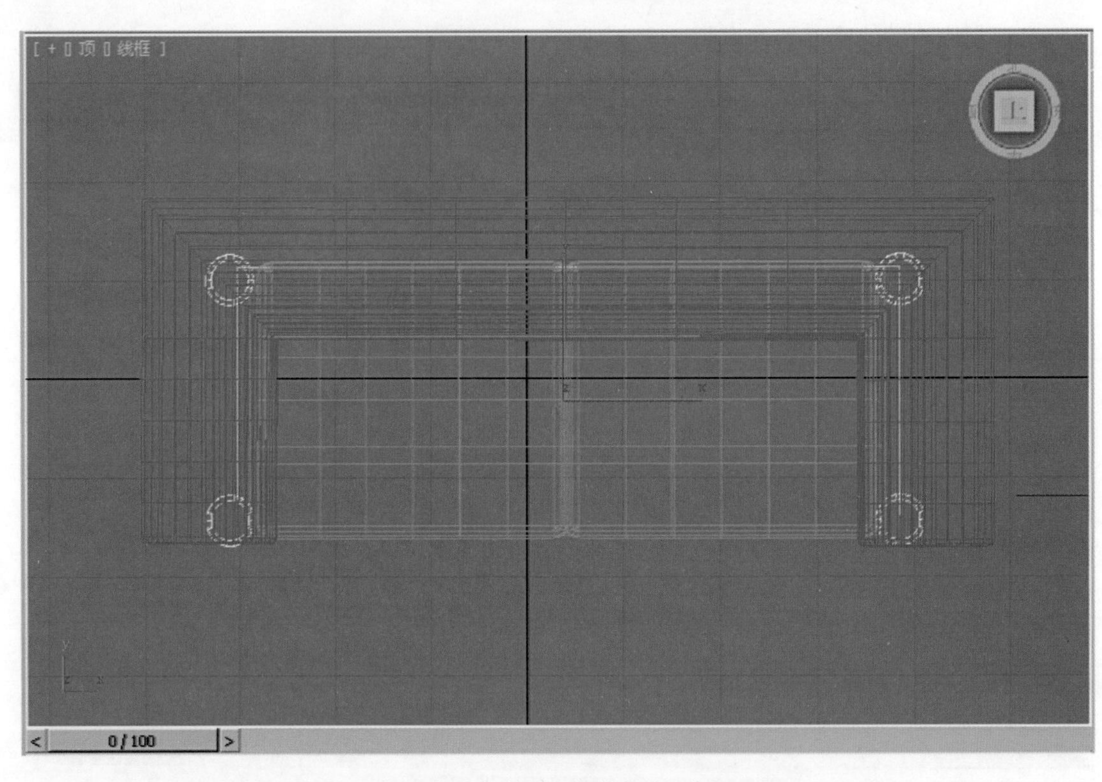

图 2-69　复制沙发脚到合适的位置

三、制作沙发靠垫

1. 在顶视图中，单击 (创建)→ (几何体)→标准基本体→ 长方体 按钮，创建靠垫的基本形体，如图 2-70 所示。

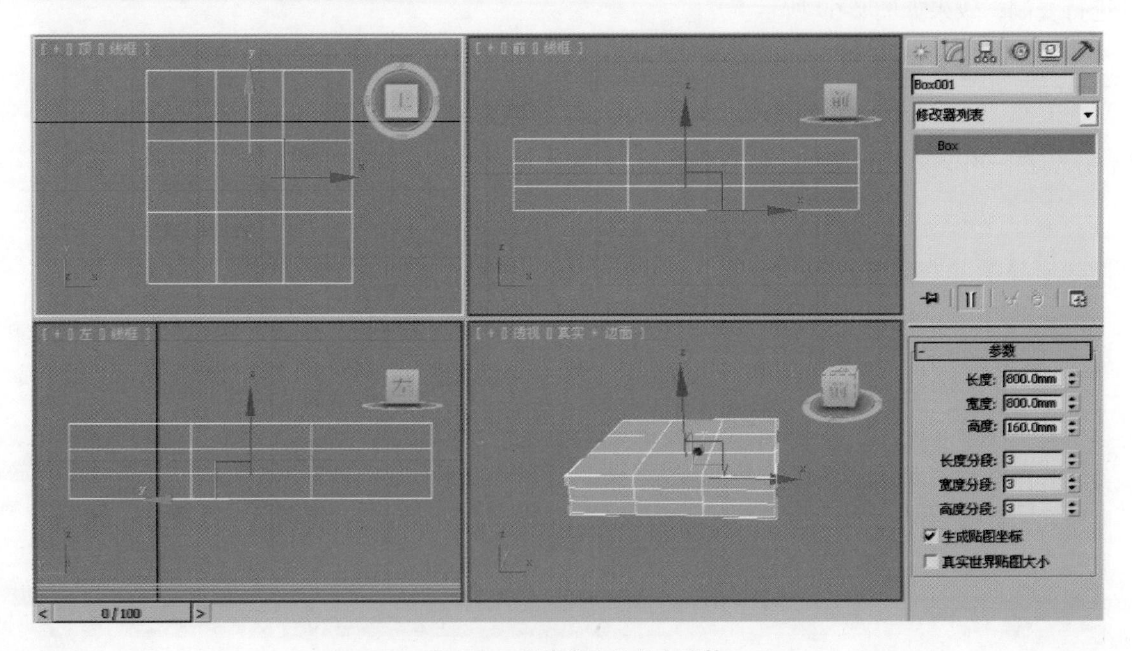

图 2-70　创建靠垫的基本形体

2. 单击 (修改)→修改器列表→网格平滑，然后将“细分量”卷展栏中的迭代次数设置为 2，效果如图 2-71 所示。

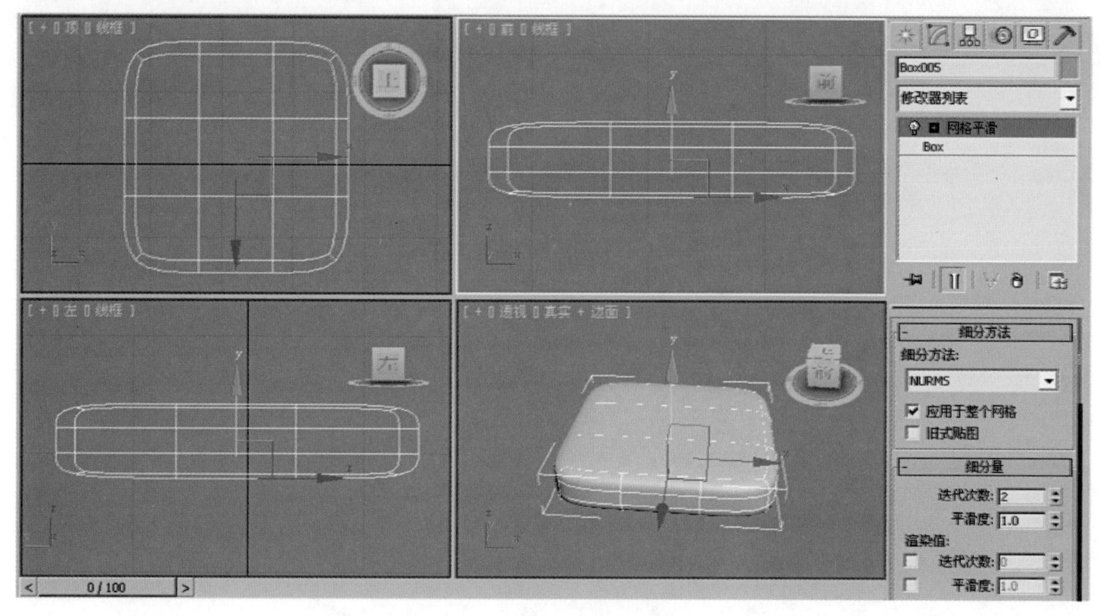

图 2-71 调整靠垫的形态（一）

3. 在前视图中，单击 (修改)→修改器列表→网格平滑→ 按钮，选择长方体两侧的节点，配合工具栏中的 (缩放) 工具沿 Y 轴进行挤压，调整靠垫的形态，如图 2-72 所示。

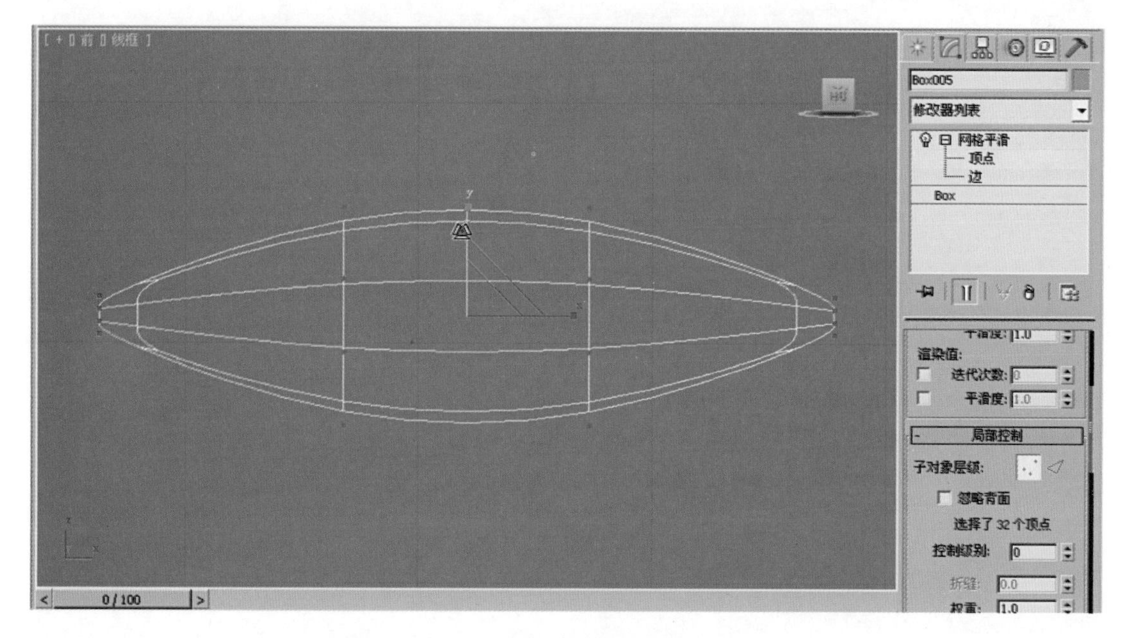

图 2-72 调整靠垫的形态（二）

4. 在左视图中，使用同样的方法选择长方体两侧的节点进行挤压缩放，如图 2-73 所示。

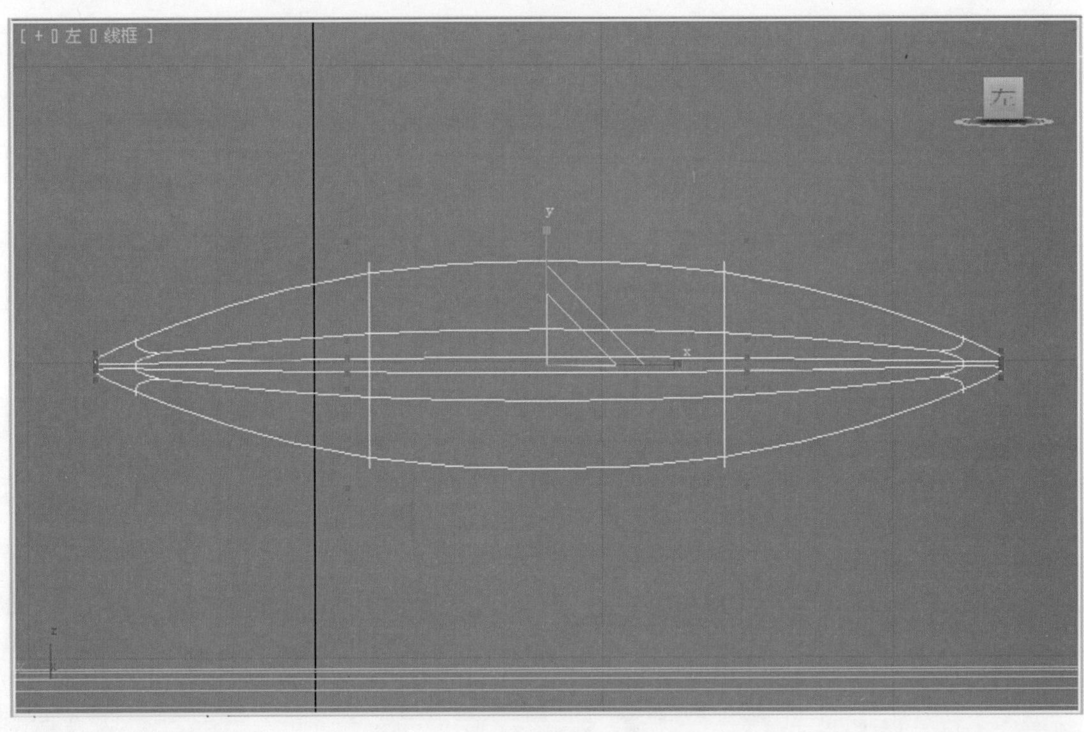

图 2-73　调整靠垫的形态（三）

5. 继续使用同样的方法，在顶视图中选择如图 2-74 所示节点，对其沿 X 轴和 Y 轴同时挤压缩放。

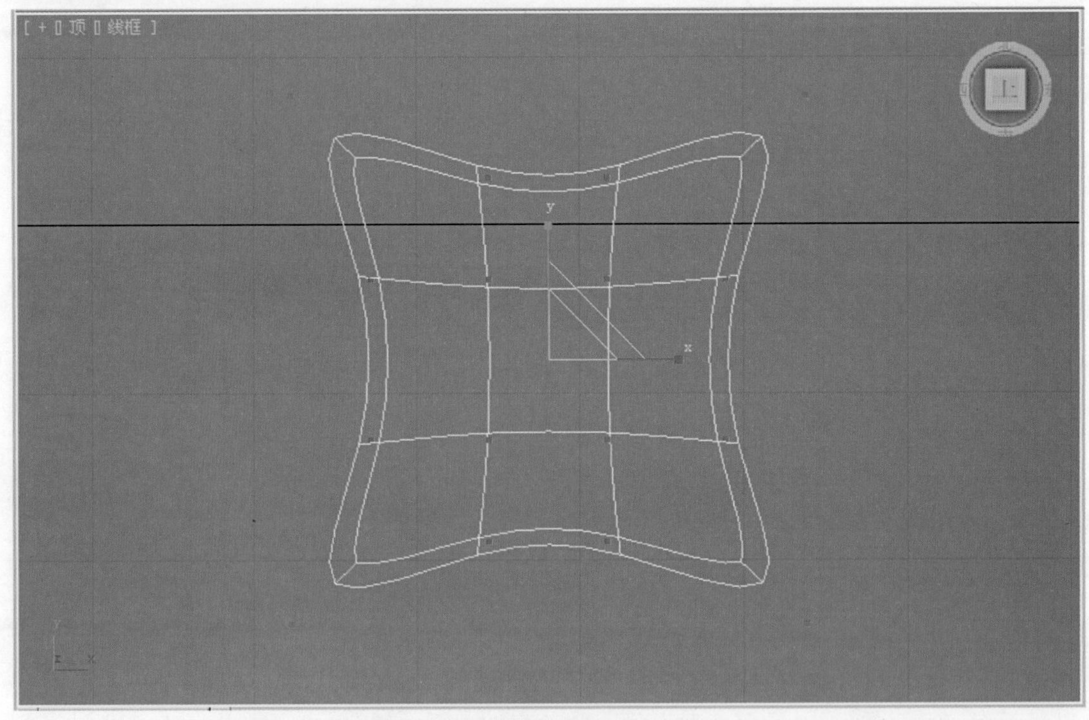

图 2-74　调整靠垫的形态（四）

6. 在透视图中对靠垫进行复制调整，效果如图 2-75 所示。

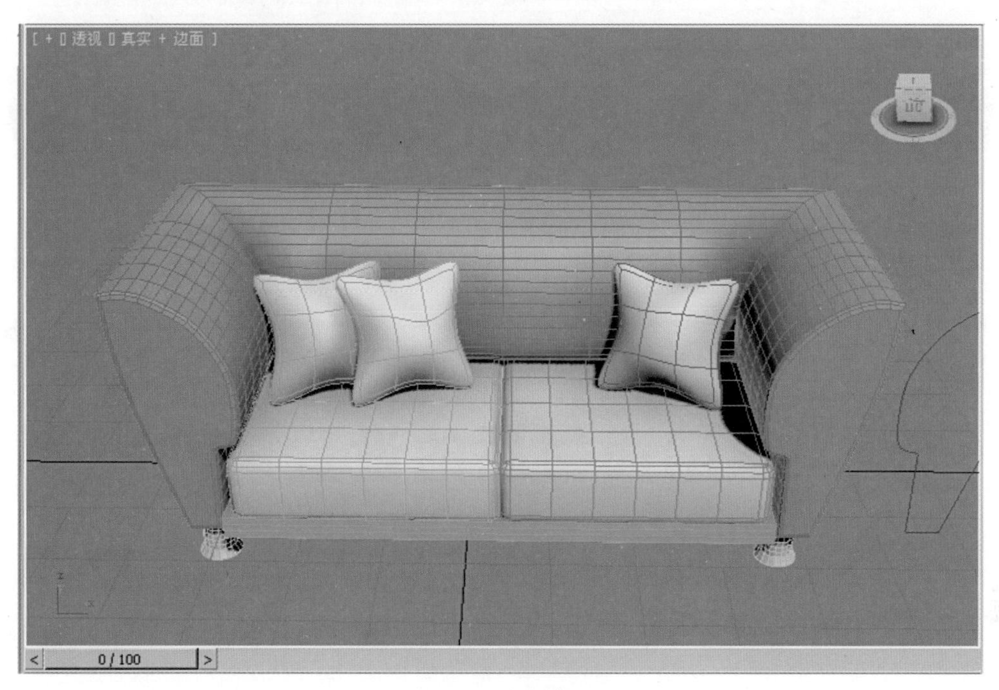

图 2-75 复制靠垫

7. 单击菜单栏中的“文件→保存”命令，将此造型保存为“沙发.max”。

【知识链接】

1. 沙发分单人式、双人式、三人式和四人式等，可作不同的排列，因此设计沙发时需先考虑客厅空间和用途，然后按照整体设计挑选合适的搭配。

2. 沙发因其风格及样式的多变，很难有一个绝对的尺寸标准，只有一些常规尺寸。

① 沙发的扶手一般高 560~600mm。

② 单人式：长 800~950mm；深 850~900mm；座高 350~420mm；背高 700~900mm。

③ 双人式：长 1260~1500mm；深 800~900mm。

④ 三人式：长 1750~1960mm；深 800~900mm。

⑤ 四人式：长 2320~2520mm；深 800~900mm。

【任务评价】

任务内容	满　分	得　分
本项任务需一课时内完成	10 分	
靠垫的造型是否美观	30 分	
沙发扶手的形态是否美观	35 分	
沙发和靠垫摆放是否合适	10 分	
沙发和靠垫的比例关系是否协调	15 分	

模块二　VRay 材质设置及灯光的应用

项 目 三

墙面材质的设置

【项目概述】

一部好的作品，质感表现非常关键。不同的物体对光的折射、吸收和反射不同，质感也就不同。可见，物体的质感是由其物理参数决定的。在 3ds Max 2012 中，材质编辑器是进行材质参数设置的工具，结合 VRay 2.0 渲染器的渲染可以设置出各种材质。

在室内效果图设计中，根据场景的组成，可以大致把材质分为墙面材质、地面材质和家具材质。其中墙面材质常见的有乳胶漆材质、壁纸材质和墙砖材质等。

本项目以 VRay 2.0 为基础，通过分析不同墙面材质的物理参数，引导读者学习墙面材质的参数设置。

学习情境 1　乳胶漆材质的设置

【学习目标】

1. 掌握 VRay 2.0 渲染器的工作流程。
2. 熟练掌握材质编辑器的使用方法。
3. 准确掌握材质编辑器常用参数的作用。
4. 熟练掌握乳胶漆材质的参数设置。

【情境描述】

设置所给场景的乳胶漆材质，如图 3-1 所示。

图 3-1 乳胶漆材质

【任务实施】

VRay 材质部分是 VRay 2.0 重要的组成元素，具有专门的材质和贴图类型，以适应 VRay 渲染器。从本任务开始，将为大家讲解 VRay 材质设置的基础知识。

一、使用 VRay 2.0 渲染器

在 3ds Max 中，默认使用的渲染器为扫描线渲染器。因此，在使用 VRay 2.0 之前，必须使 VRay 2.0 成为当前使用的渲染器。

1. 运行 3ds Max 2012 软件，按 <F10> 键打开 “渲染设置” 窗口，如图 3-2 所示。

图 3-2 “渲染设置” 窗口

2. 选中右侧的滚动条并单击鼠标左键向上拖动，找到“指定渲染器”卷展栏，如图 3-3 所示。

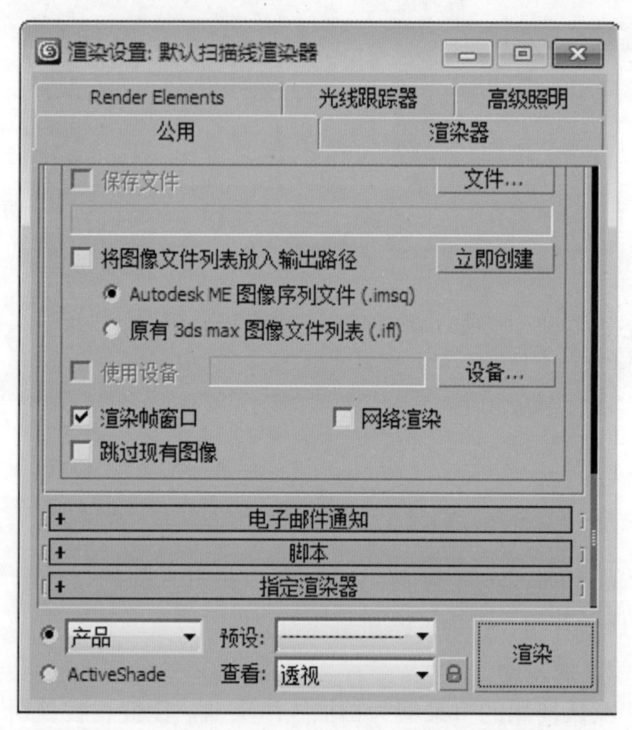

图 3-3 “指定渲染器”卷展栏

3. 单击“指定渲染器”卷展栏标题，将“指定渲染器”卷展栏展开，如图 3-4 所示。

图 3-4 展开“指定渲染器”卷展栏

4. 单击“产品级:”后面的 按钮，弹出“选择渲染器”对话框，如图 3-5 所示。

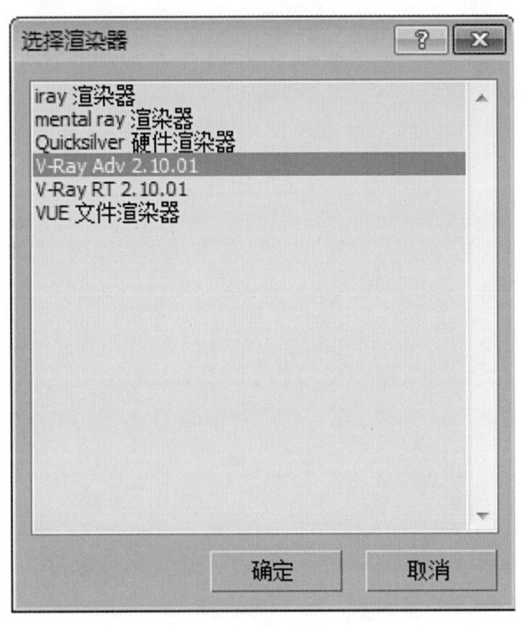

图 3-5 “选择渲染器”对话框

5. 选择“V-Ray Adv 2.10.01”选项，再单击“确定”按钮，打开如图 3-6 所示的窗口。

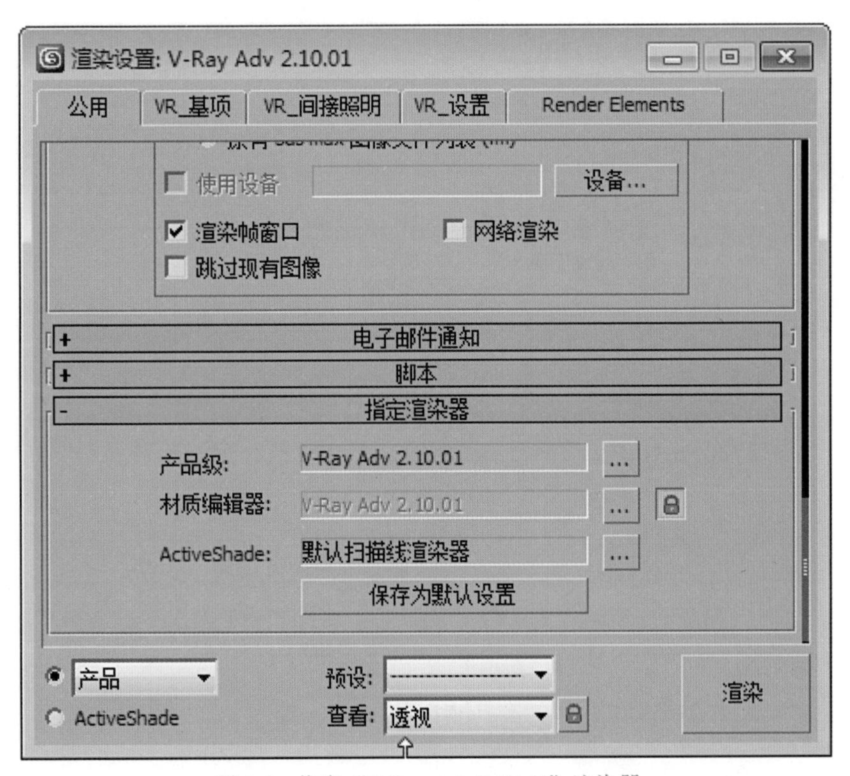

图 3-6 指定“V-Ray Adv 2.10.01”渲染器

6. 单击“ActiveShade:”后面的 ... 按钮，弹出如图 3-7 所示的对话框。

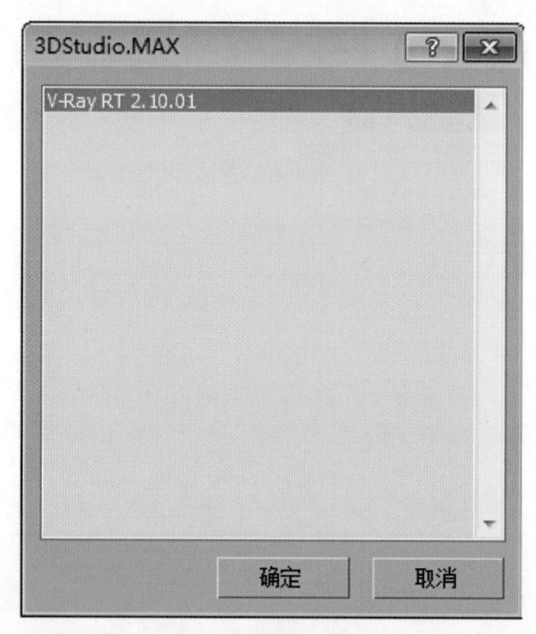

图 3-7　选择渲染器

7. 选择“V-Ray RT 2.10.01”选项，再单击“确定”按钮，打开如图 3-8 所示的窗口。

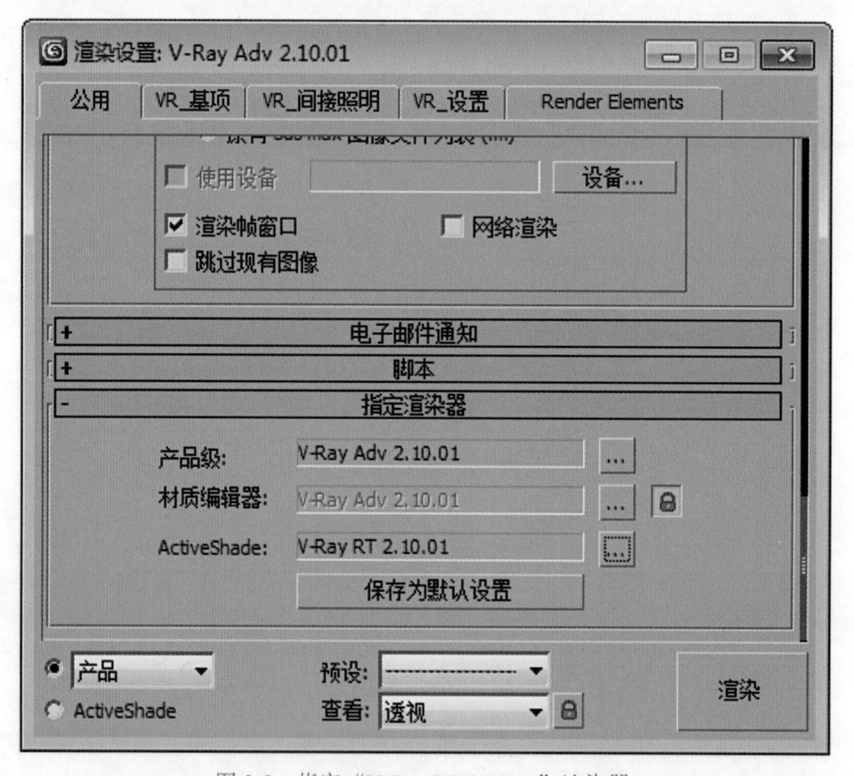

图 3-8　指定“V-Ray RT 2.10.01”渲染器

8. 单击“保存为默认设置”按钮，弹出“保存为默认设置”对话框，然后单击“确定”按钮，保存指定的渲染器，如图3-9所示。

图3-9 保存指定的渲染器

二、启用Gamma和LUT校正

在打开别人的场景文件时，有时会出现“文件加载：Gamma和LUT设置不匹配”对话框，如图3-10所示。一般需要单击“确定”按钮，否则就会因Gamma值的不同而导致最终渲染出的图像明暗不同。可见，不同的人在设计阶段可能用不同的Gamma值。Gamma值不同，图像的明暗显示就会不同，灯光的使用也会不同。

文件加载: Gamma 和 LUT 设置不匹配

文件的 Gamma 和 LUT 设置与系统的 Gamma 和 LUT 设置不匹配。

文件的 Gamma 和 LUT 设置:

Gamma 和 LUT 修正:	启用
位图文件输入 Gamma:	2.2
位图文件输出 Gamma:	1.0

系统的 Gamma 和 LUT 设置:

Gamma & LUT Correction:	启用
位图文件输入 Gamma:	1.0
位图文件输出 Gamma:	1.0

是否:

是否保持系统的 Gamma 和 LUT 设置?

是否采用文件的 Gamma 和 LUT 设置?

确定

图3-10 Gamma和LUT校正

单击菜单栏中的“自定义→首选项→Gamma 和 LUT”选项卡，勾选“启用 Gamma/LUT 校正”复选框，Gamma 值设为 2.2，勾选“影响颜色选择器”和“影响材质选择器”复选框，输入 Gamma 值设为 2.2，输出 Gamma 值设为 1.0，如图 3-11 所示。

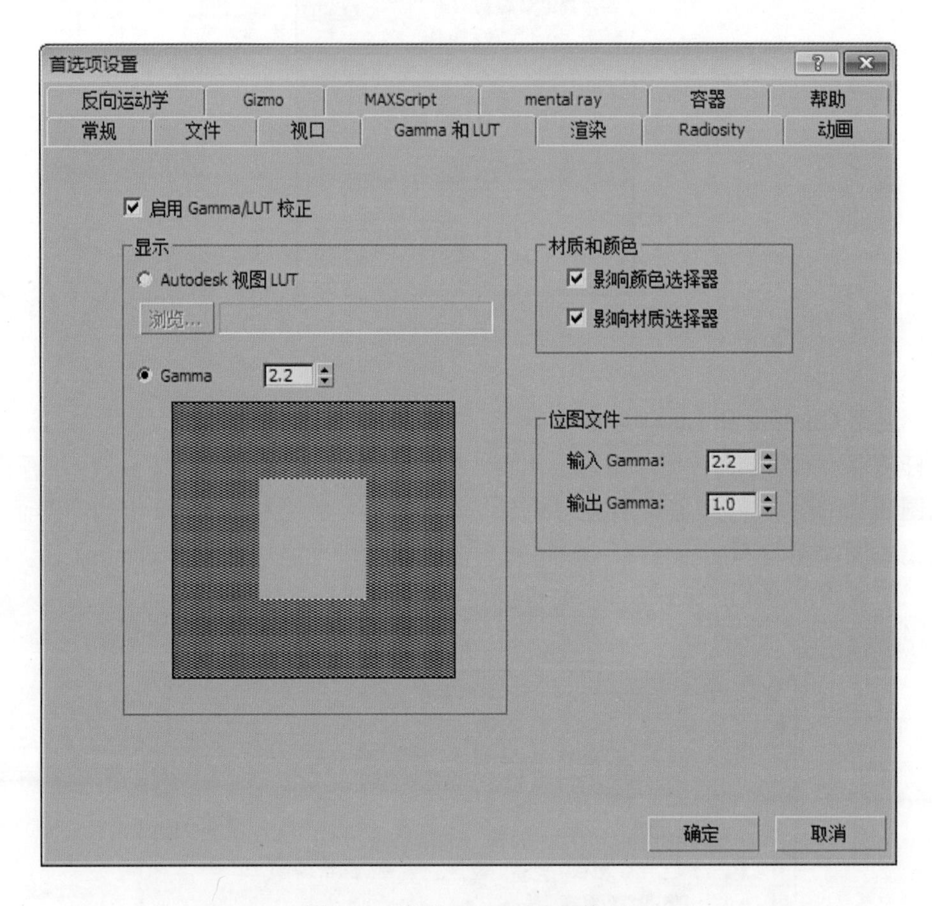

图 3-11 启用 Gamma/LUT 校正

三、设置墙面乳胶漆材质

1. 运行 3ds Max 2012 软件，打开配套光盘中的“模块二 VRay 材质设置及灯光的应用\项目三 墙面材质的设置\学习情境 1 乳胶漆材质的设置\模型\卧室场景（乳胶漆）.max”。该场景使用了默认的扫描线渲染器，场景中除墙面材质没有设置好以外，其他材质已经设置好，灯光和物理相机也已经设置好，如图 3-12 所示。

2. 按下键盘上的 <M> 键或者单击工具栏中的“材质编辑器”按钮，打开“Slate 材质编辑器”窗口，如图 3-13 所示。

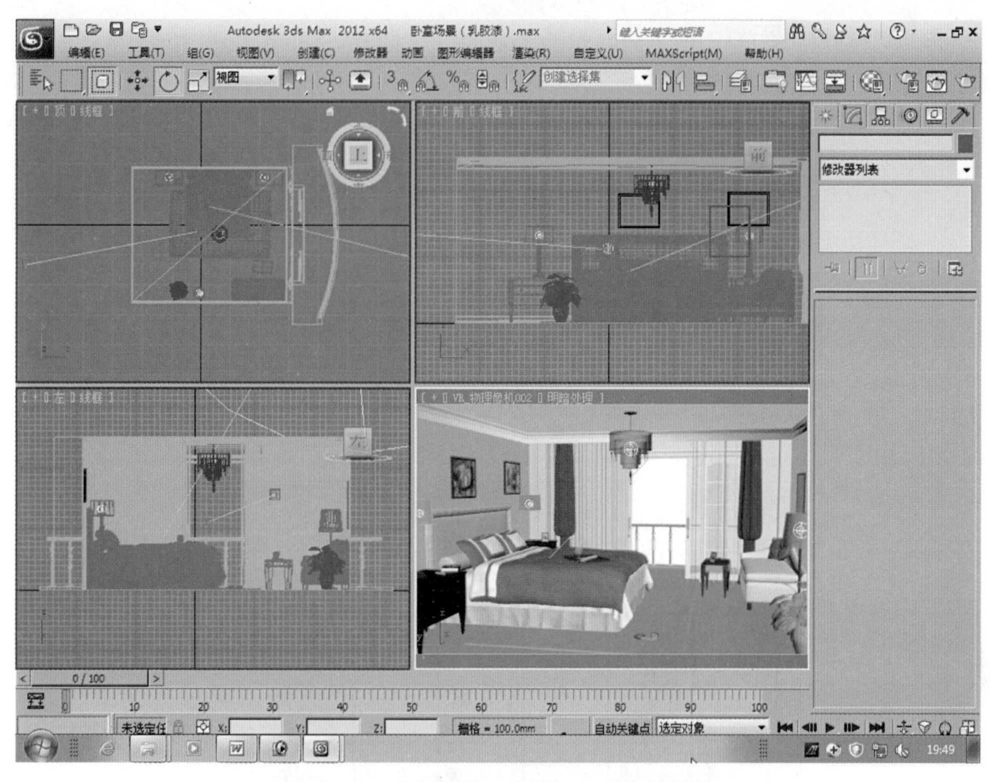

图 3-12 “卧室场景（乳胶漆）.max”场景

图 3-13 “Slate 材质编辑器”窗口

3. 选择“模式”菜单中的“精简材质编辑器...”命令，如图 3-14 所示。这时就打开了精简材质编辑器，如图 3-15 所示。

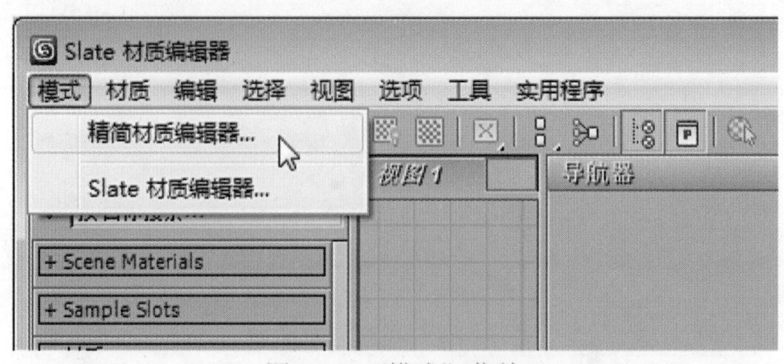

图 3-14 “模式”菜单

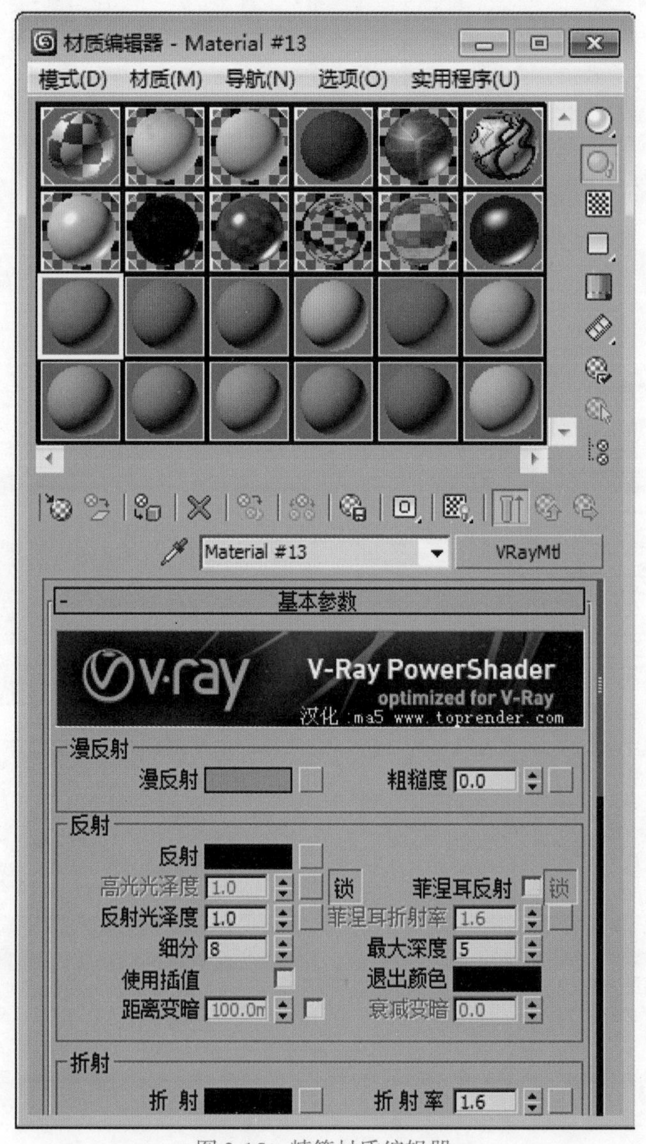

图 3-15 精简材质编辑器

提示：也可以通过 3ds Max 的工具栏直接打开精简材质编辑器。单击工具栏中的按钮不放，向下滑动鼠标，使按钮处于按下状态，这时松开鼠标，同样能够打开精简材质编辑器，如图 3-16 所示。

4. 单击其中一个没有使用的材质球作为当前材质球，这时材质球四周出现白色正方形边框，如图 3-17 所示。

图 3-16　切换材质编辑器

图 3-17　当前材质球

5. 在 VRayMtl 按钮前面的文本框中输入“乳胶漆”，将材质命名为“乳胶漆”，如图 3-18 所示。

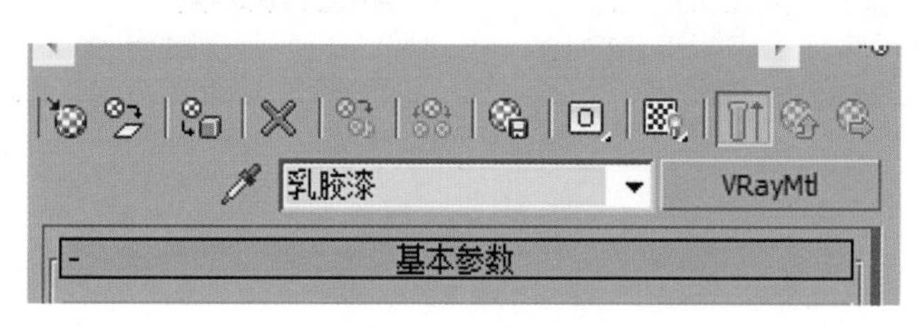

图 3-18　给材质命名

6. 选中场景中的墙，单击“材质编辑器”工具栏中的按钮，将乳胶漆材质赋予场景中的墙。

7. 在“基本参数”卷展栏中，单击“漫反射”后面的方框，弹出“颜色选择器：漫反射”对话框，设置颜色为 R245/G245/B245，如图 3-19 所示。

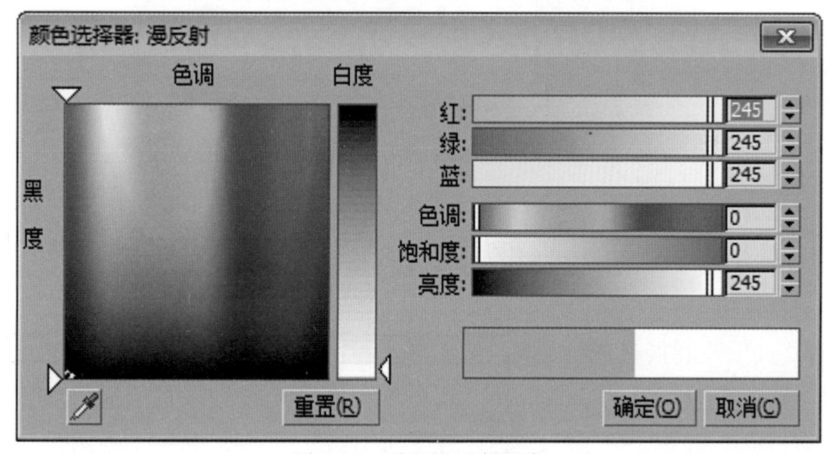

图 3-19　设置漫反射颜色

提示 1：乳胶漆的颜色由漫反射的颜色决定，其他颜色的乳胶漆只需修改漫反射的颜色即可。

提示 2：有时为了让墙面渲染得更白些，把漫反射的颜色设置成略带蓝色(R241/G245/B255)。

8. 单击“反射”后面的方框，弹出“颜色选择器：反射”对话框，设置颜色为 R23/G23/B23，如图 3-20 所示。

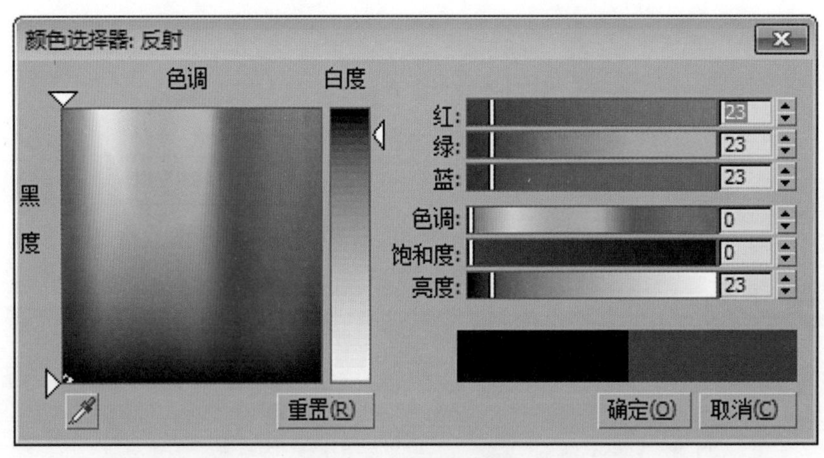

图 3-20　设置反射颜色

提示 1：设置“反射”显示窗内的颜色，使材质具有反射效果。乳胶漆有较少的反射，因此反射颜色设置为 R23/G23/B23。

提示 2：VRay 使用颜色来控制材质的反射强度，这与 3ds Max 的“光线跟踪”材质类型较为相似，颜色越浅，反射的效果就越强。

9. 单击“高光光泽度”后面的锁按钮，设置“高光光泽度”为 0.25，如图 3-21 所示。

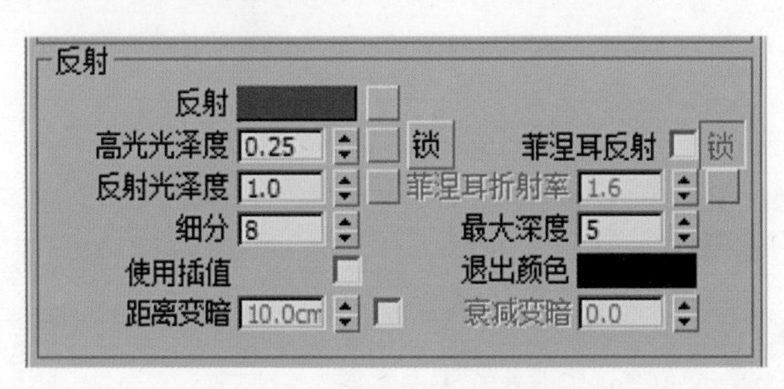

图 3-21　设置“高光光泽度”

10. 用鼠标按住参数区域右侧的滚动条向下滑动，直到出现“选项”卷展栏，如图 3-22 所示。

11. 单击“选项”卷展栏的标题 + 选项 将其展开，取消对“跟踪反射”复选框的选择。这样就关闭了光线的跟踪反射，使渲染出的墙面不影响真实感，也提高了渲染速度，如图 3-23 所示。

图 3-22 定位到“选项”卷展栏

图 3-23 取消选择“跟踪反射”复选框

四、渲染效果图

按 <F9> 键或单击 3ds Max 2012 工具栏中的按钮，对“VR_ 物理相机 002”视图进行渲染，最终渲染效果如图 3-1 所示。

提示：油漆材质可分为光亮油漆、无光油漆。

材质分析：光亮油漆表面光滑，反射衰减较小，高光小；无光油漆（如乳胶漆）表面有些粗糙，有凹凸。

1. 光亮油漆的参数设置。漫反射：漆色；反射：15（只是为了有点高光）；高光光泽度：0.88；反射光泽度：0.98；凹凸：1%，NOISE 贴图。

2. 乳胶漆材质设置。漫反射：漆色；反射：23（只是为了有点高光）；高光光泽度：0.25；反射光泽度：1；取消选择“跟踪反射”复选框。

【知识链接】

下面分析乳胶漆材质的各项参数。

首先需要分析墙面材质的物理属性。远距离观察墙面的时候，墙面比较平整，颜色比较白；靠近时，可发现墙面有很多不规则的凹凸和刷迹，这是刷子涂抹时留下的印迹，是不可避免的。由此得出关于墙面材质的结论：颜色比较白（自然界的白色和黑色是这样的：完全反光的物体的颜色是白色；完全吸光的物体的颜色是黑色），表面有点粗糙，有刷迹和凹凸。

根据上述特点，对乳胶漆材质进行设置。设置漫反射颜色为 R245/G245/B245，这是因为墙面不可能全部反光，它不是纯白的。越光滑的物体高光越小，反射越强；越粗糙的物体高光越大，反射越弱。由于墙体表面有些粗糙，所以墙面的高光比较大。这里设置反射通道的颜色为 R23/G23/B23 来表现物体反射比较弱的特征；同时将高光光泽度的值设置为 0.25 来表现物体高光比较大的特征。

在“选项”卷展栏中，可以取消对“跟踪反射”复选框的选择，只让它有高光没反射。这样设置既得到了所需的效果，又提高了渲染速度。

在“贴图”卷展栏下的通道里，在真实的情况下需要给凹凸通道指定凹凸贴图，用来控制墙面的不平整。但是大多时候不需要表现出墙面的细节，所以这里不指定凹凸贴图。

【任务评价】

任务内容	满　分	得　分
本项任务需两课时内完成	20分	
使用 VRay 2.0 渲染器	10分	
启用 Gamma 和 LUT 校正	10分	
设置墙面乳胶漆材质	60分	

学习情境 2 壁纸材质的设置

【学习目标】

1. 熟练掌握常见壁纸材质的物理属性。
2. 熟练使用材质编辑器设置壁纸材质的各项参数。

【情境描述】

设置所给场景的壁纸材质，如图 3-24 所示。

图 3-24 壁纸材质

【任务实施】

一、壁纸的物理属性

1. 表面肌理相对粗糙。
2. 没有反射。
3. 高光相对较大。

二、根据壁纸的物理属性设置各项参数

1. 运行 3ds Max 2012 软件，打开配套光盘中的“模块二 VRay 材质设置及灯光的应用\项目三 墙面材质的设置\学习情境 2 壁纸材质的设置\模型\卧室场景（壁纸）.max”，如图 3-25 所示。

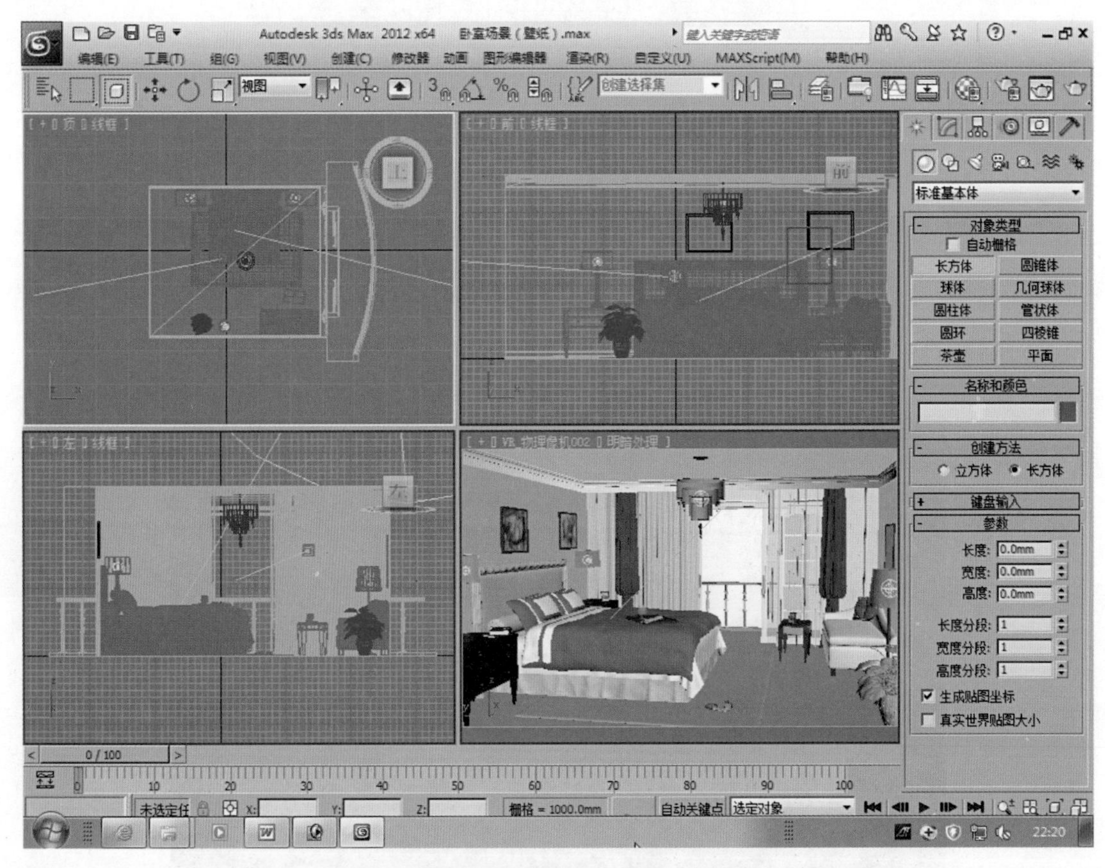

图 3-25 “卧室场景（壁纸）.max”场景

2. 按下键盘上的 <M> 键或者单击工具栏中的“材质编辑器”按钮，打开精简材质编辑器，如图 3-26 所示。

3. 单击其中一个没有使用的材质球作为当前材质球，这时材质球四周出现白色正方形边框，如图 3-27 所示的材质球。

4. 在 VRayMtl 按钮前面的文本框中输入“壁纸”，将材质命名为“壁纸”，如图 3-28 所示。

5. 选中场景中的墙，单击“材质编辑器”工具栏中的按钮，将壁纸材质赋予场景中的墙。

6. 在“基本参数”卷展栏中，单击“漫反射”后的“贴图”按钮，弹出“材质 / 贴图浏览器”对话框，如图 3-29 所示。

图 3-26 精简材质编辑器

图 3-27 当前材质球

图 3-28　给材质命名

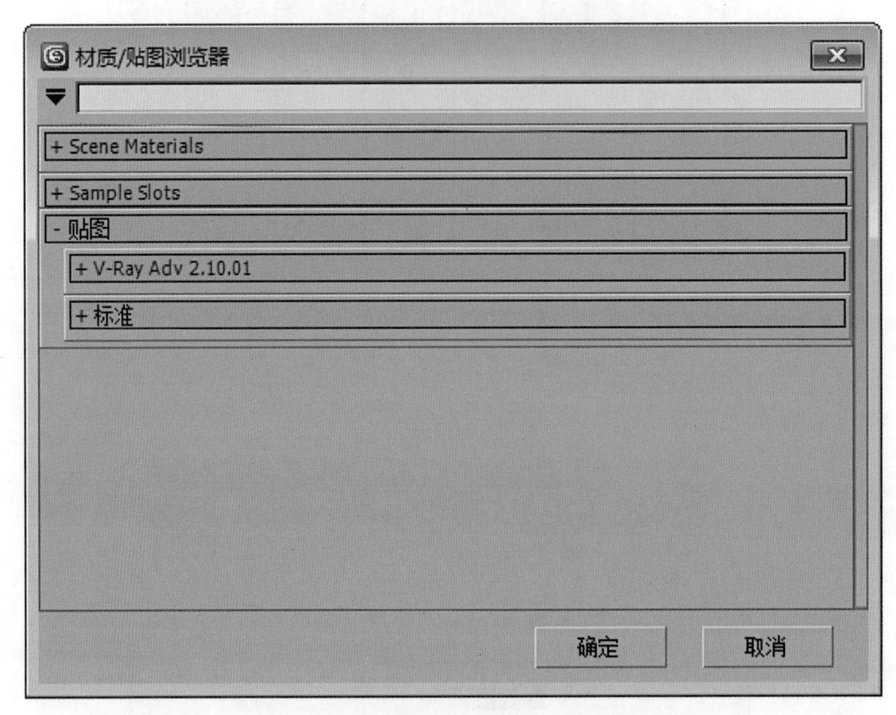

图 3-29　“材质 / 贴图浏览器”对话框

7. 单击“标准”卷展栏的标题 +标准 将其展开，单击并拖动右侧的滚动条向下滑动，直到出现 衰减 贴图，如图 3-30 所示。

8. 双击 衰减，就给漫反射添加了衰减贴图。在“衰减参数”卷展栏的“前：侧”选项组中，“衰减类型”选择“垂直 / 平行”，“衰减方向”选择“查看方向（摄影机 Z 轴）”，如图 3-31 所示。

9. 在“衰减参数”卷展栏的“前：侧”选项组中，双击上面的 None 按钮，弹出“材质 / 贴图浏览器”对话框，滑动右侧的滚动条，找到 位图 项，如图 3-32 所示。

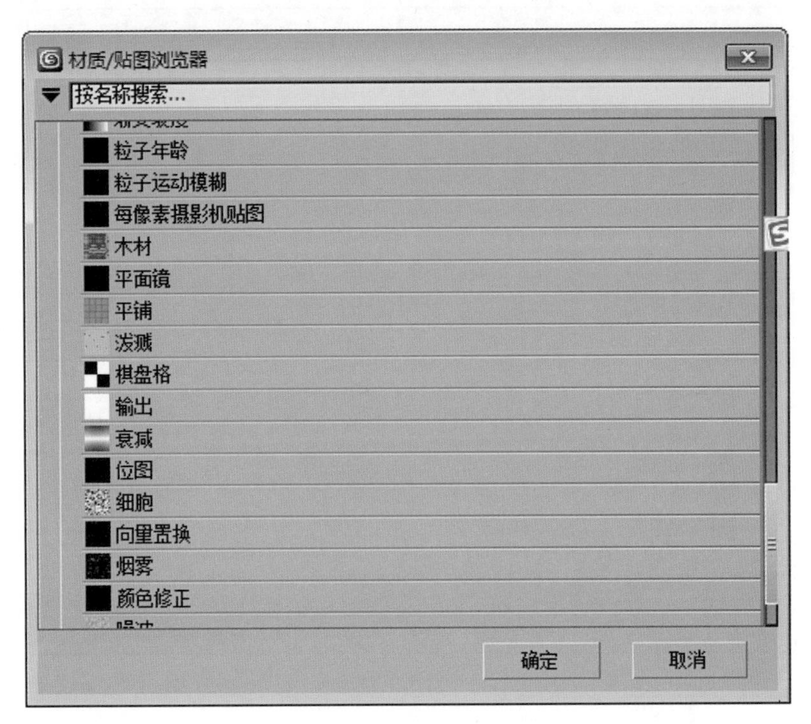

图 3-30　定位到衰减贴图

图 3-31　衰减贴图

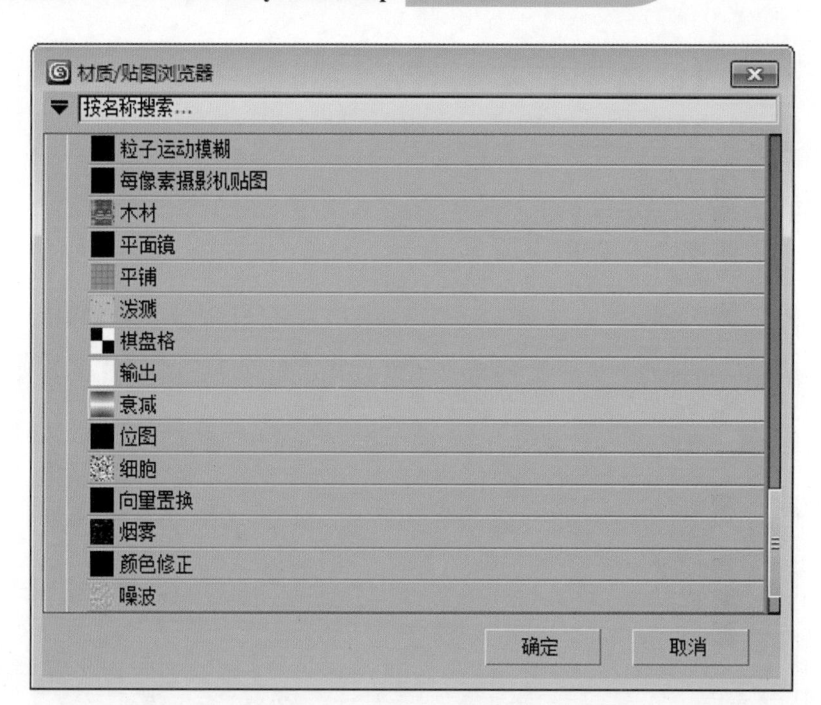

图 3-32　定位到位图贴图

10. 双击 位图，弹出“选择位图图像文件”对话框。定位到壁纸的位图图像文件，如图 3-33 所示。

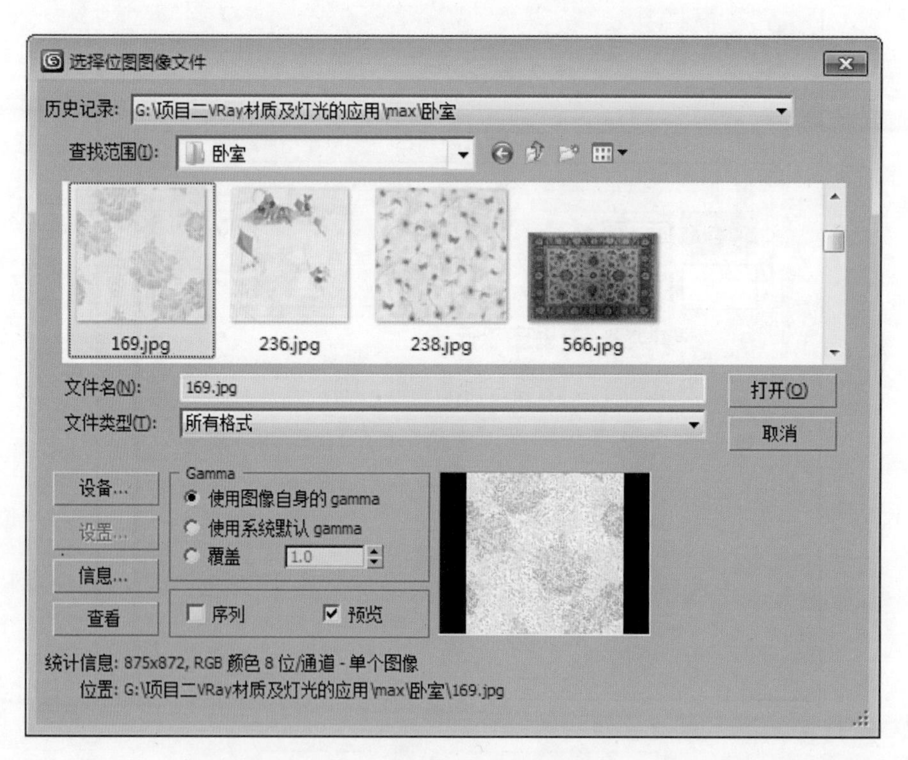

图 3-33　选择壁纸的位图图像文件

给漫反射添加的壁纸的纹理贴图如图 3-34 所示。

图 3-34 壁纸的纹理贴图

11. 单击“打开”按钮，就添加了位图贴图，在“坐标”卷展栏中设置“模糊”值为 0.1，如图 3-35 所示。

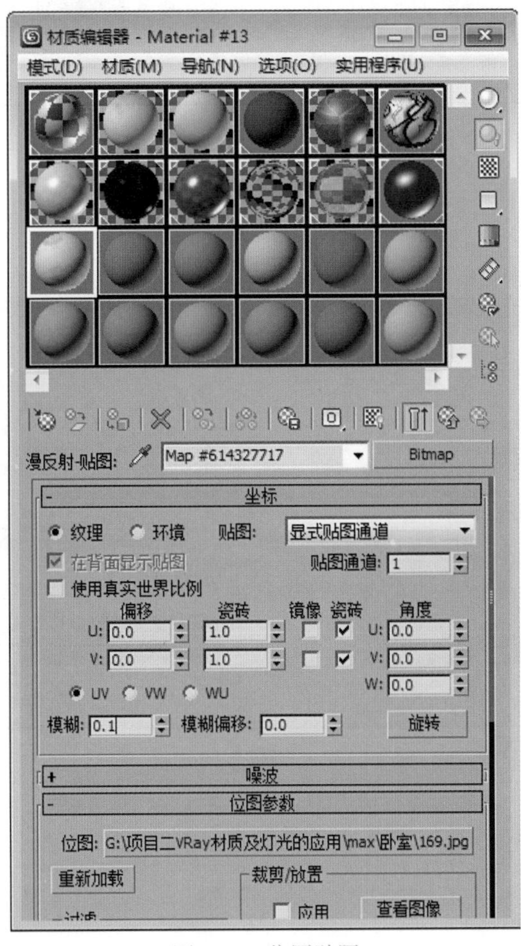

图 3-35 位图贴图

12. 单击“转到父对象”按钮 两次，返回精简材质编辑器中的“基本参数”卷展栏，如图 3-36 所示。

图 3-36 “基本参数”卷展栏

13. 单击“反射”后面的颜色设置框 ，设置壁纸材质的反射颜色为 R20/G20/B20，如图 3-37 所示。

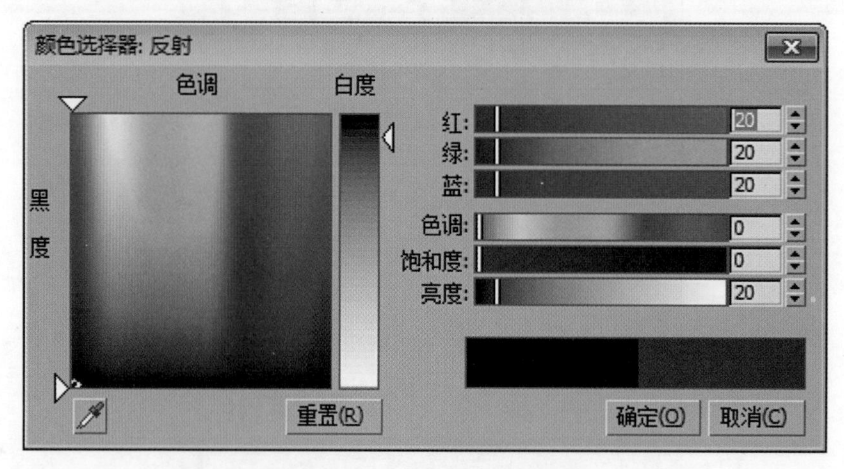

图 3-37 设置反射颜色

14. 单击“确定”按钮，返回“基本参数”卷展栏，设置“反射”选项组中的“反射光泽度”值为 0.66，“细分”值为 12，如图 3-38 所示。

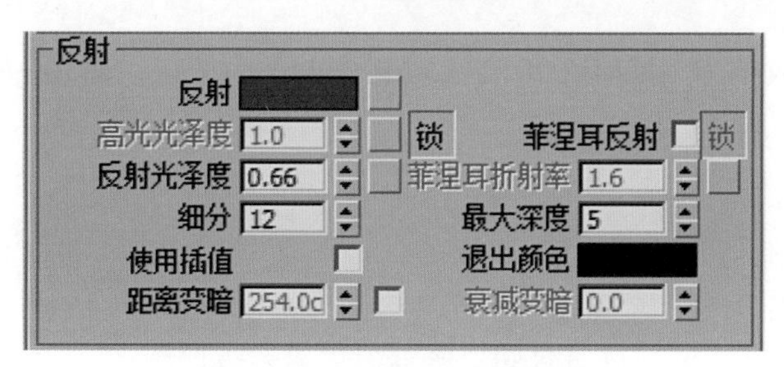

图 3-38　设置反射的相关参数

15. 选中场景中的墙，给墙添加“UVW 贴图”修改器。具体参数设置如图 3-39 所示。

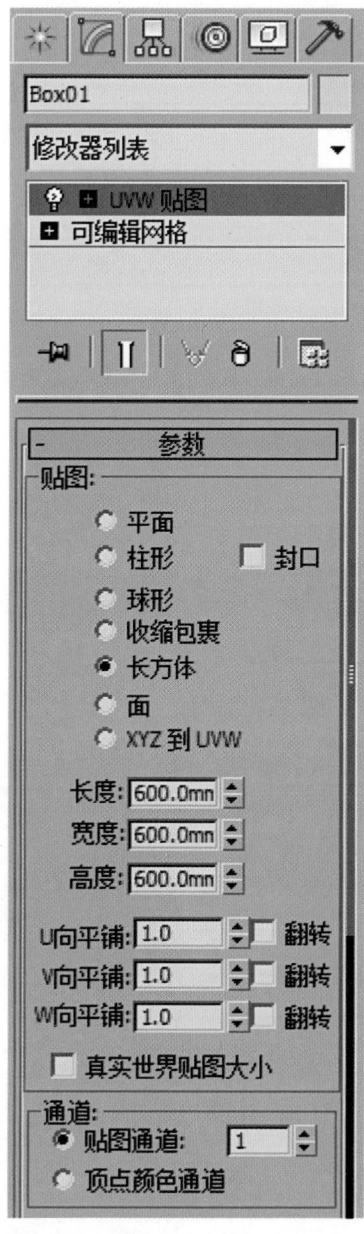

图 3-39　设置“UVW 贴图”参数

16. 按 <F9> 键或单击 3ds Max 2012 工具栏中的按钮，对“VR_ 物理相机 002”视图进行渲染，最终渲染效果如图 3-24 所示。

【知识链接】

材质的设置方法不是唯一的，只要抓住材质的基本物理属性，多次进行参数测试，就能得到满意的结果。纸、壁纸材质有如下参数值可供参考使用。

漫反射：壁纸贴图；反射：R30/G30/B30；高光光泽度：关闭；反射光泽度：0.5；最大深度：1（这样设置反射更亮）；取消选择“光线跟踪”复选框。

【任务评价】

任务内容	满　分	得　分
本项任务需两课时内完成	20 分	
分析壁纸的物理属性	20 分	
根据壁纸的物理属性设置各项参数	60 分	

学习情境 3　墙砖材质的设置

【学习目标】

1. 熟练掌握常见墙砖材质的物理属性。
2. 熟练使用材质编辑器设置墙砖材质的各项参数。

【情境描述】

设置所给场景的墙砖材质，如图 3-40 所示。

图 3-40　墙砖材质

【任务实施】

一、墙砖的物理属性

1. 表面肌理比较光滑。
2. 有一定反射。
3. 有的墙砖有贴图纹理。

二、根据墙砖的物理属性设置各项参数

1. 运行 3ds Max 2012 软件，打开配套光盘中的“模块二　VRay 材质设置及灯光的应用\项目三　墙面材质的设置\学习情境 3　墙砖材质的设置\模型\卫生间 - 墙砖材质.max”，如图 3-41 所示。

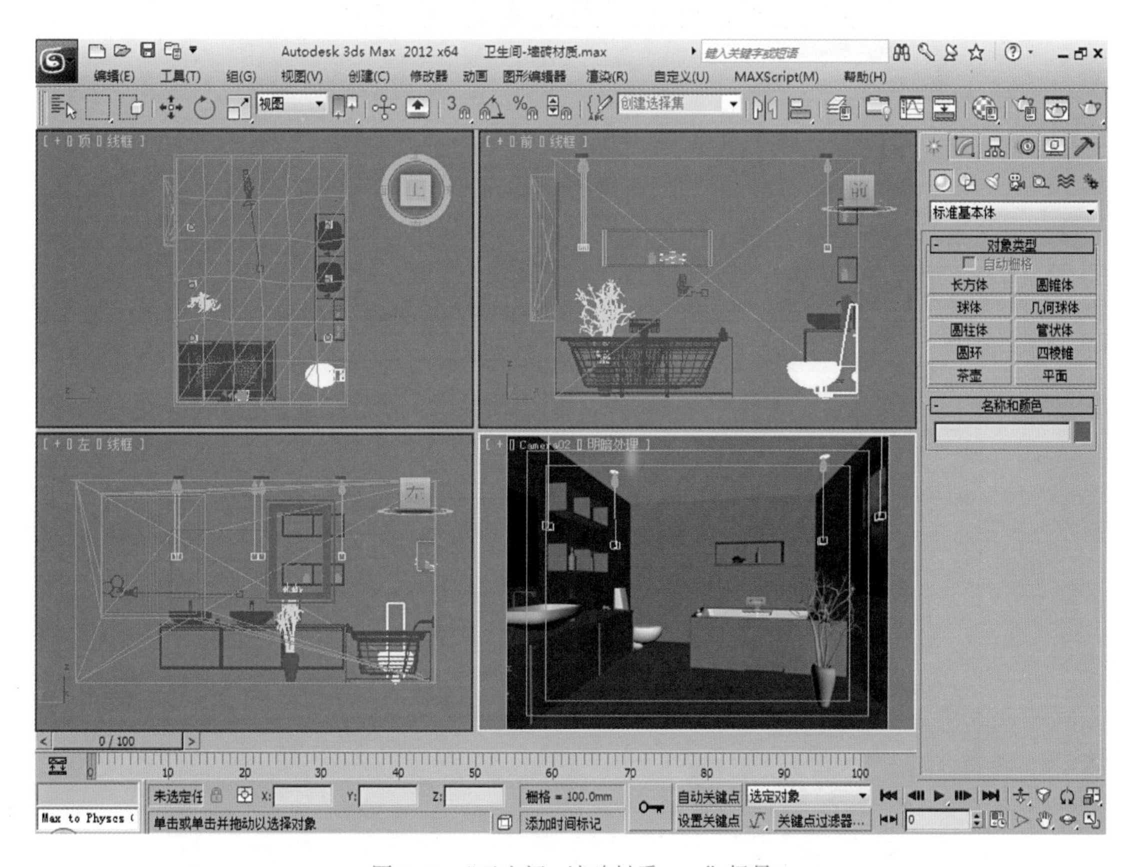

图 3-41　“卫生间 - 墙砖材质.max”场景

2. 单击工具栏中的按钮，打开精简材质编辑器，单击其中的一个没有使用的材质球作为当前材质球，这时材质球四周出现白色正方形边框，如图 3-42 所示。

3. 单击 Standard 按钮，弹出“材质 / 贴图浏览器”对话框。在“材质 / 贴图浏览器”对话框中，定位到 VRayMtl 材质，如图 3-43 所示。

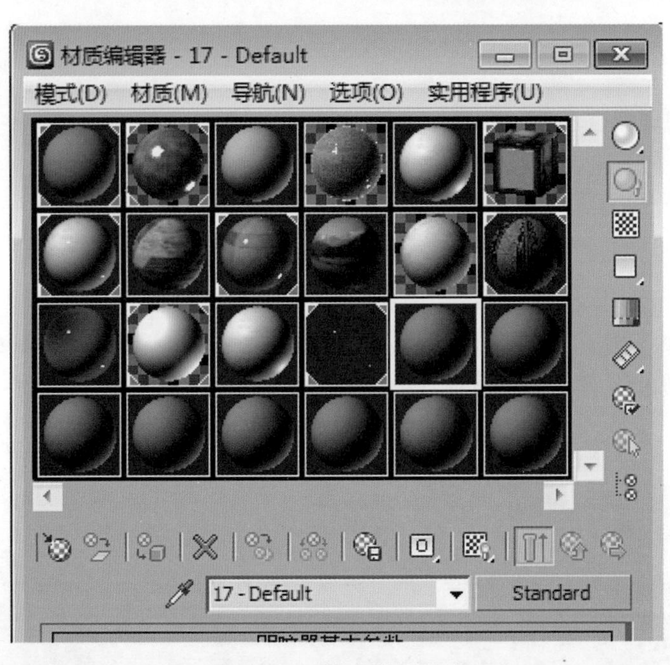

图 3-42　选择当前材质球

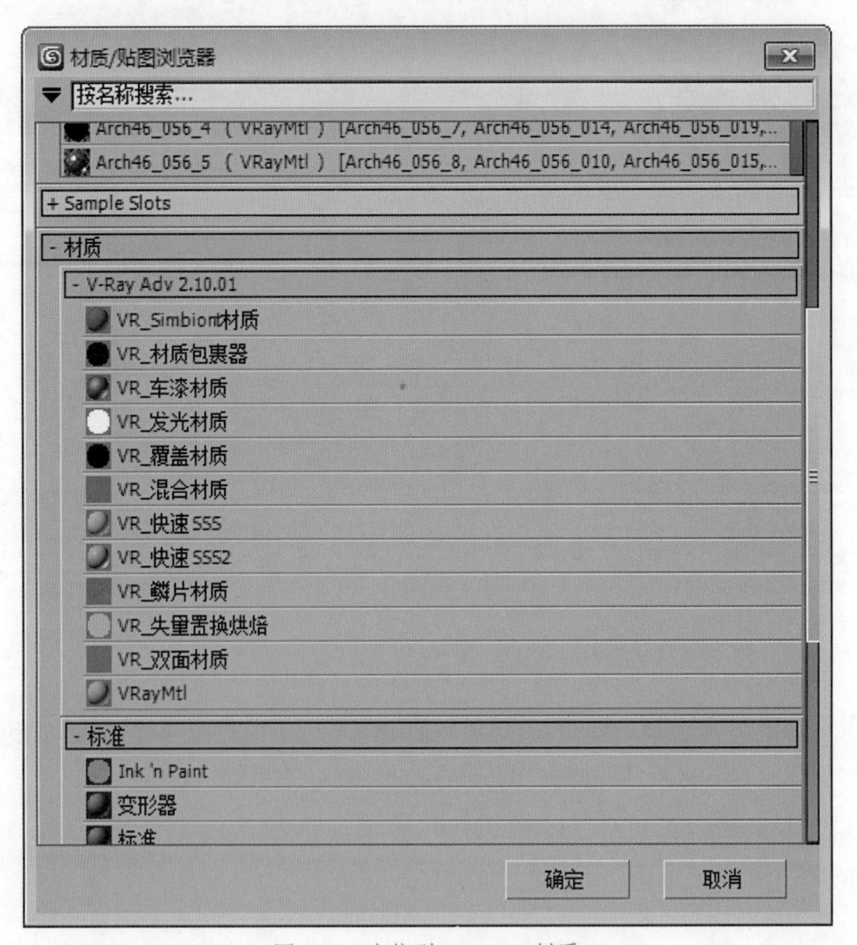

图 3-43　定位到 VRayMtl 材质

4. 双击 VRayMtl ，VRayMtl 材质就替换了 Standard 标准材质，如图 3-44 所示。

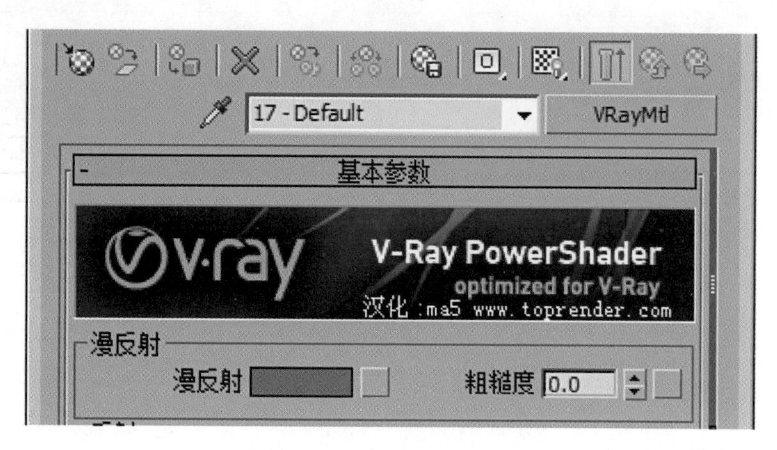

图 3-44　添加 VRayMtl 材质

5. 在 VRayMtl 按钮前面的文本框中输入“墙砖”，将材质命名为“墙砖”，如图 3-45 所示。

图 3-45　给材质命名

6. 选中场景中的墙，单击“材质编辑器”工具栏中的按钮，将墙砖材质赋予场景中的墙。

7. 在“基本参数”卷展栏中，单击“漫反射”后面的“贴图”按钮，弹出“材质 / 贴图浏览器”对话框。在“材质 / 贴图浏览器”对话框中，定位到如图 3-46 所示的 位图 。

8. 双击 位图 ，弹出“选择位图图像文件”对话框。定位到墙砖的纹理贴图文件，如图 3-47 所示。

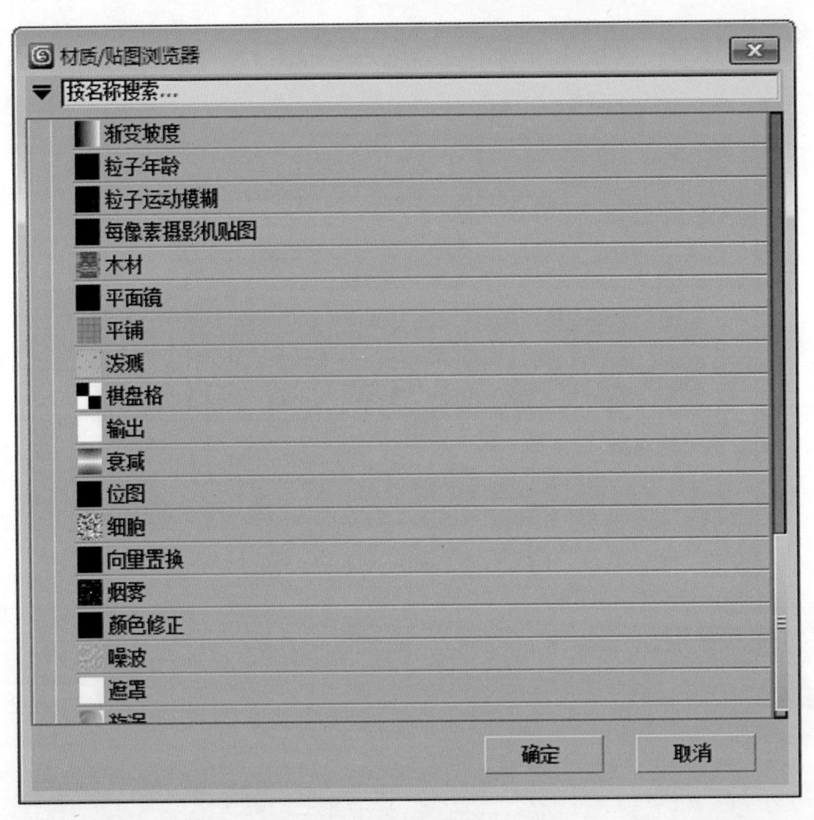

图 3-46　定位到位图贴图

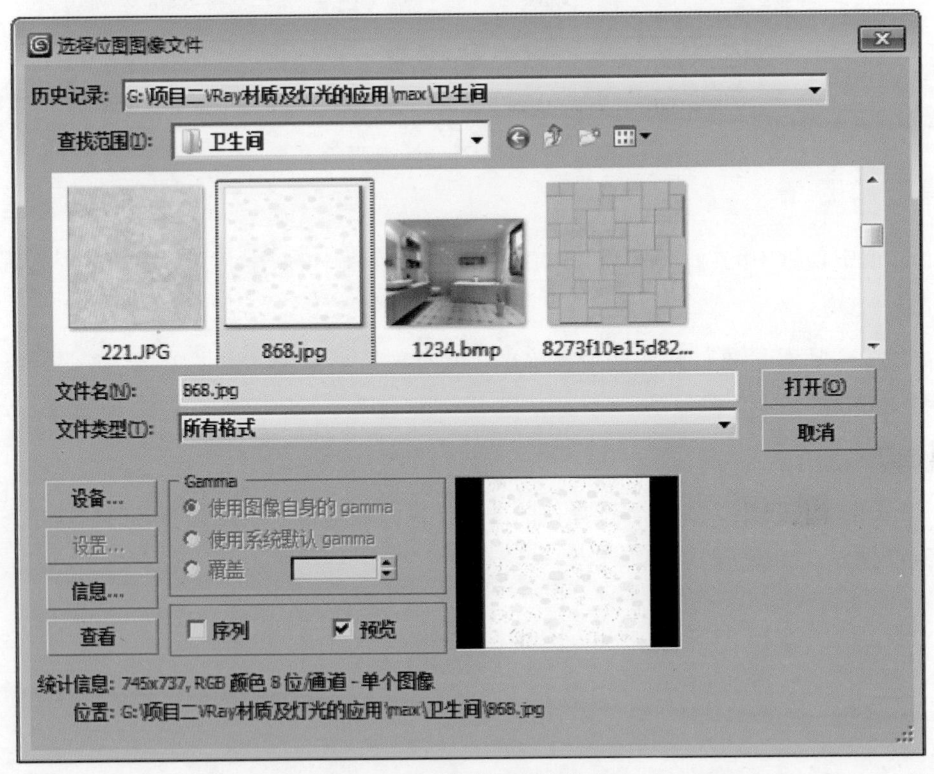

图 3-47　选择位图图像文件

给漫反射添加的墙砖的纹理贴图如图 3-48 所示。

图 3-48 墙砖的纹理贴图

9. 单击“打开”按钮，就给漫反射添加了位图贴图。在位图贴图的“坐标”卷展栏中设置“模糊”值为 0.1，如图 3-49 所示。

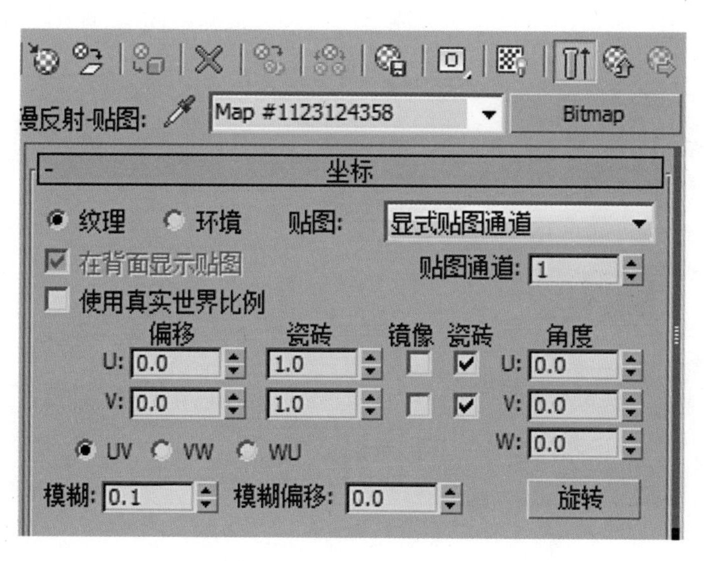

图 3-49 设置“模糊”值

10. 单击“转到父对象”按钮，返回精简材质编辑器中的“基本参数”卷展栏，如图 3-50 所示。

图 3-50 “基本参数”卷展栏

11. 在“基本参数”卷展栏中，单击“反射”后面的“贴图”按钮，给反射添加衰减贴图。在“衰减参数”卷展栏中设置“衰减类型”和“衰减方向”，如图 3-51 所示。

图 3-51 设置“衰减类型”和“衰减方向”

12. 单击“转到父对象”按钮，返回精简材质编辑器中的“基本参数”卷展栏。设置“反射光泽度”值为 0.92，设置“细分”值为 24，如图 3-52 所示。

13. 拖动右侧的滚动条向下滑动，定位到“贴图”卷展栏，双击“贴图”卷展栏的标题 + 贴图 将其展开。把漫反射通道的贴图拖到凹凸贴图通道，弹出“复制（实例）贴图”对话框，选择“实例”单选按钮，如图 3-53 所示。单击“确定”按钮，如图 3-54 所示，将“凹凸”值设置为 25。

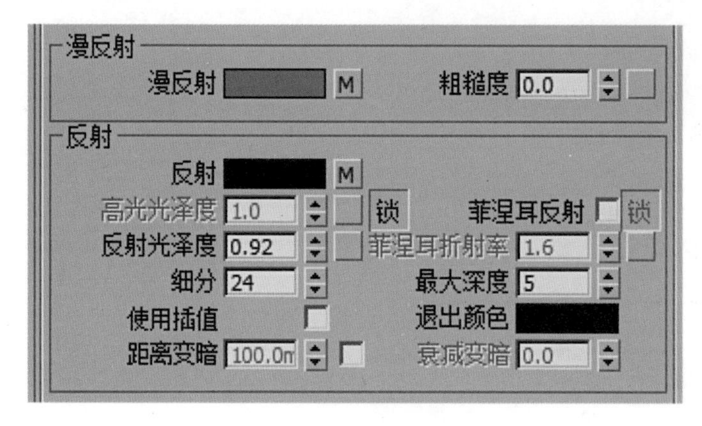

图 3-52 设置反射参数

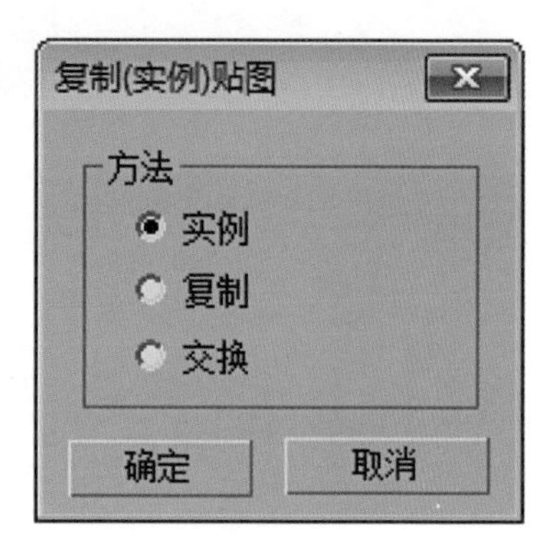

图 3-53 “复制（实例）贴图”对话框

图 3-54 “贴图”卷展栏

14. 选中场景中的墙，给墙添加“UVW 贴图”修改器。具体参数设置如图 3-55 所示。

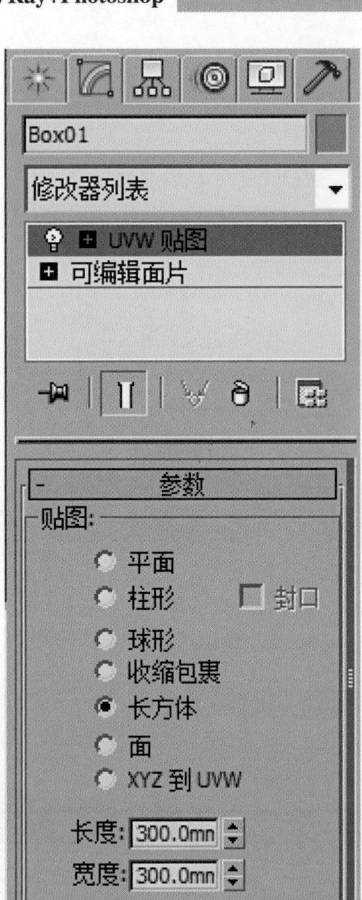

图 3-55　设置"UVW 贴图"参数

15. 渲染 Camera02 视图，渲染效果如图 3-56 所示。

16. 观察墙面，发现和地面相接的墙砖以及和顶棚相接的墙砖都是半块的，这不符合施工要求。可以通过调整墙砖贴图坐标的位置，让它更合理，以符合施工要求。选择场景中的墙，再选择 3ds Max 中的修改面板，单击"UVW 贴图"前面的"+"，展开"UVW 贴图"的子项，单击其子项 Gizmo，如图 3-57 所示。

图 3-56 Camera02 视图的渲染效果

图 3-57 Gizmo 子项

17. 这时看到视图中有一个黄色的长方体，这就是 Gizmo，如图 3-58 所示。

18. Gizmo 的大小是由“长度”、“宽度”以及“高度”参数决定的。可以通过调整 Gizmo 的参数，再结合在视图中调整 Gizmo 的位置，来调整贴图大小和位置。这种调整方法虽然适当改变了墙砖的大小，但在效果图的设计中是允许的。

19. 渲染 Camera02 视图，最终渲染效果如图 3-40 所示。

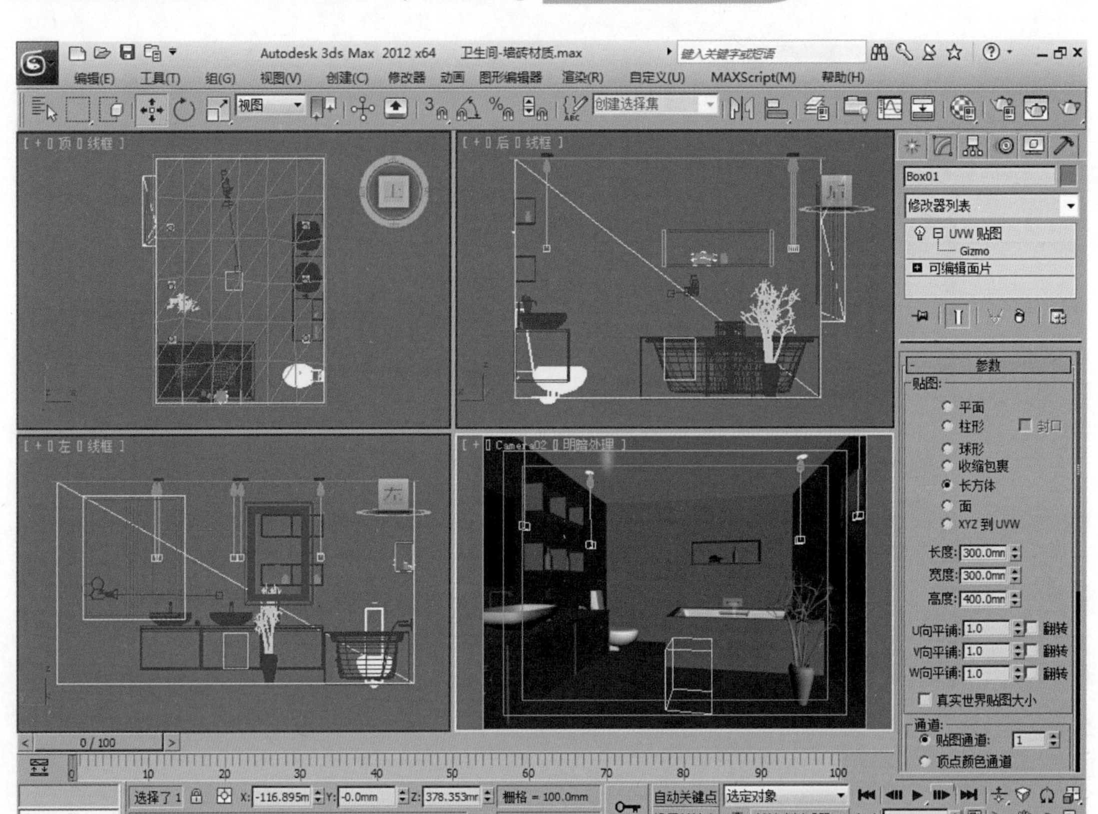

图 3-58　视图中的 Gizmo

【知识链接】

墙砖种类较多，有的表面相对光滑、反射又很细腻，有的表面相对粗糙。表面属性不同，设置方法也不同。下面提供两种设置方法供参考。

1. 表面相对光滑、反射又很细腻的墙砖材质。

在漫反射贴图通道里放置一张墙砖贴图，用来模拟真实世界里墙砖的图案和色彩。“高光”值为 0.85，“光泽度”设为 0.88，“细分”值设为 15，反射的次数设为 2。

在反射通道加衰减，方式为菲涅耳，设一通道颜色为黑色，二通道颜色为淡蓝色。

在凹凸通道里添加一张凹凸贴图来模拟墙砖的凹凸，“凹凸”值为 5。

2. 表面相对粗糙的砖材。

在漫反射通道里放置一张贴图，“模糊”值为 0.1，让其更清晰。反射颜色为 80，在反射通道添加衰减贴图，方式为菲涅耳，将“高光”值设为 0.65（值越小高光越大），“细分”值设为 20。

在凹凸通道里添加一张凹凸贴图来模拟墙砖的凹凸，“凹凸”值为 50，“模糊”值为 0.15。

【任务评价】

任务内容	满　分	得　分
本项任务需两课时内完成	20 分	
分析墙砖的物理属性	20 分	
根据不同墙砖的物理属性设置不同参数	60 分	

项 目 四

地面材质的设置

【项目概述】

常见的地面材质有石材材质、木地板材质和地毯材质。本项目以 VRay2.0 为基础，通过分析不同地面材质的物理参数，引导读者学习地面材质的参数设置。

学习情境 1　石材材质的设置

【学习目标】

1. 熟练掌握石材材质的物理属性。
2. 熟练掌握石材材质的参数设置。

【情境描述】

设置所给场景的石材材质，如图 4-1 所示。

图 4-1　石材材质

【任务实施】

一、大理石材质的物理属性（本任务以大理石为例）

1. 表面较光滑，有反射。

2. 高光较小。

二、根据大理石的物理属性设置各项参数

1. 运行 3ds Max 2012 软件，打开配套光盘中的“模块二　VRay 材质设置及灯光的应用\项目四　地面材质的设置\学习情境 1　石材材质的设置\模型\卧室场景（石材）.max”，如图 4-2 所示。

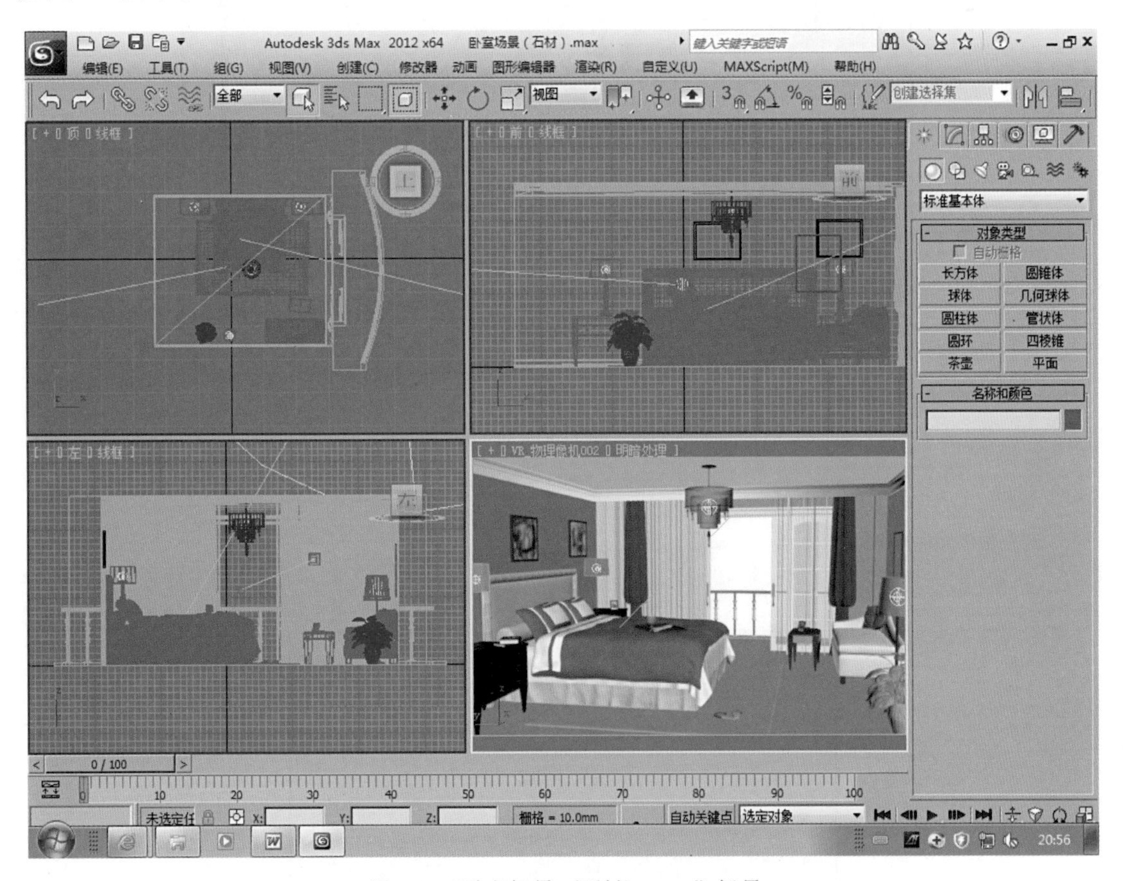

图 4-2 “卧室场景（石材）.max”场景

2. 单击工具栏中的按钮，打开精简材质编辑器，单击其中的一个没有使用的材质球作为当前材质球。

3. 在 VRayMtl 按钮前面的文本框中输入“石材”，将材质命名为“石材”，如图 4-3 所示。

4. 选中场景中的地面，单击“材质编辑器”工具栏中的按钮，将石材材质赋予场景中的地面。

图 4-3　给材质命名

5. 操作方法同“项目三　墙面材质”中的“学习情境 3　墙砖材质的设置”的第 7~14 步。

所不同的是：

1）给漫反射添加石材纹理贴图，如图 4-4 所示。

图 4-4　石材的纹理贴图

2）“基本参数”卷展栏的“反射”选项组中的参数设置，如图 4-5 所示。

图 4-5 “基本参数”卷展栏

3）给地面添加的“UVW 贴图”修改器的具体参数，如图 4-6 所示。

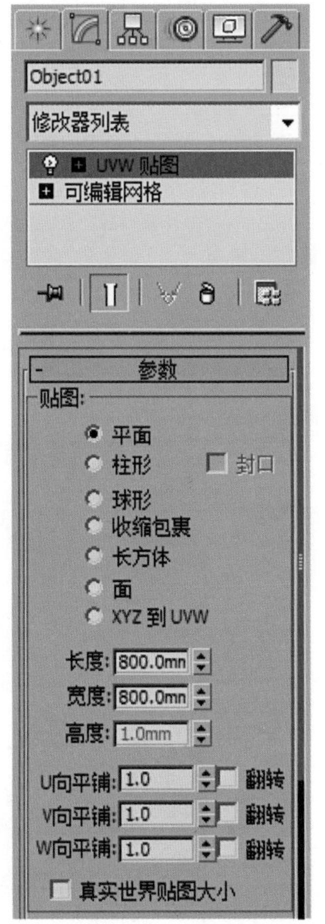

图 4-6 添加“UVW 贴图”修改器

6. 渲染“VR_ 物理相机 002”视图，最终渲染效果如图 4-1 所示。

【知识链接】

常见石材可以分为镜面、柔面、凹凸面 3 种类型。根据类型的不同，石材材质的参数设置参考如下。

1. 镜面石材：表面较光滑，有反射，高光较小。

漫反射：石材纹理贴图；反射：R40/G40/B40；高光光泽度：0.9；反射光泽度：1；细分：9。

2. 柔面石材：表面较光滑，有模糊，高光较小。

漫反射：石材纹理贴图；反射：R40/G40/B40；高光光泽度：关闭；反射光泽度：0.85；细分：25。

3. 凹凸面石材：表面较光滑，有凹凸，高光较小。

漫反射：石材纹理贴图；反射：R40/G40/B40；高光光泽度：关闭；反射光泽度：1；细分：9；凹凸贴图：15%同漫反射贴图相关联。

【任务评价】

任务内容	满　分	得　分
本项任务需两课时内完成	20 分	
分析石材材质的物理属性	20 分	
根据石材材质的物理属性设置各项参数	60 分	

学习情境 2　木地板材质的设置

【学习目标】

1. 熟练掌握常见木地板材质的物理属性。

2. 熟练掌握常见木地板材质的参数设置。

【情境描述】

设置所给场景的木地板材质，如图 4-7 所示。

图 4-7　木地板材质

【任务实施】

一、木地板的物理属性

1. 有木纹理。

2. 反射较强。

3. 模糊感比较强。

二、根据木地板的物理属性设置各项参数

1. 运行 3ds Max 2012 软件，打开配套光盘中的“模块二　VRay 材质设置及灯光的应用\项目四　地面材质设置\学习情境 2　木地板材质的设置\模型\卧室场景（木地板）.max”，如图 4-8 所示。

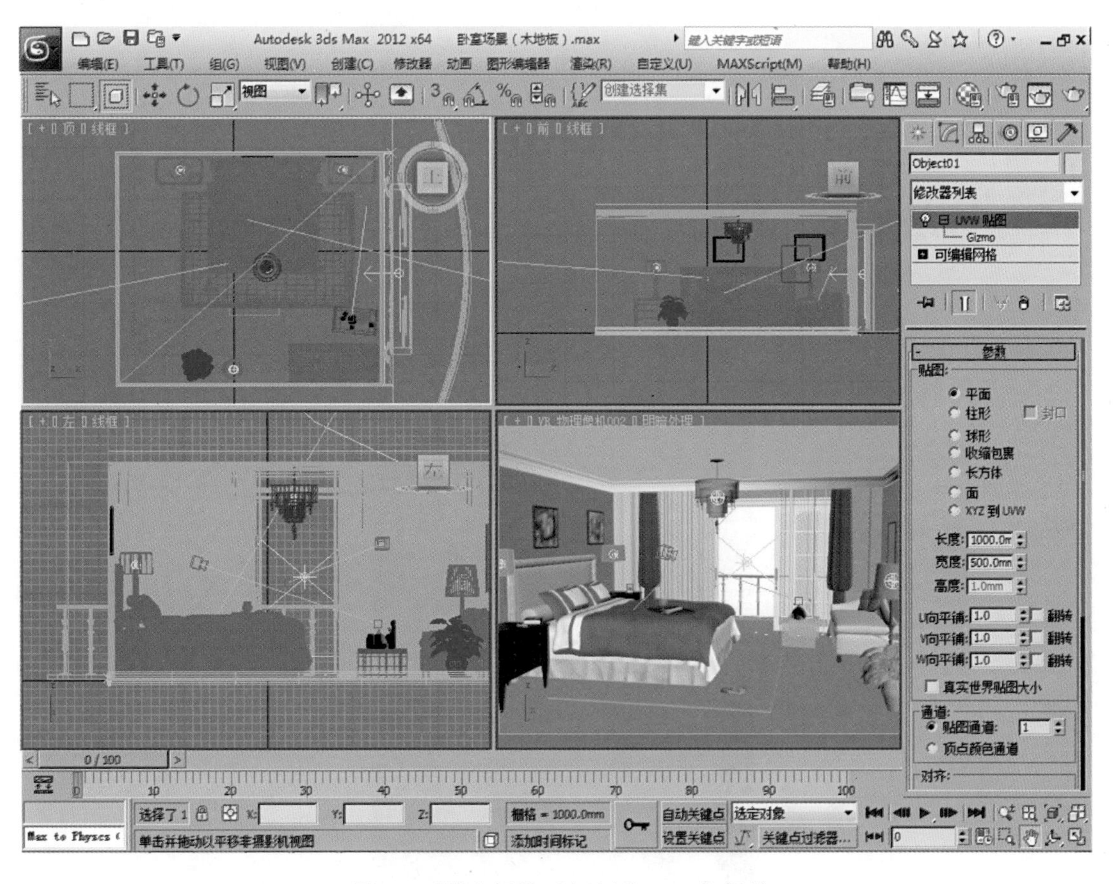

图 4-8　“卧室场景（木地板）.max”场景

2. 单击工具栏中的按钮，打开精简材质编辑器，单击其中的一个没有使用的材质球作为当前材质球。

3. 在 VRayMtl 按钮前面的文本框中输入“木地板”，将材质命名为“木地板”，如图 4-9 所示。

图 4-9 给材质命名

4. 选中场景中的地面，单击“材质编辑器”工具栏中的 按钮，将木地板材质赋予场景中的地面。

5. 操作方法同“项目三 墙面材质”中的“学习情境 3 墙砖材质的设置”的第 7~14 步。

所不同的是：

1）给漫反射添加木地板纹理贴图，如图 4-10 所示。

图 4-10 木地板的纹理贴图

2）“基本参数”卷展栏的“反射”选项组中的参数设置，如图 4-11 所示。

3）给地面添加的“UVW 贴图”修改器的具体参数，如图 4-12 所示。

图 4-11 “基本参数”卷展栏

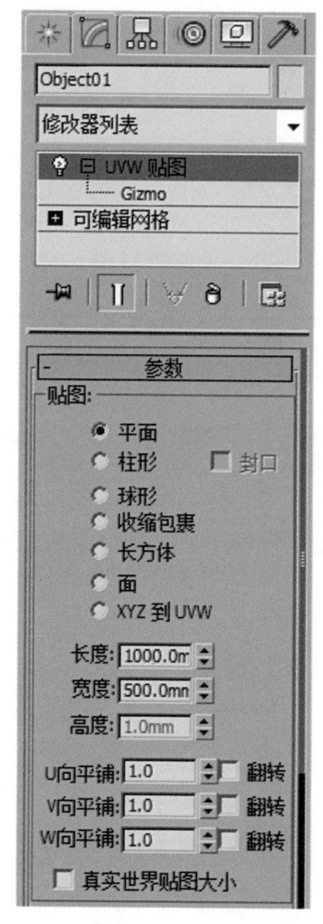

图 4-12 添加“UVW 贴图”修改器

6. 渲染“VR_ 物理相机 002”视图，最终渲染效果如图 4-7 所示。

【知识链接】

在给材质进行参数设置时，要全面考虑它的各种物理属性，再进行参数设置。各种物理属性是有主次之分的。有时只要抓住主要物理属性，就能做出逼真的材质，比如前面讲的墙面的乳胶漆材质，我们并没有去对墙面的不平整进行凹凸贴图，因为摄影机比较远，不需要表现出墙面的细节。因此对于同一种材质，根据不同场景的不同需要，有时会有多种设置方法。下面以木地板为例，讲解材质的各种设置方法。

1. 木地板材质的参数也有按以下方法进行设置的，渲染结果也能满足一般要求。

1）漫反射：木地板纹理贴图；反射：木地板的黑白贴图，黑调偏暗；高光光泽度：0.78；反射光泽度：0.85；细分：15；凹凸：60%木地板的黑白贴图，黑调偏亮。

2）漫反射：木地板纹理贴图；反射：衰减；高光光泽度：0.9；反光光泽度：0.7；凹凸：10%木地板材质。

2. 哑面实木木地板材质的一般设置方法。

漫反射：木地板纹理贴图，“模糊”值为 0.01；反射：R34/G34/B34；高光光泽度：0.87；反射光泽度：0.82；凹凸：11，复制漫反射木地板纹理贴图，“模糊”值为 0.85。

【任务评价】

任务内容	满　分	得　分
本项任务需两课时内完成	20 分	
分析木地板的物理属性	20 分	
根据木地板的物理属性设置各项参数	60 分	

学习情境 3　地毯材质的设置

【学习目标】

1. 熟练掌握常见地毯材质的物理属性。

2. 熟练掌握常见地毯材质的参数设置。

【情境描述】

设置所给场景的地毯材质，如图 4-13 所示。

图 4-13 地毯材质

【任务实施】

一、地毯的物理属性

1. 表面粗糙，有毛茸茸的感觉。

2. 没有反射现象。

二、根据地毯的物理属性设置各项参数

在室内效果图表现中，经常需要模拟各种各样的毛茸茸的地毯效果，大家的做法也不尽相同。有用 VRay 渲染器的“VR- 置换修改”修改器来制作的，也有用 VRay 渲染器的 VRayFur（毛发效果）来表现的。这里用 VRayFur 进行地毯的制作。

提示：用 VRayFur 制作真实的地毯效果时，需要为原始模型设置较多的段数。

1. 运行 3ds Max 2012 软件，打开配套光盘中的“模块二　VRay 材质设置及灯光的应用 \ 项目四　地面材质的设置 \ 学习情境 3　地毯材质的设置 \ 模型 \ 卧室场景（地毯）. max”，如图 4-14 所示。

2. 单击工具栏中的按钮，打开精简材质编辑器，单击其中的一个没有使用的材质球作为当前材质球。

3. 在 VRayMtl 按钮前面的文本框中输入“地毯”，将材质命名为“地毯”，如图 4-15 所示。

4. 在“基本参数”卷展栏中，单击“漫反射”后面的“贴图”按钮，给漫反射添加如图 4-16 所示的纹理贴图。把位图“坐标”卷展栏中的“模糊”值设置为 0.2，如图 4-17 所示。

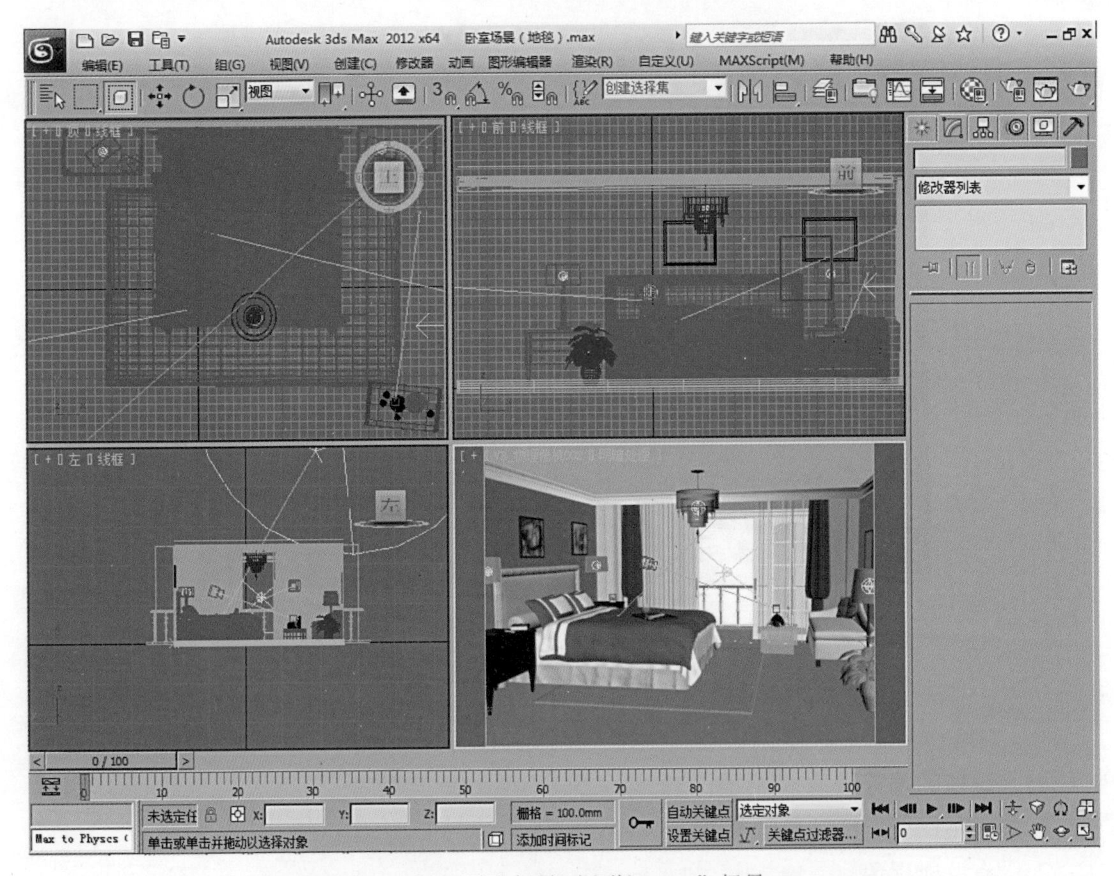

图 4-14 “卧室场景（地毯）.max”场景

图 4-15 给材质命名

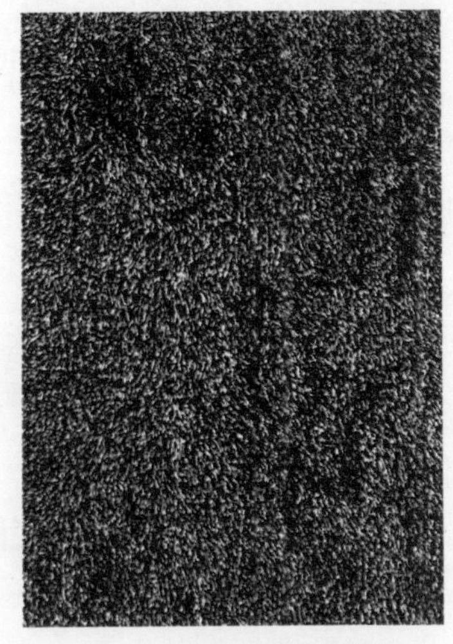

图 4-16 设置漫反射颜色

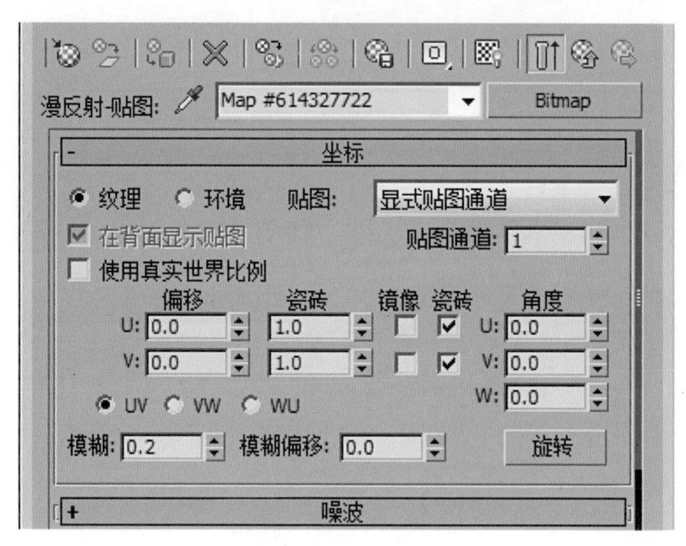

图 4-17　设置“模糊”值

5. 双击“反射”后面的颜色框，设置反射颜色如图 4-18 所示。设置“反射”选项组中的参数，如图 4-19 所示。

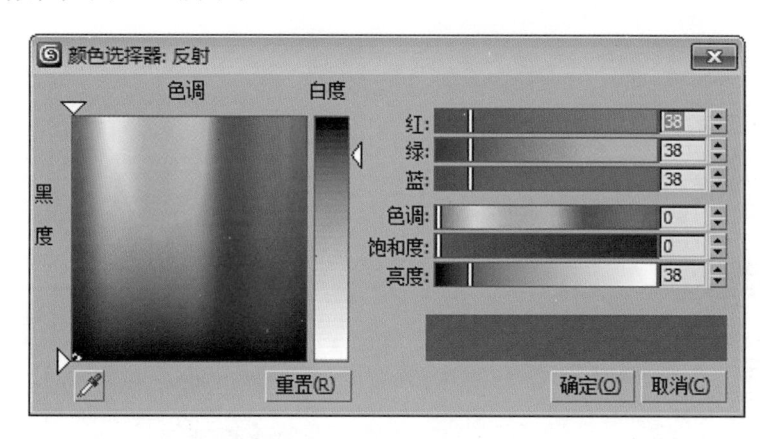

图 4-18　设置反射颜色

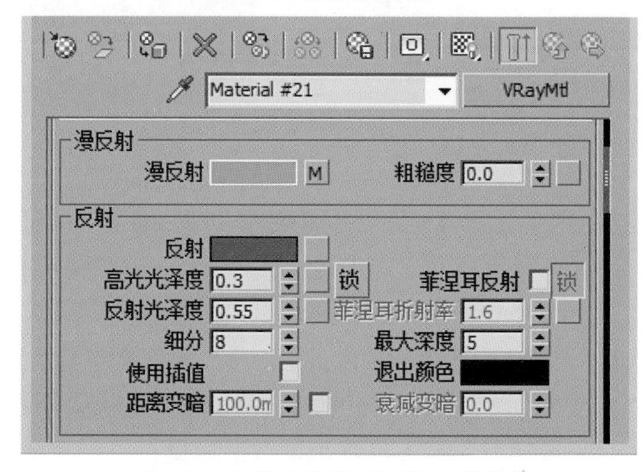

图 4-19　设置“反射”选项组中的参数

6. 在“选项”卷展栏中取消对“跟踪反射”复选框的选择，如图 4-20 所示。

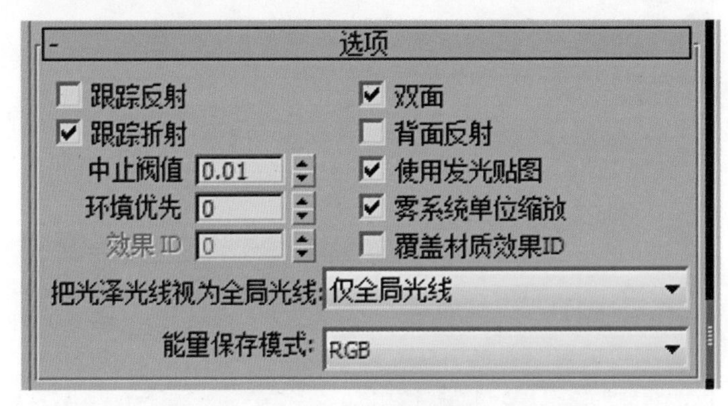

图 4-20　取消选择“跟踪反射”复选框

7. 选中场景中的地毯，定位到创建面板，展开“几何体”下面的下拉列表框，如图 4-21 所示，选择 VRay 选项，出现如图 4-22 所示的 VR_毛发 按钮。

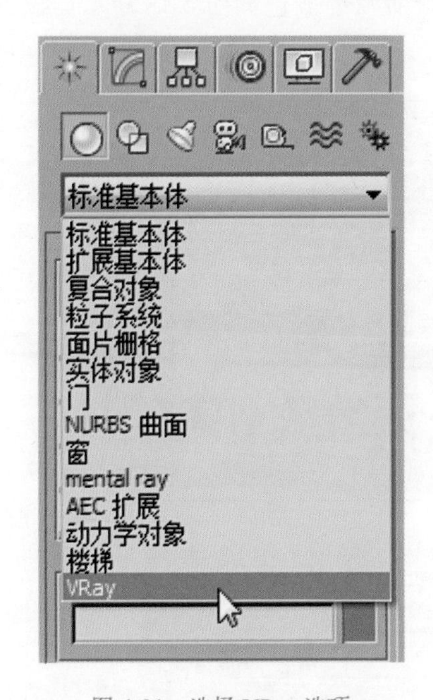

图 4-21　选择 VRay 选项

图 4-22　VR_ 毛发

提示：必须首先选中产生毛发的对象，才能激活“VR_ 毛发”按钮，否则“VR_ 毛发”按钮不能使用，如图 4-23 所示。

8. 单击 VR_毛发 按钮，设置如图 4-24 所示的毛发参数。

参数解释：“长度”参数决定毛发的长度。“厚度”参数决定毛发的粗细。“重力”参数模拟毛发受重力影响的效果。重力值是正值时，毛发向上生长，并且值越大，毛发越挺直；重力值是负值时，毛发向下生长，值越小，毛发越挺直，比如设置为-1 和-100，那么-100 的效果就比-1 的效果挺直。“弯曲度”参数让毛发适当弯曲。弯曲度的值越大，毛

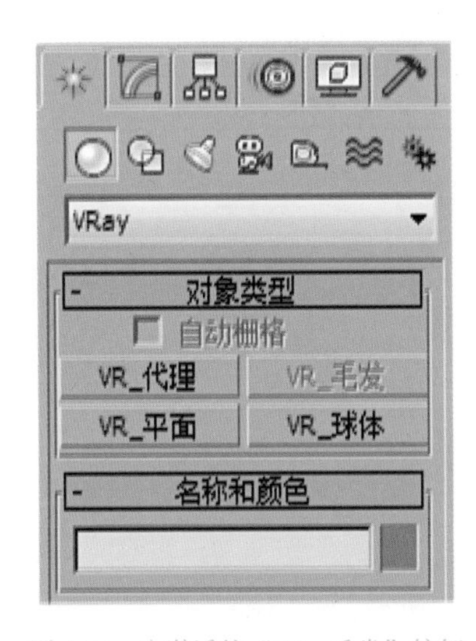

图 4-23 未激活的“VR_ 毛发”按钮

图 4-24 设置毛发参数

发的弯曲程度越强烈。“节数”参数控制毛发的段数。这个值越大，毛发的弯曲效果越好，但渲染时间会加长。在“分配”选项组中，选择了按区域来分布毛发的数量，这种方式下渲染出来的毛发分布比较均匀。“每区域”参数的值越大，毛越密。

9. 选中场景中的毛发对象，给其添加“UVW 贴图添加”修改器，如图 4-25 所示。

10. 选中场景中的毛发对象，单击“材质编辑器”工具栏中的按钮，将地毯材质赋予场景中的毛发。

注意：如果将地毯材质错误地赋予场景中的地毯对象，则毛发对象就不能得到材质，也就渲染不出正确的结果。

图 4-25 添加“UVW 贴图添加”修改器

11. 渲染“VR_ 物理相机 002”视图，最终渲染效果如图 4-13 所示。

【知识链接】

地毯材质的特点是表面粗糙，具有毛茸茸的感觉。用“VR 毛发”来制作地毯材质，效果是最好的，但渲染速度较慢。

【任务评价】

任务内容	满　分	得　分
本项任务需两课时内完成	20 分	
地毯材质的参数分析	10 分	
“VRay 置换”修改器的使用	25 分	
将 VRay 渲染器的“VRay:全局开关”卷展栏中的“置换”复选框勾选	5 分	
地毯材质的参数设置方法	40 分	

项 目 五

家具材质的设置

【项目概述】

常见的家具材质有玻璃材质、金属材质、皮革材质、木纹理材质和布艺材质。本项目以VRay 2.0为基础，通过分析不同家具材质的物理参数，引导读者学习家具材质的参数设置。

学习情境1　玻璃材质的设置

【学习目标】

1. 熟练掌握常见玻璃材质的物理属性。
2. 熟练掌握常见玻璃材质的参数设置。

【情境描述】

设置所给场景的玻璃茶几的材质，如图5-1所示。

图5-1　玻璃材质

【任务实施】

一、玻璃材质的物理属性

1. 本身透明效果很好。

2. 能产生反射、折射现象。

二、玻璃材质的参数设置

1. 运行 3ds Max 2012 软件，打开配套光盘中的“模块二　VRay 材质设置及灯光的应用 \ 项目五　家具材质的设置 \ 学习情境 1　玻璃材质的设置 \ 模型 \ 卧室场景（玻璃）.max”，如图 5-2 所示。

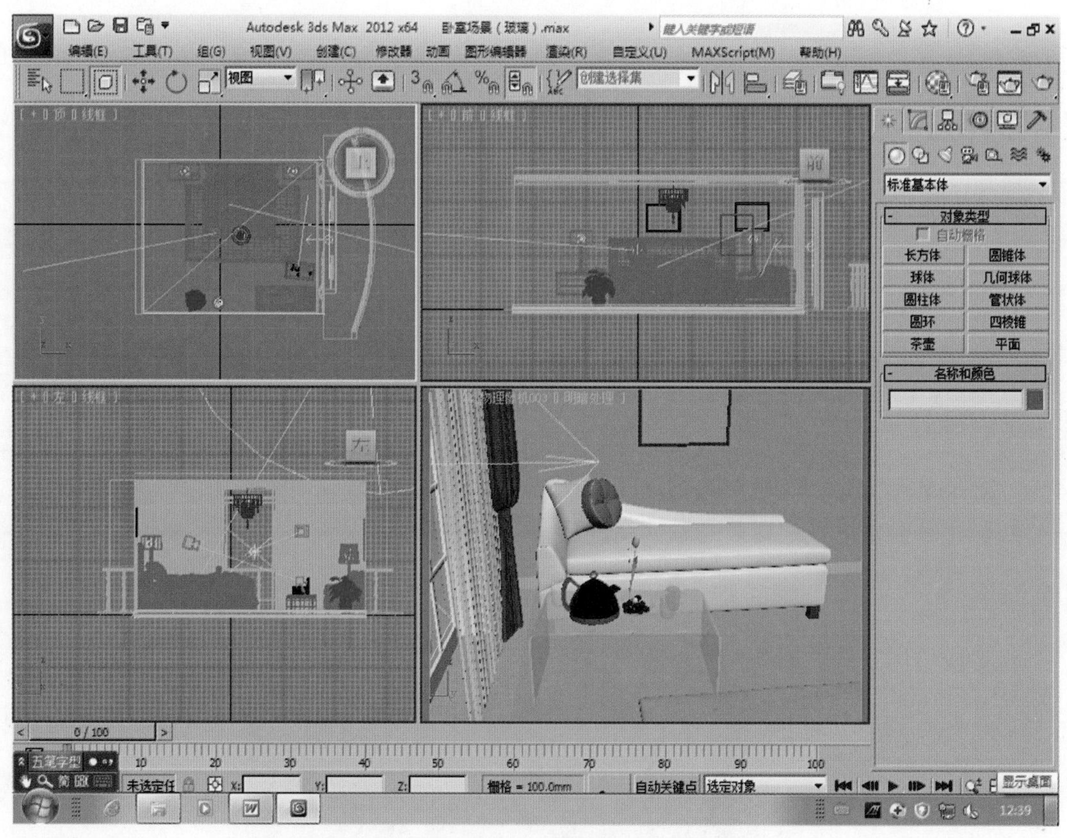

图 5-2　“卧室场景（玻璃）.max”场景

2. 单击工具栏中的按钮，打开精简材质编辑器，单击其中的一个没有使用的材质球作为当前材质球。

3. 在 VRayMtl 按钮前面的文本框中输入“玻璃”，将材质命名为“玻璃”，如图 5-3 所示。

4. 选中场景中的茶几，单击“材质编辑器”工具栏中的按钮，将玻璃材质赋予场景中的茶几。

5. 设置漫反射颜色为黑色（R0/G0/B0），如图 5-4 所示。

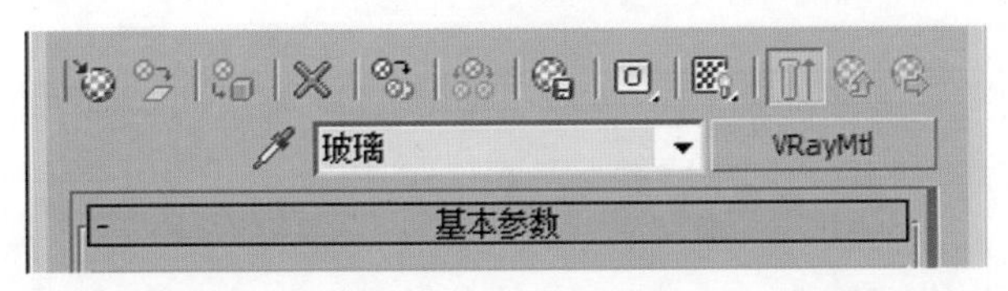

图 5-3 给材质命名

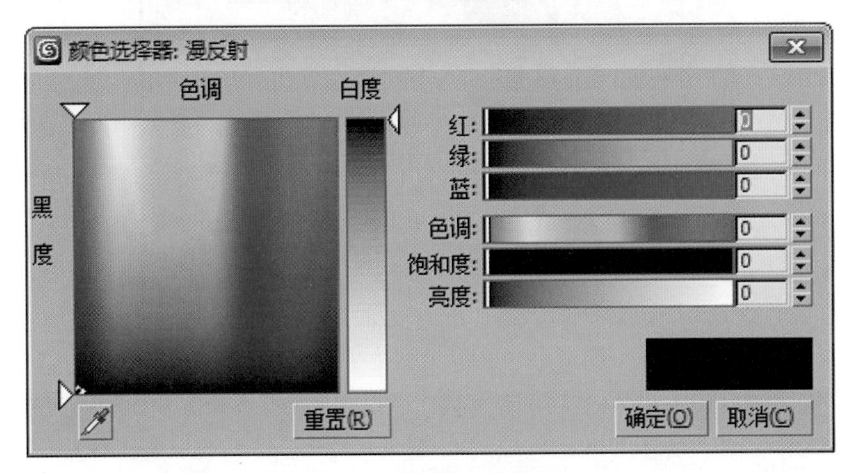

图 5-4 设置漫反射颜色

6. 设置反射颜色为深灰色（R25/G25/B25），如图 5-5 所示。

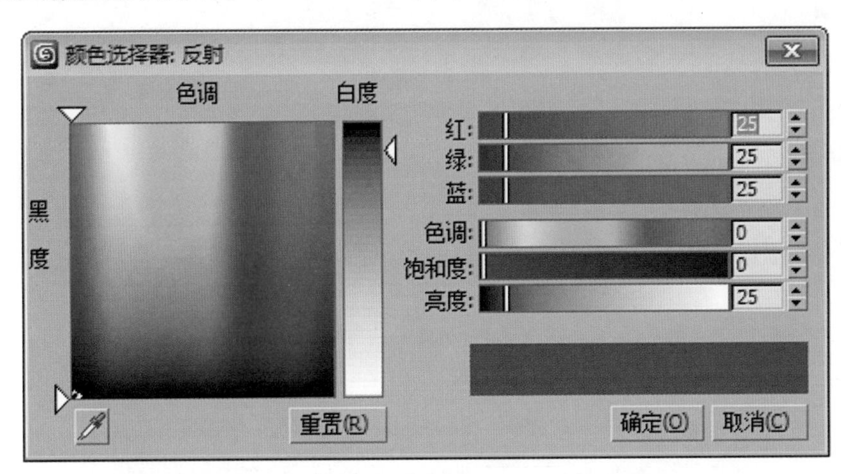

图 5-5 设置反射颜色

7. 分别设置“高光光泽度”值为 0.9，“反射光泽度”值为 0.8，“细分”值为 25，如图 5-6 所示。

8. 设置折射颜色为白色（R255/G255/B255），如图 5-7 所示。

提示：折射颜色决定材质的透明度，颜色越接近白色，材质的透明度就越高。

9. 设置“细分”参数，并勾选“影响阴影”复选框，使透明度影响阴影效果；设置“折射率”参数，更改材质的折射率；设置“最大深度”参数，更改折射的最大折射次数，如图 5-8 所示。

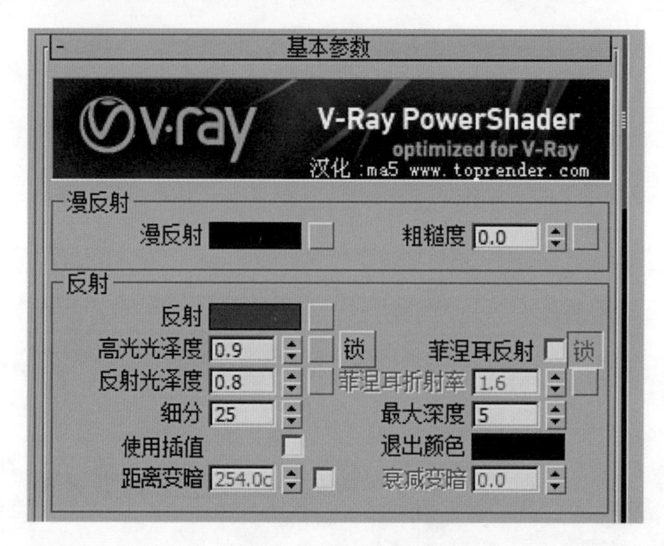

图 5-6　设置反射参数

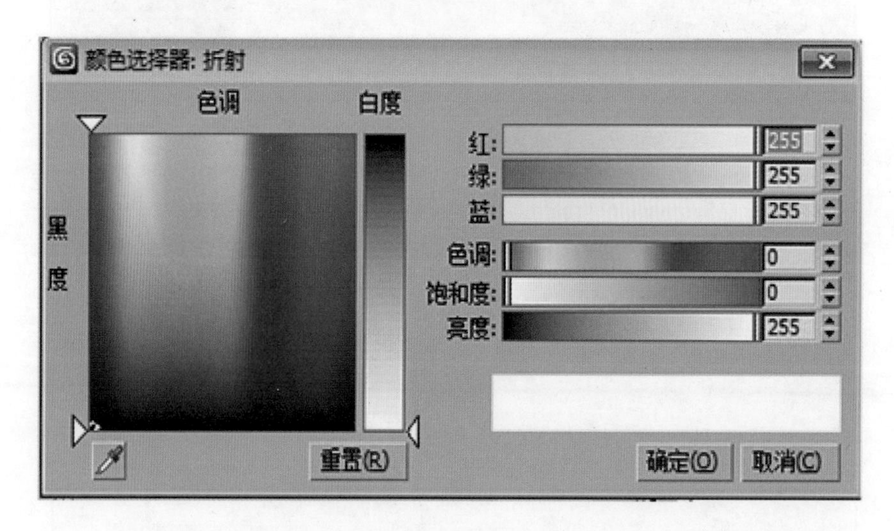

图 5-7　设置折射颜色

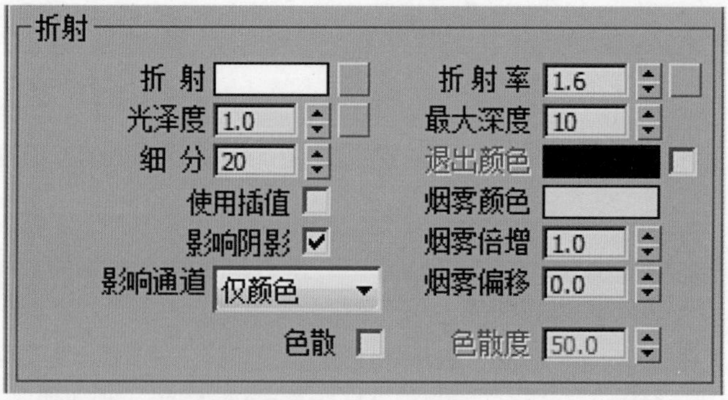

折射
折 射
折 射 率 1.6
光泽度 1.0
最大深度 10
细 分 20
退出颜色
使用插值
烟雾颜色
影响阴影
烟雾倍增 1.0
影响通道 仅颜色
烟雾偏移 0.0
色散
色散度 50.0

图 5-8　设置折射参数

10. 设置"烟雾颜色"显示窗内的颜色（R139/G223/B224），如图 5-9 所示。

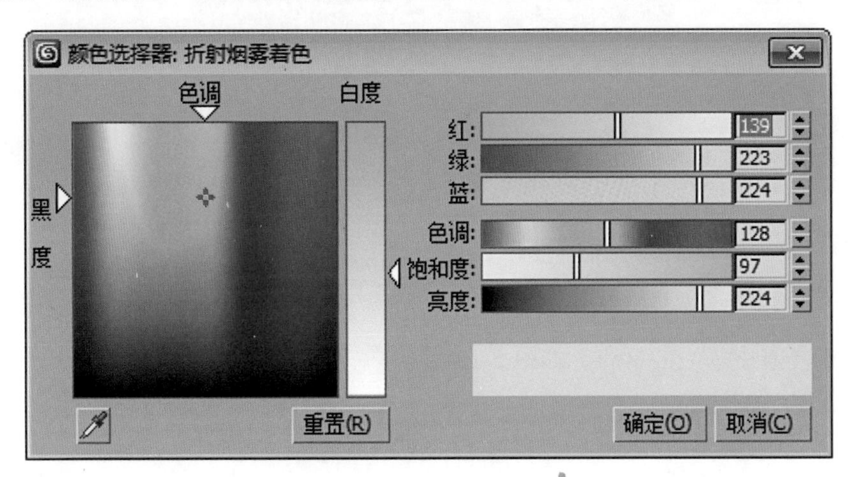

图 5-9 设置"烟雾颜色"

提示：当玻璃折射效果达到最大强度时，漫反射颜色或图案将被忽略。因此，不能使用漫反射颜色来设置折射对象的颜色，只能使用"烟雾颜色"来设置折射对象的颜色。"烟雾倍增"参数是用来设置填充颜色浓度的，其数值越小，折射对象的颜色越浅。

11. 渲染"VR_ 物理相机 003"视图，最终渲染效果如图 5-1 所示。

【知识链接】

1. 磨砂玻璃材质参数设置方法。

真实的磨砂玻璃因为表面凹凸不平，光线通过磨砂玻璃以后会在各个方向产生折射光线，这样观察者就能观察到磨砂玻璃的特点。这里要表现一种比较粗糙的玻璃效果，设漫反射颜色为 R240/G240/B240 来模拟白色的磨砂玻璃。在折射通道里设置衰减贴图，调换一、二通道颜色位置，然后把一通道的色值改为 220（目的是不让玻璃完全透明）。方式选择"垂直 / 平行"，这种方式会有点朦胧的效果，很适合做磨砂玻璃或纱帘。"光泽度"设置为 0.7，是为了让玻璃不要太模糊，可隐约看到外面的东西。"细分"值设为 10，这样速度较快，也可以达到所需效果。

2. 镜子材质设置。

漫反射：R0/G0/B0；反射：R255/G255/B255；高光光泽度：关闭；反射光泽度：0.94；细分：5。

【任务评价】

任务内容	满　分	得　分
本项任务需一课时内完成	20 分	
分析玻璃的物理属性	30 分	
玻璃材质的参数设置	50 分	

学习情境 2　金属材质的设置

【学习目标】

1. 熟练掌握常见金属材质的物理属性。
2. 熟练掌握常见金属材质的参数设置。

【情境描述】

设置所给场景中水壶的材质，如图 5-10 所示。

图 5-10　金属材质

【任务实施】

一、金属材质的物理属性

1. 反光很高，镜面效果也很强，高精度抛光的金属和镜面的效果很接近。

2. 金属材质的高光部分有很多的环境色融入其中，有很好的反射。在暗部又很暗，接近黑色，反差很大。

3. 金属的颜色体现在过渡区，受灯光的影响很大。

二、金属材质的参数设置

金属材质是具有反射效果的材质，受周围环境影响很大，注意其材质设置与低反光材质的差别。本任务将讲解 VRay 2.0 金属材质的表现方法。

1. 运行 3ds Max 2012 软件，打开配套光盘中的“模块二　VRay 材质设置及灯光的应用\项目五　家具材质的设置\学习情境 2　金属材质的设置\模型\卧室场景（金属）.max”，如图 5-11 所示。

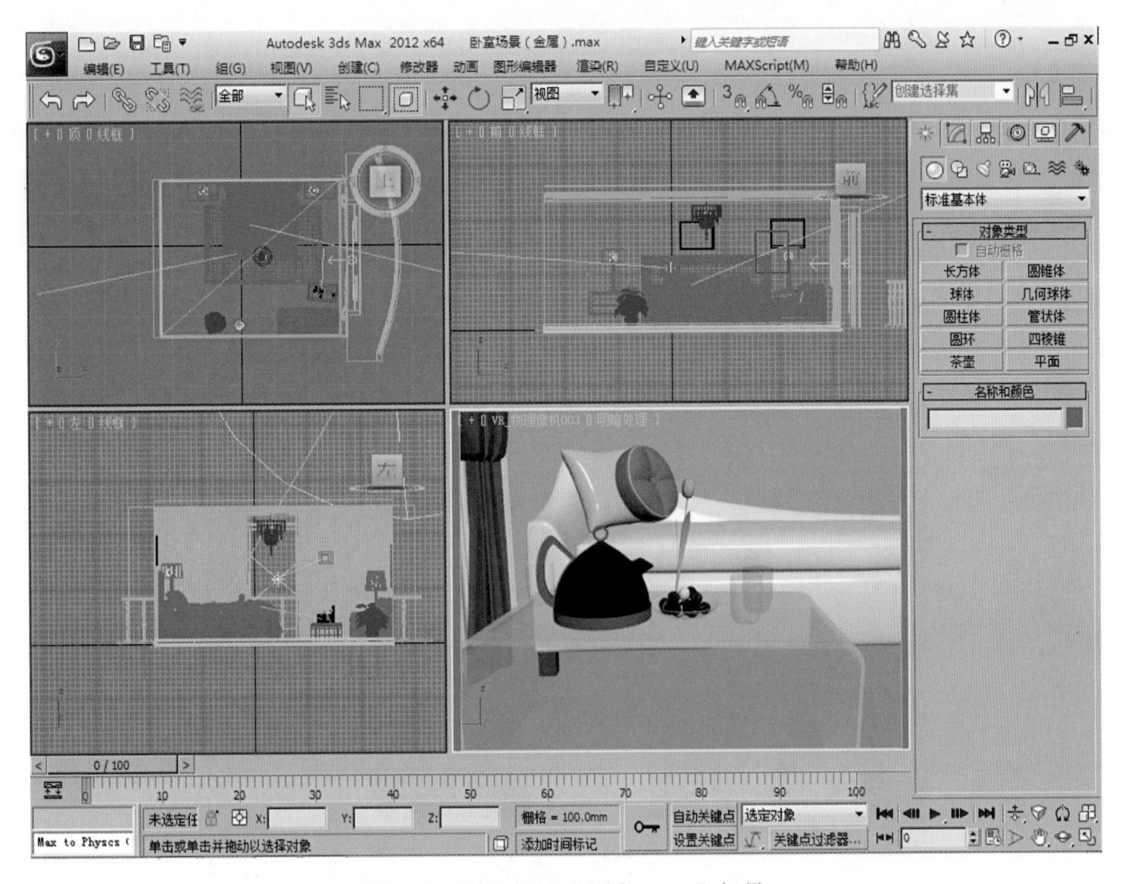

图 5-11　“卧室场景（金属）.max”场景

2. 单击工具栏中的按钮，打开精简材质编辑器，单击其中的一个没有使用的材质球作为当前材质球。

3. 在 VRayMtl 按钮前面的文本框中输入“金属”，将材质命名为“金属”，如图 5-12 所示。

图 5-12　给材质命名

4. 选中场景中的水壶，单击“材质编辑器”工具栏中的按钮，将金属材质赋予场景中的水壶。

5. 设置漫反射颜色为黑色（R0/G0/B0），如图 5-13 所示。

提示：在设置 100%的反射或折射效果时，将漫反射颜色设置为黑色会实现更好的效果。

6. 因为金属的反射效果很强，所以设置反射颜色为 R192/G197/B205，使材质具有很强的反射效果，如图 5-14 所示。

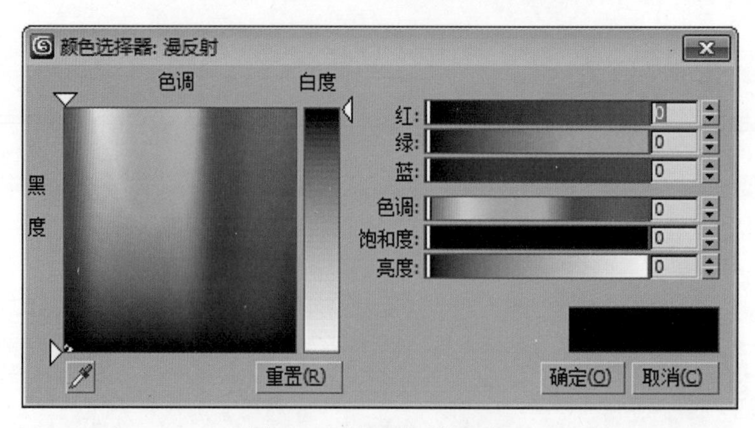

图 5-13 设置漫反射颜色

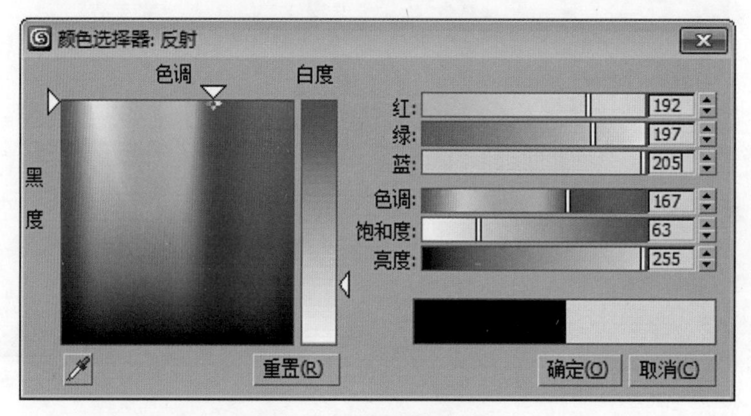

图 5-14 设置反射颜色

7. 分别设置“反射光泽度”值为 0.9，“细分”值为 15，如图 5-15 所示。

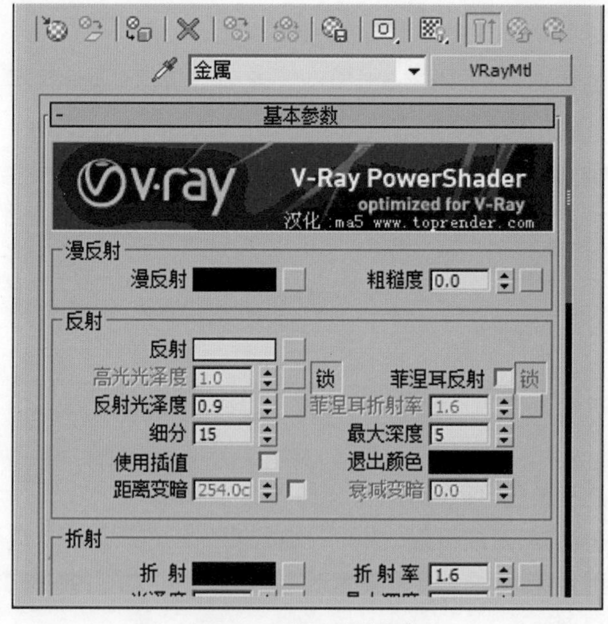

图 5-15 设置反射参数

8. 向下滑动右侧的滚动条，定位到“BRDF-双向反射分布功能”卷展栏并将其展开，选择Ward类型，如图5-16所示。

图5-16 选择Ward类型

9. 渲染“VR_物理相机003”视图，最终渲染效果如图5-10所示。

【知识链接】

不锈钢材质还有以下参数设置方法可供参考。

材质分析：表面相对光滑，高光小，模糊小，分为镜面、拉丝、磨砂3种。

一、镜面不锈钢

漫反射：黑色；反射：150；高光光泽度：1；反射光泽度：0.8；细分：15。

二、拉丝不锈钢

漫反射：黑色；反射：衰减，在近距衰减中加入拉丝贴图；高光光泽度：锁定；反射光泽度：0.8；细分：12。

三、磨砂不锈钢

漫反射：黑色；反射：衰减，保持系统默认设置；高光光泽度：锁定；反射光泽度：0.7；细分：12。

【任务评价】

任务内容	满　分	得　分
本项任务需一课时内完成	20分	
分析金属的物理属性	30分	
金属材质的参数设置	50分	

学习情境 3 皮革材质的设置

【学习目标】

1. 熟练掌握皮革材质的物理属性。
2. 熟练掌握皮革材质的参数设置。

【情境描述】

设置所给场景中皮沙发的材质，如图 5-17 所示。

图 5-17 皮革材质

【任务实施】

一、皮革材质的物理属性

1. 皮的表面有比较柔和的高光。
2. 表面有微弱的反射现象。
3. 表面纹理凹凸感很强。

二、皮革材质的参数设置

1. 运行 3ds Max 2012 软件，打开配套光盘中的“模块二 VRay 材质设置及灯光的应用\项目五 家具材质的设置\学习情境 3 皮革材质的设置\模型\卧室场景（皮革）.max”，如图 5-18 所示。

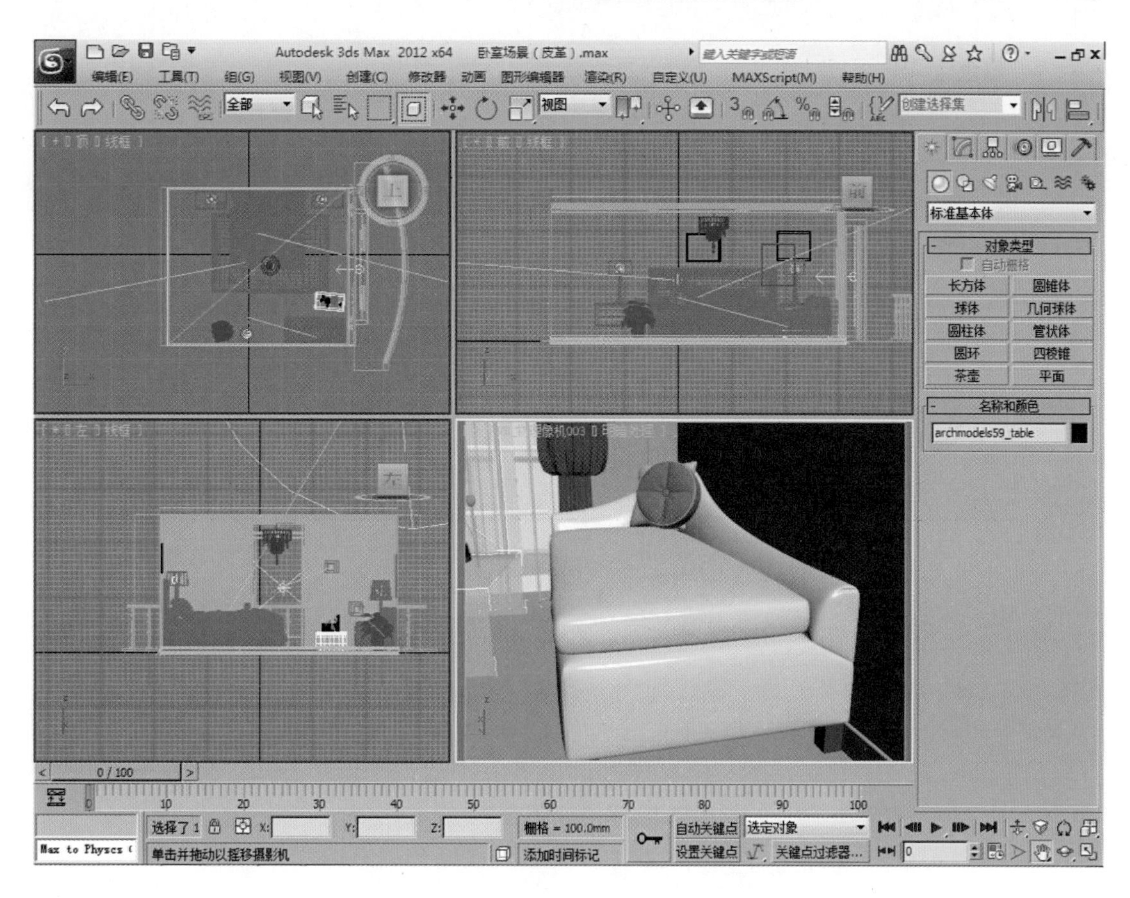

图 5-18 “卧室场景（皮革）.max”场景

2. 单击工具栏中的按钮，打开精简材质编辑器，单击其中的一个没有使用的材质球作为当前材质球。

3. 在 VRayMtl 按钮前面的文本框中输入“皮革”，将材质命名为“皮革”，如图 5-19 所示。

图 5-19 给材质命名

4. 在“基本参数”卷展栏中，单击“漫反射”后面的方框，弹出“颜色选择器：漫反射”对话框。设置漫反射颜色为白色（R242/G242/B242），如图 5-20 所示。

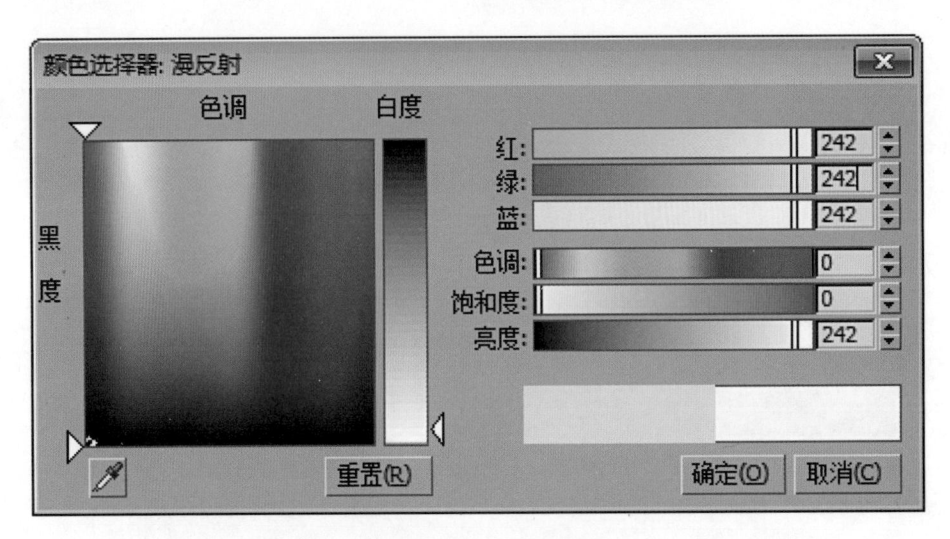

图 5-20　设置漫反射颜色

提示：皮革材质的颜色由漫反射的颜色决定。要改变皮革材质的颜色，修改漫反射的颜色即可。

5. 在“基本参数”卷展栏中，单击“反射”后的“贴图”按钮，给反射添加衰减贴图。在“衰减参数”卷展栏的“前：侧”选项组中，设置“衰减类型”为 Fresnel，设置“衰减方向”为“查看方向（摄影机 Z 轴）”，如图 5-21 所示。

图 5-21　设置“衰减参数”卷展栏

6. 单击“转到父对象”按钮，返回精简材质编辑器中的“基本参数”卷展栏。设置反射的“高光光泽度”值为 0.75，“反射光泽度”值为 0.7，“细分”值为 15，如图 5-22 所示。

图 5-22　设置反射的相关参数

7. 定位到“BRDF- 双向反射分布功能”卷展栏，选择 Phong 类型，如图 5-23 所示。

图 5-23　选择 Phong 类型

8. 定位到“贴图”卷展栏，单击凹凸贴图通道后面的 None 按钮，给凹凸贴图添加如图 5-24 所示的纹理贴图。

9. 单击“转到父对象”按钮，返回精简材质编辑器中的“贴图”卷展栏，设置“凹凸”值为 30，如图 5-25 所示。

10. 选中场景中的皮沙发的皮质部分，单击“材质编辑器”工具栏中的按钮，将皮革材质赋予场景中的皮沙发。

图 5-24　控制皮革材质凹凸的纹理贴图

11. 给皮沙发添加“UVW 贴图”修改器，具体参数设置如图 5-26 所示。

皮革　VRayMtl

贴图

通道	数量	启用	贴图
漫反射	100.0	✔	None
粗糙度	100.0	✔	None
反射	100.0	✔	Map #614327721 (Falloff)
高光光泽度	100.0	✔	None
反射光泽	100.0	✔	None
菲涅耳折射率	100.0	✔	None
各向异性	100.0	✔	None
各向异性旋转	100.0	✔	None
折射	100.0	✔	None
光泽度	100.0	✔	None
折射率	100.0	✔	None
透明	100.0	✔	None
凹凸	30.0	✔	722 (Archmodels59_leather.jpg)
置换	100.0	✔	None
不透明度	100.0	✔	None
环境		✔	None

图 5-25　设置“凹凸”值

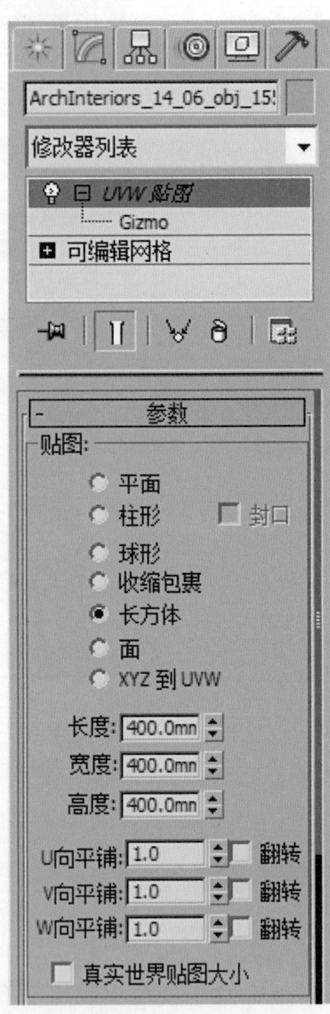

图 5-26　设置“UVW 贴图”参数

12. 渲染“VR_ 物理相机 003”视图，最终渲染效果如图 5-17 所示。

【知识链接】

布沙发材质的参考设置方法：

一、布沙发表面的特征

1. 布的表面比较粗糙。

2. 布的表面基本没有反射现象。

3. 布的表面看起来毛茸茸的。

二、布沙发材质的设置方法

布沙发表面看起来毛茸茸的，是布表面的细纤维受到光照的影响而产生的。这种效果通过建模来表现难度比较大，并且不一定能表现好，所以采用材质来表现。在漫反射通道中加入一个衰减贴图，衰减方式采用菲涅耳方式。

在第一个颜色贴图通道里指定一个布沙发的纹理贴图，在第二个颜色贴图通道里指定一个比沙发布更白的颜色，这样受到光照的影响，光强的地方会白一些，就有毛茸茸的感觉了。

给布沙发一个比较大的高光，设置“高光光泽度”值为 0.35。在“选项”卷展栏中，取消选择“跟踪反射”复选框，这样就不会产生反射而保留高光。

为了让布沙发表面比较粗糙，在凹凸贴图后指定一张同漫反射一样的凹凸贴图，“凹凸”值为 30。

【任务评价】

任务内容	满　分	得　分
本项任务需两课时内完成	20 分	
皮革材质的物理属性	20 分	
皮革材质的参数设置	60 分	

学习情境 4　木纹理材质的设置

【学习目标】

1. 熟练掌握常见木纹理材质的物理属性。

2. 熟练掌握常见木纹理材质的参数设置。

【情境描述】

设置所给场景中实木家具的材质，如图 5-27 所示。

图 5-27　木纹理材质

【任务实施】

一、木纹理的物理属性

1. 表面相对光滑。

2. 带有菲涅耳反射。

3. 表面有一定的纹理凹凸。

4. 高光比较小。

常见的几种木纹的光泽是有差异的。深色木材（如黑胡桃、黑橡木等）的纹路色差大，纹理清晰。浅色木材（如榉木、桦木、沙木等）的纹路不清晰。

二、木纹理材质的参数设置

1. 运行 3ds Max 2012 软件，打开配套光盘中的“模块二　VRay 材质设置及灯光的应用 \项目五　家具材质的设置 \学习情境 4　木纹理材质的设置 \模型 \ 卧室场景（木纹理）.max”，如图 5-28 所示。

2. 单击工具栏中的按钮，打开精简材质编辑器，单击其中的一个没有使用的材质球作为当前材质球。

3. 在 VRayMtl 按钮前面的文本框中输入“木纹理”，将材质命名为“木纹理”，如图 5-29 所示。

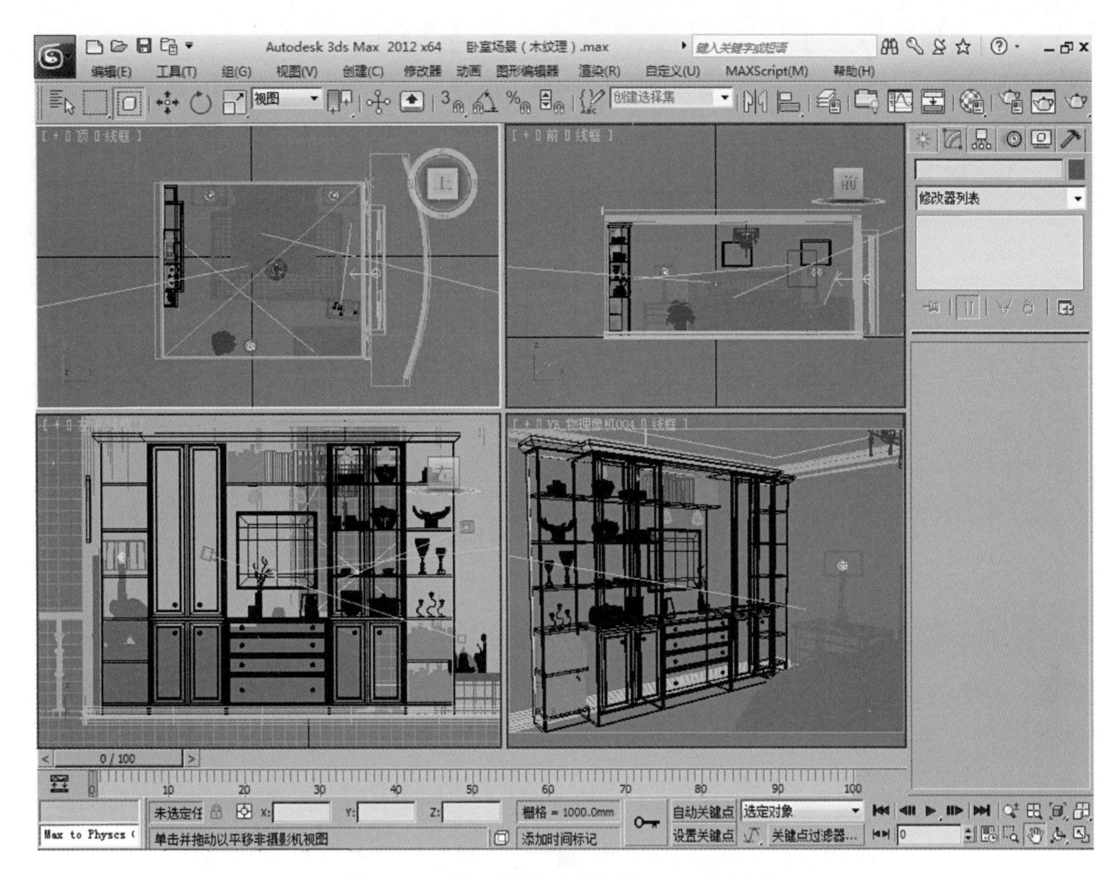

图 5-28 “卧室场景（木纹理）.max”场景

图 5-29 给材质命名

4. 选中场景中的木柜，单击“材质编辑器”工具栏中的 按钮，将木纹理材质赋予场景中的木柜。

5. 在“基本参数”卷展栏中，单击“漫反射”后面的“贴图”按钮，给漫反射添加如图 5-30 所示的木纹理贴图。

提示：在漫反射通道里所用的贴图图片，光感要均匀，无光差的变化最好。材质图片的纹理要为无缝处理后的图片；如不是无缝处理的图片，以纹理变化（上下左右）不大为佳。加入凹凸通道贴图，会使木纹有凹凸感，纹理更明显。

6. 在“坐标”卷展栏中，设置“模糊”值为 0.1，如图 5-31 所示。

图 5-30 木纹理贴图

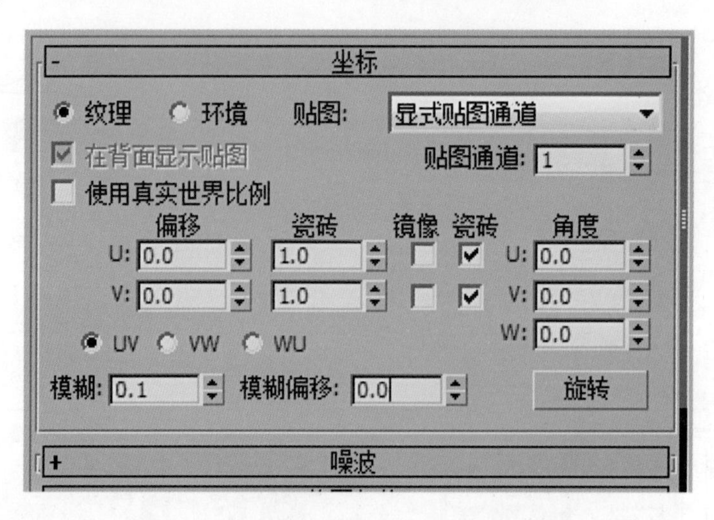

图 5-31　设置“模糊”值

7. 单击“转到父对象”按钮，返回精简材质编辑器中的“基本参数”卷展栏。单击“反射”后面的“贴图”按钮，给反射添加衰减贴图。设置“衰减参数”卷展栏中的“衰减类型”和“衰减方向”，如图 5-32 所示。

图 5-32　设置“衰减参数”卷展栏

8. 单击“转到父对象”按钮，返回精简材质编辑器中的“基本参数”卷展栏。设置“高光光泽度”值为 0.8、“反射光泽度”值为 0.85、“细分”值为 25，如图 5-33 所示。

9. 定位到“贴图”卷展栏，把漫反射通道的贴图拖到凹凸贴图通道，弹出“复制（实例）贴图”对话框，选择“复制”单选按钮，然后单击“确定”按钮，如图 5-34 所示。

10. 设置“凹凸”值为 10，如图 5-35 所示。

11. 选中场景中的木柜，添加“UVW 贴图”修改器，具体参数设置如图 5-36 所示。

12. 渲染“VR_ 物理相机 003”视图，最终渲染效果如图 5-27 所示。

图 5-33 设置反射参数

图 5-34 “复制（实例）贴图”对话框

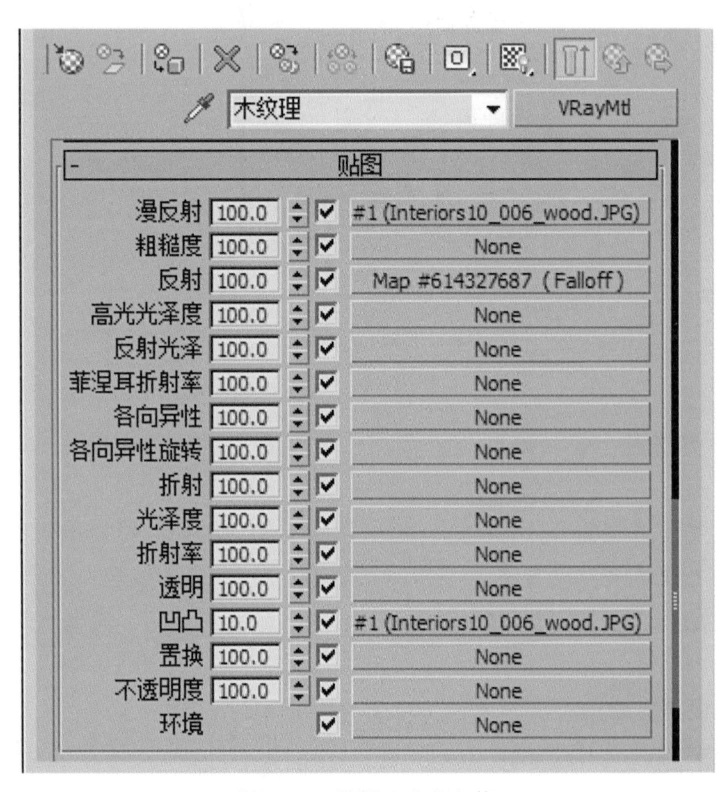

图 5-35 设置“凹凸”值

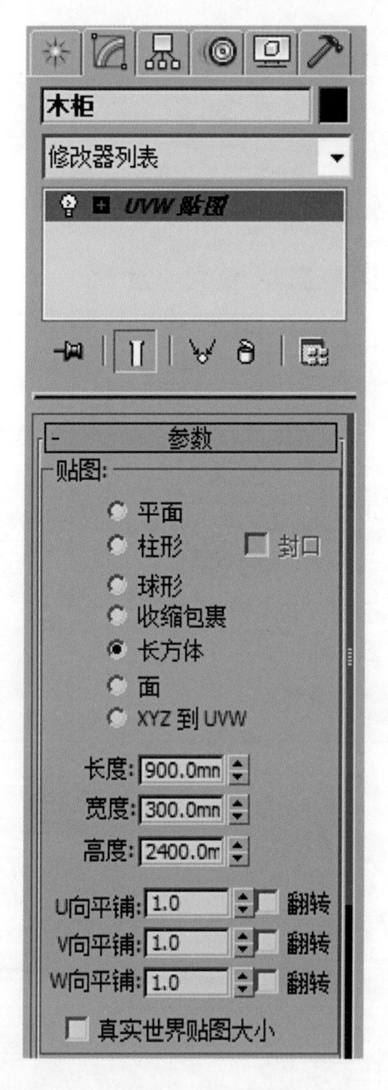

图 5-36　设置“UVW 贴图”参数

【知识链接】

木质类材质种类繁多，表面处理工艺多样，其表面主要物理属性有：表面相对光滑，有一定的反射，带凹凸，高光较小。

木质类材质依据表面着色可分为亮面、哑面两种类型。下面的材质设置参数可供参考。

一、亮面清漆木纹材质设置方法

漫反射：木纹贴图；反射：RGB 值为相同值，范围为 18～49；高光光泽度：0.84；反射光泽度：1。

二、木纹材质设置方法一

漫反射：木纹贴图；反射：RGB 值为相同值，范围为 30～50；高光光泽度：锁定；反射光泽度：0.7～0.8。

三、木纹材质设置方法二

漫反射：木纹贴图；反射：40；高光光泽度：0.65；反射光泽度：0.7～0.8；凹凸：25%木纹贴图。

四、哑面实木（常用于木地板）

漫反射：木纹贴图；反射：R44/G44/B44；高光光泽度：关闭；反射光泽度：0.7～0.85。

五、其他

漫反射：木纹贴图；反射：衰减；高光光泽度：0.8；反射光泽度：0.85。

【任务评价】

任务内容	满　分	得　分
本项任务需一课时内完成	20 分	
分析木纹理材质的物理属性	20 分	
木纹材质的参数设置	60 分	

学习情境 5　布艺材质的设置

【学习目标】

1. 熟练掌握常见布艺材质的物理属性。
2. 熟练掌握常见布艺材质的参数设置。

【情境描述】

设置所给场景中窗帘的材质，如图 5-37 所示。

图 5-37　布艺材质

【任务实施】

一、窗帘材质的物理属性

窗帘材质透明，透光，有轻微折射，有菲涅耳现象。

二、窗帘材质的参数设置

1. 运行 3ds Max 2012 软件，打开配套光盘中的“模块二　VRay 材质设置及灯光的应用\项目五　家具材质的设置\学习情境 5　布艺材质的设置\模型\卧室场景（布艺）.max”，如图 5-38 所示。

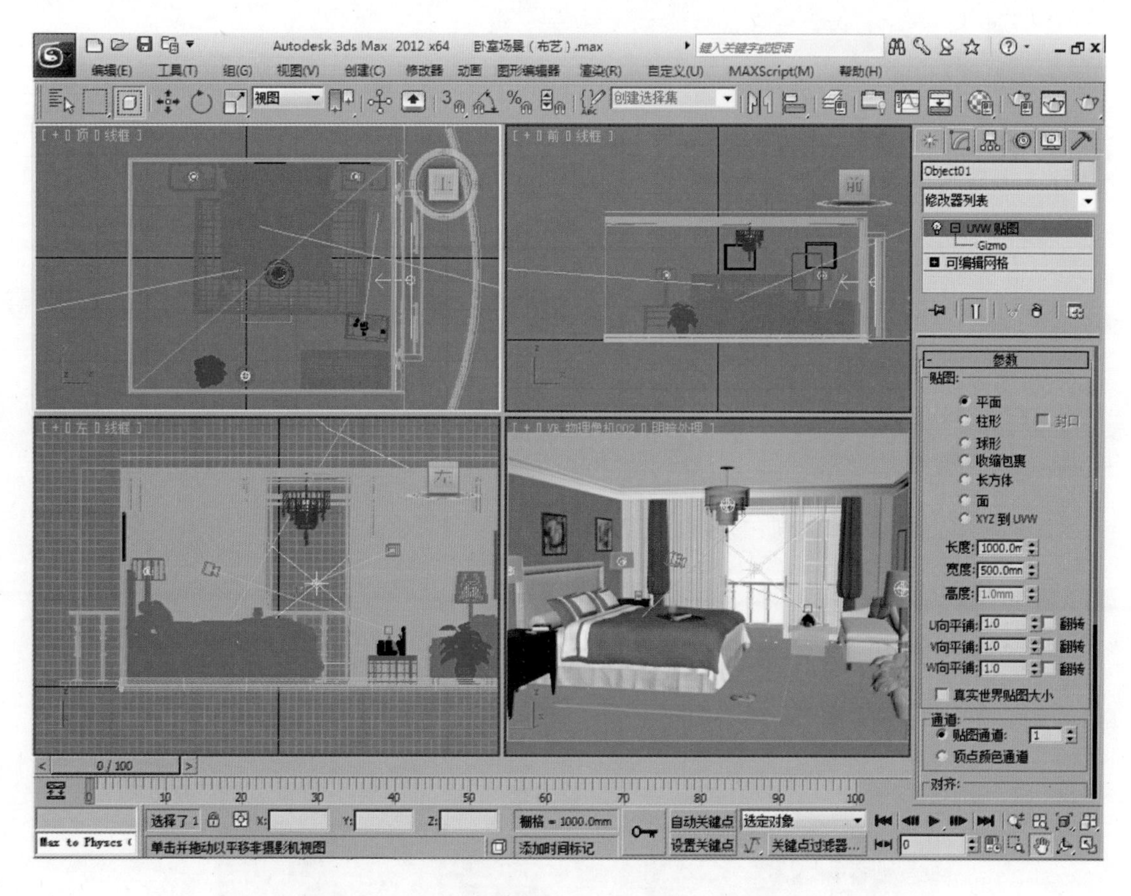

图 5-38　“卧室场景（布艺）.max”场景

2. 单击工具栏中的按钮，打开精简材质编辑器，单击其中的一个没有使用的材质球作为当前材质球。

3. 在 VRayMtl 按钮前面的文本框中输入“窗帘”，将材质命名为“窗帘”，如图 5-39 所示。

4. 在“基本参数”卷展栏中，单击“漫反射”后面的方框，弹出“颜色选择器：漫反射”对话框。设置漫反射颜色为红色（R188/G209/B161），如图 5-40 所示。

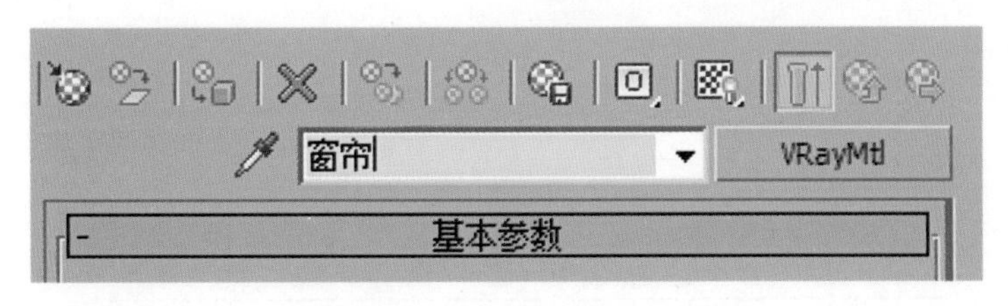

图 5-39 给材质命名

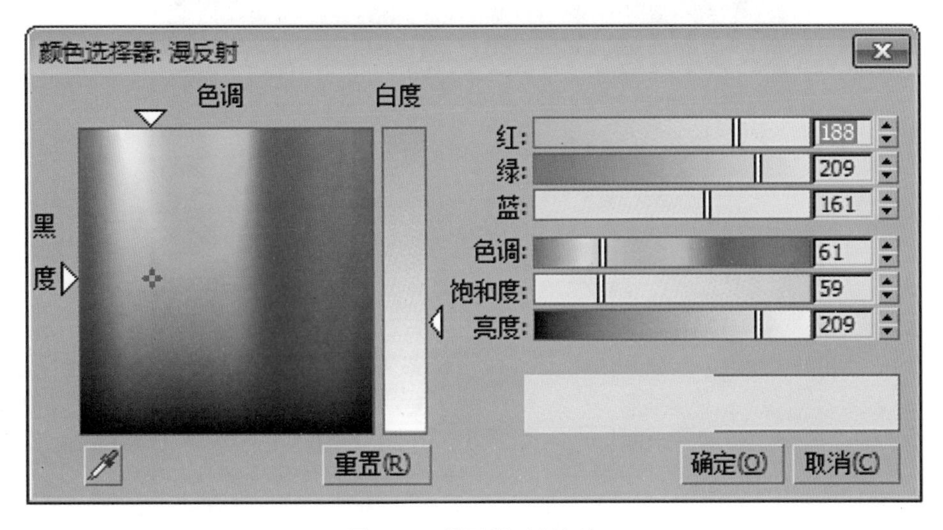

图 5-40 设置漫反射颜色

提示：窗帘材质的颜色由漫反射的颜色决定。要改变窗帘材质的颜色，修改漫反射的颜色即可。

5. 单击“反射”后面的方框▇▇，弹出“颜色选择器：反射”对话框。设置反射颜色为红色（R0/G0/B0），如图 5-41 所示。

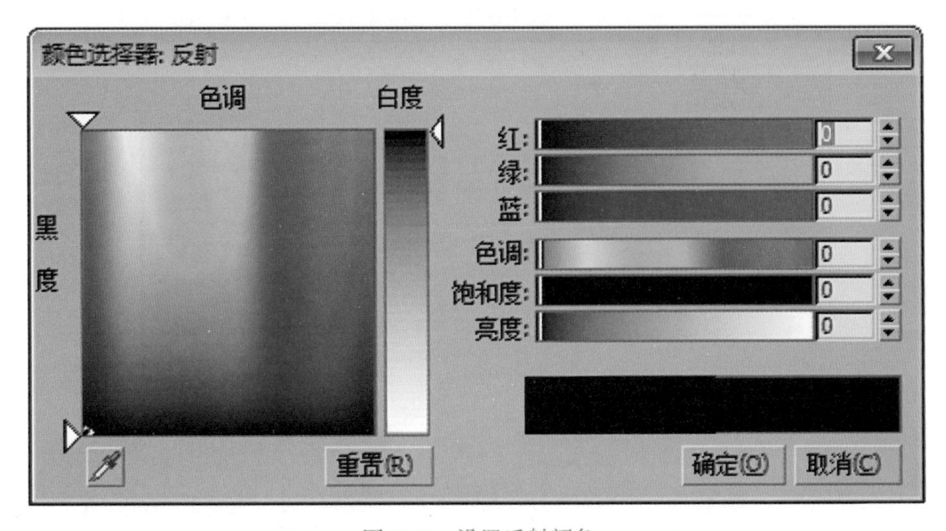

图 5-41 设置反射颜色

6. 设置“反射”选项组中的“细分”值为 50，如图 5-42 所示。

图 5-42　设置“细分”值

7. 单击“折射”后的“贴图”按钮，给折射添加衰减贴图，如图 5-43 所示。

图 5-43　衰减贴图

8. 单击“前：侧”选项组中的，在弹出的“颜色选择器：颜色 2”对话框中设置颜色（R148/G148/B148），如图 5-44 所示。

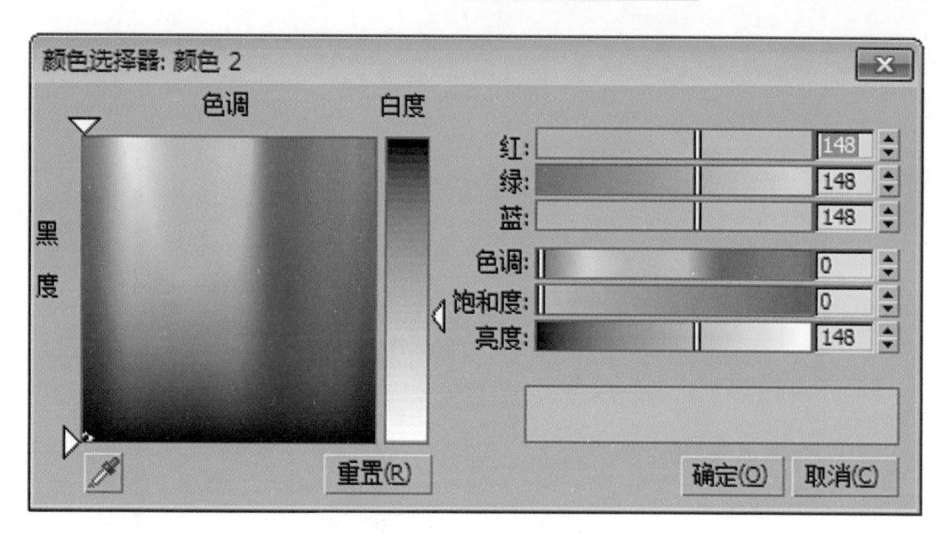

图 5-44　设置“颜色 2”

9. 单击“转到父对象”按钮，返回精简材质编辑器中的“基本参数”卷展栏，设置“折射”选项组中的“折射率”值为 1. 01，“细分”值为 50，勾选“影响阴影”复选框，在“影响通道”下拉列表中选择“颜色 +alpha”，如图 5-45 所示。

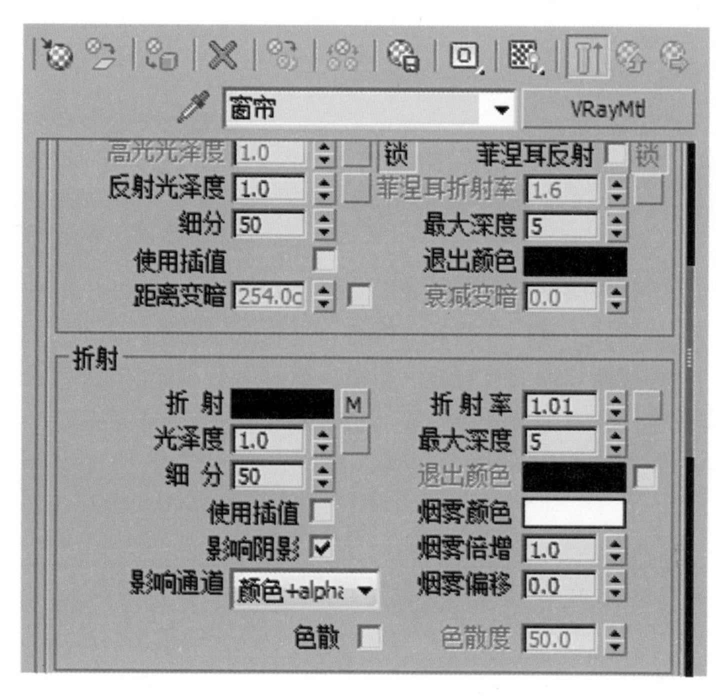

图 5-45　设置“折射”选项组

10. 向下滑动右侧的滚动条，定位到“BRDF- 双向反射分布功能”卷展栏，选择 Phong 类型，如图 5-46 所示。

图 5-46　选择 Phong 类型

11. 选中场景中的窗帘，单击“材质编辑器”工具栏中的  按钮，将窗帘材质赋予场景中的窗帘对象。

12. 渲染“VR_ 物理相机 002”视图，最终渲染效果如图 5-37 所示。

【知识链接】

1. 布料种类繁杂，物理属性也相差很大。
2. 窗帘材质的物理属性：透明，透光，折射，有菲涅耳现象。
3. 普通布料的物理属性：表面有轻微的粗糙，反射很小，有丝绒感和凹凸感。
4. 丝绸的物理属性：既有金属光泽、表面相对光滑，又有布料特征。

【任务评价】

任务内容	满　分	得　分
本项任务需一课时内完成	20 分	
分析窗帘材质的物理属性	20 分	
窗帘材质的参数设置	60 分	

项目六

VRay 灯光的应用

【项目概述】

VRay 渲染器里除了支持 3ds Max 的标准灯光类型外，还有 VRay 渲染器专用的灯光类型。在与 VRay 渲染器专用的材质、贴图及阴影相结合使用的时候，渲染效果要优于 3ds Max 的标准灯光类型。本项目通过调节夜晚和白天不同光线的变化，让读者熟悉 VRay 渲染器里各种灯光参数的设置方法，可以针对不同的光线设置合适的灯光效果。

学习情境 1　VRay 灯光的设置

【学习目标】

1. 灯光的参数设置。
2. 夜晚灯光效果的制作。

【情境描述】

夜晚室内灯光的设置效果，如图 6-1 所示。

【任务实施】

打开案例场景“室内夜景设置”。本例中以床头台灯灯光为主光源，其他灯光作为辅助灯光进行制作，首先确定夜晚环境灯光，这里采用 VRay 的球形光来模拟场景中夜晚环境光源和月光效果，如图 6-2 所示。

1. 选择 VRay 灯光并创建一盏球光，如图 6-3 所示。
2. 设置灯光的位置，如图 6-4 所示。

注：此图为顶视图和前视图，对比两图摆放灯光位置。

3. 设置球光具体参数，如图 6-5 和图 6-6 所示。

图 6-1　完成的效果图

图 6-2　室内夜景

图 6-3 VRay 灯光的创建面板

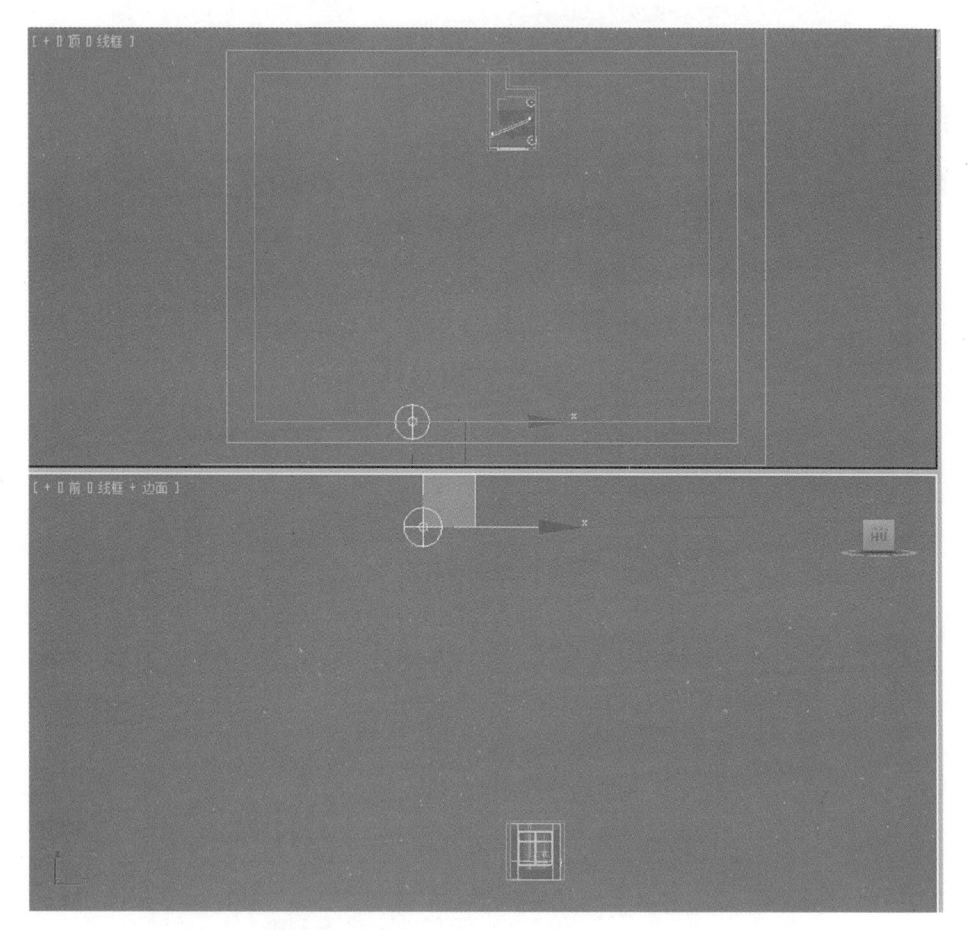

图 6-4 灯光的位置

4. 按 <F10> 键进入渲染面板，设置测试渲染的参数并渲染。与最终出图不同，这里面对参数所作的修改都是为了在测试灯光效果的时候缩短测试渲染的时间，从而提高工作效率。参数设置如图 6-7～图 6-9 所示。

图 6-5　灯光设置面板（一）

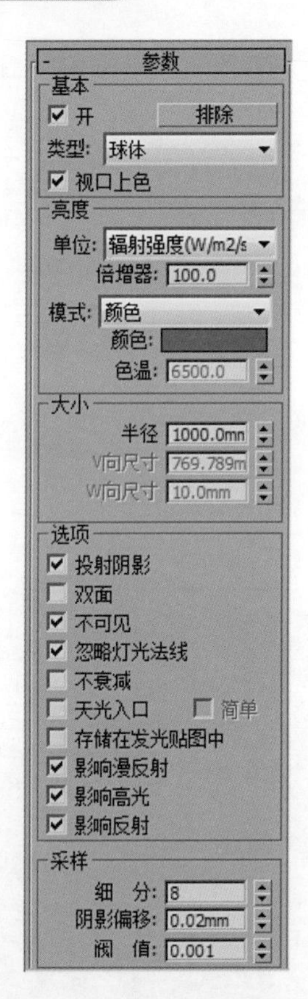

图 6-6　灯光设置面板（二）

图 6-7　全局光测试参数设置

注：在这里二次反弹选择灯光缓存的方式来配合发光贴图计算。灯光缓存对灯光没有限制，只要灯光被VRay支持它就支持，它的预览速度很快，计算的光感也比较好，可以单独完成对整个场景的GI（全局照明）照明，所以用灯光缓存配合发光贴图做二次反弹。

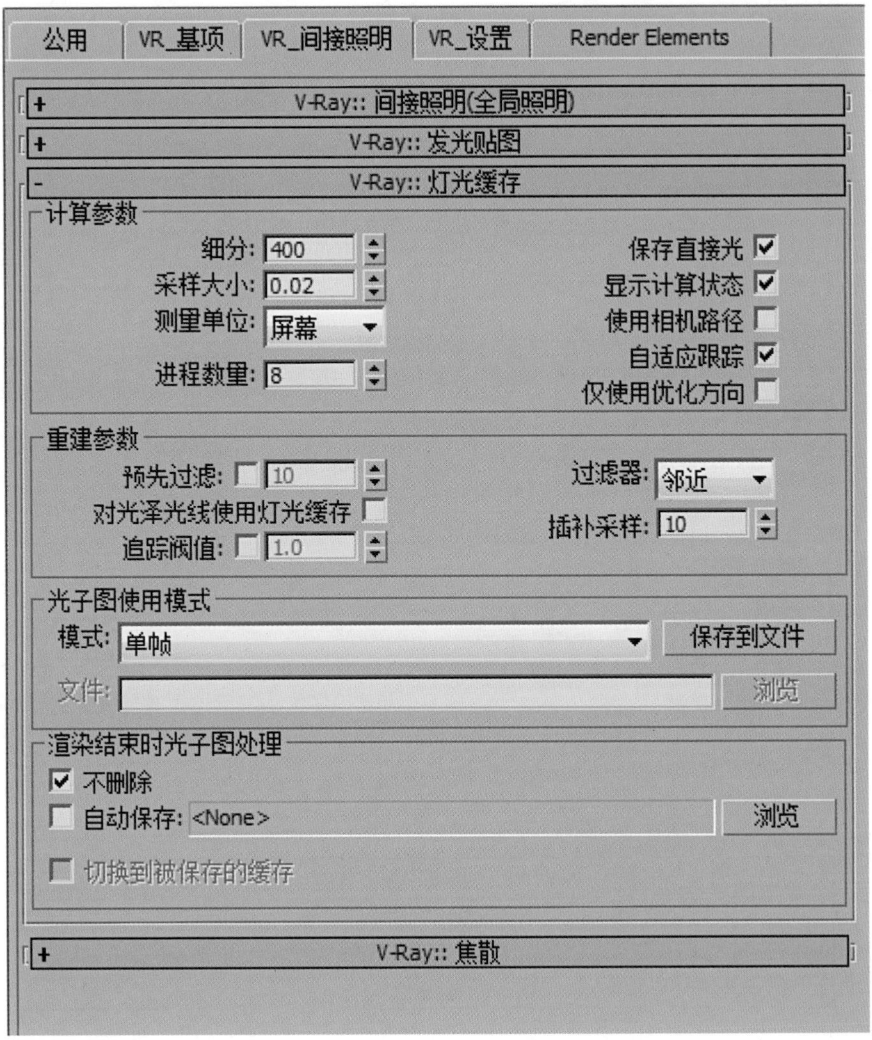

图6-8 VRay灯光缓存测试参数设置

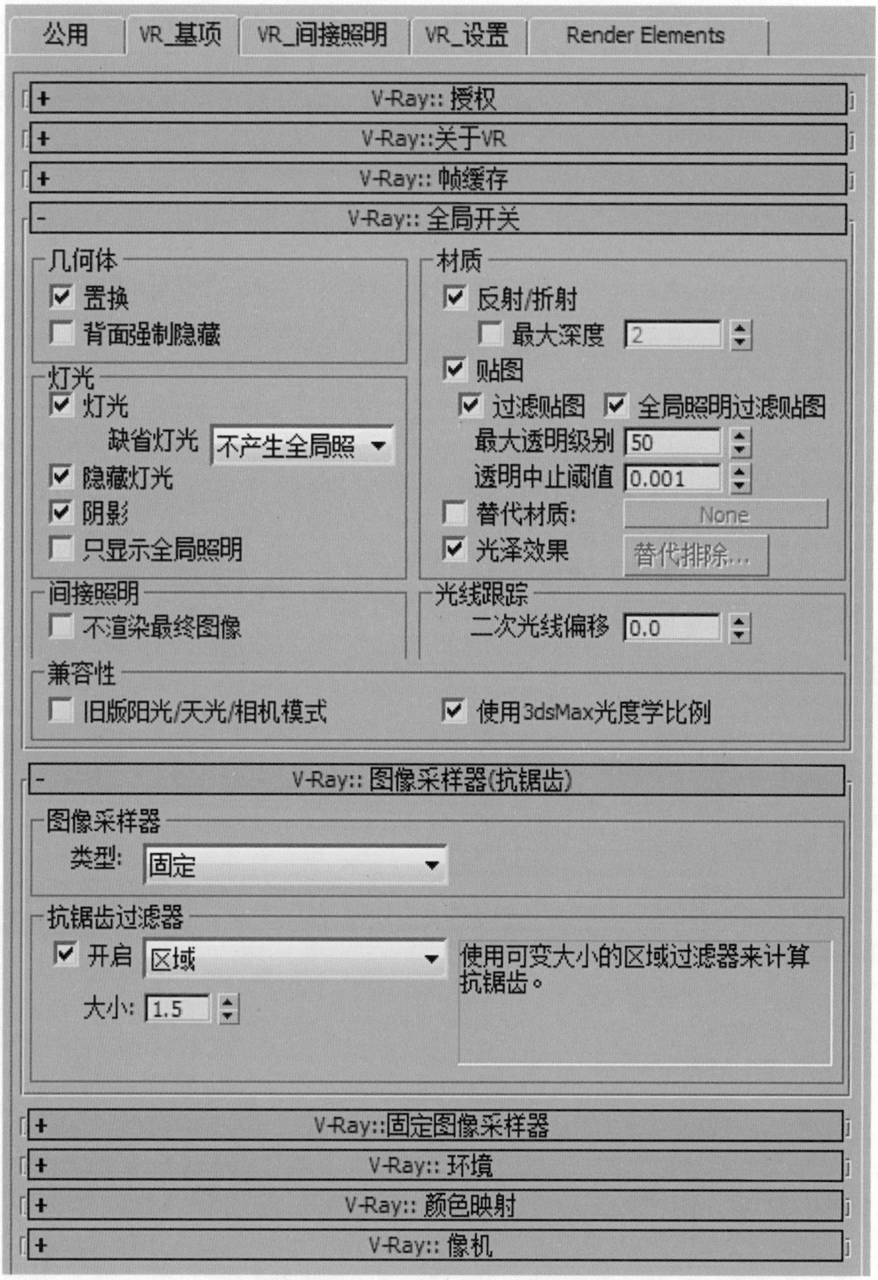

图 6-9　VRay 图像采样测试参数设置

注：参数面板的参数设置得越高，渲染出的图形质量越好，但相对的渲染时间也会越长。

设置好参数后，渲染测试如图 6-10 所示，有一种月光透过玻璃隐约洒进卧室的感觉。

5. 环境光的位置和亮点确定后，接下来需要给场景添加灯光细节。

注：当月光照射到卧室的时候，也会有一点天光的照射，因为晚上的云层也会反射光线，只是相对白天的强度而言，晚上的天光效果非常微弱。

图 6-10 月光洒进卧室的效果

创建辅助灯光。模仿天光的创建：创建一个 VRay 的片灯，用来模拟晚上天光的效果。在控制面板中单击“灯光”按钮，然后在下拉列表中选择 VRay，再选择“VR_ 光源”，并在参数面板中的灯光类型中选择“平面”。在窗口位置创建 VR 平面光源，平面光的大小约等于窗口大小，然后在参数面板中进行参数的设置，如图 6-11 所示。灯光的位置和参数设置如图 6-12 和图 6-13 所示。

图 6-11 模仿天光的创建

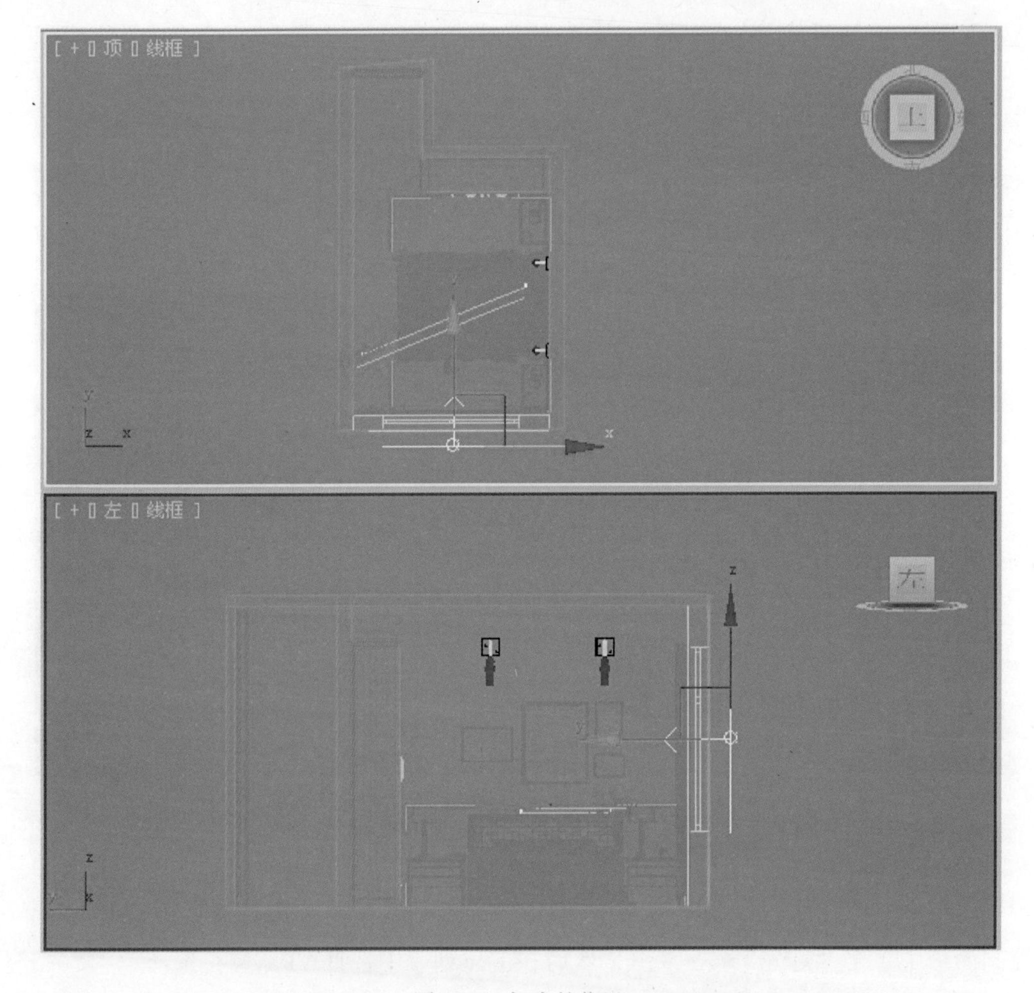

图 6-12　灯光的位置

注：与图 6-4 同理，根据顶视图和左视图摆放 VRay 片灯的位置。

6. 设置完成后按 <F9> 键进行渲染测试，效果如图 6-14 所示。

7. 通过测试，发现有了天光的照射后，整个场景柔和了很多，但是房间内的暗角和物体的细节依旧不够清晰，接下来需要进一步对场景细节进行刻画。首先要模拟室内的一盏顶灯来照亮室内的细节，顶灯这里依旧采用 VRay 的片灯模拟。

顶灯灯光的创建：在控制面板中单击“灯光”按钮，然后在下拉列表中选择 VRay，再选择“VR_ 光源”，如图 6-15 所示。位置摆放如图 6-16 所示。

设置 VR_ 光源中的参数，如图 6-17 所示。

图 6-13　参数设置

图 6-14　渲染效果

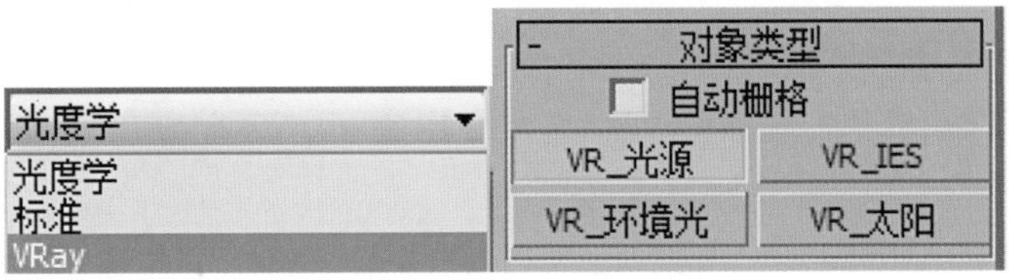

光度学
光度学
标准
VRay
对象类型
自动栅格
VR_光源
VR_IES
VR_环境光
VR_太阳

图 6-15　顶灯灯光的创建

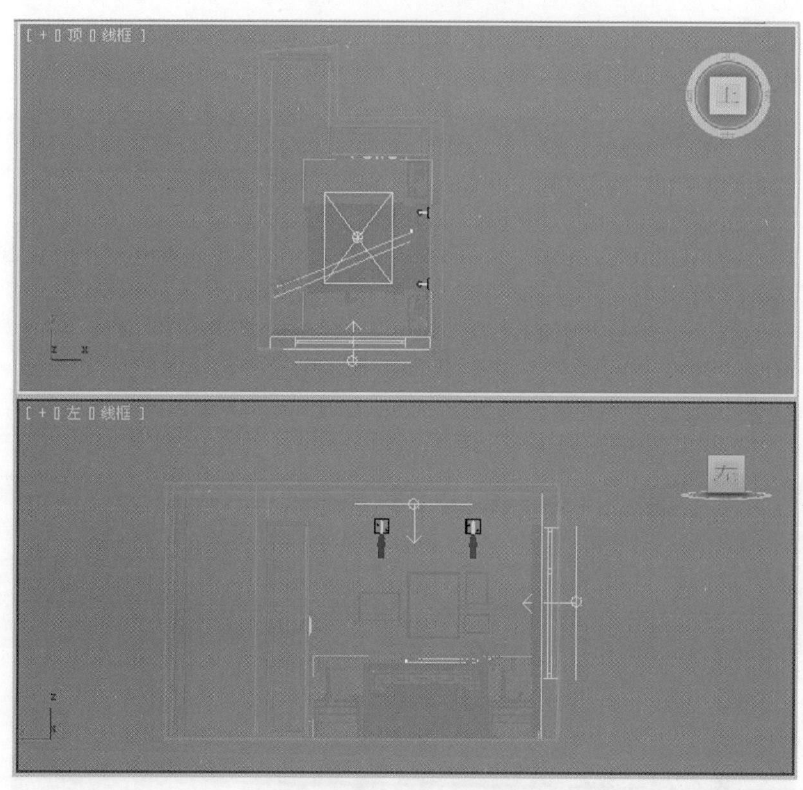

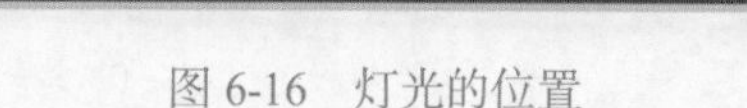

图 6-16　灯光的位置

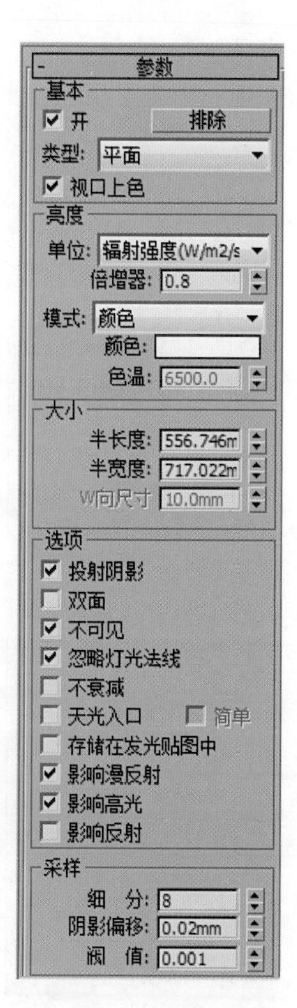

图 6-17　参数设置

注意：由于是夜晚卧室的灯光，所以顶灯颜色要柔和一点，不用太亮。它的作用主要是配合场景里的主光源，将视线内物体的暗角和细节体现出来。

设置完成后按 <F9> 键进行渲染测试，效果如图 6-18 所示。

注意：现在整个场景与之前的效果相比已经柔和了许多，有了一些暖色调的光感，并且场景中的暗角与物体的细节都已经基本体现出来了，现在要进一步体现室内的气氛和层次。

8. 虽然场景中的细节都体现出来了，但是没有温馨的气氛和视觉中心。下面给场景增加烘托气氛和视觉亮点的主要光源——台灯。

台灯的创建：这里采用 VRay 的球形灯来模拟台灯。

台灯灯光的创建：在控制面板中单击“灯光”按钮，然后在下拉列表中选择 VRay，最后选择“VR_ 光源”并在灯光类型中选择“球体”，如图 6-19 所示。位置摆放如图 6-20 所示。

图 6-18 渲染效果

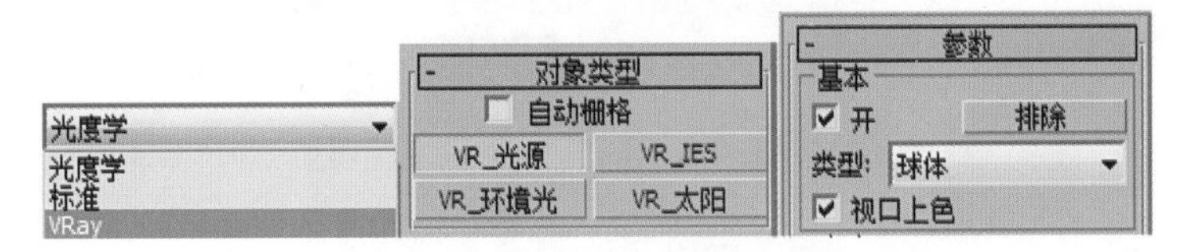

图 6-19 台灯灯光的创建

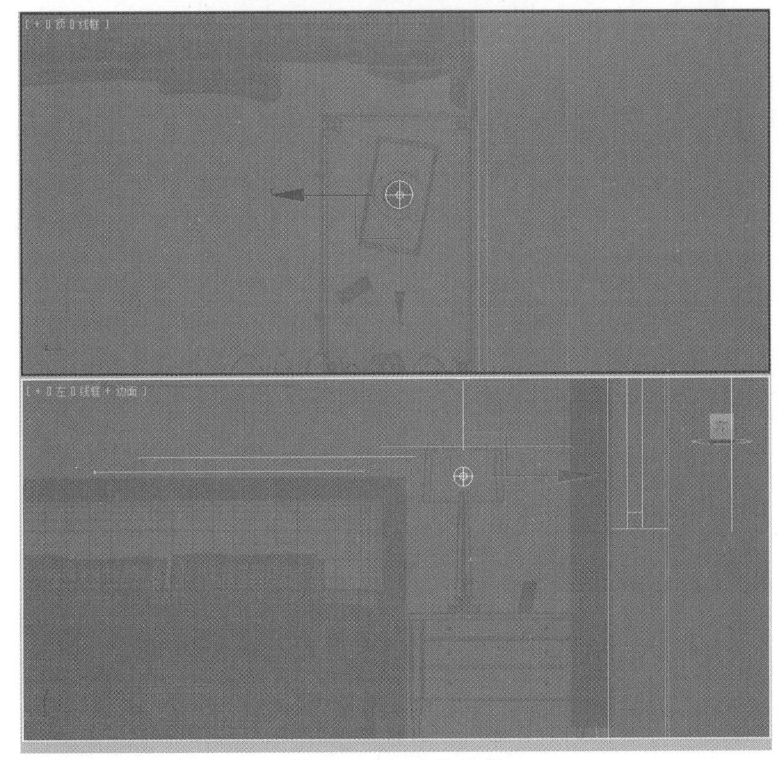

图 6-20 灯光的位置

设置 VR_ 光源中的参数，如图 6-21 所示。

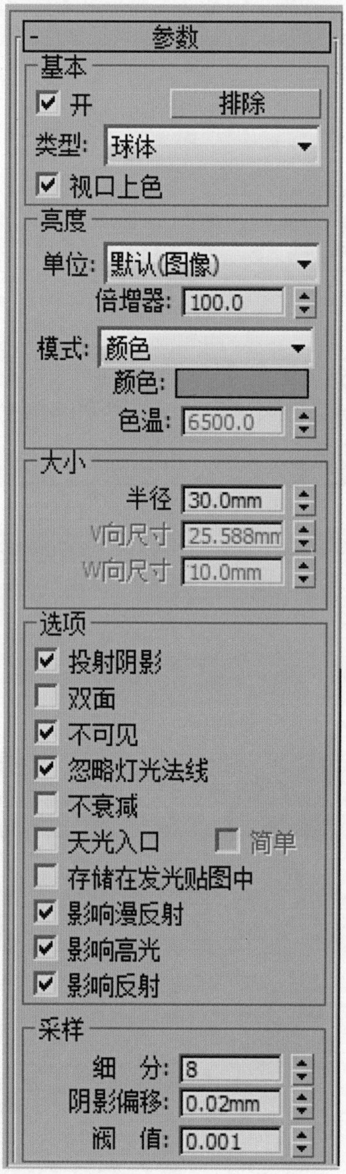

图 6-21　参数设置

注意：这里有两盏台灯，它们的灯光参数是一样的，直接实例复制到另一侧就可以了。

9. 灯光设置完成后按 <F9> 键进行渲染测试，效果如图 6-22 所示。

图 6-22 渲染效果

10. 添加过台灯的场景，整体氛围与视觉中心都有了。为了让场景更丰富、更有层次感，可以在场景中的挂画上添加两盏 IES 灯光。

IES 灯光的创建：首先单击控制面板中的“灯光”按钮，然后在下拉列表中选择 VRay，最后选择 VR_IES 在场景中创建，如图 6-23 所示。IES 灯光的位置摆放如图 6-24 所示。

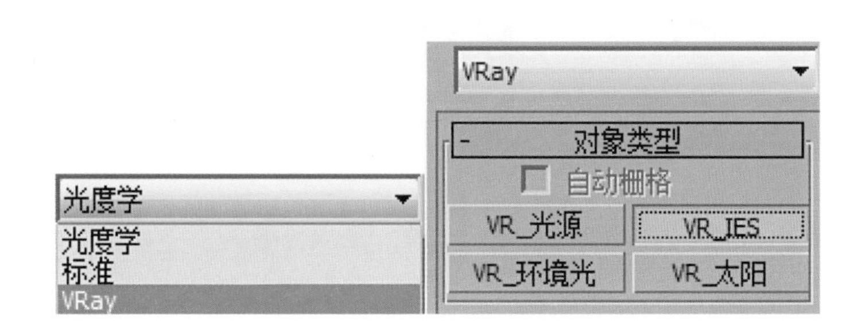

图 6-23 VR_IES 灯光的创建

注意：这里的两盏灯光与台灯灯光一样，都是实例复制。

位置创建好以后选中灯光打开面板，单击 None 按钮导入材质文件夹中的光域网文件。设置参数如图 6-25 所示。

注意：IES 灯光有很多种，可以根据场景需要选择合适的灯光类型，本案例不再一一示范。IES 灯光的强度控制有两种方法。一种是在参数面板中调节功率的强度，参数越大，灯光越亮，反之，则越暗。另一种是靠灯光与照射物体的距离控制，灯光离照射物体越近，灯光越亮，反之，则越暗。

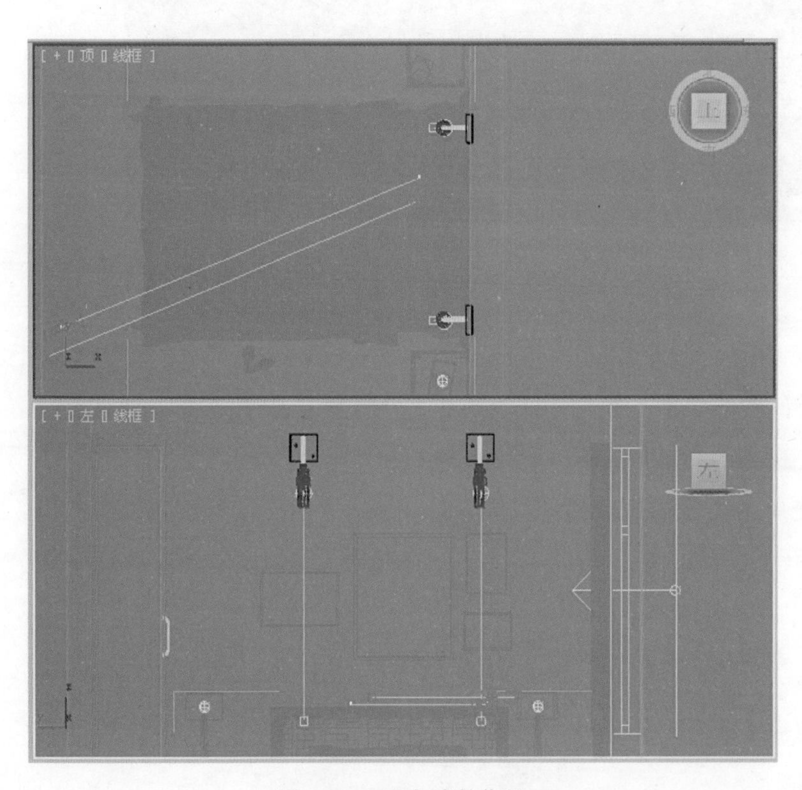

图 6-24　IES 灯光的位置

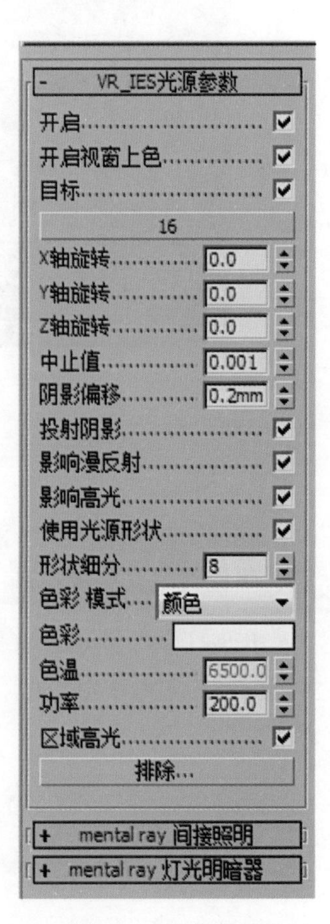

图 6-25　参数设置

11. 灯光设置完成并确认后，就可以按 <F10> 键调整渲染参数进行最终成图的渲染了，参数设置如图 6-26～图 6-29 所示。

查看渲染效果，如图 6-30 所示。

公用 VR_基项 VR_间接照明 VR_设置 Render Elements

V-Ray:: 间接照明(全局照明)

开启

全局照明焦散
反射
折射

后期处理
饱和度 1.0
对比度 1.0
对比度基准 0.5

环境阻光
开启 0.8
半径 10.0mr
细分 8

首次反弹
倍增 1.0 全局光引擎 发光贴图

二次反弹
倍增 1.0 全局光引擎 灯光缓存

V-Ray:: 发光贴图

内建预置
当前预置: 自定义

基本参数
最小采样比: -3 颜色阈值: 0.4
最大采样比: -2 法线阈值: 0.3
半球细分: 50 间距阈值: 0.1
插值采样值: 30 插补帧数: 2

选项
显示计算过程
显示直接照明
显示采样
使用相机路径

图 6-26 “VR_ 间接照明”选项卡中的最终渲染参数

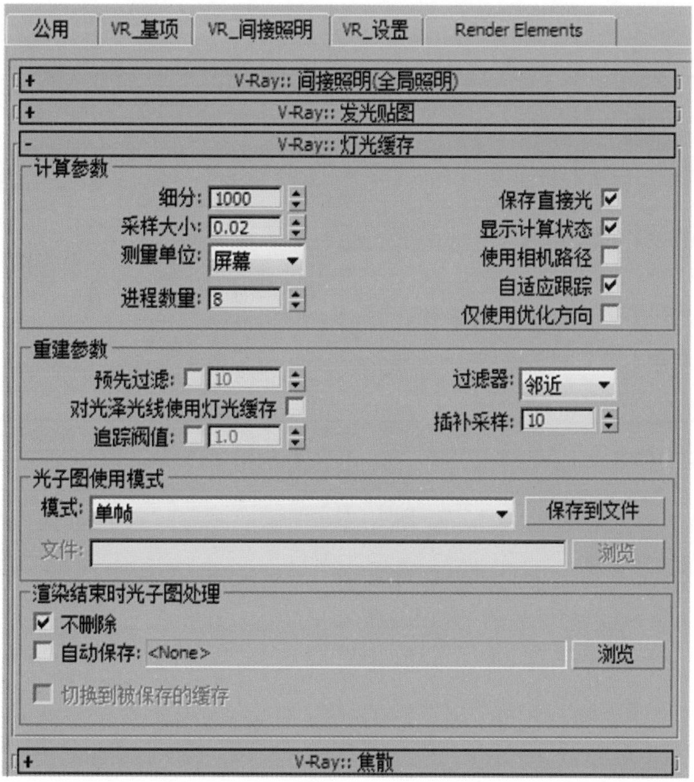

公用 VR_基项 VR_间接照明 VR_设置 Render Elements

V-Ray:: 间接照明(全局照明)

V-Ray:: 发光贴图

V-Ray:: 灯光缓存

计算参数
细分: 1000 保存直接光
采样大小: 0.02 显示计算状态
测量单位: 屏幕 使用相机路径
自适应跟踪
进程数量: 8 仅使用优化方向

重建参数
预先过滤: 10 过滤器: 邻近
对光泽光线使用灯光缓存
追踪阈值: 1.0 插补采样: 10

光子图使用模式
模式: 单帧 保存到文件
文件: 浏览

渲染结束时光子图处理
不删除
自动保存: <None> 浏览
切换到被保存的缓存

V-Ray:: 焦散

图 6-27 VRay 灯光缓存最终渲染参数

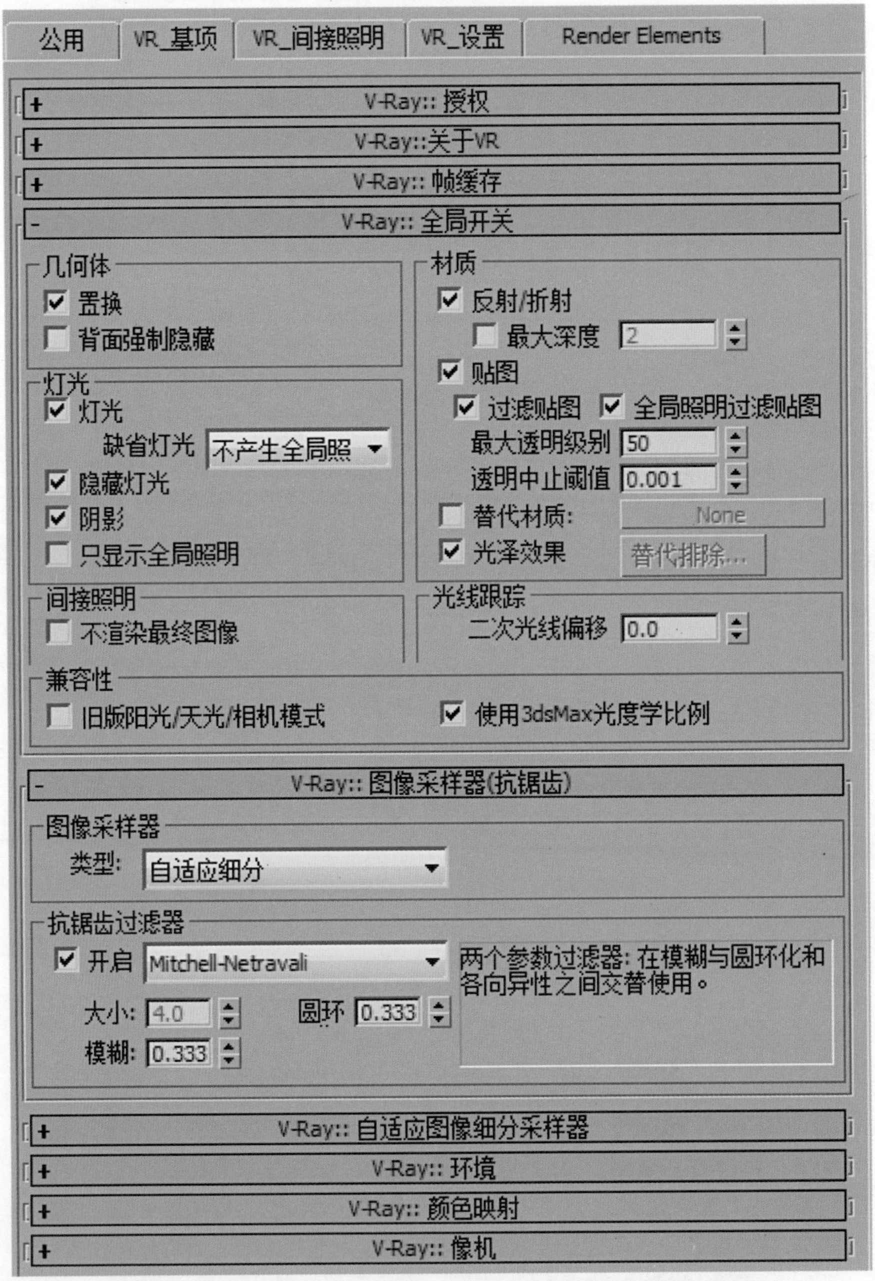

图 6-28　“VR_ 基项”选项卡中图像采样器最终参数设置

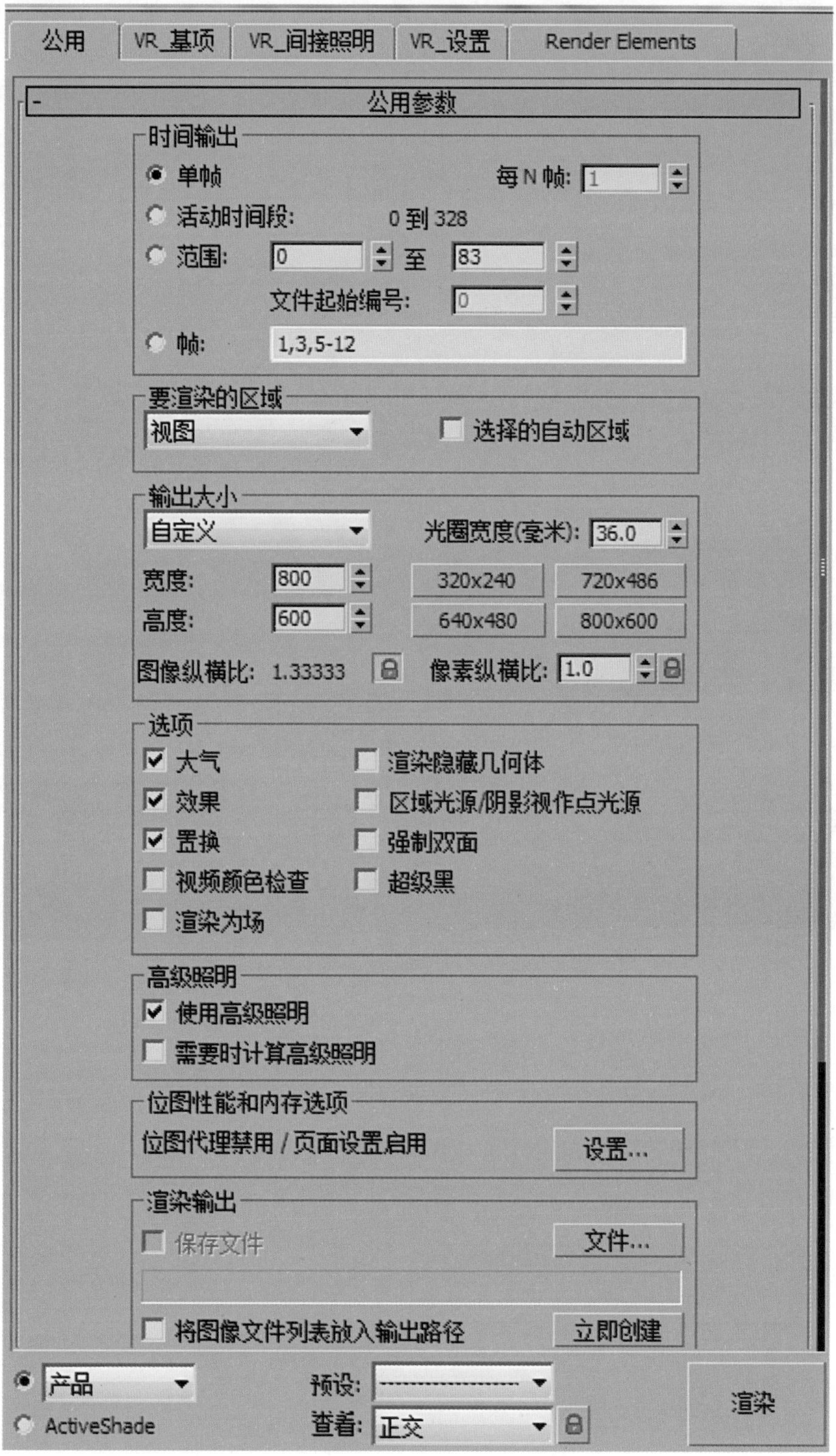

图 6-29 在“公用参数”卷展栏中设置最终出图的大小并渲染

图 6-30　渲染效果

【知识链接】

1. 在设置灯光的时候，场景的整体氛围由主光源来设置。
2. 场景物体的阴影强弱和方向也要根据主光源来设置。

【任务评价】

任务内容	满　分	得　分
本项任务需一课时内完成	15 分	
月光的投射角度和强度	30 分	
台灯的设置及灯光的照射范围	30 分	
整体气氛的把握（夜间）	25 分	

学习情境 2 VRay 阳光及天光的设置

【学习目标】

1. 灯光的参数设置。
2. 阳光效果的制作。

【情境描述】

阳光设计效果如图 6-31 所示。

图 6-31 阳光设计效果图

【任务实施】

1. 打开场景“阳光别墅”，如图 6-32 所示。

图 6-32 “阳光别墅”场景

2. 如图 6-33 所示，在控制面板中单击“灯光”按钮，然后在下拉列表中选择 VRay，最后选择“VR_ 太阳”，在视图里创建 VR_ 太阳。

图 6-33 创建 VR_ 太阳

3. 创建灯光后会弹出对话框，如图 6-34 所示。单击“是”按钮，它会在 3ds Max 中（快捷键 <8>）自动添加 VR_ 天空材质，用 VR_ 天空作为环境贴图，如图 6-35 所示。

4. 先打开材质编辑器（快捷键 <M>），把环境中的 VR_ 天空选中并拖到材质编辑器里，弹出如图 6-36 所示的对话框。选择“实例”单选按钮并单击“确定”按钮，在材质编辑器里展开“VR_ 天空参数”卷展栏，如图 6-37 所示。

图 6-34 提示添加 VR_ 天空环境贴图

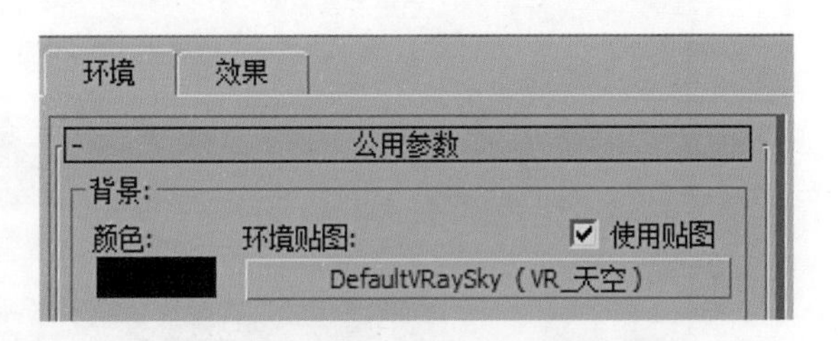

图 6-35 用 VR_ 天空作为环境贴图

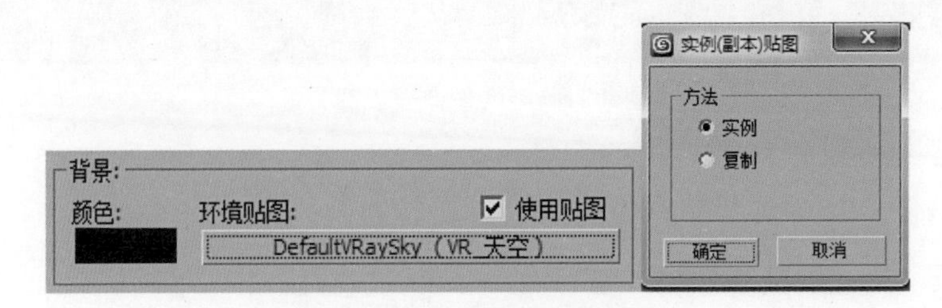

图 6-36 弹出的对话框

VR_天空参数
手设 太阳 节点
太阳 节点 VR_太阳001
阳光 混浊 3.0
阳光 臭氧 0.2
阳光 强度 倍增 0.035
太阳 尺寸 倍增 1.2
太阳 不可见
天空 模式 Preetham et al.
地平线间接照度 25000.0

图 6-37 参数面板

勾选“手设太阳节点”，然后单击“太阳节点None ”，再单击灯光 ，让阳光的位置影响天光的变化，如图6-38所示。

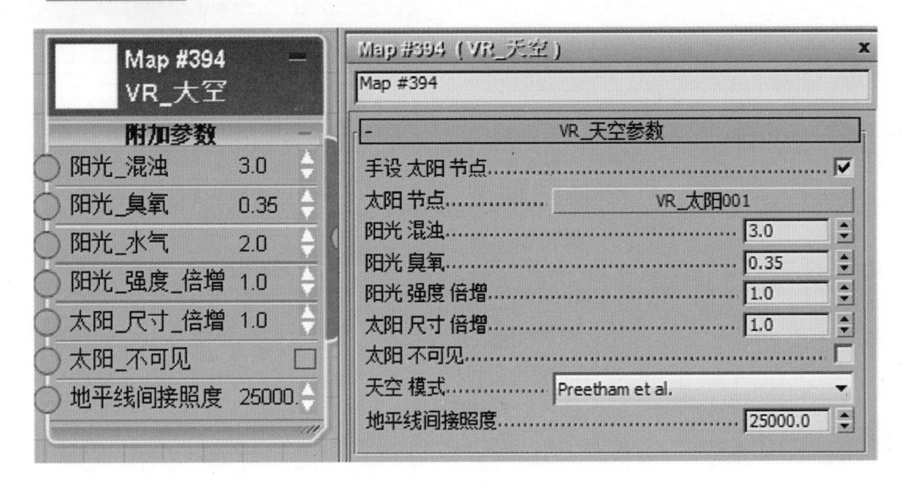

图6-38 在VR_天空里把阳光关联

5. 再来看VR_太阳灯光里的参数。

1）混浊。这个参数影响太阳和天空的颜色。比较小的值表示晴朗的天气，天空的颜色比较蓝；比较大的值表示灰尘含量多的空气，比如沙尘暴。

注意：早晨的空气混浊度低，黄昏的空气混浊度高。

2）臭氧。这个参数是指空气中氧气的含量。比较小的值表示阳光比较黄，比较大的值表示阳光比较蓝。

提示：冬天的氧气含量高，夏天的氧气含量低，高原的氧气含量低，平原的氧气含量高。

3）强度_倍增。这个参数是指阳光的亮度，默认值为1。

4）尺寸_倍增。这个参数是指阳光的大小，它的作用主要表现在阴影的模糊上，较大的值表示阳光阴影比较模糊。

5）阴影细分。这个参数是指较大的值模糊区域的阴影比较光滑，没有杂点。

6）阴影偏移。这个参数用来控制物体与阴影偏移距离，较高的值会使阴影向灯光的方向偏移。

6. 接下来看看“VR_天空参数”卷展栏，如图6-39所示。

VR_天空贴图既可以放在3ds Max环境里 ，也可以放在渲染面板的VRay GI环境里，如图6-40所示。

手设太阳节点：当不勾选时，VR_天空的参数将从场景中VR_太阳的参数里自动匹配；当勾选时，用户可以从场景中选择不同的光源。在这种情况下，VR_太阳将不再控制VR_天空的效果，而VR_天空将用自身的参数来改变VR_天空的效果。

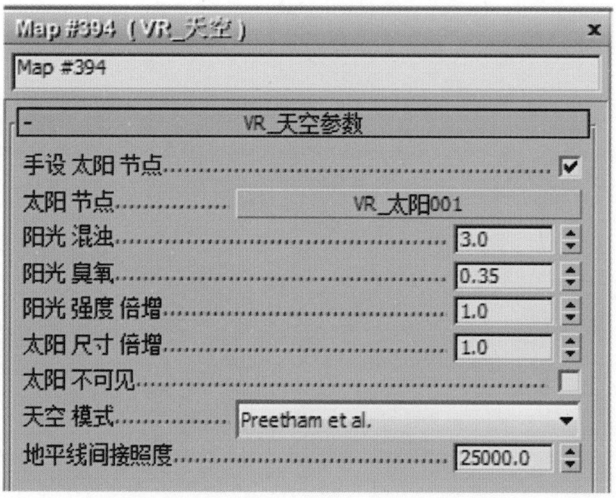

Map #394（VR_天空）

Map #394

VR_天空参数

手设 太阳 节点 ☑

太阳节点 VR_太阳001

阳光 混浊 3.0

阳光 臭氧 0.35

阳光 强度 倍增 1.0

太阳 尺寸 倍增 1.0

太阳 不可见 ☐

天空 模式 Preetham et al.

地平线间接照度 25000.0

图 6-39 “VR_ 天空参数”卷展栏

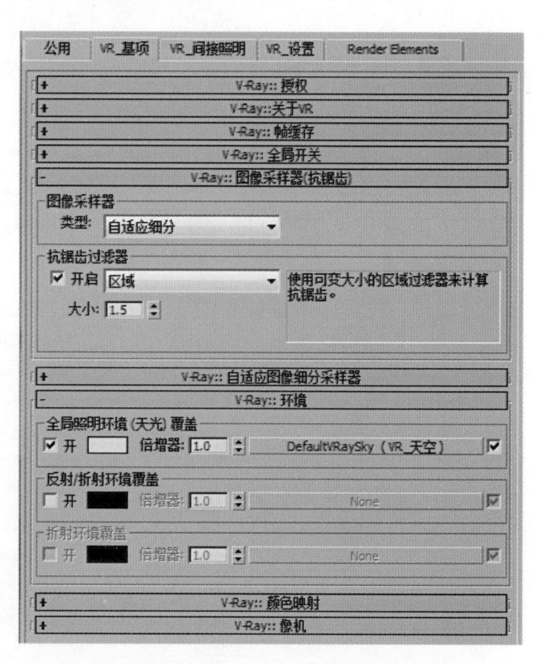

图 6-40 VR_ 天空贴图

太阳节点：选择阳光源，这里除了可以选择 VR_ 太阳之外，还可以选择其他的光源。

注意：其他的参数和 VR_ 太阳的参数效果是一样的。

7. 下面通过例子来说明。把阳光调整到上午，太阳的高度参考实际太阳的位置，如图 6-41～图 6-43 所示。

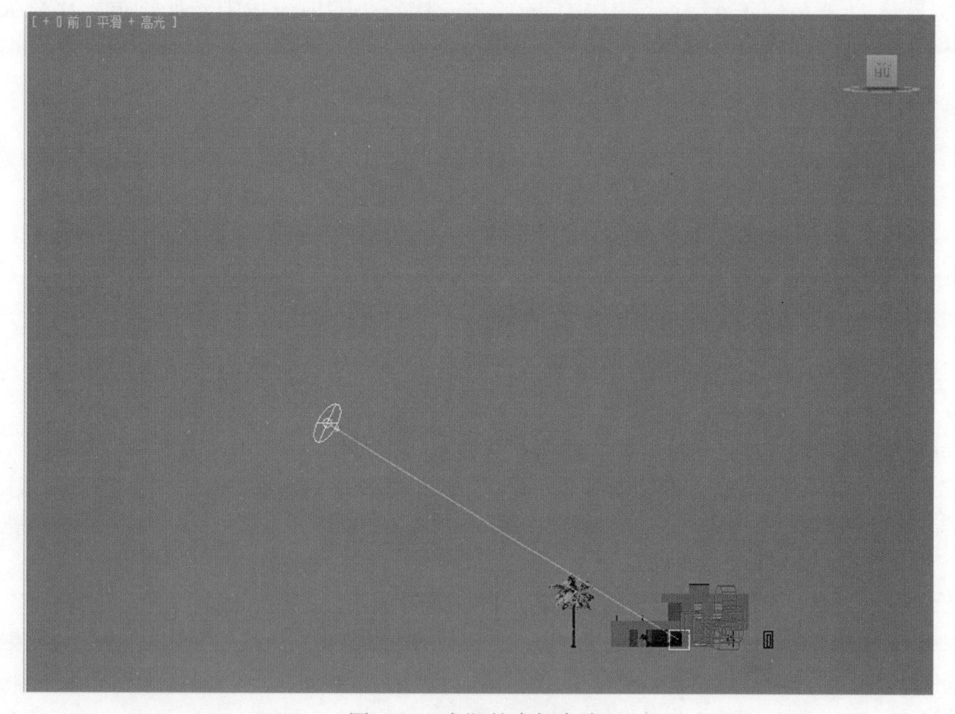

图 6-41 太阳的大概角度

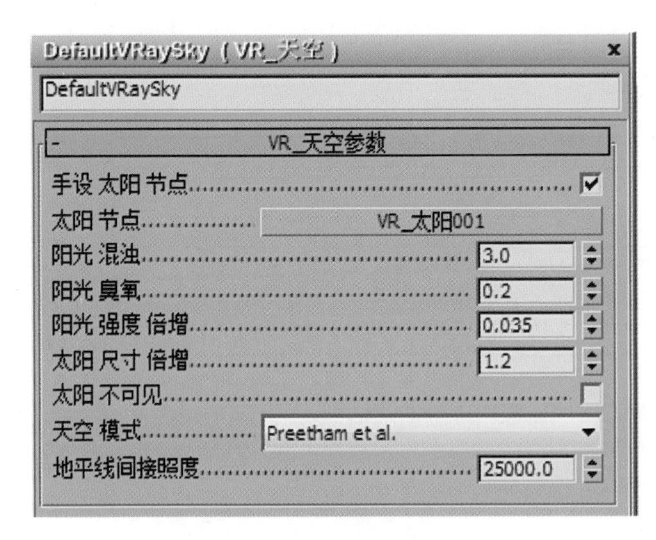

图 6-42　材质球参数面板

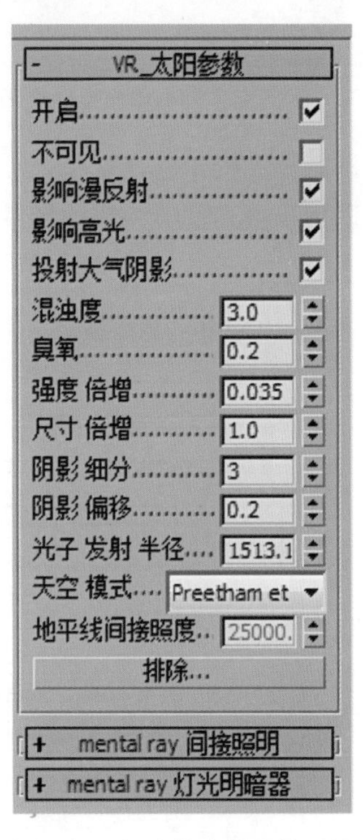

图 6-43　灯光修改器参数面板

8. 设置好灯光位置后按 <F10> 键进入渲染面板调整参数，参数设置如图 6-44～图 6-46 所示。

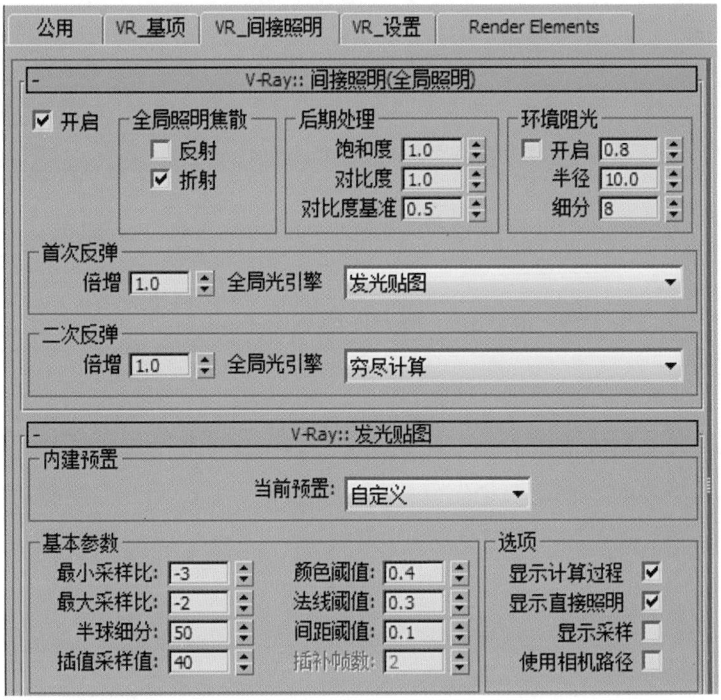

图 6-44　“VR_ 间接照明”选项卡中的参数设置

注：这次间接照明中的二次反弹使用了第二种计算方式，

。这种计算方式会单独计算每个点的 GI（全局照明），因此速度会相对慢一些，但效果比较精确，适用于做高细节内容的场景。

图 6-45 “VR_ 间接照明”选项卡中的 VRay 准蒙特卡罗参数

9. 参数设置完成后按 <F9> 键渲染，渲染效果如图 6-47 所示。

【知识链接】

1. 辅助光一般没有特殊需求时都不显示阴影，各个辅助光之间一般为关联复制。

2. 在调试阳光场景时，一定要把握好阳光的强度，过强的阳光会遮蔽画面细节。

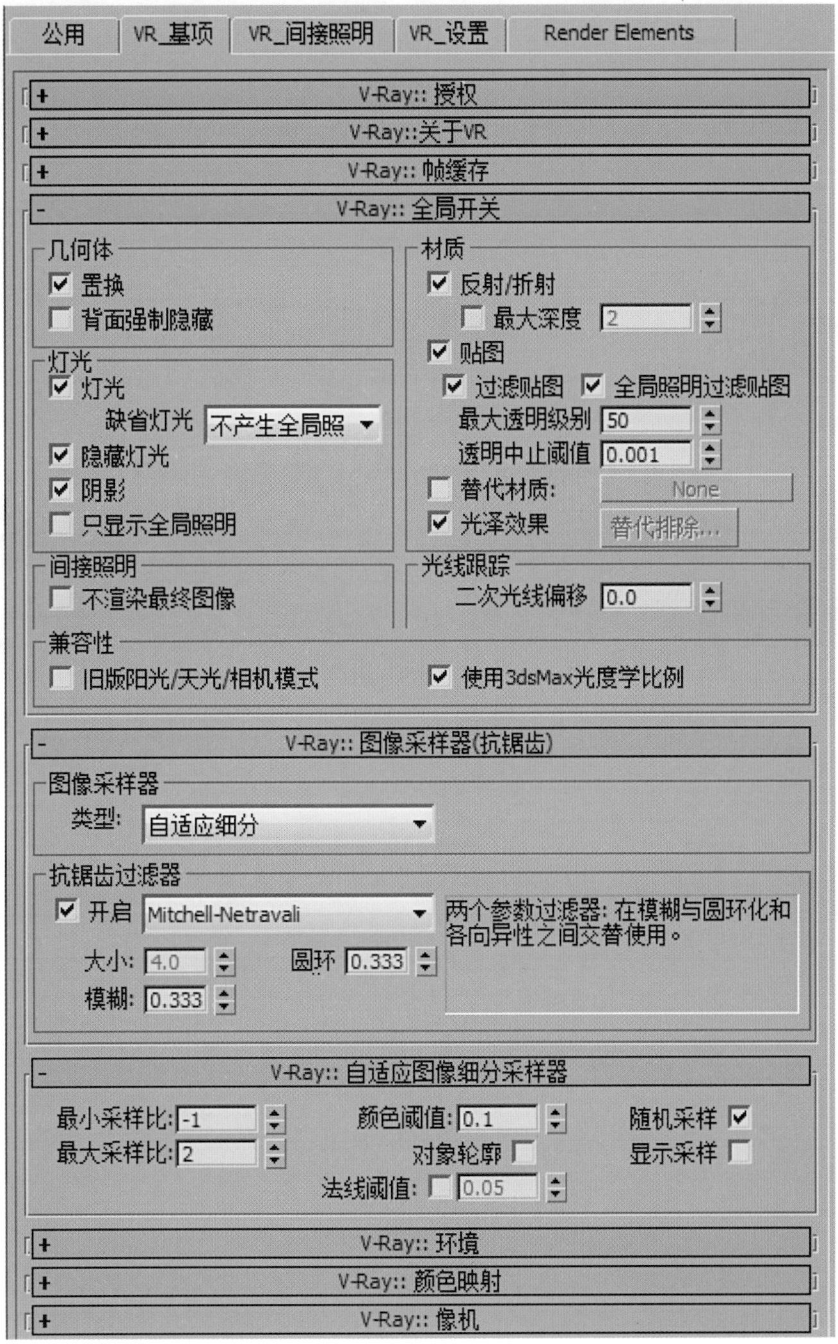

图 6-46 “VR_ 基项”选项卡中的图像采样器（抗锯齿）

图 6-47　渲染效果

【任务评价】

任务内容	满　分	得　分
本项任务需一课时内完成	10 分	
环境贴图的设置	35 分	
阳光关联及相应参数调整	35 分	
阳光的角度调节	20 分	

模块三　综合案例

项目七

现代客厅的制作及后期处理

【项目概述】

本客厅采用简洁大方的现代风格，家具以浅色为主色调，既考虑到家居新时尚的风格，又顾及空间上的连续性，注重色彩上的变化和层次感，营造一种舒心的氛围。

【学习目标】

1. 单面建模的技法。
2. 多种材质的制作。
3. 多种后期处理方法。

制作现代风格的客厅，如图 7-1 所示。

图 7-1　完成的效果图

【任务实施】

一、导入 CAD 平面图

1. 运行 3ds Max 2012 软件，单击菜单栏中的“自定义→单位设置”命令，将单位设置为毫米，如图 7-2 所示。

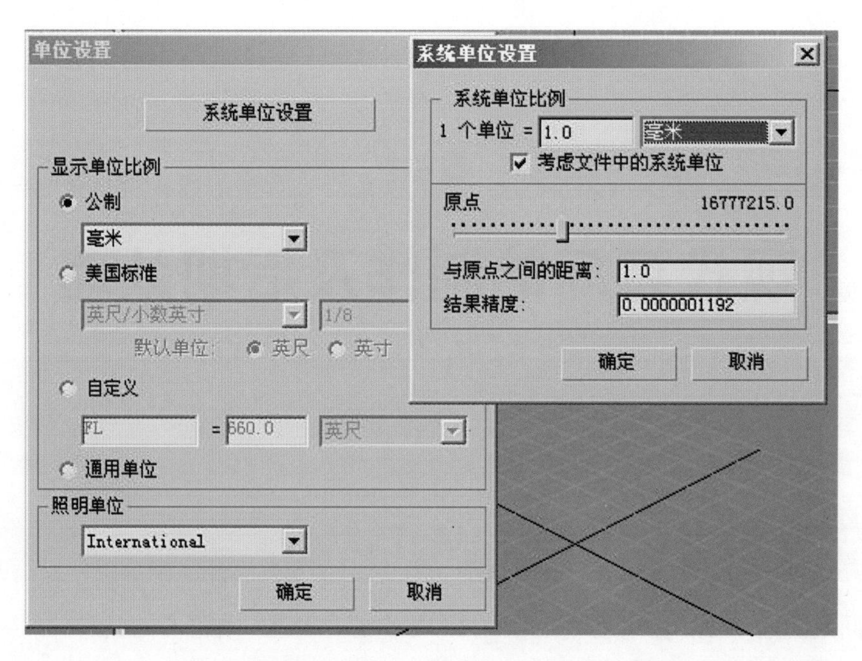

图 7-2　单位设置

2. 单击菜单栏中的“ (文件) →导入→导入”命令，在弹出的“选择要导入的文件”对话框中选择配套光盘中的“模块三　综合案例\项目七　现代客厅的制作及后期处理\CAD 导入图\客厅.dwg”文件，然后单击“打开”按钮，如图 7-3 所示。

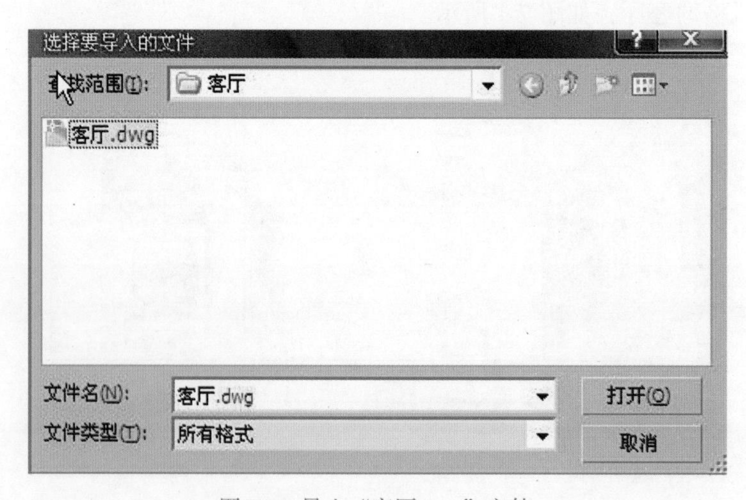

图 7-3　导入“客厅.dwg”文件

3. 在弹出的“AutoCAD DWG/DXF 导入选项”对话框（见图 7-4）中单击 确定 按钮，“客厅.dwg”文件就导入到 3ds Max 的场景中了，如图 7-5 所示。

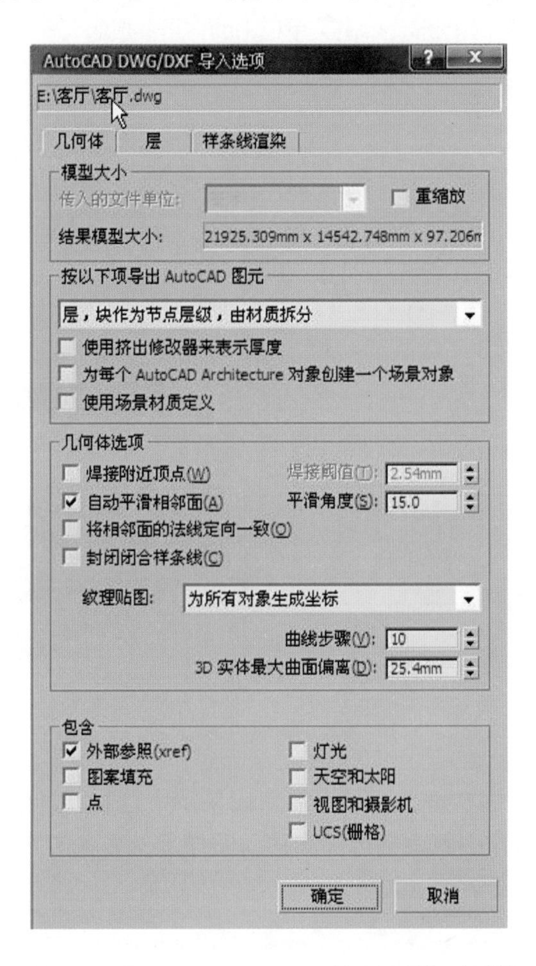

图 7-4 “AutoCAD DWG/DXF 导入选项”对话框

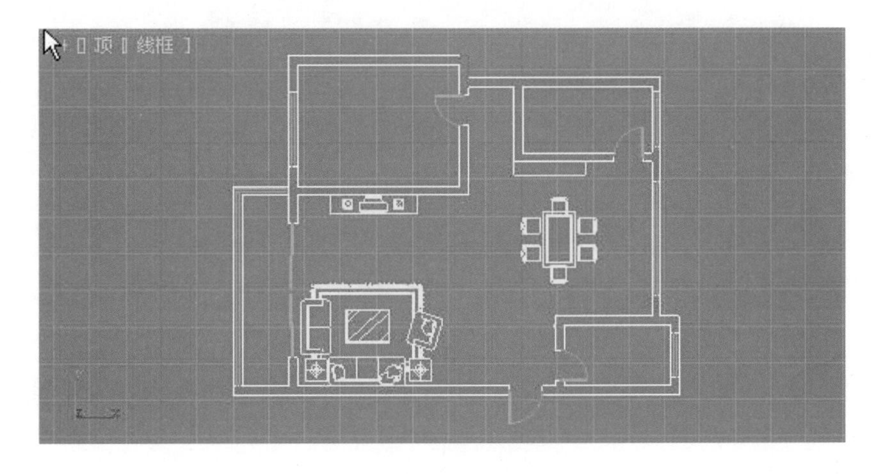

图 7-5 导入的 CAD 平面图

注意：导入的平面图已提前在 CAD 中将尺寸删除，所以导入图样时只保留了墙体，以便建模时能更清楚地理解这个房间的结构。

4. 按 <Ctrl+A> 键选择所有图形，单击菜单栏中的“组→成组”命令，然后单击 确定 按钮，如图 7-6 所示。

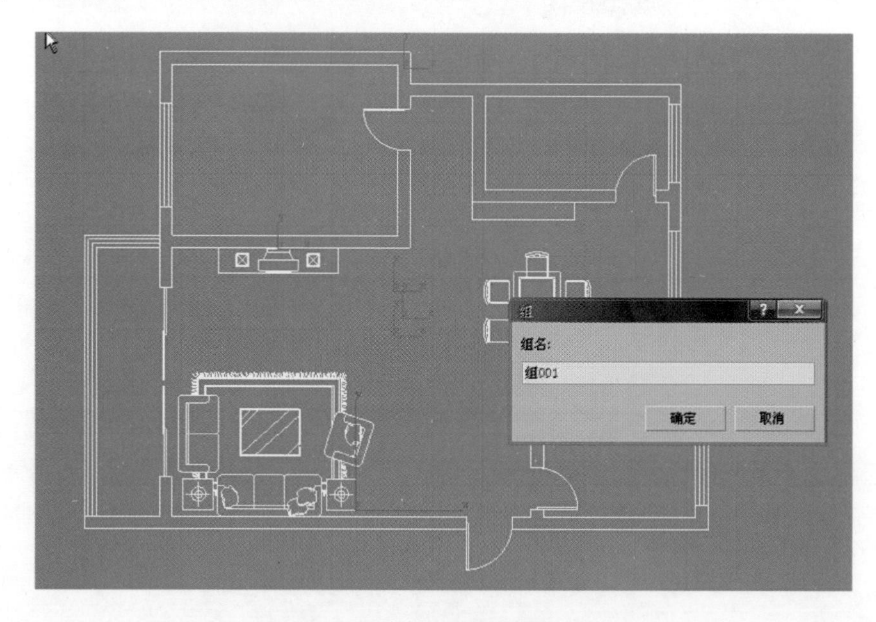

图 7-6　将平面图组成组

5. 选择图样，单击鼠标右键，在弹出的快捷菜单中选择“冻结当前选择”命令，将图样冻结起来，在以后的操作中就不会选择和移动图样了，如图 7-7 所示。

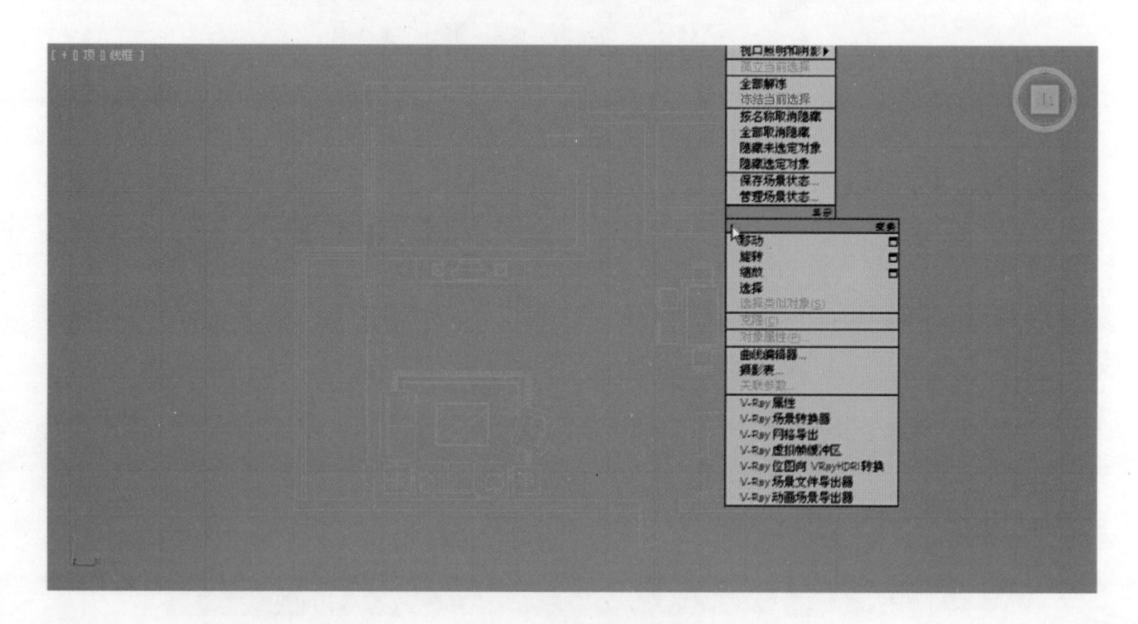

图 7-7　对图样进行冻结

6. 右击 （二点五维捕捉）按钮，在打开的“栅格和捕捉设置”窗口中设置“捕捉”及“选项”选项卡，如图 7-8 所示。

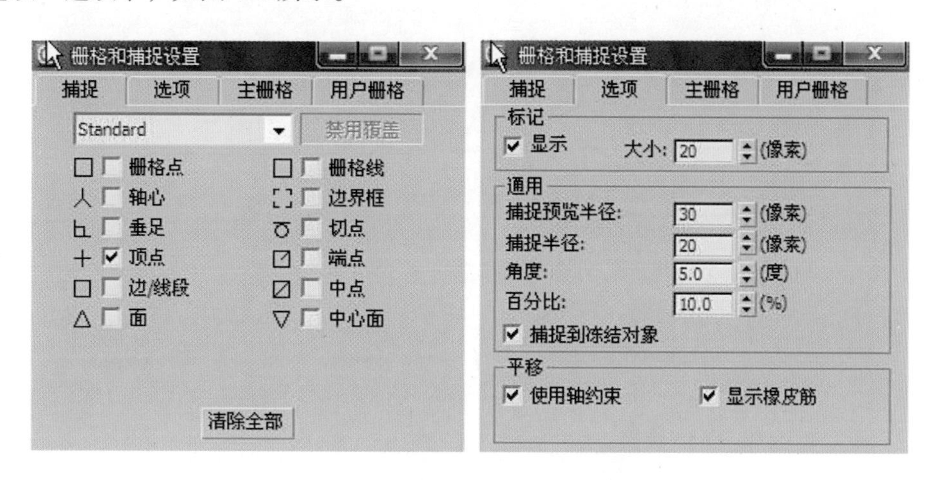

图 7-8 “栅格和捕捉设置”窗口

7. 单击 （创建）→ （图形）→ 线 按钮，在顶视图客厅、餐厅的位置绘制墙体的内部封闭图形，如图 7-9 所示。

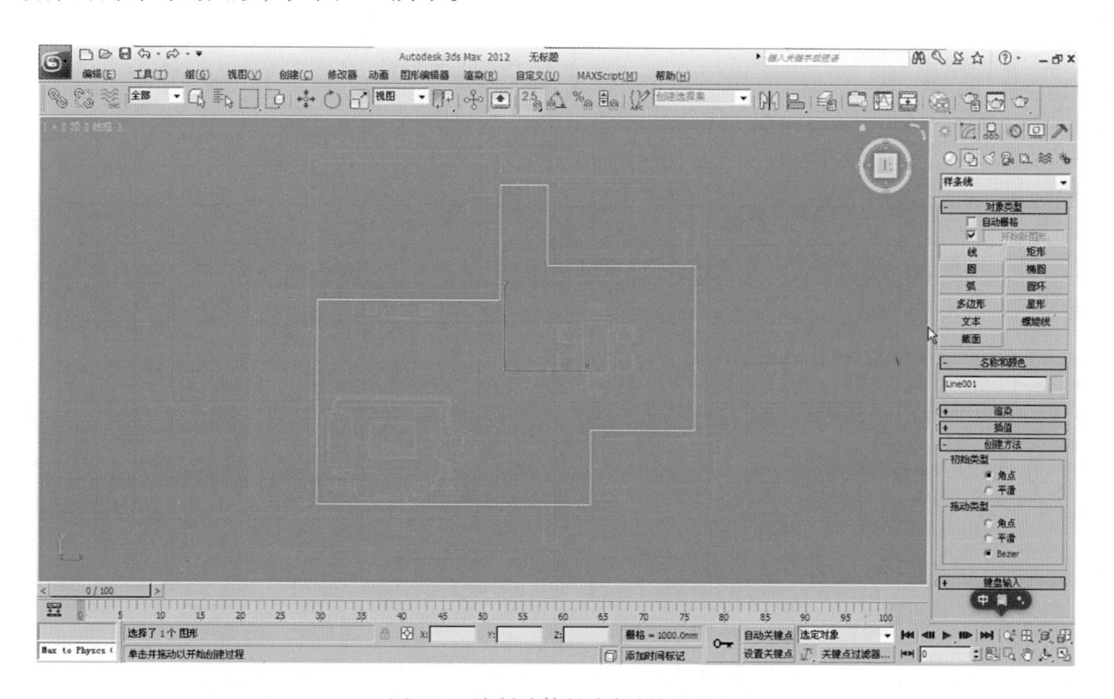

图 7-9 绘制墙体的内部封闭图形

注意：这里重点表现客厅、餐厅的空间，所以其他空间的墙体就不需要绘制了。

8. 为绘制的图形添加“挤出”命令，数量设置为 2700，按 <F4> 键显示物体的结构线，如图 7-10 所示。

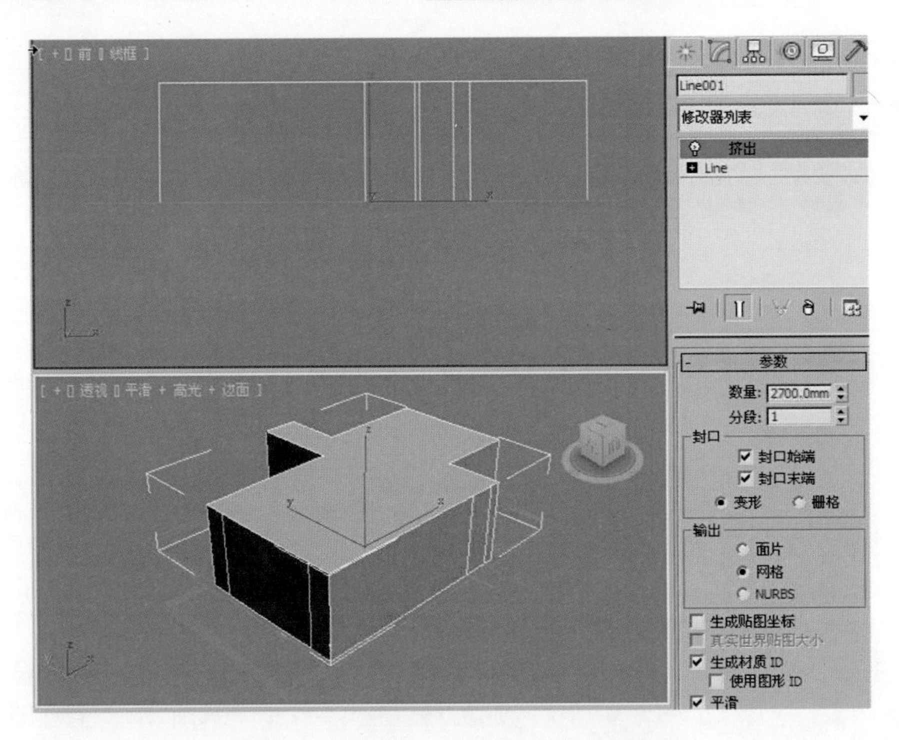

图 7-10　对图形执行“挤出”命令后的效果

9. 选择挤出的图形，单击鼠标右键，在弹出的快捷菜单中选择“转换为→转换为可编辑多边形”命令，将物体转换为可编辑多边形，如图 7-11 所示。

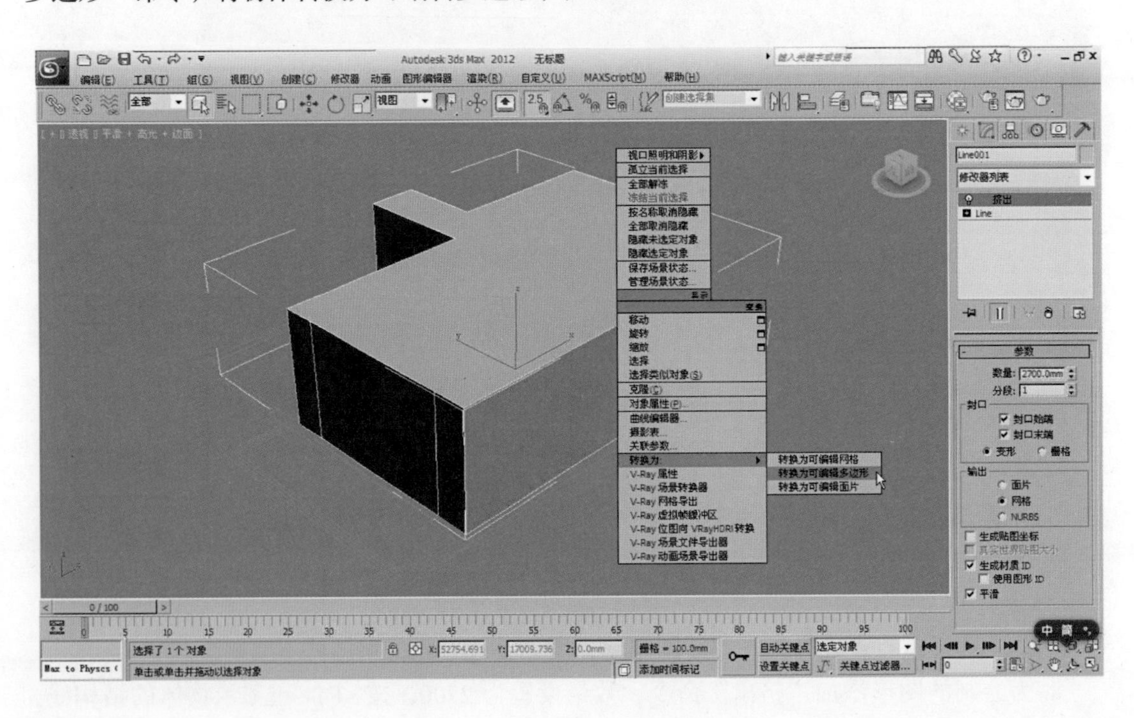

图 7-11　转换为可编辑多边形

10. 按 <5> 键进入 （元素）子物体层级，按 <Ctrl+A> 键选择所有多边形，然后单击 翻转 按钮翻转法线，如图 7-12 所示。

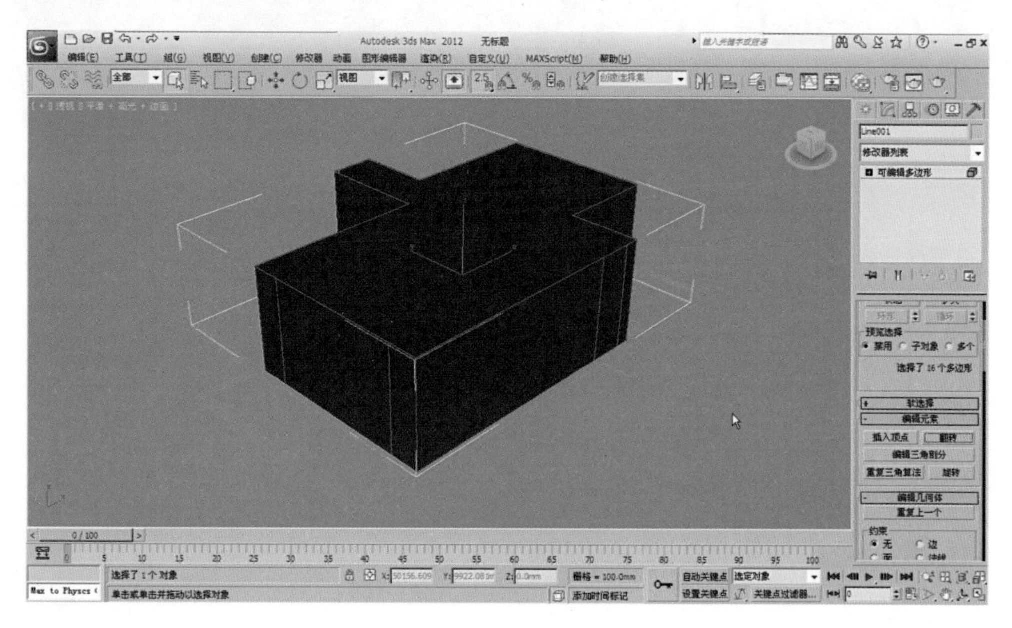

图 7-12 翻转法线

11. 单击 （元素）按钮，关闭元素子物体层级。为了便于观察，可以对墙体进行消隐。单击鼠标右键，在弹出的快捷菜单中选择“对象属性”命令，在弹出的对话框中勾选“背面消隐”复选框，如图 7-13 所示。此时，整个客厅、餐厅的墙体就生成了，从里面看是有墙体的，但从外面看是空的，如图 7-14 所示。

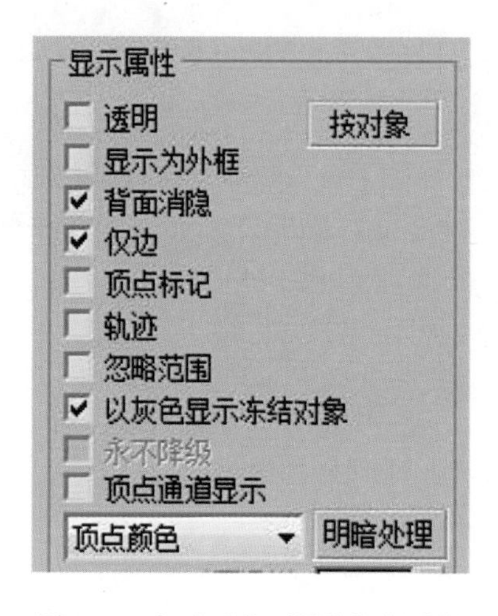

图 7-13 勾选“背面消隐”复选框

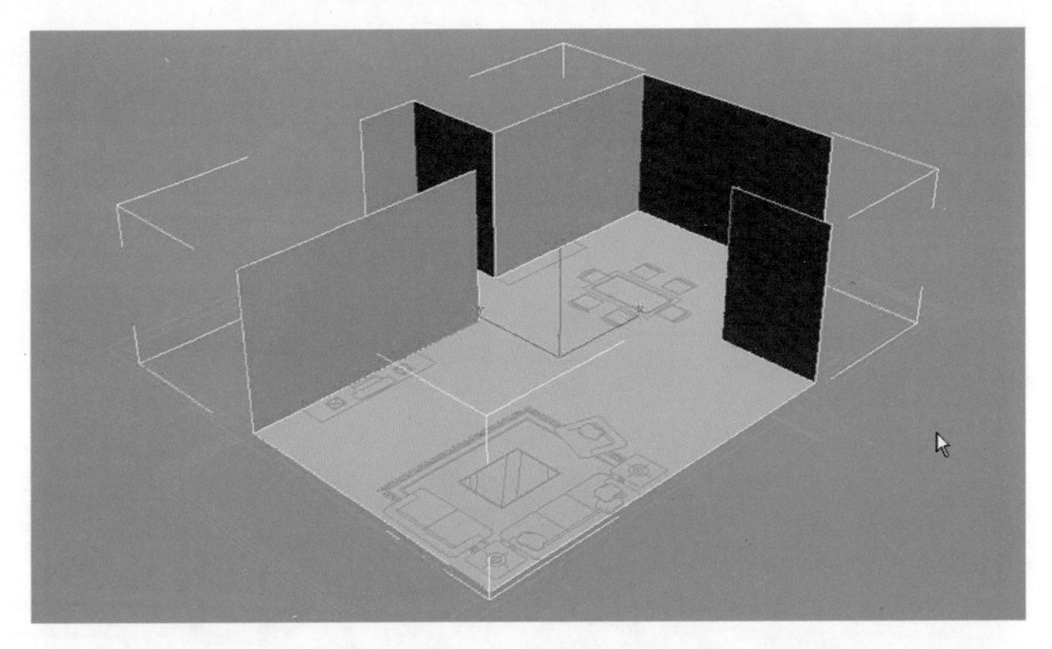

图 7-14　制作的墙体

二、制作门窗

1. 选择墙体，按 <4> 键进入多边形子物体层级。在透视图中选择客厅阳台窗户的面，单击“编辑几何体”卷展栏中的 **分离** 按钮，将这个面分离出来，如图 7-15 所示。

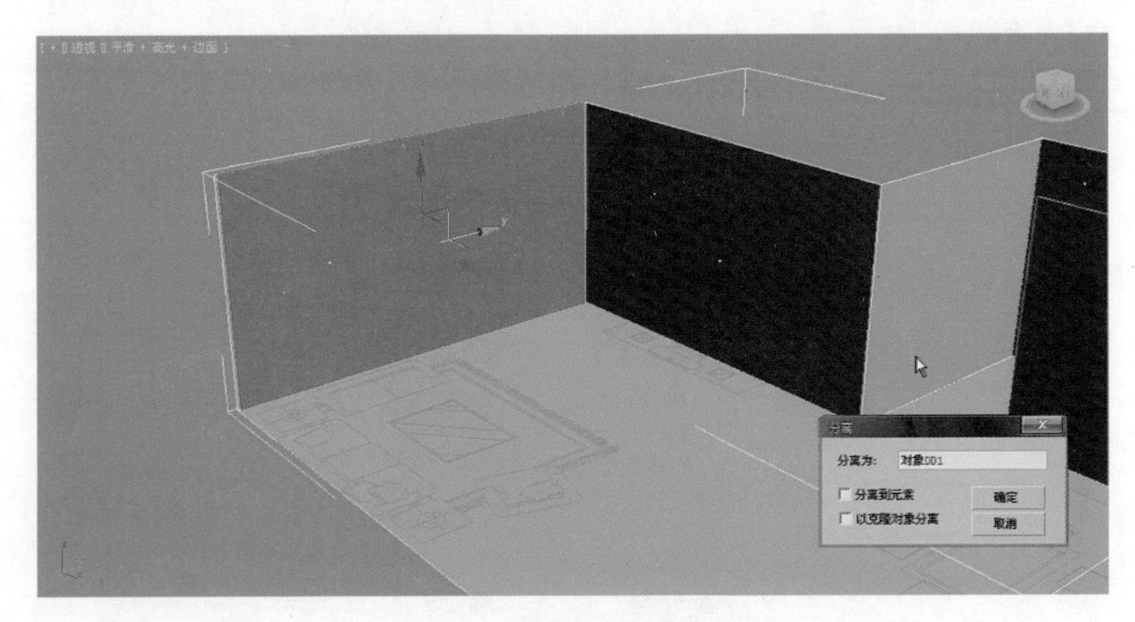

图 7-15　将阳台的墙体分离

2. 确认分离出的面处于选中状态，按 <2> 键切换到边子物体层级，选择垂直的两条边，单击“编辑边”卷展栏中 连接 右侧的□按钮，在弹出的对话框中将“分段”值设为 1，然后单击 确定 按钮，如图 7-16 所示。

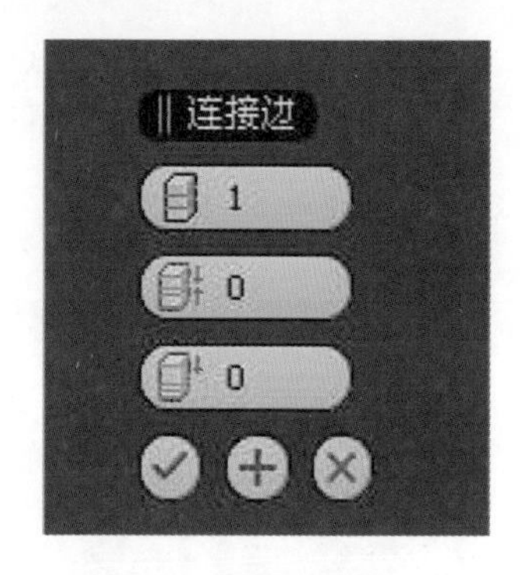

图 7-16 设置“分段”值

3. 单击“选择”卷展栏中的 环形 按钮，同时选择 3 条水平边，单击“编辑边”卷展栏中 连接 右侧的□按钮，在弹出的对话框中将“分段”值设为 2，然后单击 确定 按钮，如图 7-17 所示。

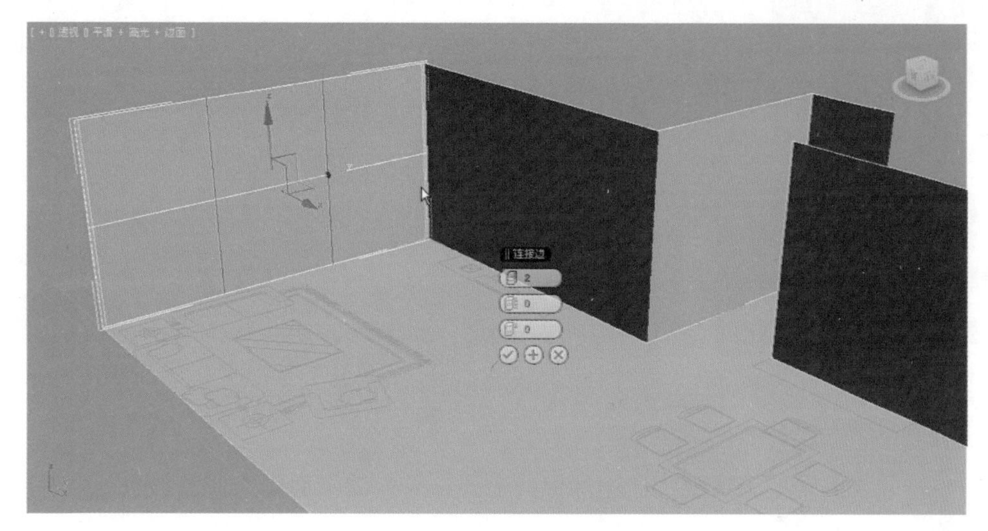

图 7-17 垂直增加两条线段

4. 按 <4> 键进入多边形子物体层级。在透视图中选择中间的面，单击“编辑多边形”卷展栏中的 挤出 右侧的□按钮，将“挤出高度”值设置为 –240，如图 7-18 所示。

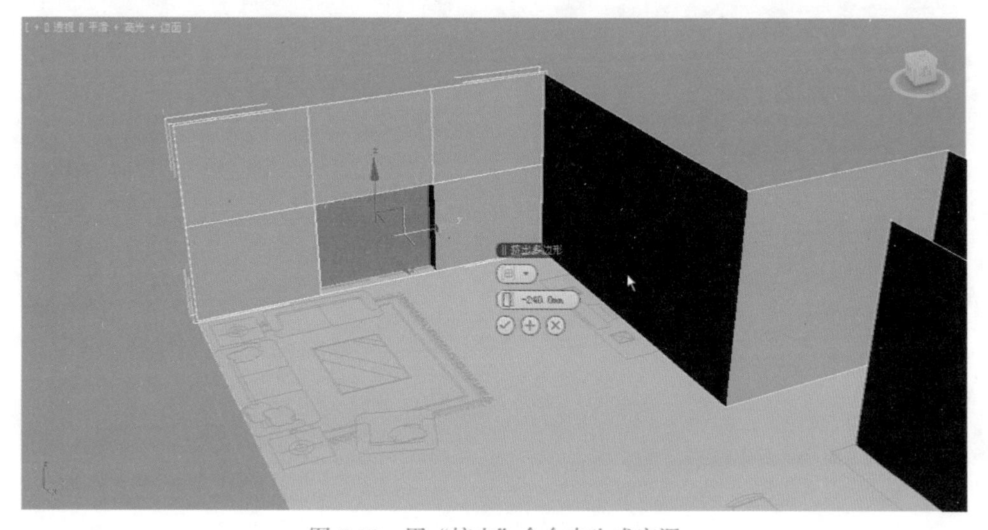

图 7-18 用“挤出”命令来生成窗洞

5. 按 <1> 键进入顶点子物体层级。切换到前视图，选择中间的一排顶点，然后按 <F12> 键，并在弹出的对话框中设置“绝对：世界”选项组中的 Z 值为 2200，如图 7-19 所示。

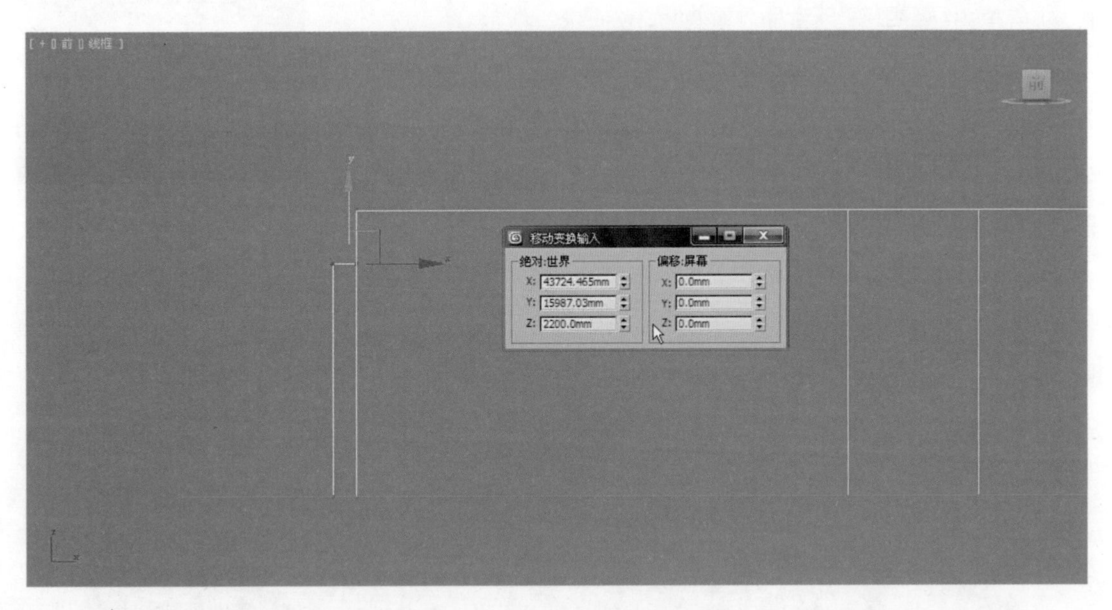

图 7-19　在前视图中调整顶点位置

6. 将当前视图转换为顶视图，用捕捉的方式在导入的平面图上调整顶点的位置。调整后的位置如图 7-20 所示。

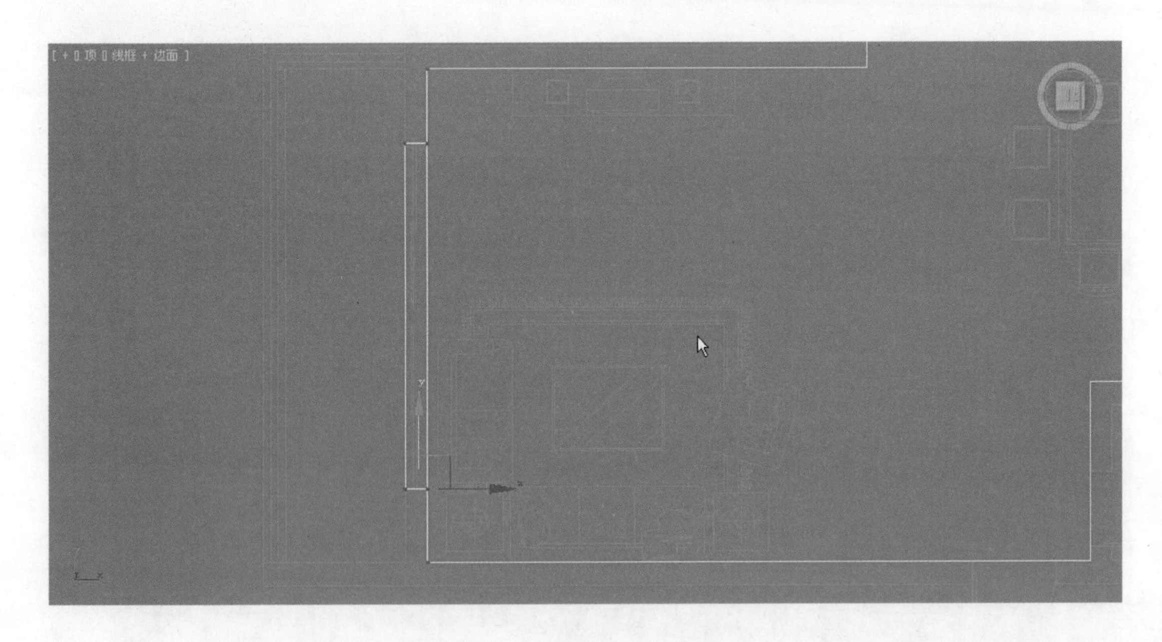

图 7-20　在顶视图中调整顶点位置

7. 按 <4> 键进入多边形子物体层级，将挤出的面分离出来，用它来制作推拉门。选中分离出来的面，按 <2> 键进入边子物体层级，同时选中两条水平边，单击“编辑边”卷展栏中 连接 右侧的□按钮，在弹出的对话框中将“分段”值设为 3，增加 3 条垂直线段，然后单击 确定 按钮，如图 7-21～图 7-23 所示。

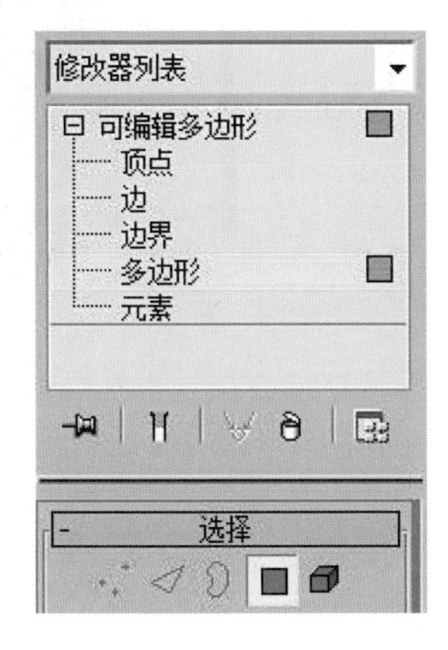

图 7-21　进入多边形子物体层级

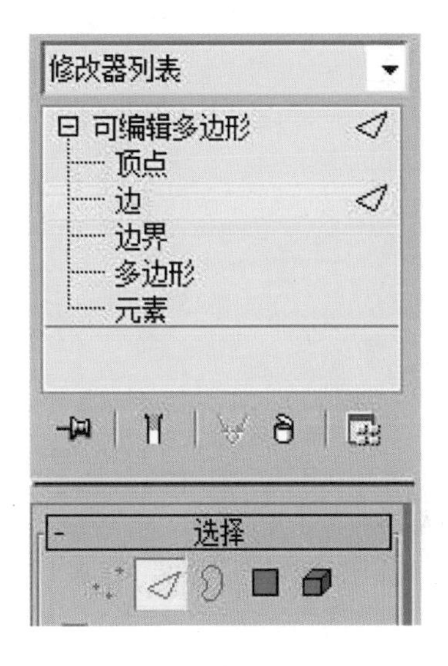

图 7-22　进入边子物体层级

图 7-23　增加 3 条垂直线段

8. 在中间 3 条线段被选中的情况下，单击 切角 右边的□按钮，在弹出的对话框中将“切角”值设为 30，然后单击 确定 按钮，如图 7-24 所示。

图 7-24　设置切角

9. 在左视图中全选四周的边，单击 切角 右边的□按钮，在弹出的对话框中将“切角”值设为 60，然后单击 确定 按钮，如图 7-25 和图 7-26 所示。

图 7-25　切角的设置

10. 按 <4> 键进入多边形子物体层级，选中中间的 4 个面，执行“挤出”命令，“数量”为 –60，如图 7-27 所示。

11. 将挤出的 4 个面删除，如图 7-28 所示。

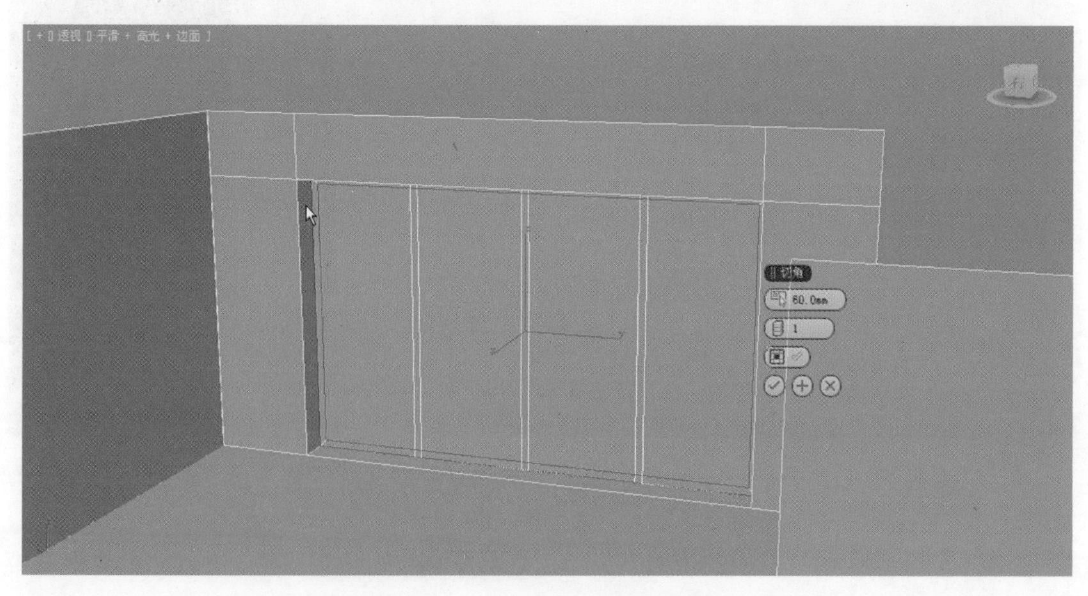

图 7-26　对四周的边进行切角操作

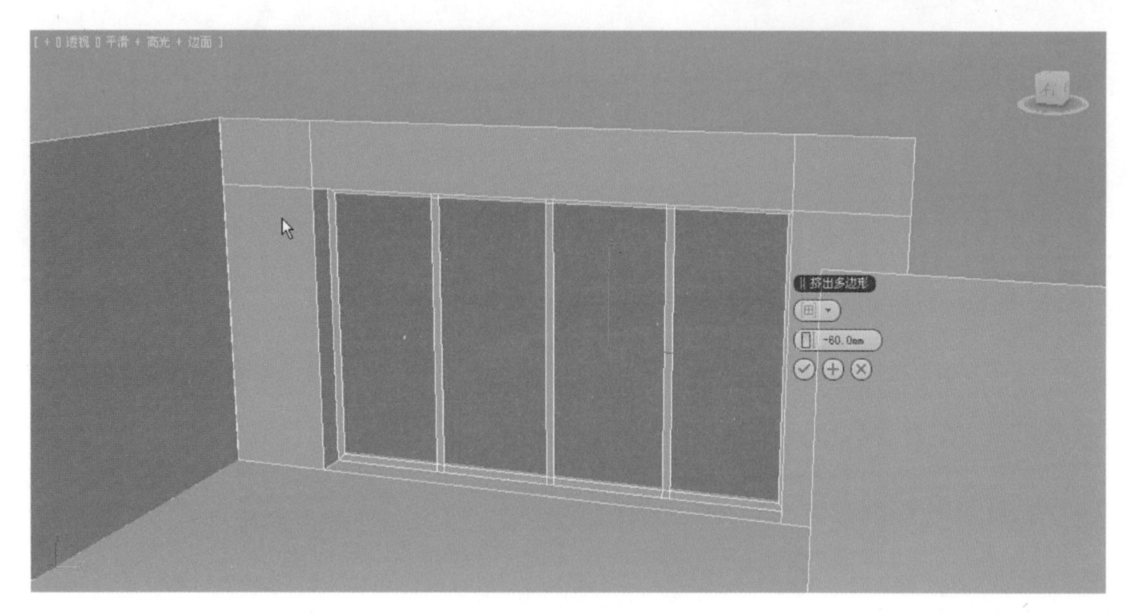

图 7-27 执行“挤出”命令

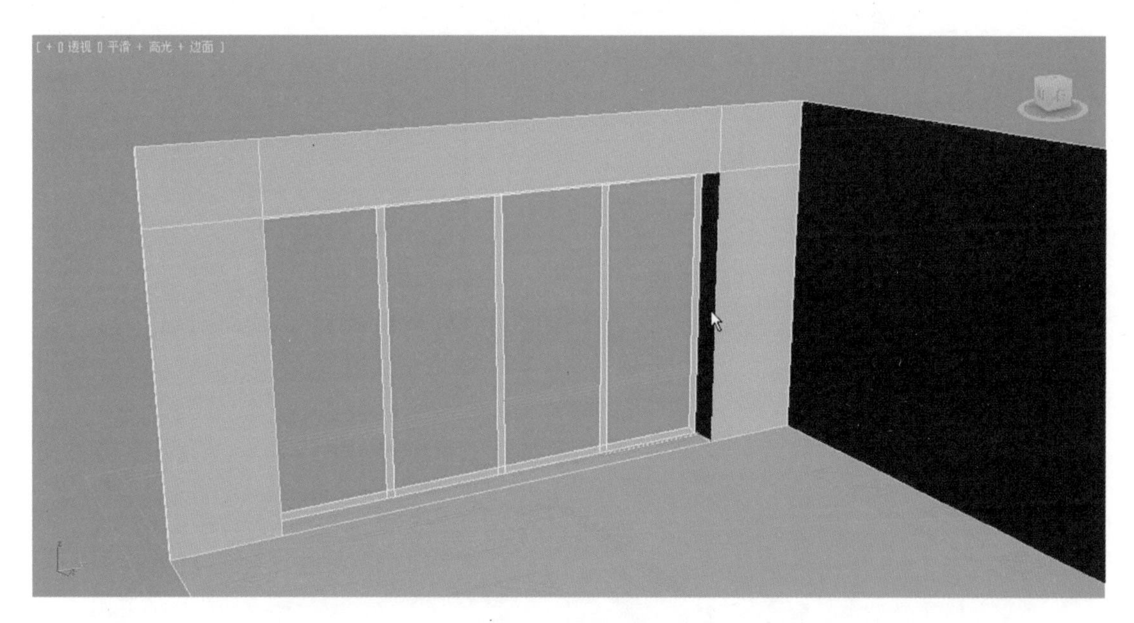

图 7-28 制作阳台推拉门

12. 按 <Ctrl+S> 键将文件保存为“客厅.max”。

三、制作顶棚

1. 单击 (创建) → (图形) → 线 按钮，在顶视图的客厅位置绘制墙体的内部封闭图形，如图 7-29 所示。

2. 按 <3> 键选中样条线子物体层级，单击 轮廓 按钮，在旁边的文本框中输入 –300，然后按 <Enter> 键，如图 7-30～图 7-32 所示。

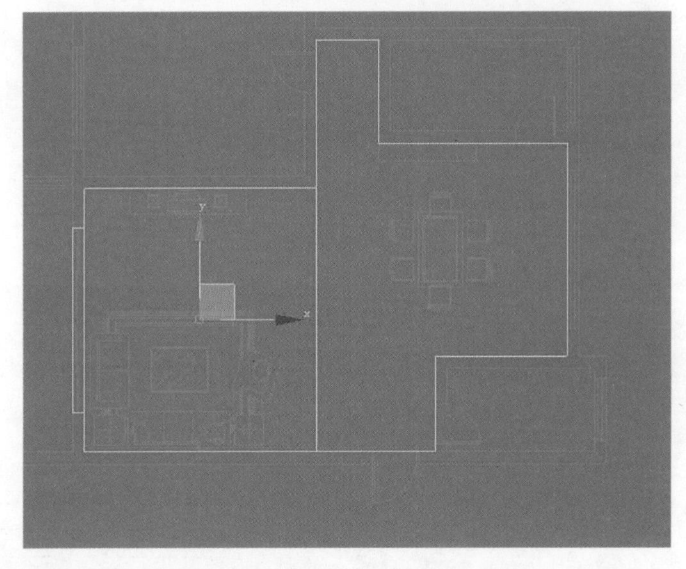

图 7-29　绘制墙体的内部封闭图形

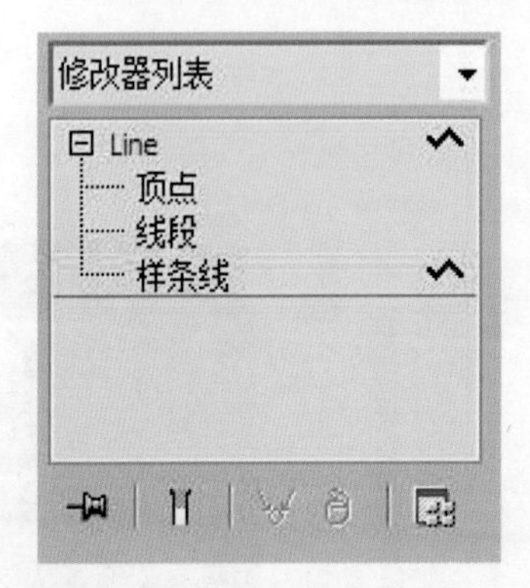

图 7-30　选中样条线子物体层级

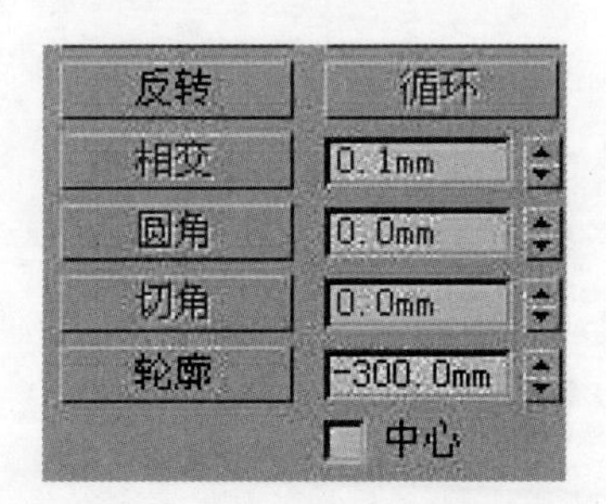

图 7-31　设置“轮廓”选项

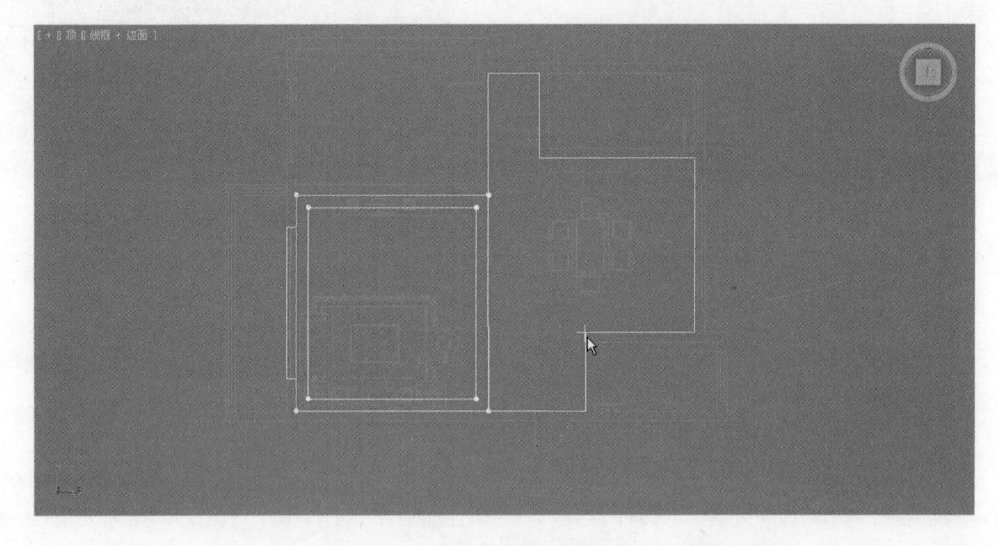

图 7-32　创建轮廓线

3. 关闭样条线子物体层级，执行“挤出”命令，将“数量”设置为100，并把它移动到适当的位置，如图7-33～图7-35所示。

图7-33 关闭样条线子物体层级

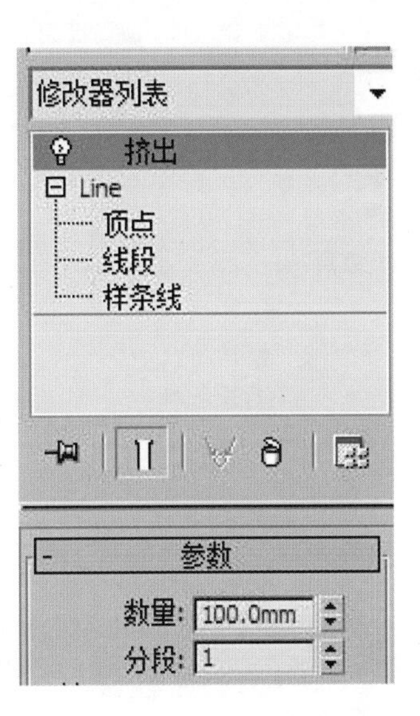

图7-34 执行“挤出”命令

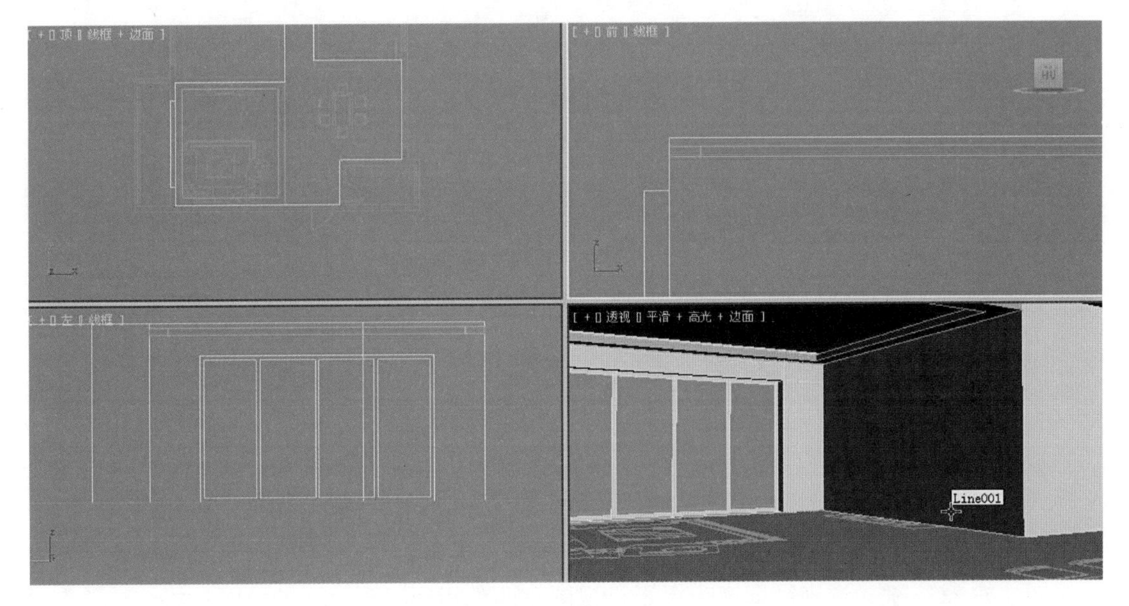

图7-35 “挤出”命令

四、设置摄影机

1. 单击菜单栏中的“文件→合并”命令，在弹出的“合并文件”对话框中选择配套光盘中的“模块三 综合案例\项目七 现代客厅的制作及后期处理\模型\客厅家具.max”文件，然后单击“打开”按钮，如图7-36所示。在弹出的对话框中单击“全部”按钮，再单击 确定 按钮，调入家具模型，并把模型移动到合适的位置，如图7-37所示。

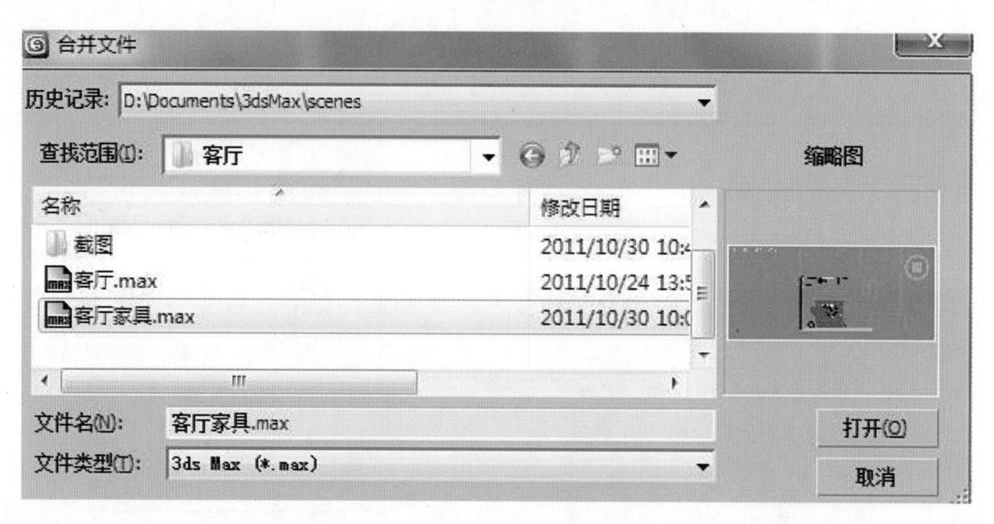

图 7-36 “合并文件”对话框

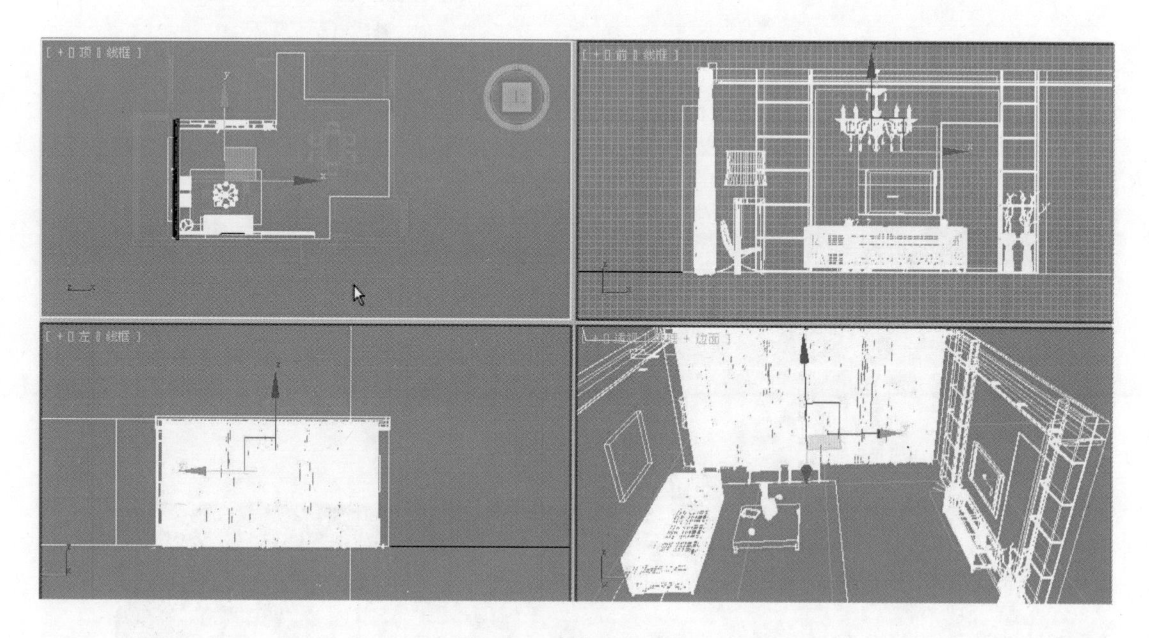

图 7-37 合并后的效果

2. 在顶视图合适的位置创建一个目标摄影机，将摄影机移动到高度为 1000 左右。激活透视图，按 <C> 键，透视图即变为摄影机视图。调整摄影机到合适的位置，将“镜头”修改为 28，摄影机被墙体遮挡了一部分，勾选“手动剪切”复选框，设置“近距剪切”为 1367、“远距剪切”为 11364，使摄影机的视线不被家具和墙体所遮挡，如图 7-38~ 图 7-40 所示。

五、设置材质

注意：在调制材质时，应先将 VRay 指定为当前渲染器，不然不能在正常状态下使用 VRay 材质。

图 7-38 设置镜头大小

图 7-39 设置手动剪切参数

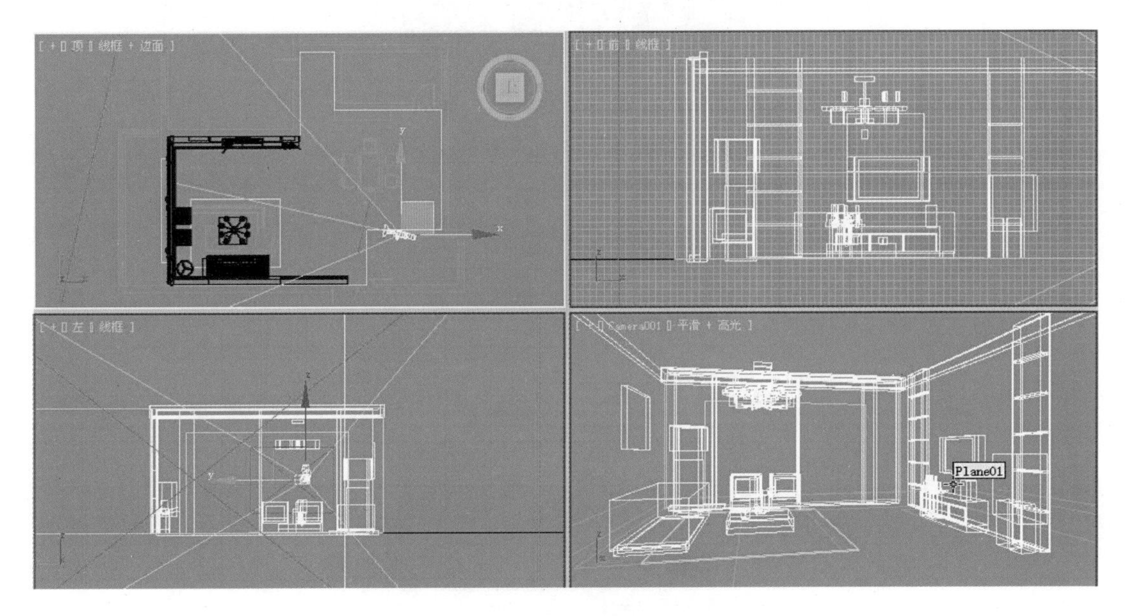

图 7-40 调整摄影机

1. 按 <F10> 键打开“渲染设置”对话框，选择“公用”选项卡，在“指定渲染器”卷展栏中单击“产品级:”右侧的 ... 按钮，选择 V-Ray Adv 2.00.03，此时当前的渲染器已经指定为 VRay 渲染器了，如图 7-41 所示。

2. 按 <M> 键打开“材质编辑器”窗口，在菜单栏的“模式”菜单中选择“精简材质编辑器...”命令，即可打开精简材质编辑器。在任意一个材质球上单击鼠标右键，选择 6×4 示例窗，如图 7-42 所示。

3. 设置乳胶漆材质。选择第一个材质球，单击 Standard （标准）按钮，在弹出的“材质 / 贴图浏览器”对话框中选择 VR 材质，将材质命名为“白乳胶漆”，如图 7-43 所示。设置漫反射颜色值为 R250/G250/B250，如图 7-44 所示。设置反射颜色值为 R20/G20/B20，如图 7-45 所示。将“选项”卷展栏中的“跟踪反射”复选框勾选取消，并将设置好的材质赋予墙体、顶棚和石膏线造型，如图 7-46 所示。

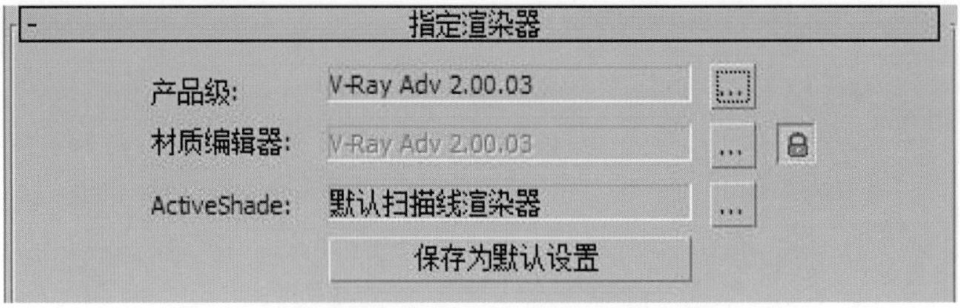

指定渲染器
产品级:
V-Ray Adv 2.00.03
材质编辑器:
V-Ray Adv 2.00.03
ActiveShade:
默认扫描线渲染器
保存为默认设置

图 7-41 指定 VRay 渲染器

材质编辑器 - 01 - Default
模式(D) 材质(M) 导航(N) 选项(O) 实用程序(U)
01 - Default
Standard
明暗器基本参数
(B)Blinn
线框
双面
面贴图
面状
Blinn 基本参数
自发光
颜色
环境光:
漫反射:
高光反射:
不透明度:
100
反射高光
高光级别:
光泽度:
10
柔化:
0.1
扩展参数
超级采样
贴图
mental ray 连接

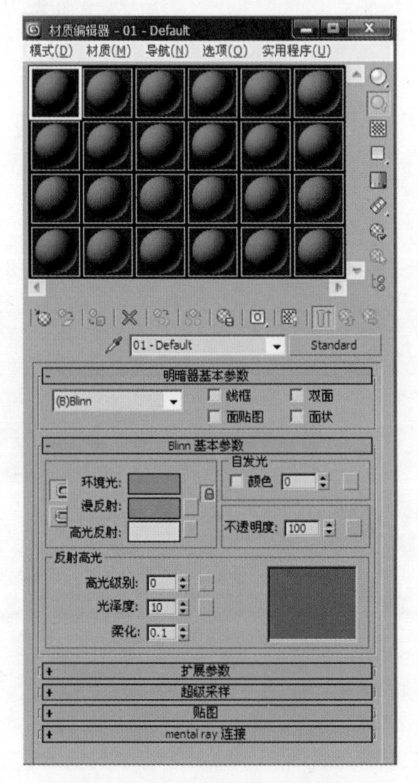

图 7-42 精简材质编辑器

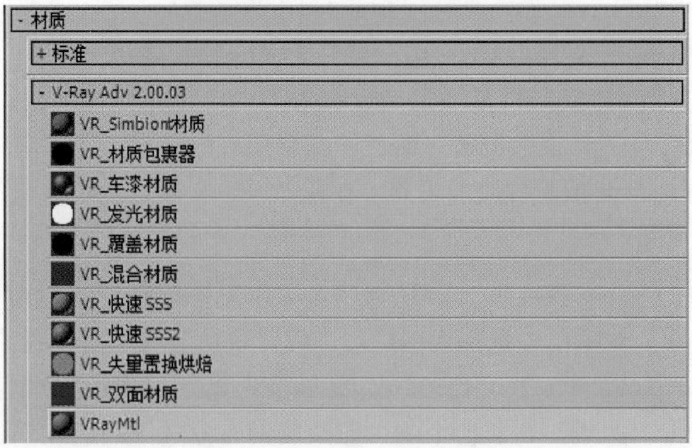

- 材质
+ 标准
- V-Ray Adv 2.00.03
VR_Simbiont材质
VR_材质包裹器
VR_车漆材质
VR_发光材质
VR_覆盖材质
VR_混合材质
VR_快速 SSS
VR_快速 SSS2
VR_矢量置换烘焙
VR_双面材质
VRayMtl

图 7-43 选择 VR 材质

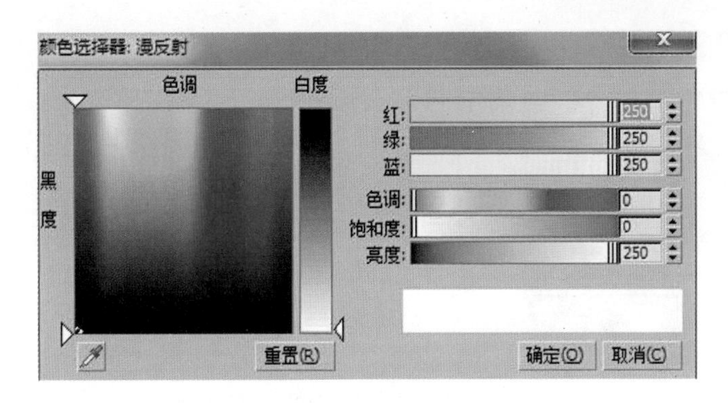

图 7-44 设置漫反射颜色

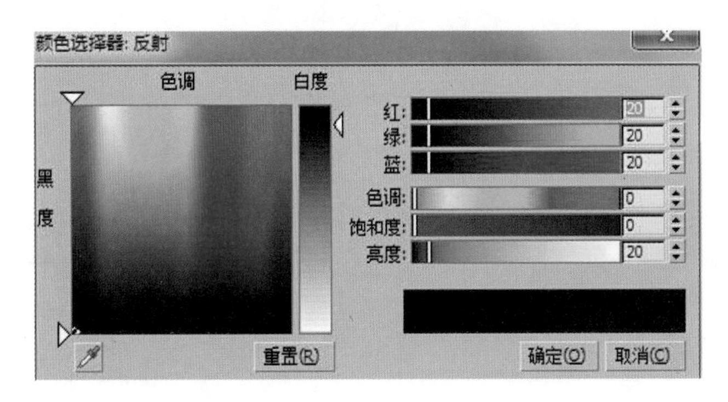

图 7-45 设置反射颜色

4. 设置地砖材质。选择第一个材质球，单击 Standard （标准）按钮，在弹出的“材质 / 贴图浏览器”对话框中选择 VR 材质，将材质命名为“地砖”。在漫反射中添加一张“dizhuan.jpg”贴图。设置“坐标”卷展栏下的“模糊”值为 0.3，如图 7-47 所示。在反射中添加衰减贴图，设置“衰减类型”为 Fresnel，如图 7-48 所示。让反射颜色稍偏蓝色以增强层次感，设置“反射光泽度”为 0.9，同时设置材质“细分”值为 13，如图 7-49 所示。

为了增强地砖的凹凸感，在“贴图”卷展栏下将漫反射中的位图用鼠标拖动到凹凸通道中，选择“实例”单选按钮，将“凹凸”值设为 40，如图 7-50 所示，设置效果如图 7-51 所示。

为了方便赋予材质，需要将地板分离出来，将调好的地砖材质赋给地面，为其添加一个“UVW 贴图”命令。在“贴图”选项组中选择“长方体”单选按钮，“长度”、“宽度”各设为 800，如图 7-52 所示。

5. 设置电视背景墙材质。选择一个空白材质球，单击 Standard （标准）按钮，在弹出的“材质 / 贴图浏览器”对话框中选择 VR 材质，将材质命名为“背景墙”。设置漫反射颜色值为 R5/G15/B10，反射颜色值为 R85/G90/B90。将“高光光泽度”值改为 0.95，设置材质“细分”值为 20，如图 7-53 所示。

6. 设置沙发材质。选择一个空白材质球，单击 Standard （标准）按钮，在弹出的“材质 / 贴图浏览器”对话框中选择 VR 材质，将材质命名为“沙发”。在漫反射中添加一张

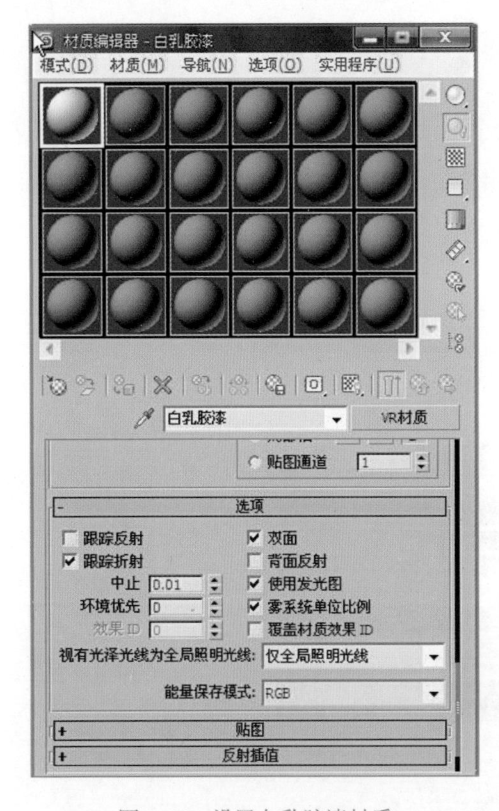

图 7-46 设置白乳胶漆材质

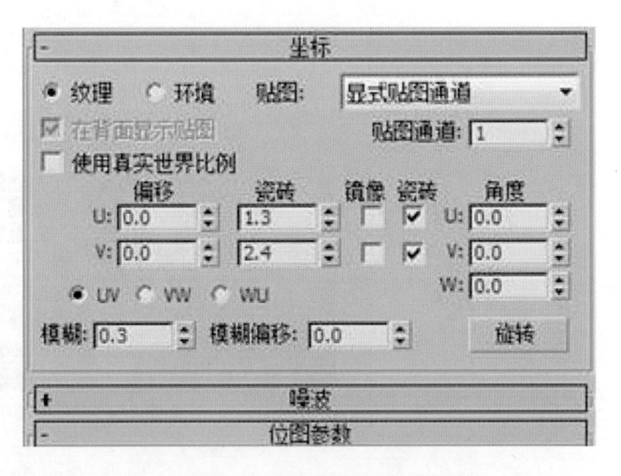

图 7-47 设置模糊参数

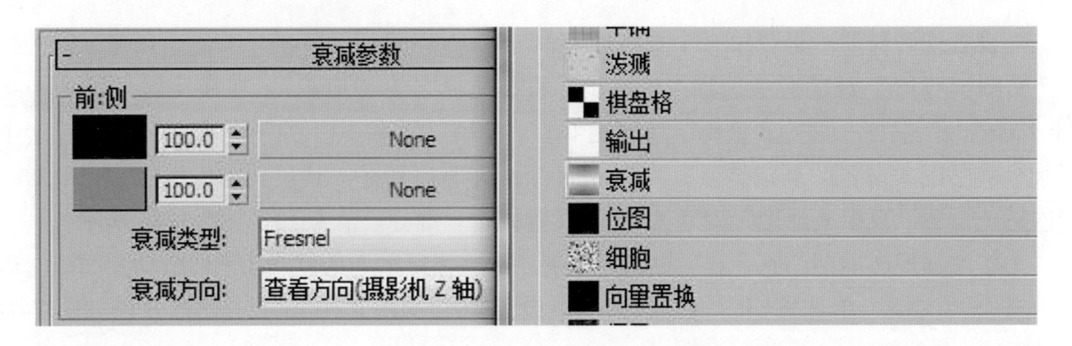

图 7-48 添加衰减贴图

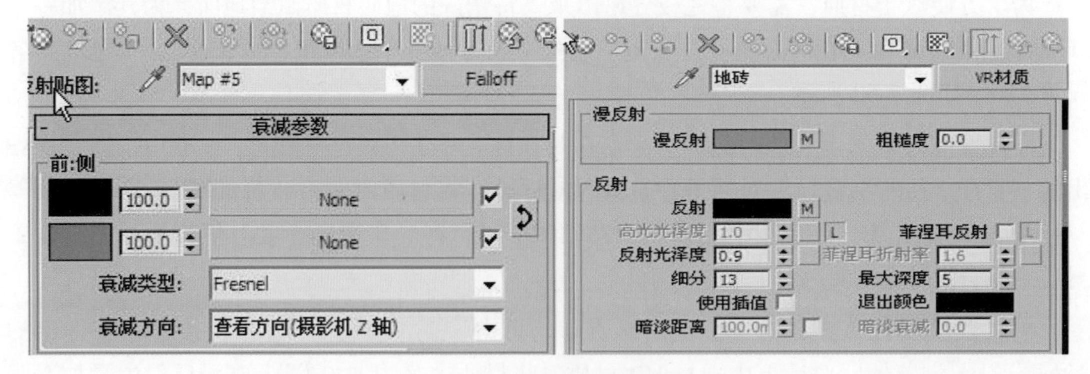

图 7-49 设置地砖材质

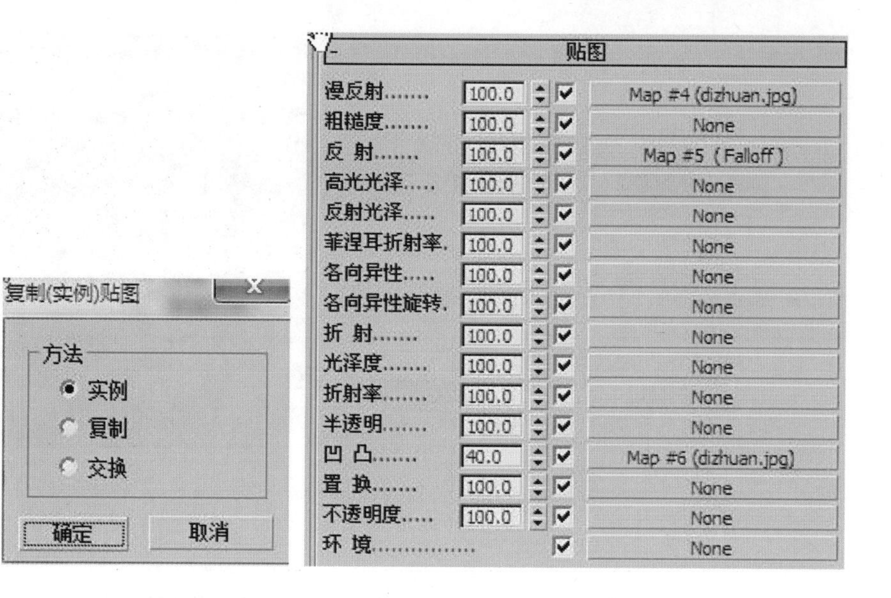

图 7-50 设置“凹凸”值

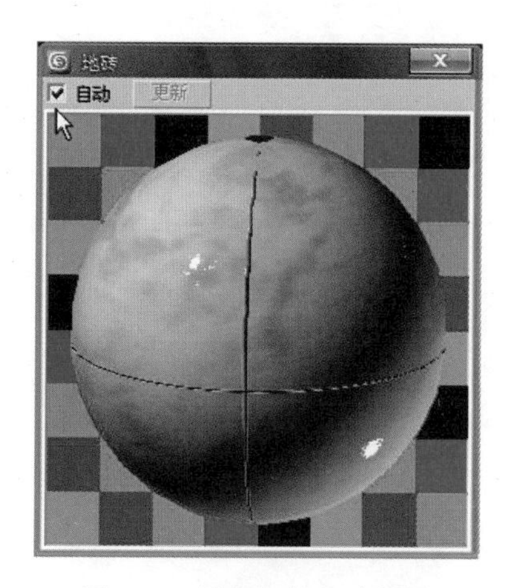

图 7-51 设置好的地砖效果

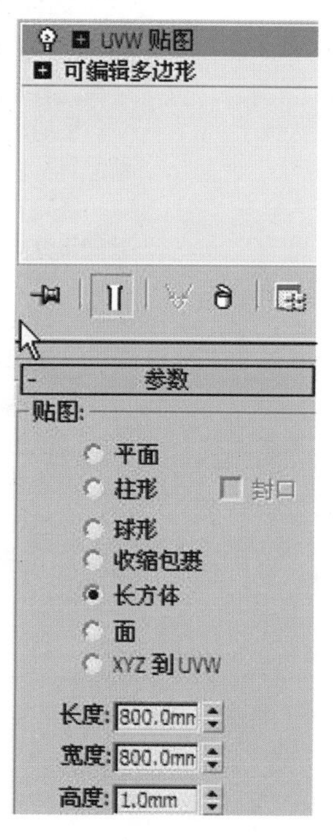

图 7-52 为地面赋材质

“sofa.jpg”贴图，将漫反射中的位图拖动到凹凸通道中，选择“实例”单选按钮，将“凹凸”值设置为 20，如图 7-54 所示。将“高光光泽度”值改为 0.41，“反射光泽度”改为 0.19，如图 7-55 和图 7-56 所示。

六、设置灯光

1. 测试参数设置。按 <F10> 键打开“渲染设置”对话框，在“公用”选项卡中设置

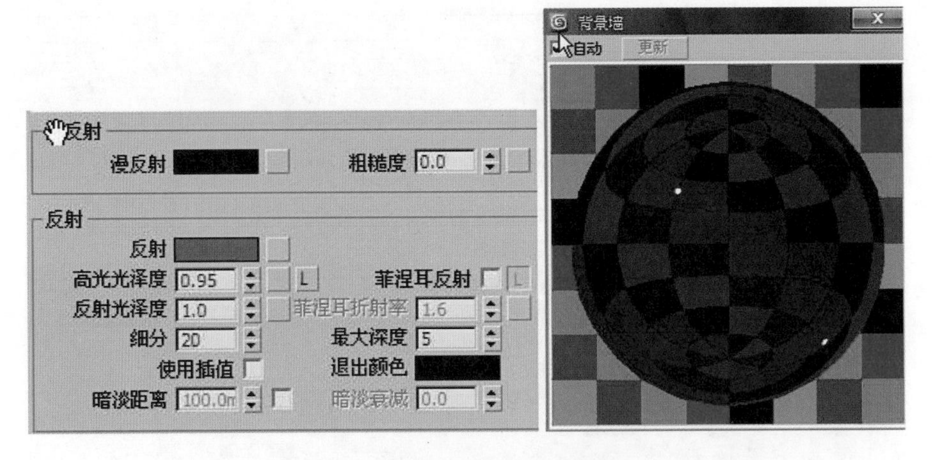

图 7-53 黑色烤漆材质球效果

贴图			
漫反射	100.0	✓	Map #10 (sofa.jpg)
粗糙度	100.0	✓	None
反射	100.0	✓	None
高光光泽度	100.0	✓	None
反射光泽	100.0	✓	None
菲涅耳折射率	100.0	✓	None
各向异性	100.0	✓	None
各向异性旋转	100.0	✓	None
折射	100.0	✓	None
光泽度	100.0	✓	None
折射率	100.0	✓	None
透明	100.0	✓	None
凹凸	20.0	✓	Map #10 (sofa.jpg)
置换	100.0	✓	None
不透明度	100.0	✓	None
环境		✓	None

图 7-54 设置“凹凸”值

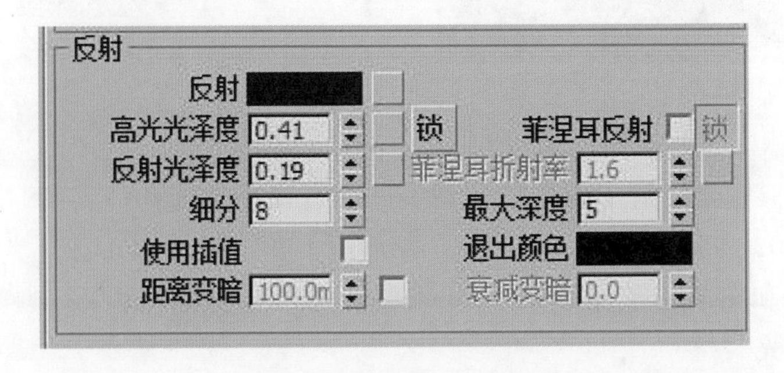

图 7-55 设置反射参数

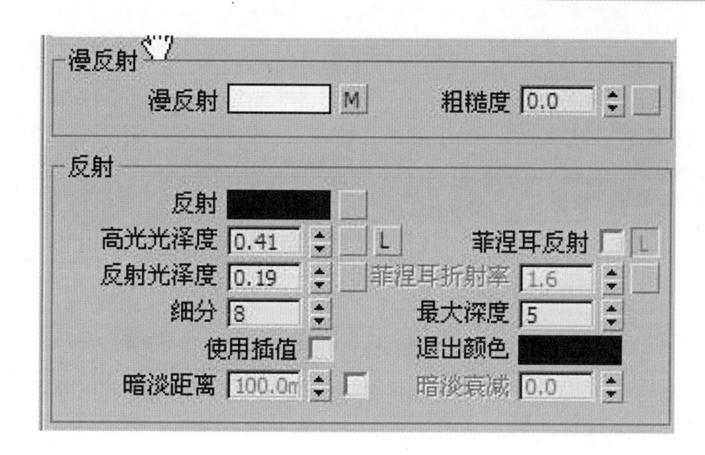

图 7-56　设置沙发材质

测试图像的宽为 600、高为 375，取消对“渲染帧窗口”复选框的勾选，如图 7-57 和图 7-58 所示。

图 7-57　设置图像大小

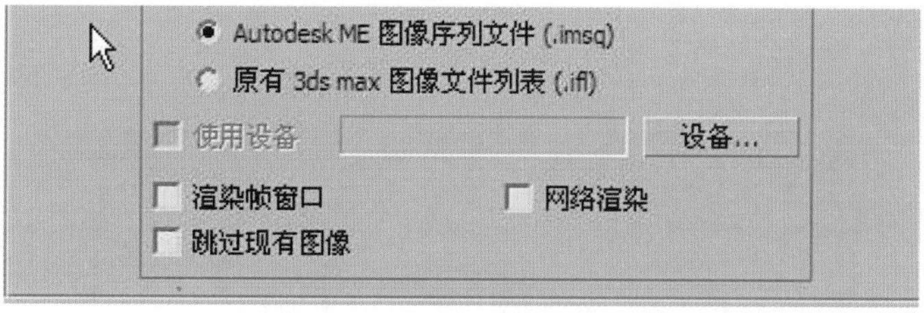

图 7-58　设置分辨率参数

在“VRay 帧缓存”卷展栏中勾选“启用内置帧缓存”复选框，如图 7-59 所示。在“VRay 图像采样器（抗锯齿）”卷展栏的“抗锯齿过滤器”下取消对“开启”复选框的勾选，如图 7-60 所示。把“VRay 颜色映射”卷展栏中的“类型”改为“指数”，如图 7-61 所示。在“VRay 间接照明（抗锯齿）”卷展栏中勾选“开”复选框，首次反弹倍增器改为 1. 2，二次反弹倍增器改为 0.67，在“全局照明引擎”下拉列表中选择“灯光缓存”，在“VRay 发光图”卷展栏的“当前预置”下拉列表中选择“非常低”，如图 7-62 所示。

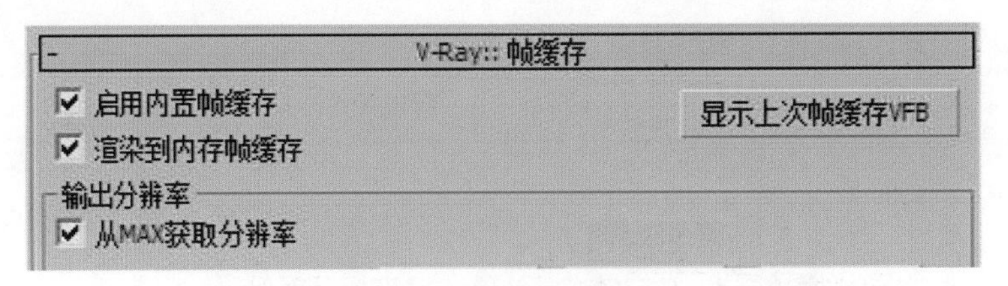

图 7-59　设置帧缓存参数

图 7-60　设置抗锯齿参数

图 7-61　设置颜色映射类型

图 7-62　间接照明参数设置

在“VRay 灯光缓存”卷展栏中把“细分”值改为 200，如图 7-63 所示。

V-Ray:: 灯光缓存
计算参数
细分: 200
采样大小: 0.02
比例: 屏幕
进程数: 8
存储直接光
显示计算相位
使用摄影机路径
自适应跟踪
仅使用方向

图 7-63 灯光缓存参数设置

2. 设置主光源。单击命令面板里的（灯光）→ VR灯光 按钮，在左视图窗户的位置创建一盏 VR 灯光，大小与推拉门差不多，将它移动到推拉门的外面，具体设置如图 7-64 和图 7-65 所示。

按 <F9> 键进行第一次渲染测试，效果如图 7-66 所示。

观察渲染效果，发现图面太暗。为了得到更高的层次，按 <8> 键设置天光参数，在环境贴图中选择 VR 天空，将 VR 天空材质关联复制到材质球上，详细设置和测试效果如图 7-67 和图 7-68 所示。

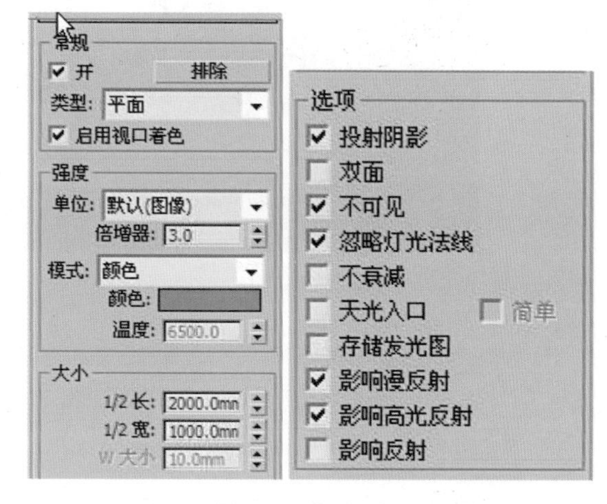

图 7-64 灯光设置

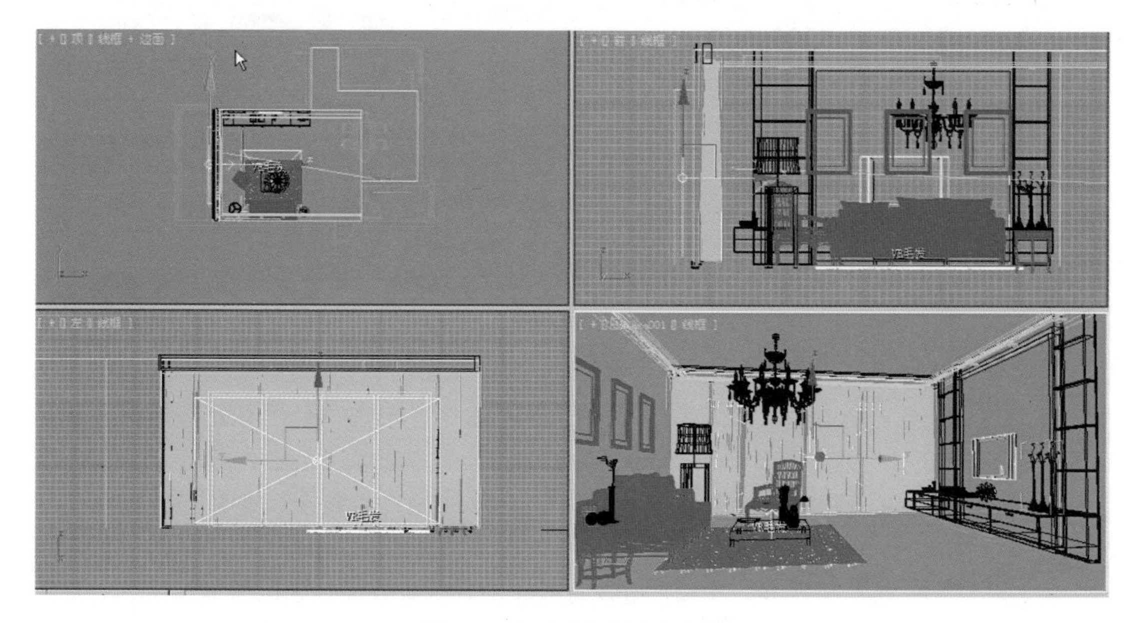

图 7-65 灯光在视图中的位置

图 7-66　测试渲染效果

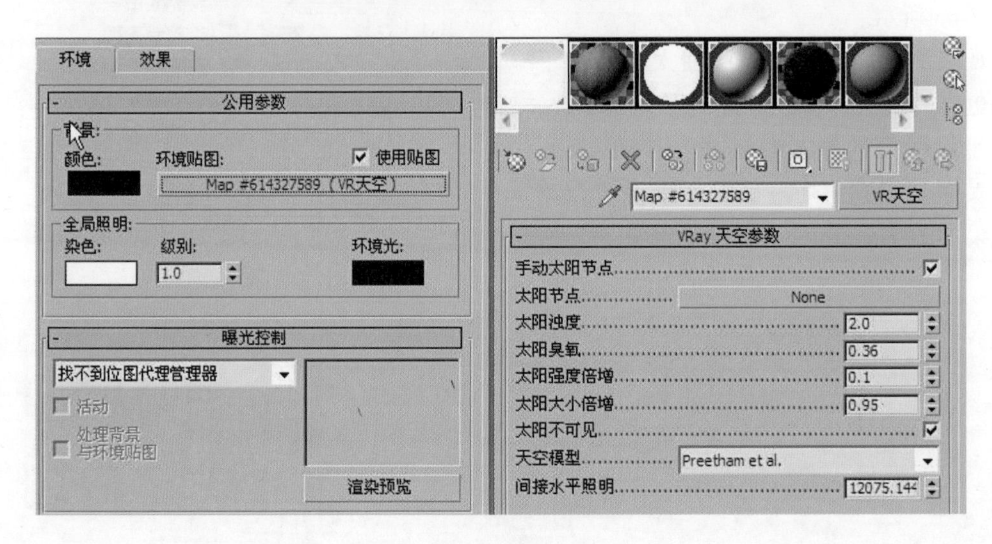

图 7-67　天光设置

3. 设置辅助光源。单击命令面板里的 （灯光）→光度学→ 目标灯光 按钮，在左视图筒灯的位置创建一盏目标灯光。在“阴影”选项组中，勾选“启用”复选框，并选择“VRay 阴影”，在“灯光分布（类型）”选项组的下拉列表中选择“光度学 Web”，添加一个广域网文件“tongdeng.IES”，设置发光“强度”值为 3000，“细分”值为 13，如图 7-69 所示。

将上述灯光关联复制 6 盏，放置在电视背景、沙发背景墙筒灯处以增加层次，并在沙发背景墙增加一盏 VR 面光源。具体设置如图 7-70～图 7-72 所示。

图 7-68 测试渲染效果

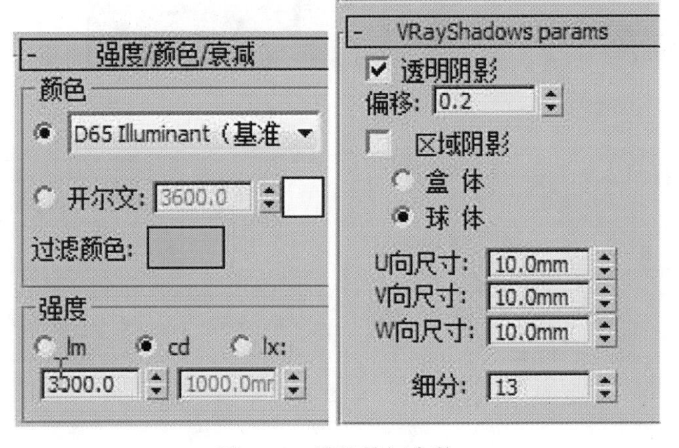

图 7-69 设置筒灯参数

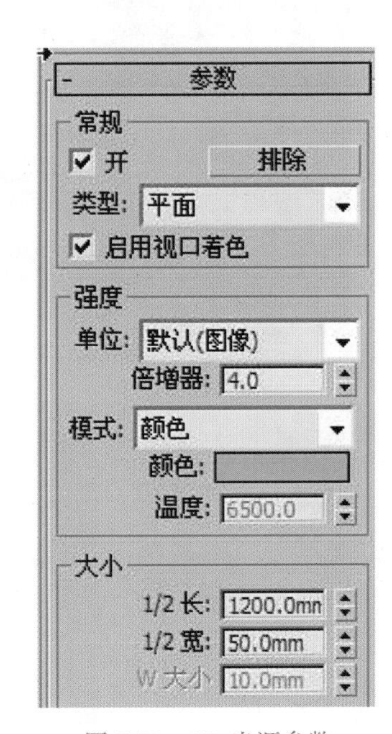

图 7-70 VR 光源参数

观察效果，发现图面还是偏暗。在顶视图餐厅的位置创建一盏 VR 平面光照向客厅，设置“倍增器”为 5，颜色为淡蓝色，勾选“不可见”复选框，如图 7-73 和图 7-74 所示。

在客厅顶面的位置创建一盏 VR 平面光，移动到顶棚下面，设置“倍增器”为 3，颜色为淡黄色，勾选“不可见”和“影响反射”复选框，如图 7-75 所示。

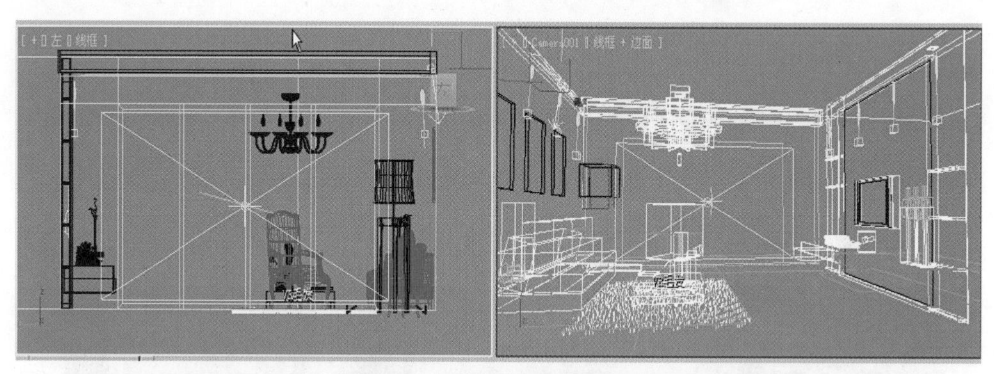

图 7-71　放置筒灯的位置

图 7-72　测试渲染效果

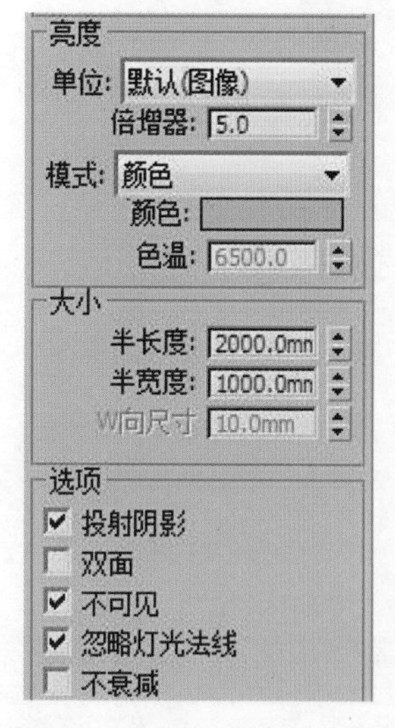

图 7-73　设置 VR 平面光参数

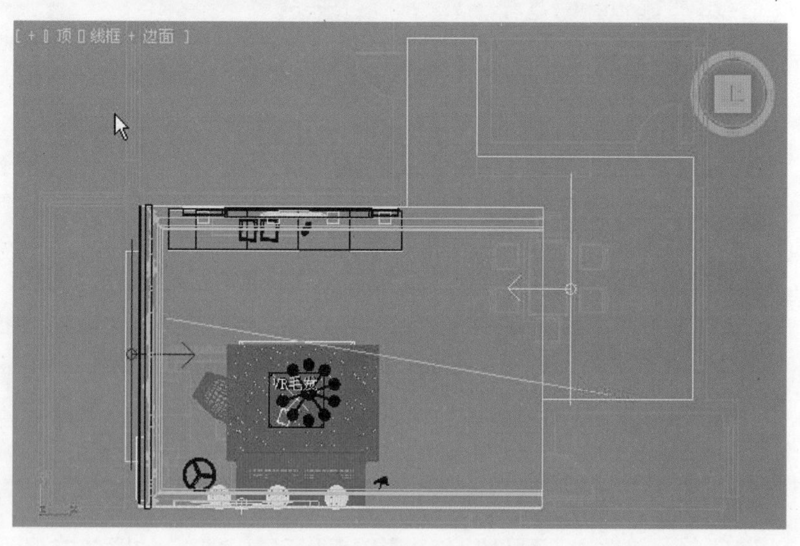

图 7-74　VR 灯光的位置

在客厅正对推拉门的位置创建一盏VR平面光照向客厅，设置“倍增器”为2.8，颜色为暖黄色，勾选“不可见”复选框，如图7-76所示。

在顶视图上复制刚才的VR平面光到沙发的侧面，把“倍增器”改为0.4，如图7-77所示。

在落地灯的位置创建一盏VR球形光，“倍增器”设置为80，“半径”设置为60，勾选“不可见”复选框，放在灯罩里面，如图7-78和图7-79所示。

观察测试效果，画面基本达到理想效果，其中存在的不足可以在后期处理中进行调整，如图7-80所示。

七、渲染出图

1. 设置渲染图像大小，将宽度设置为1520，高度设置为950。打开“VRay图像采样器”卷展栏，详细设置如图7-81和图7-82所示。

2. 在“VRay发光贴图”卷展栏的“当前预置”下拉列表中选择“高”，设置“半球细分”为50，如图7-83所示。在“VRay灯光缓存”卷展栏中把“细分”值改为1200，“采样大小”为0.01，如图7-84所示。关闭VRay帧缓存器，返回到“公用”选项卡，勾选“渲染帧窗口”复选框，如图7-85和图7-86所示。关闭VRay帧缓存器是需要在渲染出图时设置通道，但此程序暂时不支持VRay帧缓存器，所以需要关闭；为了显示图形，需勾选“公用”选项卡中的“渲染帧窗口”复选框。

图7-75 设置VR平面光参数

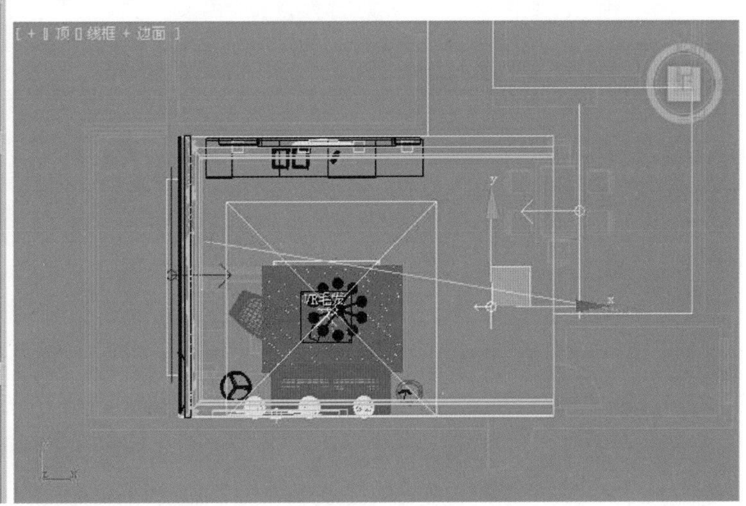

图7-76 辅助光源的设置

图 7-77　调整 VR 平面光参数

图 7-78　调整 VR 球形光参数

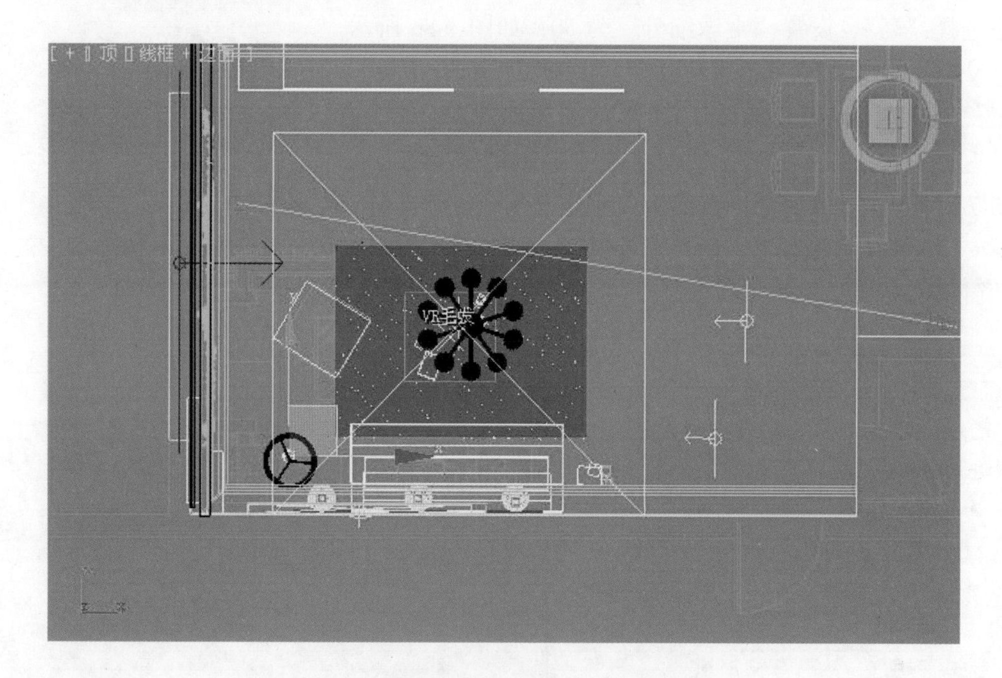

图 7-79　VR 平面光与 VR 球形光的位置

3. 在 Render Elements 选项卡中单击 添加... 按钮，在弹出的对话框中选择 VRay 渲染 ID。设置后在成品图渲染完成后会出现一张通道图，如图 7-87 所示。

等待几个小时后渲染完成，最终效果如图 7-88 和图 7-89 所示。

4. 单击菜单栏中的“文件→保存”命令，将此造型保存为“装饰物.max”。

V-Ray 帧缓冲区 - [100% of 600 x 375]
RGB 颜色

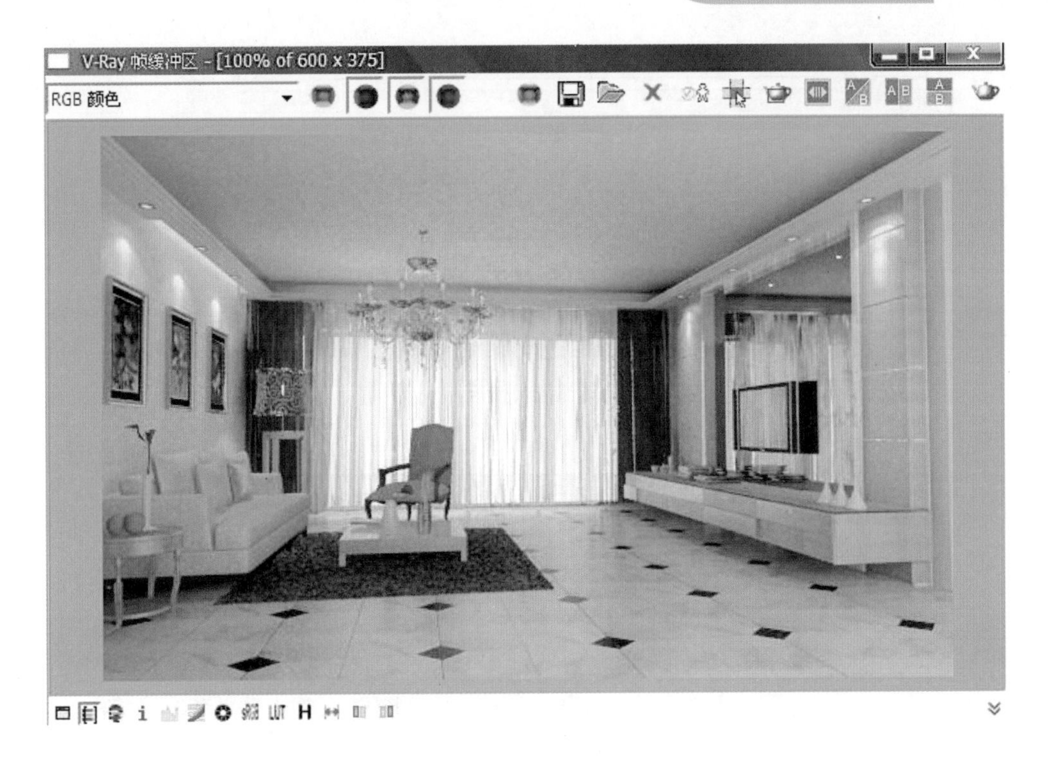

图 7-80　测试渲染效果

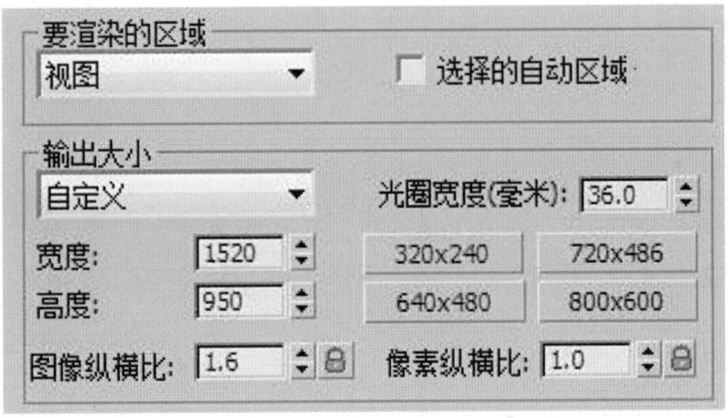
要渲染的区域
视图
选择的自动区域
输出大小
自定义
光圈宽度(毫米): 36.0
宽度: 1520
高度: 950
320x240
720x486
640x480
800x600
图像纵横比: 1.6
像素纵横比: 1.0

图 7-81　设置图像大小

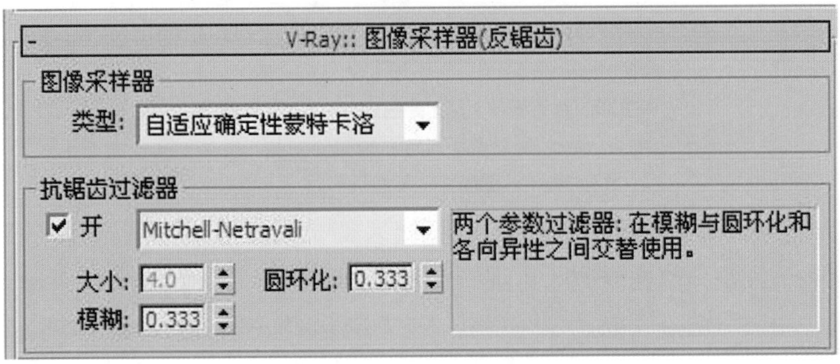
V-Ray:: 图像采样器(反锯齿)
图像采样器
类型: 自适应确定性蒙特卡洛
抗锯齿过滤器
开
Mitchell-Netravali
两个参数过滤器: 在模糊与圆环化和各向异性之间交替使用。
大小: 4.0
圆环化: 0.333
模糊: 0.333

图 7-82　设置抗锯齿参数

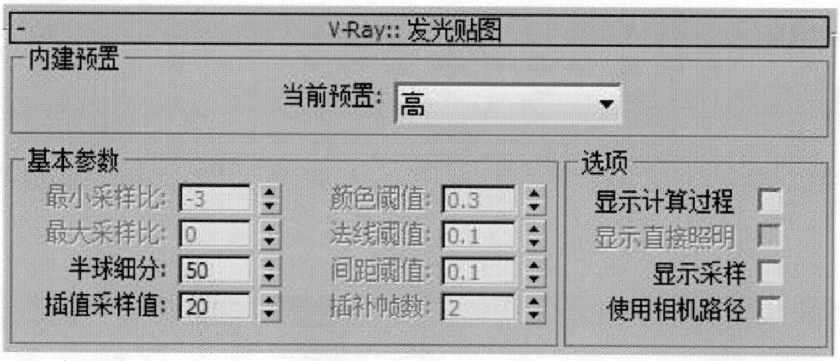

V-Ray:: 发光贴图

内建预置

当前预置: 高

基本参数

最小采样比: -3　颜色阈值: 0.3

最大采样比: 0　法线阈值: 0.1

半球细分: 50　间距阈值: 0.1

插值采样值: 20　插补帧数: 2

选项

显示计算过程

显示直接照明

显示采样

使用相机路径

图 7-83　设置发光贴图参数

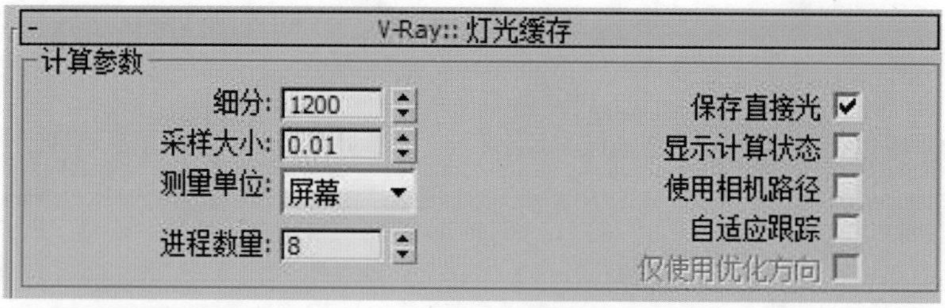

V-Ray:: 灯光缓存

计算参数

细分: 1200

采样大小: 0.01

测量单位: 屏幕

进程数量: 8

保存直接光

显示计算状态

使用相机路径

自适应跟踪

仅使用优化方向

图 7-84　设置灯光缓存参数

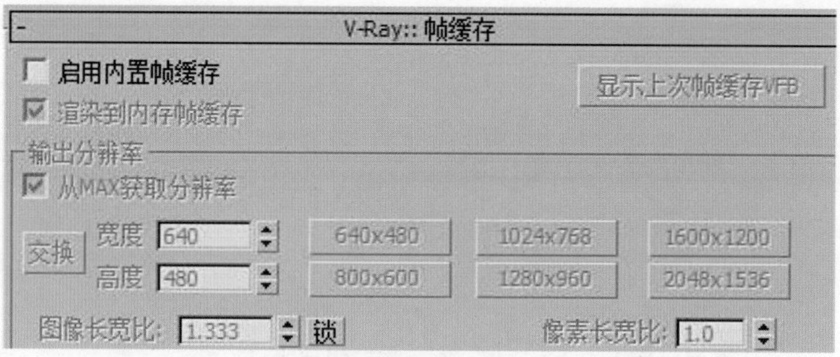

V-Ray:: 帧缓存

启用内置帧缓存

渲染到内存帧缓存

显示上次帧缓存VFB

输出分辨率

从MAX获取分辨率

交换　宽度 640　高度 480

640x480　1024x768　1600x1200

800x600　1280x960　2048x1536

图像长宽比: 1.333　锁　像素长宽比: 1.0

图 7-85　关闭 VRay 帧缓存器

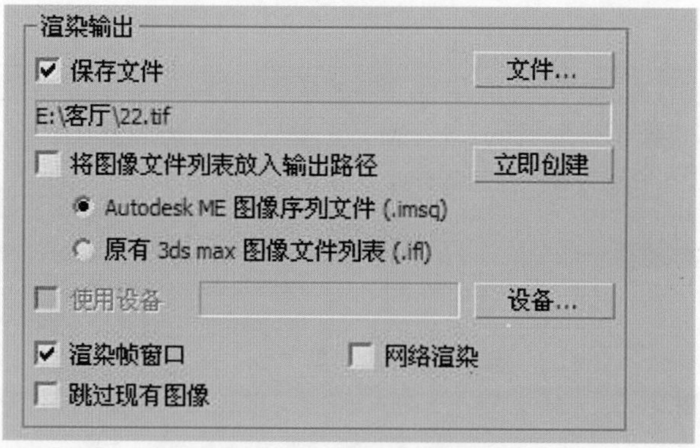

渲染输出

保存文件　文件...

E:\客厅\22.tif

将图像文件列表放入输出路径　立即创建

Autodesk ME 图像序列文件 (.imsq)

原有 3ds max 图像文件列表 (.ifl)

使用设备　设备...

渲染帧窗口　网络渲染

跳过现有图像

图 7-86　帧缓存设置

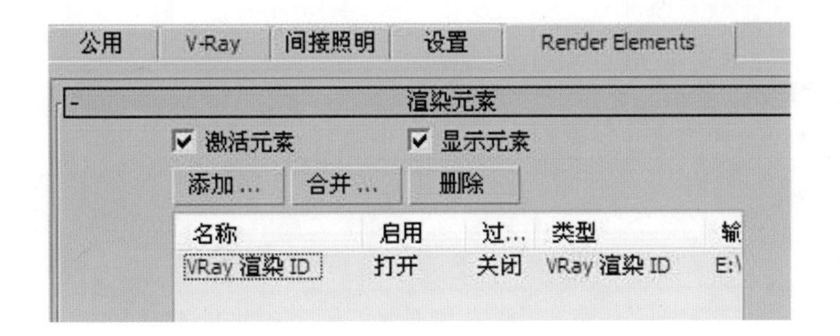

图 7-87 VRay 渲染 ID 设置

图 7-88 最终渲染效果

八、Photoshop 后期处理

1. 运行 Photoshop CS3 软件，打开上面渲染的“客厅.tif”和“通道.tif”文件，单击（移动）工具，按住 <Shift> 键将“通道.tif”拖动到“客厅.tif”中，效果如图 7-90 所示。

注意：按住 <Shift> 键将“通道.tif”拖动到“客厅.tif”中，这样更方便对文件进行修改。

2. 关闭“通道.tif”文件，在图层面板中将图层 1 关闭。观察客厅效果，发现图面有些偏暗，需要先进行亮度和对比度的处理。复制背景层，按 <Ctrl+M> 键打开“曲线”对话框，调整参数如图 7-91 所示。

图 7-89　彩色通道图形

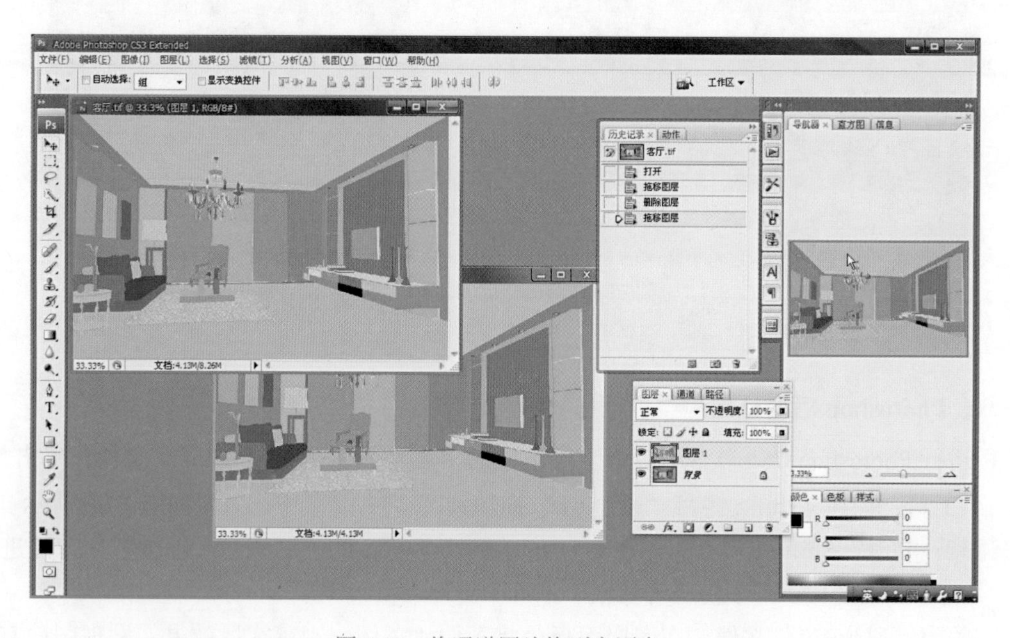

图 7-90　将通道图片拖到客厅中

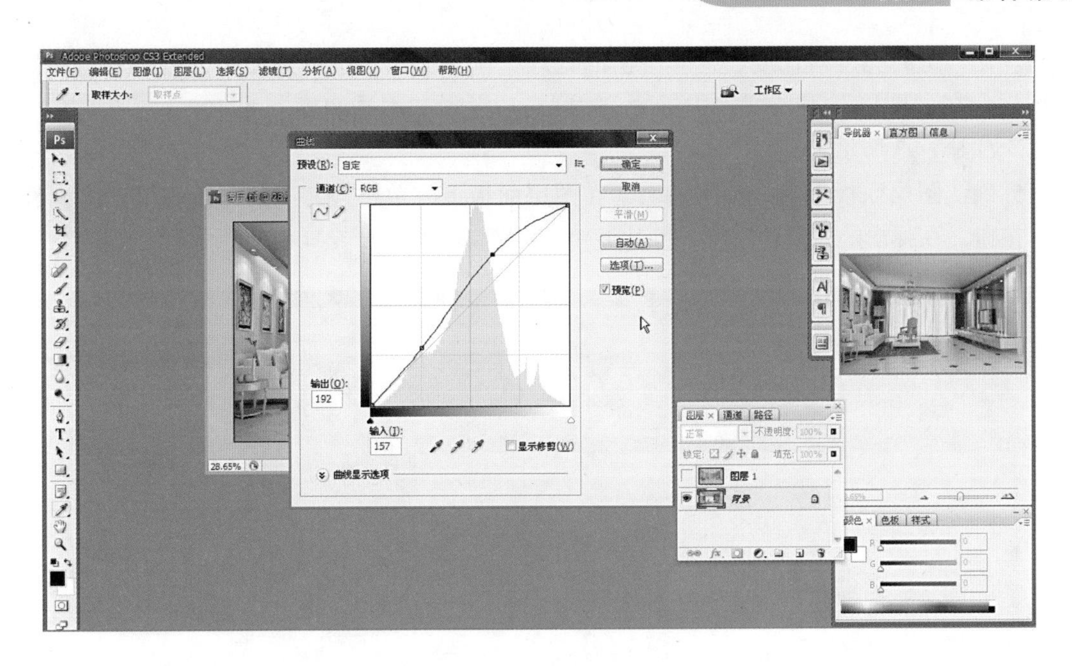

图 7-91　调整亮度

3. 顶棚有点暗，需要调整亮度。确认当前图层在通道层上，单击 (魔棒) 工具，然后在图像上单击顶棚，此时顶棚被选中，在图层面板上回到背景副本层，按 <Ctrl+J> 键把选区单独复制一个图层，按 <Ctrl+L> 键调节顶棚的亮度和对比度，如图 7-92 所示。

4. 单击 (减淡) 工具，调整曝光度为 8%，将画笔直径调大，在需要加亮的位置扫几下。用同样的方法把窗帘、电视、沙发、电视背景墙及一些小饰品单独复制一层，调整

图 7-92　调节顶棚亮度

明暗变化，进行亮度对比度、色彩平衡的处理。调整完后，把可见图层合并，复制调整后的图层，在“图层”下拉列表中选择“柔光”，设置“不透明度”为 100%，“填充”为 30%，如图 7-93 所示。

5. 确认图层面板最上方为当前层，在图层面板下方单击 ◐. (创建新的填充或调整图层）按钮，在弹出的菜单中选择“照片滤镜”，设置参数如图 7-94 所示。

图 7-93　添加柔光效果

图 7-94　添加“照片滤镜”

客厅的后期制作已基本完成，读者可根据自己的喜好使用工具进行精确调整，最终效果如图 7-95 所示。

图 7-95　最终调整效果

【知识链接】

1. 对于客厅的设计既要把握好整体的设计风格和色调，又要考虑在使用过程中是否便利。

2. 设计师在拿到一套方案的时候，需要先对户型有个大概的了解，再有针对性地了解客户的爱好，逐步细化，针对户型的特点设计出一套“以人为本”的方案。

【任务评价】

任务内容	满　分	得　分
本项任务需六课时内完成	10 分	
客厅的灯光效果是否合理	35 分	
色彩搭配是否美观大方	35 分	
家具的比例关系是否协调	20 分	

项 目 八

现代餐厅的制作及后期处理

【项目概述】

本餐厅的方案采用现代的材质和工艺，不仅拥有明显的时代特征，还具有典雅、端庄的气质，酒柜与餐椅的色彩搭配使整个空间充满连续性和层次感，室内外色彩鲜艳，光影变化丰富，使整个空间体现出明快、通透和轻松的效果。

【学习目标】

1. 单面建模的技法。

2. 多种材质的制作。

3. 多种后期处理方法。

制作现代风格的餐厅，如图 8-1 所示。

图 8-1　完成的效果图

【任务实施】

一、导入 CAD 平面图

1. 运行 3ds Max 2012 软件，单击菜单栏中的“自定义→单位设置”命令，将单位设置为毫米，如图 1-15 所示。

2. 单击菜单栏中的“ （文件）→导入→导入”命令，在弹出的“选择要导入的文件”对话框中选择配套光盘中的“模块三　综合案例 \ 项目八　现代餐厅的制作及后期处理 \CAD 导入图 \ 餐厅.dwg”文件，然后单击“打开”按钮，如图 8-2 所示。

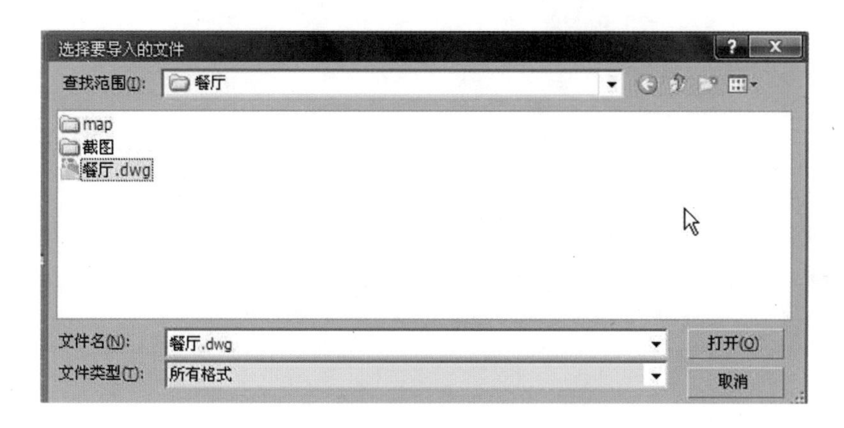

图 8-2　导入平面图

3. 此时在弹出的“AutoCAD DWG/DXF 导入选项”对话框中单击 确定 按钮，“餐厅.dwg”文件就导入到 3ds Max 的场景中了，如图 8-3 和图 8-4 所示。

注意：导入的平面图已提前在 CAD 中将尺寸删除，所以导入图样时只保留了墙体，以便建模时能更清楚地理解这个房间的结构。

4. 按 <Ctrl+A> 键选择所有图形，单击菜单栏中的“组→成组”命令，然后单击 确定 按钮，如图 8-5 所示。

5. 选择图样，单击鼠标右键，在弹出的快捷菜单中选择“冻结当前选择”命令，将图样冻结起来，在以后的操作中就不会选择和移动图样了，如图 8-6 所示。

6. 右击 2.5 （二点五维捕捉）按钮，在打开的“栅格和捕捉设置”窗口中设置“捕捉”及“选项”选项卡，如图 8-7 所示。

7. 单击 （创建）→ （图形）→ 线 按钮，在顶视图的餐厅位置绘制墙体的内部封闭图形，如图 8-8 所示。

注意：这里重点表现餐厅的空间，所以其他空间的墙体就不需要绘制了。

8. 为绘制的图形添加“挤出”命令，数量设置为 2700，按 <F4> 键显示物体的结构线，如图 8-9 所示。

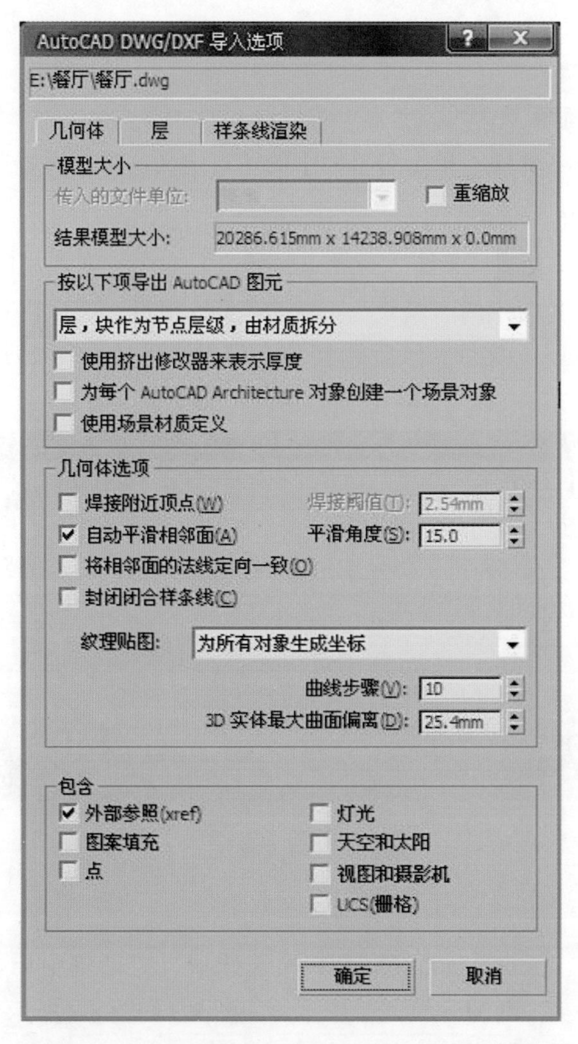

图 8-3 “AutoCAD DWG/DXF 导入选项”对话框

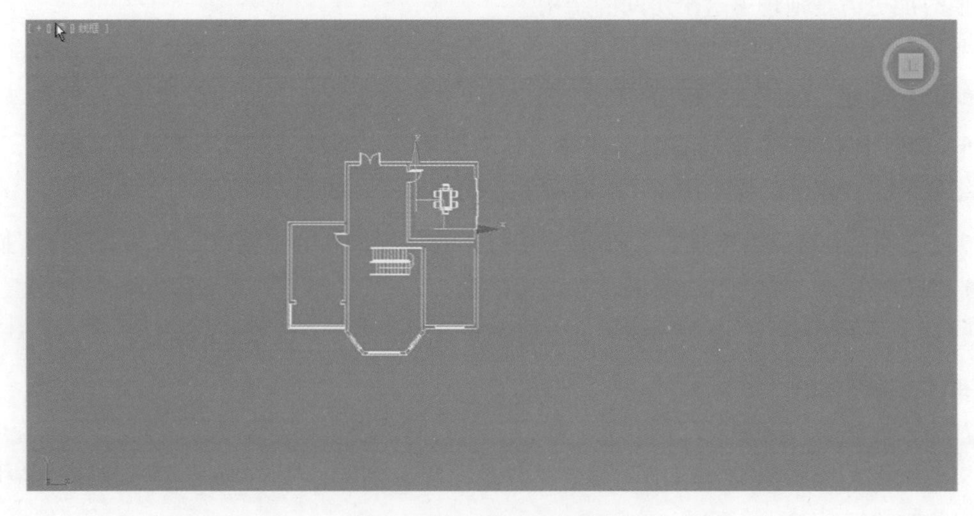

图 8-4 导入的 CAD 平面图

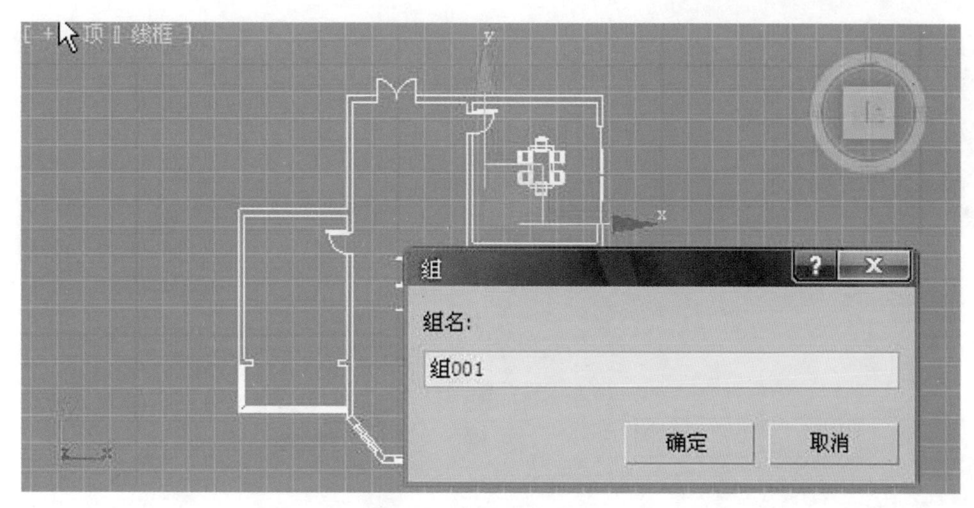

图 8-5 将平面图组成组

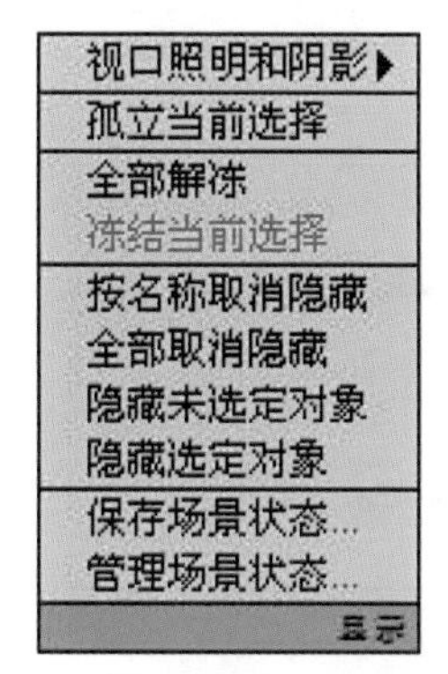

图 8-6 对图样进行冻结

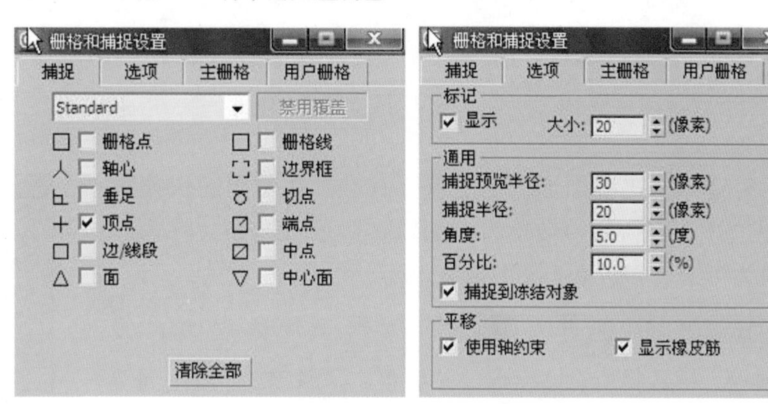

图 8-7 “栅格和捕捉设置”窗口

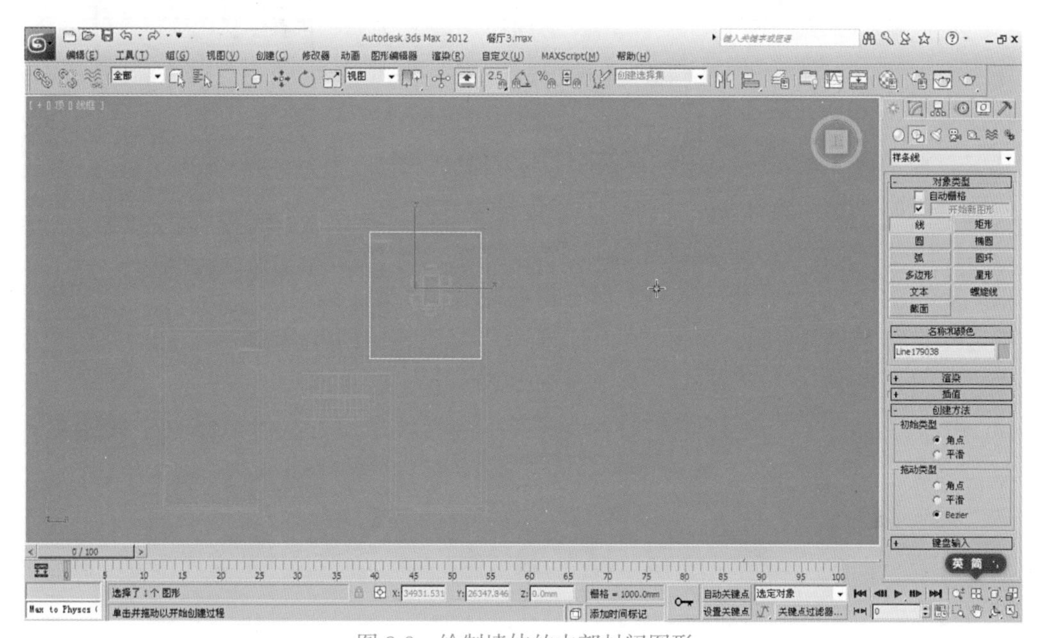

图 8-8 绘制墙体的内部封闭图形

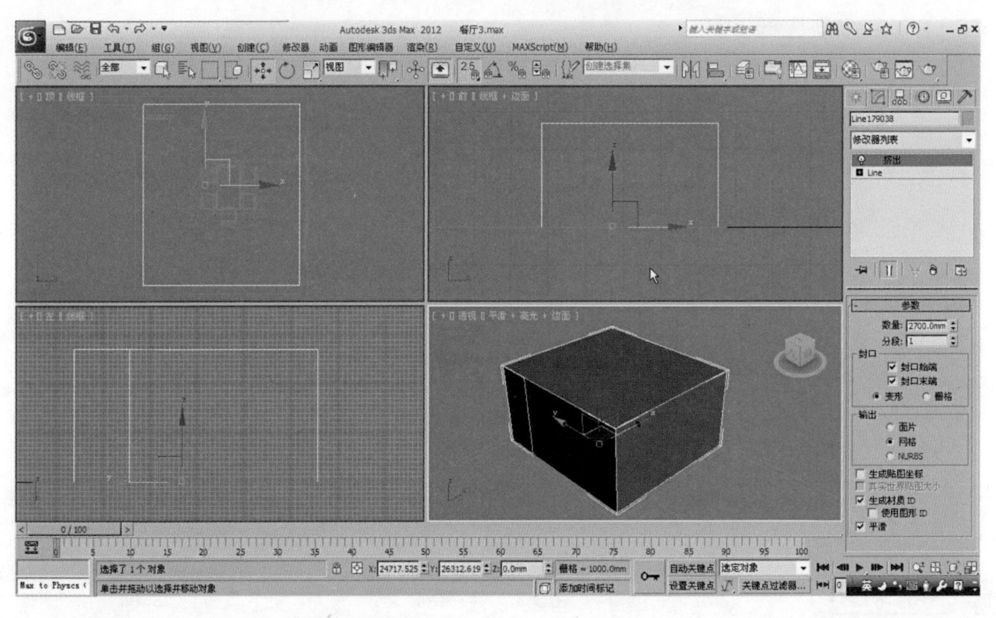

图 8-9　图形执行“挤出”命令后的效果

9. 选择挤出的图形，单击鼠标右键，在弹出的快捷菜单中选择“转换为→转换为可编辑多边形”命令，将物体转换为可编辑多边形，如图 8-10 所示。

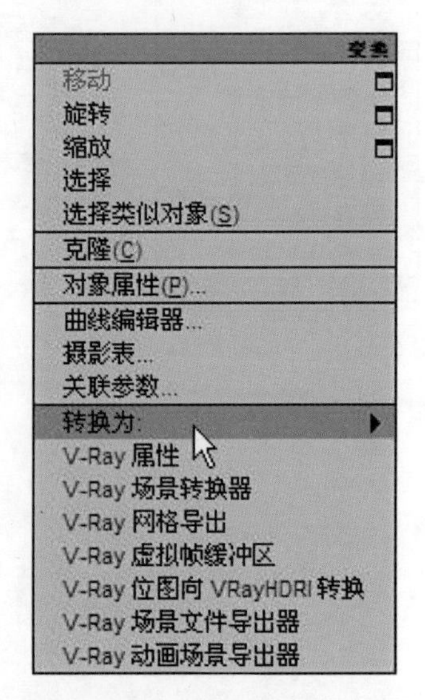

图 8-10　转换为可编辑多边形

10. 按 <5> 键进入（元素）子物体层级，按 <Ctrl+A> 键选择所有多变形，然后单击 翻转 按钮翻转法线，如图 8-11 所示。

11. 单击（元素）按钮，关闭元素子物体层级。为了便于观察，可以对墙体进行消隐。单击鼠标右键，在弹出的快捷菜单中选择“对象属性”命令，在弹出的对话框中勾选“背面消隐”复选框。此时，整个餐厅的墙体就生成了，从里面看是有墙体的，但从外面看是空的，如图 8-12 和图 8-13 所示。

12. 选择墙体，按 <4> 键进入多边形子物体层级。在透视图中选择餐厅推拉门的面，单击“编辑几何体”卷展栏中的 分离 按钮，将这个面分离出来，如图 8-14 所示。

13. 由于后面将要在这个面做推拉门，直接倒入模型即可，所以将这个面删除，如图 8-15 所示。

二、制作顶棚

1. 单击（创建）→（图形）→ 线 按钮，在顶视图的客厅位置绘制墙体的内部封闭图形，如图 8-16 所示。

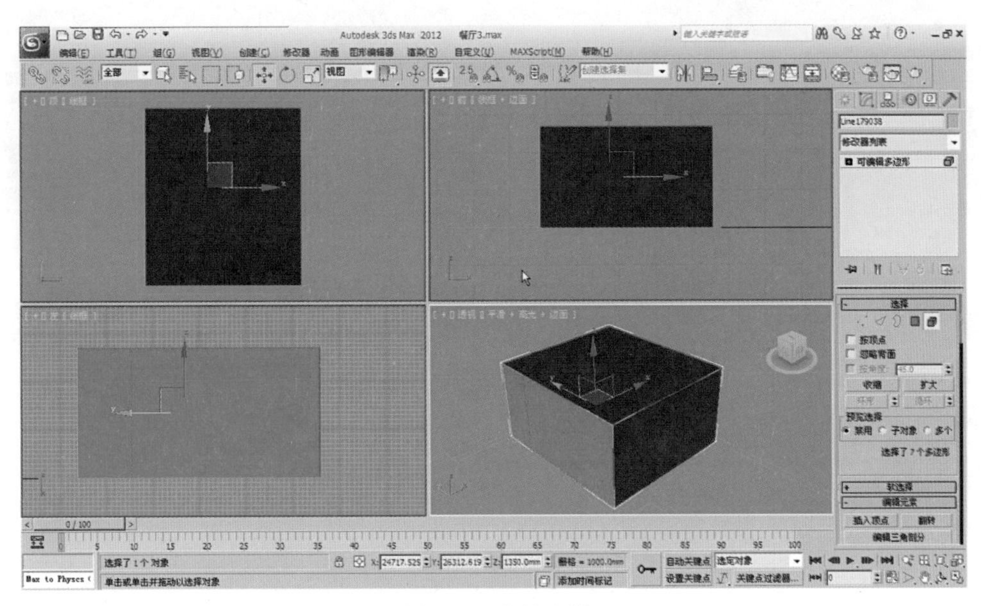

图 8-11 翻转法线

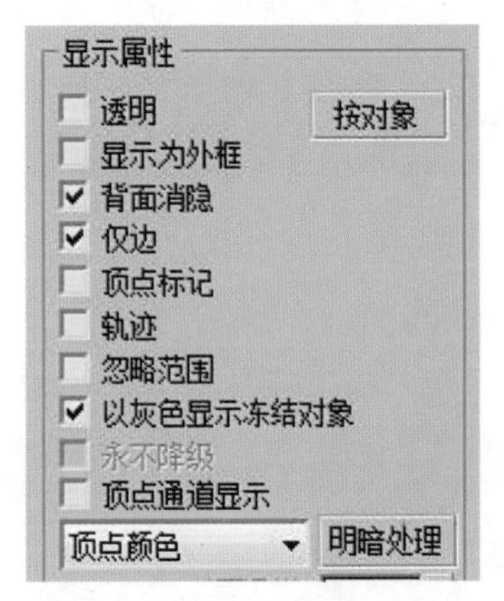

图 8-12 勾选“背面消隐”复选框

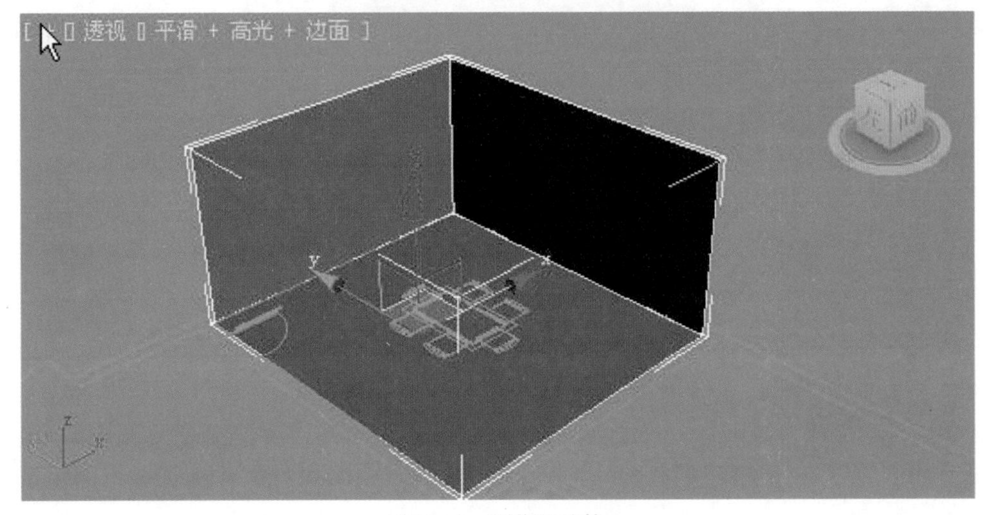

图 8-13 制作的墙体

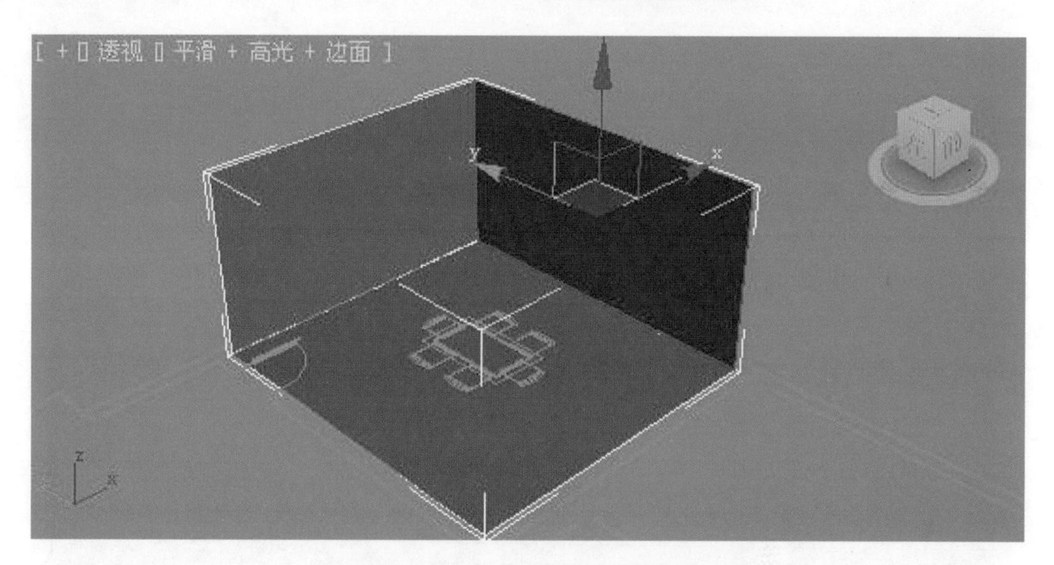

图 8-14　将餐厅推拉门的墙体分离

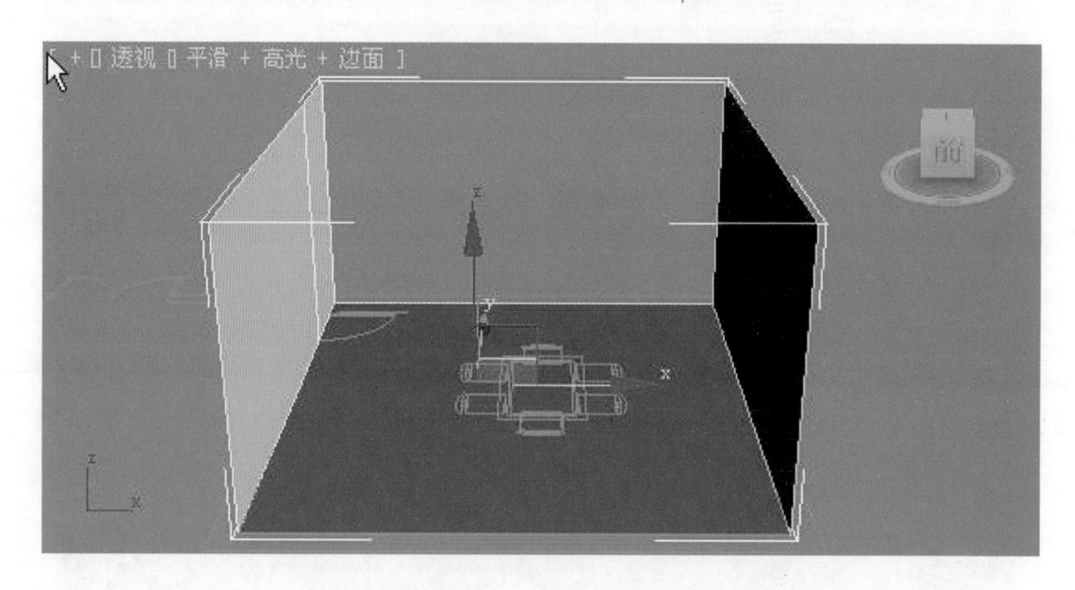

图 8-15　删除面

2. 按 <3> 键选中样条线子物体层级，然后单击 轮廓 按钮，在旁边的文本框中输入 –600，再按 <Enter> 键，如图 8-17 所示。

3. 单击（创建）→（图形）→ 线 按钮，在顶视图中绘制一个矩形，长度为 146、宽度为 3500，如图 8-18 所示。

4. 选中刚创建的矩形，单击菜单栏中的“工具→阵列”命令，把第一行的 Y 轴增量改为 –800，并在“阵列维度”选项组中将“数量”设为 6，如图 8-19 和图 8-20 所示。

5. 用同样的方法再绘制一个长度为 4000、宽度为 150 的矩形，复制后如图 8-21 所示。

6. 选择所有矩形，执行“挤出”命令，数量设置为 100，把它移动到适当的位置并成组，如图 8-22 所示。

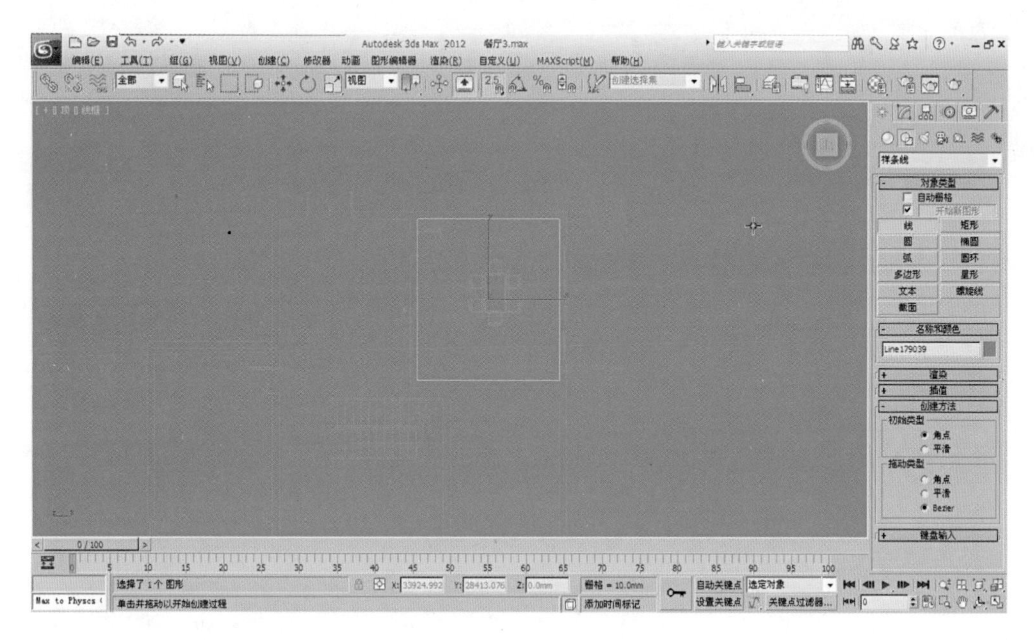

图 8-16 绘制墙体的内部封闭图形

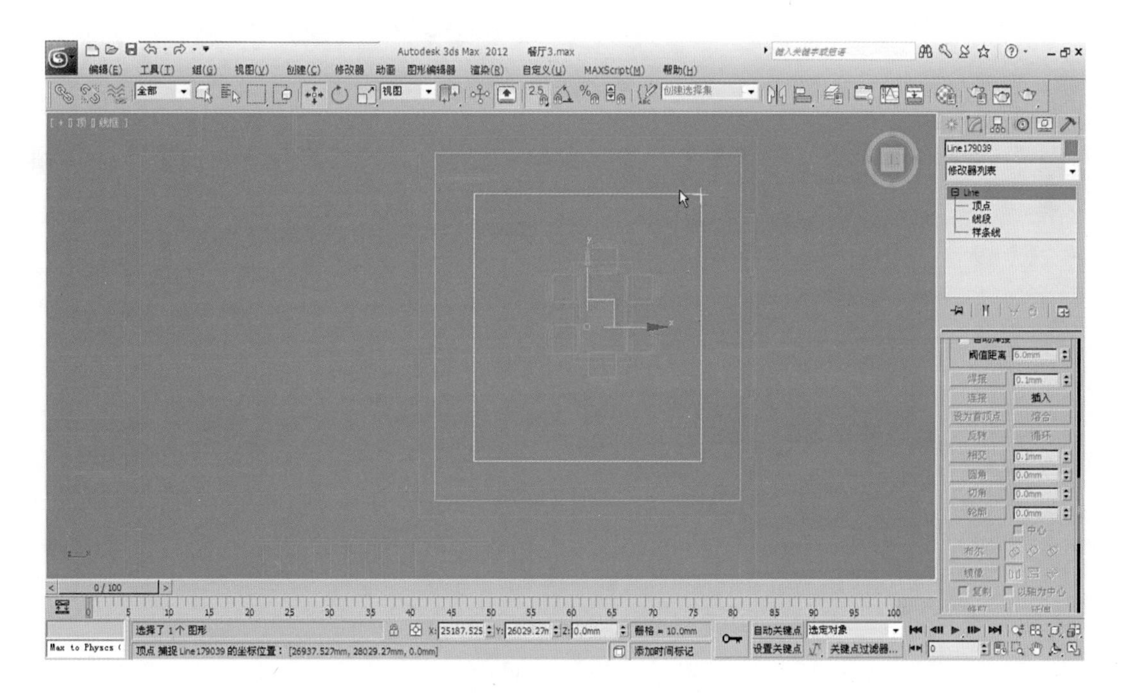

图 8-17 创建轮廓线

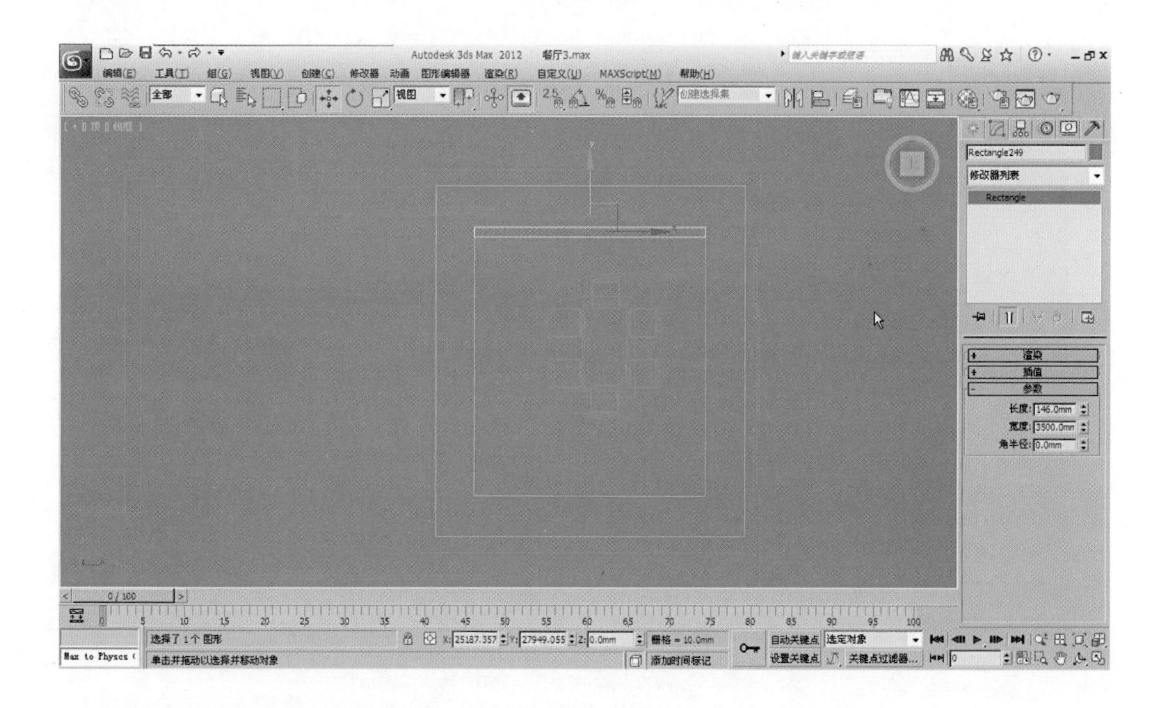

图 8-18 创建矩形

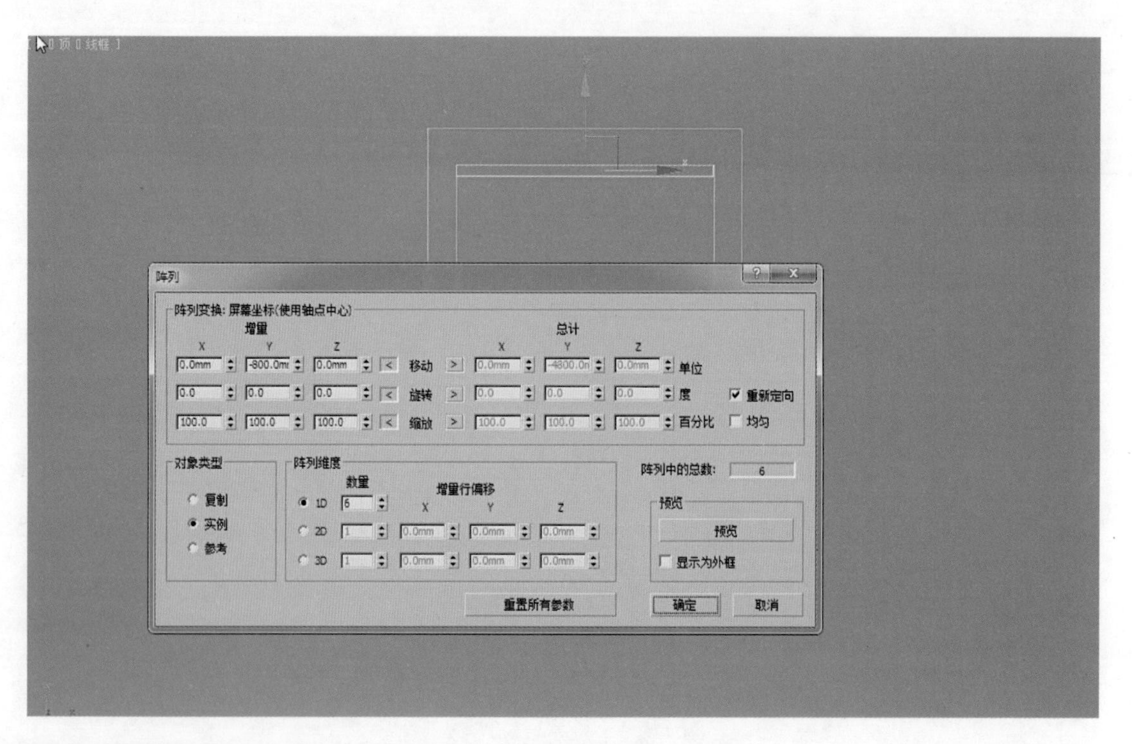

图 8-19 设置阵列矩形的参数

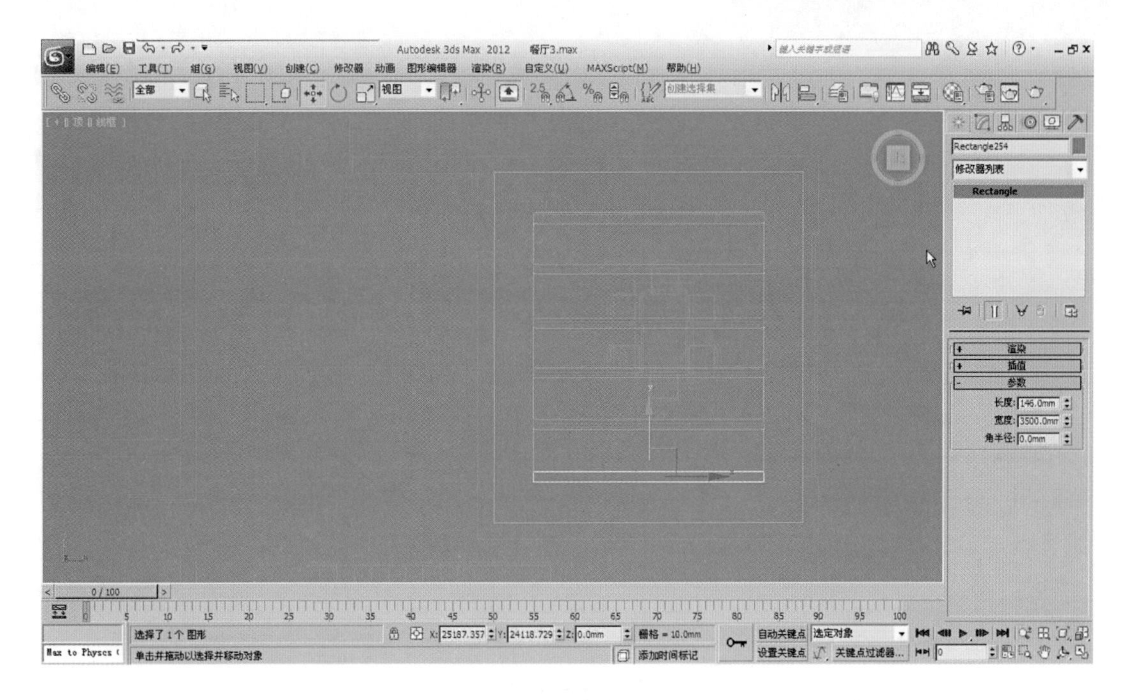

图 8-20　阵列矩形

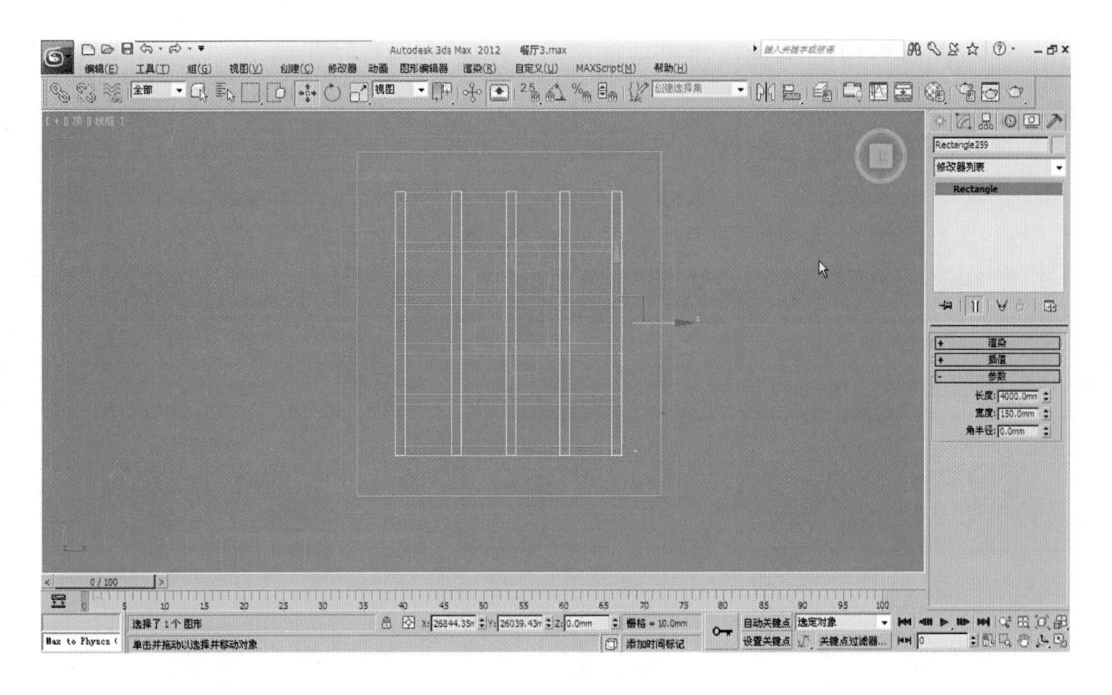

图 8-21　复制矩形

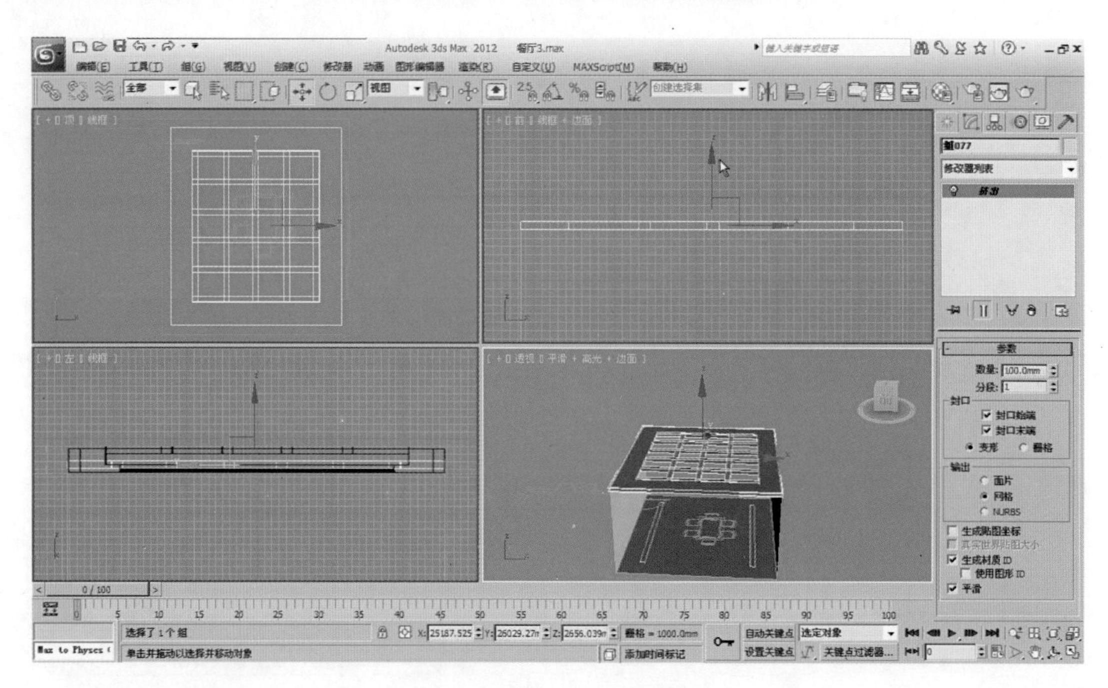

图 8-22　执行“挤出”命令

三、设置摄影机

1. 单击菜单栏中的“文件→合并”命令，在弹出的“合并文件”对话框中选择配套光盘中的“模块三　综合案例\项目八　现代餐厅的制作及后期处理\模型\餐厅家具.max”文件，然后单击“打开”按钮，如图 8-23 所示。在弹出的对话框中单击“全部”按钮，再单击 确定 按钮，调入家具模型，并把模型移动到合适的位置，如图 8-24 所示。

2. 在顶视图合适的位置创建一个目标摄影机，将摄影机移动到高度为 1000 左右。激活透视图，按 <C> 键，透视图即变为摄影机视图。调整摄影机到合适的位置，将“镜头”修

图 8-23　“合并文件”对话框

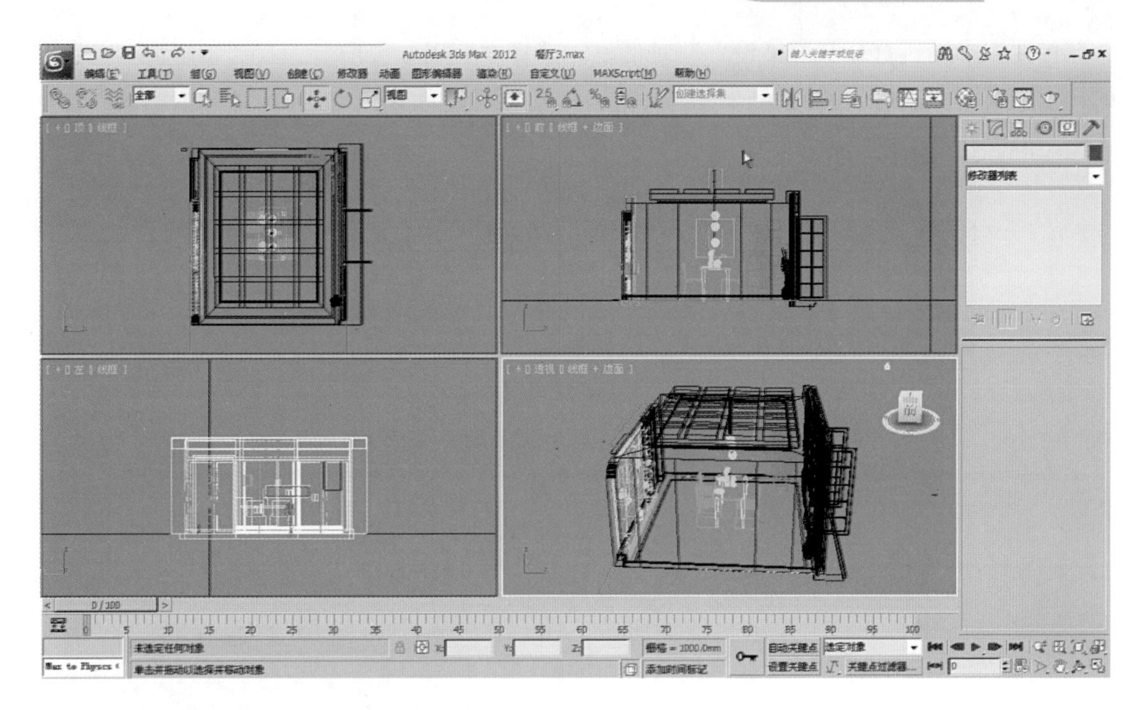

图 8-24 合并家具

改为 30，摄影机被墙体遮挡了一部分，在右侧的修改器的“参数”卷展栏里勾选“手动剪切”复选框，设置“近距剪切”为 3177、“远距剪切”为 11360，使摄影机的视线不被家具和墙体所遮挡，如图 8-25 所示。

四、设置材质

注意：在调制材质时，应先将 VRay 指定为当前渲染器，不然不能在正常状态下使用 VRay 材质。

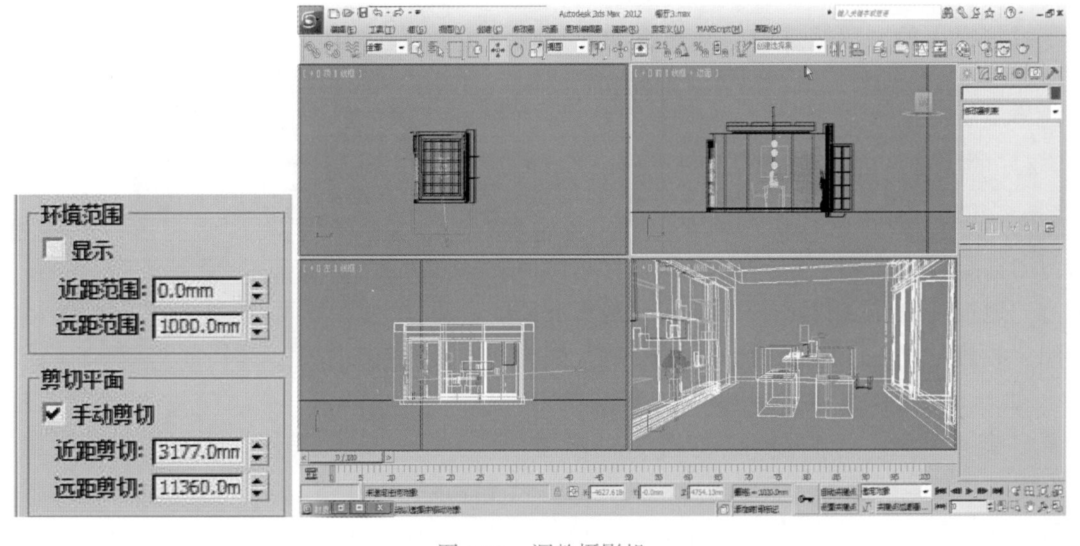

图 8-25 调整摄影机

1. 按 <F10> 键打开“渲染设置”对话框，选择“公用”选项卡，在“指定渲染器”卷展栏下单击“产品级:”右侧的 ... 按钮，选择 V-Ray Adv 2.00.03 ，此时当前的渲染器已经指定为 VRay 渲染器了，如图 8-26 所示。

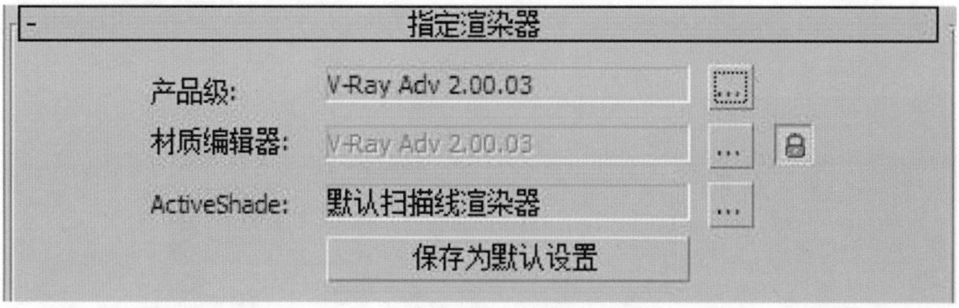

图 8-26　指定 VRay 渲染器

2. 按 <M> 键打开“材质编辑器”窗口，在菜单栏中的“模式”菜单中选择“精简材质编辑器...”命令，即可打开精简材质编辑器。在任意一个材质球上单击鼠标右键，选择 6×4 示例窗，如图 8-27 所示。

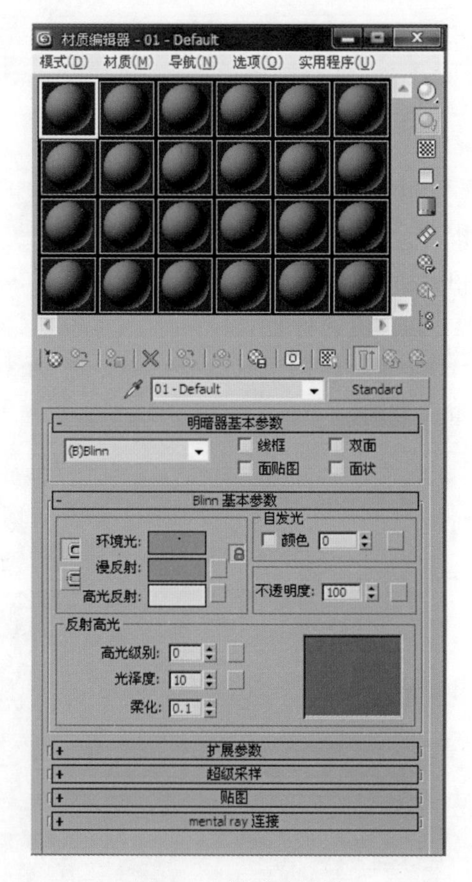

图 8-27　材质编辑器

3. 设置乳胶漆材质。选择第一个材质球，单击 Standard （标准）按钮，在弹出的“材质/贴图浏览器”对话框中选择 VR 材质，将材质命名为“白乳胶漆”，如图 8-28 所示。设置漫反射颜色值为 R250/G250/B250，反射颜色值为 R20/G20/B20，如图 8-29 和图 8-30 所示。将“选项”卷展栏中的“跟踪反射”复选框的勾选取消，并将设置好的材质赋予墙体、顶棚和石膏线造型，如图 8-31 所示。

4. 设置地板材质。选择一个材质球，单击 Standard （标准）按钮，在弹出的“材质/贴图浏览器”对话框中选择 VR 材质，将材质命名为“地板”。在漫反射中添加一张“地板.jpg”贴图。设置“坐标”卷展栏下的“模糊”值为 0.3，如图 8-32 所示。在反射中添加衰减贴图，设置“衰减类型”为 Fresnel，如图 8-33 所示。让反射颜色稍偏蓝色以增强层次感，设置“高光光泽度”为 0.85，“反射光泽度”为 0.9，同时设置材质“细分”值为 12，如图 8-34 所示。

图 8-28　选择 VR 材质

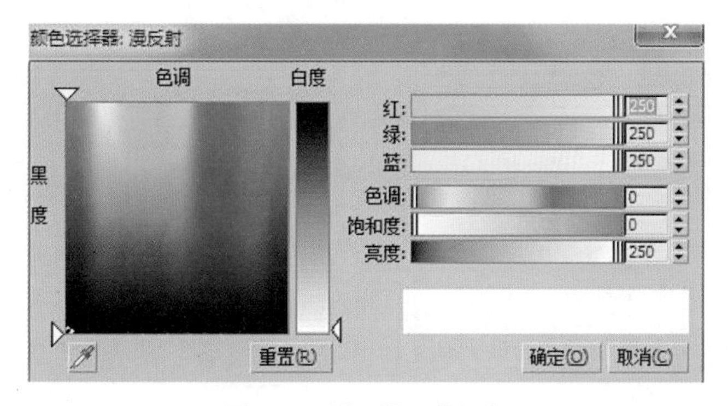

图 8-29　设置漫反射颜色

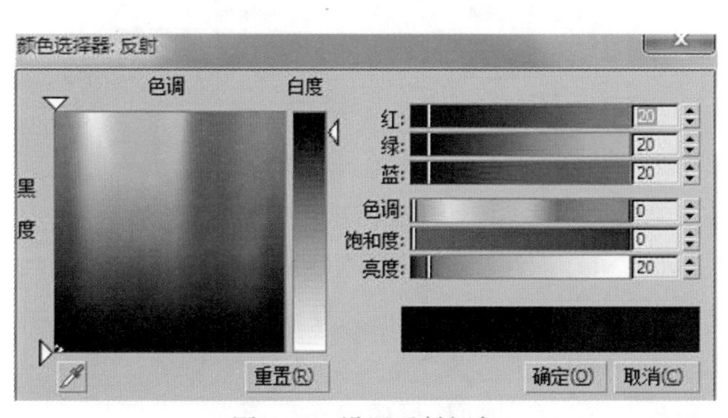

图 8-30　设置反射颜色

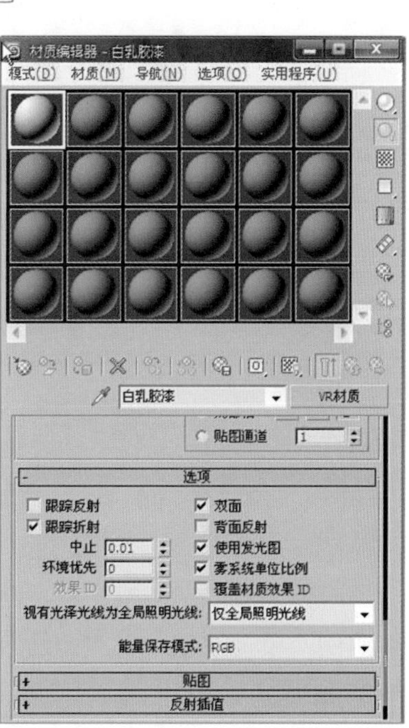

图 8-31　设置白乳胶漆材质

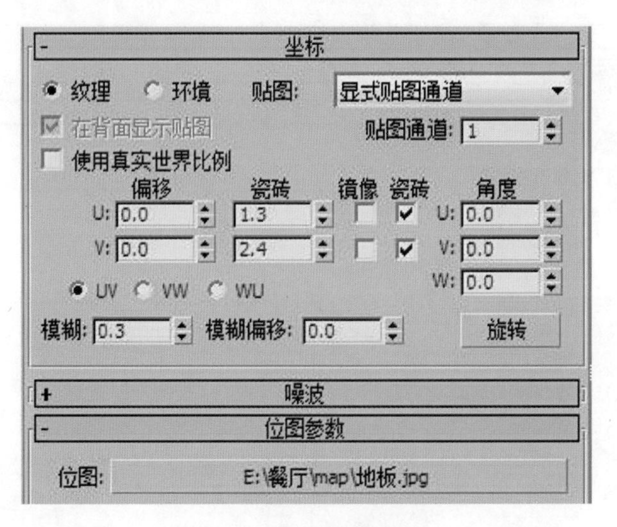

图 8-32　设置模糊参数

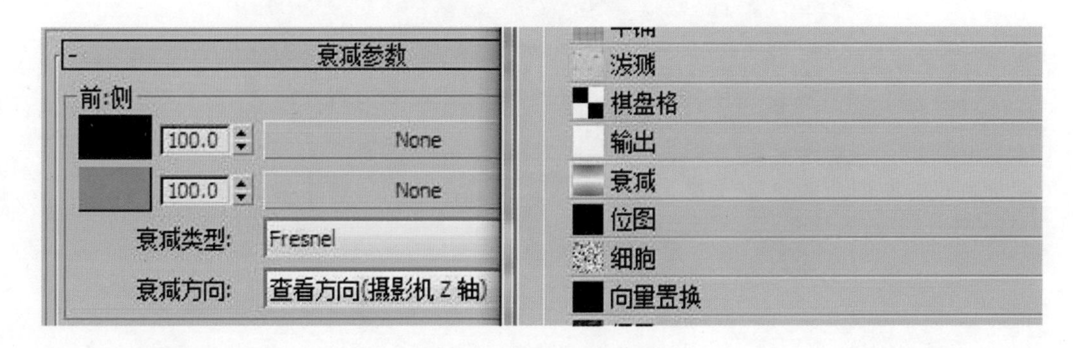

图 8-33　添加衰减贴图

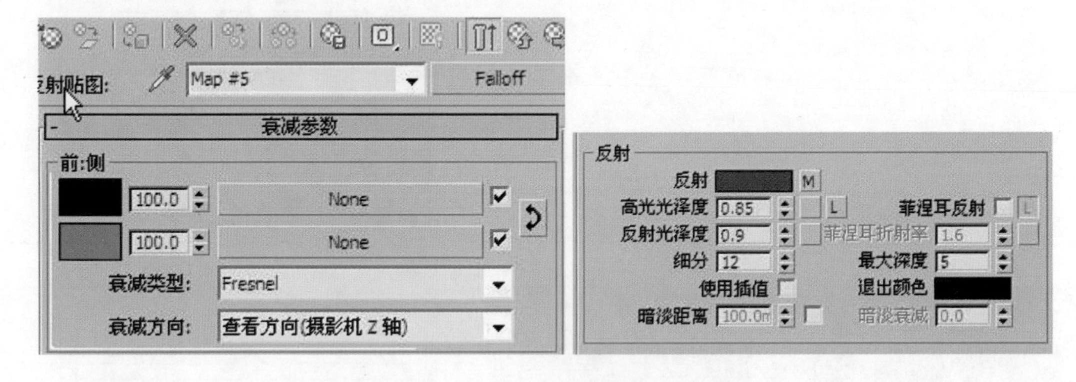

图 8-34　设置地板材质

为了增强地板的凹凸感，在“贴图”卷展栏下，将漫反射中的位图拖动到凹凸通道中，选择“实例”单选按钮，将“凹凸”值设置为 13，如图 8-35 所示。设置参数后的地板效果如图 8-36 所示。

为了方便赋予材质，需要将地板分离出来，将调好的地板材质赋予地面。

图 8-35　设置“凹凸”值

5. 设置玻璃材质。选择一个空白材质球，单击 Standard （标准）按钮，在弹出的“材质 / 贴图浏览器”对话框中选择 VR 材质，将材质命名为“玻璃”。将设置好的玻璃材质赋予花瓶等玻璃物体，具体参数设置如图 8-37 所示。

之前合并的物体，已经赋给它们材质了，在此就不需要再赋予了。

图 8-36　设置好的地板效果

五、设置灯光

1. 测试参数设置。按 <F10> 键打开“渲染设置”对话框，在“公用”选项卡里设置测试图像的宽为 600、高为 375，取消对“渲染帧窗口”复选框的勾选，如图 8-38 和图 8-39 所示。

在“VRay 帧缓存”卷展栏中勾选“启用内置帧缓存”复选框，如图 8-40 所示。在“VRay 图像采样器”卷展栏中取消对“开启”复选框的勾选，如图 8-41 所示。把“VRay 颜色映射”卷展栏中的“类型”改为“指数”，如图 8-42 所示。在“VRay 间接照明”卷展栏中勾选“开”复选框，首次反弹倍增器改为 1. 2，二次反弹倍增器改为 0.67，在“全局照明引擎”下拉列表中选择“灯光缓存”，在“VRay 发光图”卷展栏的“当前预置”下拉列表中选择“非常低”，如图 8-43 所示。

在“VRay 灯光缓存”卷展栏中把“细分”值改为 200，如图 8-44 所示。

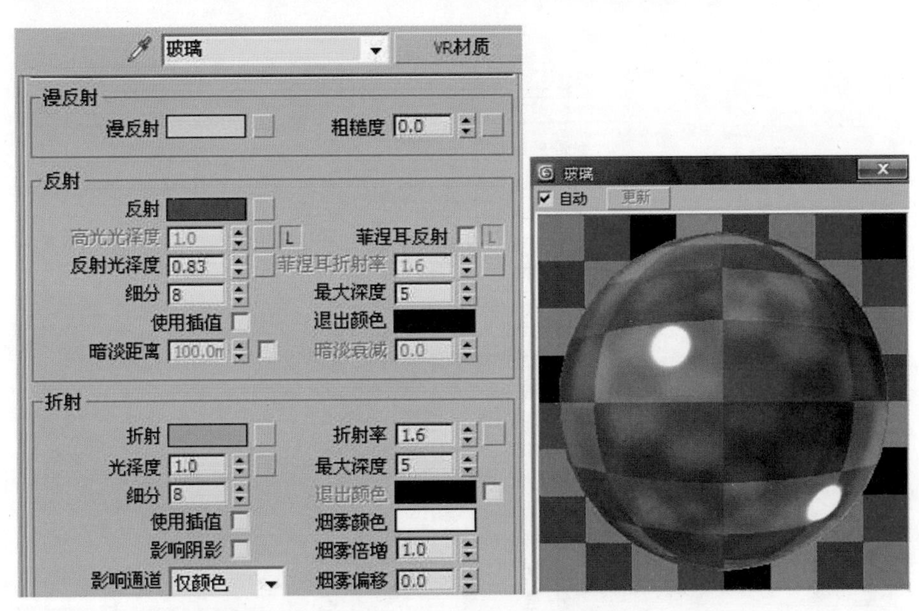

图 8-37　玻璃材质球效果

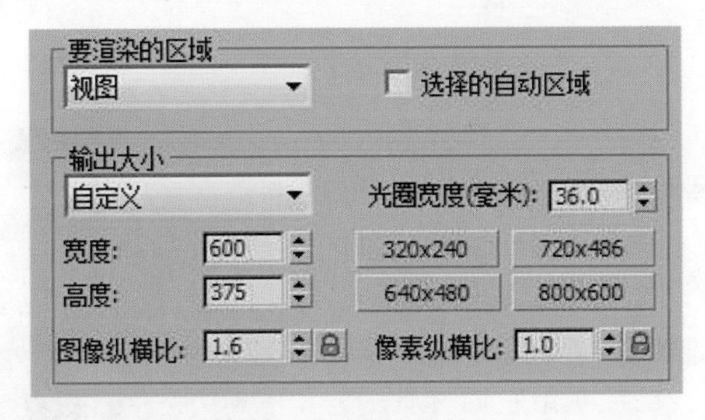

图 8-38　设置图像大小

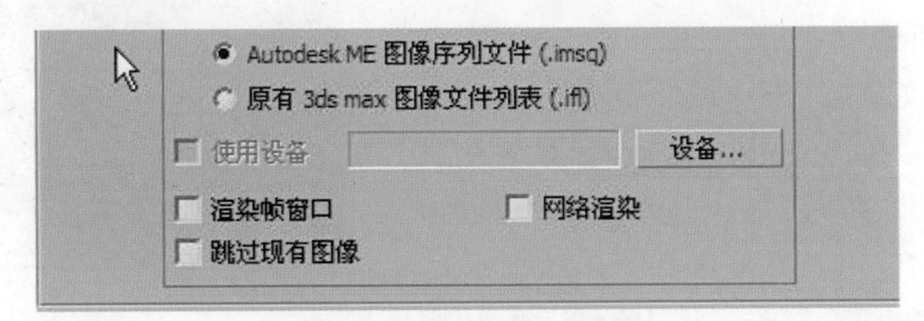

图 8-39　设置分辨率参数

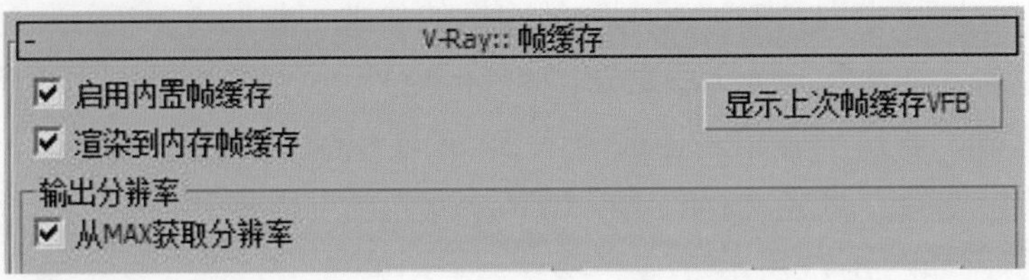

图 8-40　设置帧缓存参数

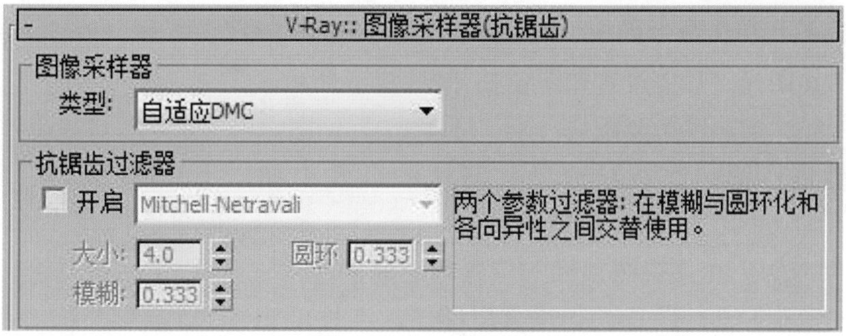

V-Ray:: 图像采样器(抗锯齿)

图像采样器

类型：自适应DMC

抗锯齿过滤器

开启 Mitchell-Netravali　两个参数过滤器：在模糊与圆环化和各向异性之间交替使用。

大小：4.0　圆环 0.333

模糊：0.333

图 8-41　设置抗锯齿参数

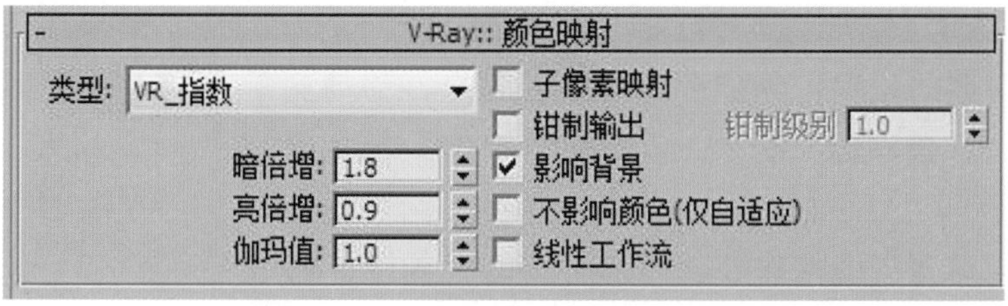

V-Ray:: 颜色映射

类型：VR_指数　子像素映射

钳制输出　钳制级别 1.0

暗倍增：1.8　影响背景

亮倍增：0.9　不影响颜色(仅自适应)

伽玛值：1.0　线性工作流

图 8-42　设置颜色映射类型

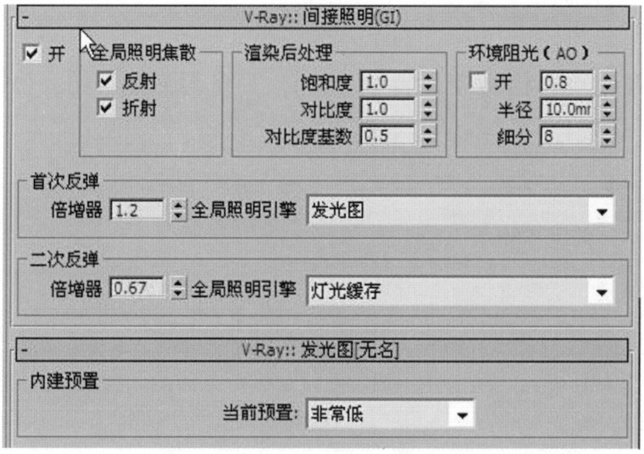

V-Ray:: 间接照明(GI)

开　全局照明焦散　反射　折射

渲染后处理　饱和度 1.0　对比度 1.0　对比度基数 0.5

环境阻光（AO）　开 0.8　半径 10.0mr　细分 8

首次反弹　倍增器 1.2　全局照明引擎 发光图

二次反弹　倍增器 0.67　全局照明引擎 灯光缓存

V-Ray:: 发光图[无名]

内建预置　当前预置：非常低

图 8-43　间接照明参数设置

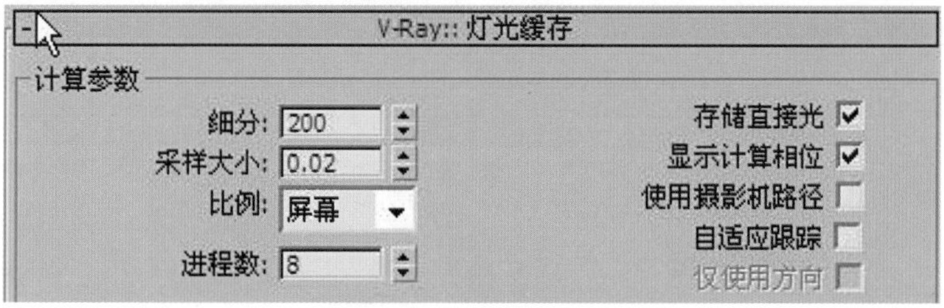

V-Ray:: 灯光缓存

计算参数

细分：200　存储直接光

采样大小：0.02　显示计算相位

比例：屏幕　使用摄影机路径

进程数：8　自适应跟踪

仅使用方向

图 8-44　灯光缓存参数设置

2. 设置主光源。单击命令面板里的 (灯光) → VR太阳 按钮，在左视图推拉门的位置创建一盏 VR 阳光，具体设置如图 8-45 和图 8-46 所示。

图 8-45 灯光设置

按快捷键 <8>，给环境通道添加一个“环境.jpg”贴图。

按 <F9> 键进行第一次测试渲染，测试渲染效果如图 8-47 所示。

3. 设置辅助光源。在顶视图顶棚的位置创建一盏 VR 平面光，移动到顶棚下面，设置“倍增器”为 3，半长度为 1960，半宽度为 51，颜色为淡黄色，细分为 12，勾选“不可见”复选框。设置好后把这盏灯镜像放在顶棚的另一边，如图 8-48 所示。

在顶视图顶棚的位置再创建一盏 VR 平面光，移动到顶棚下面，设置“倍增器”为 3，半长度为 1607，半宽度为 51，颜色为淡黄色，细分为 12，勾选“不可见”复选框。设置好后把这盏灯镜像放在顶棚的另一边，如图 8-49 所示。

观察测试效果，画面基本达到理想效果，其中存在的不足可以在后期处理中进行调整，如图 8-50 所示。

六、渲染出图

1. 设置渲染图像大小，将宽度设置为 1520，高度设置为 950，如图 8-51 所示。打开“VRay 图像采样器”卷展栏，详细设置如图 8-52 所示。

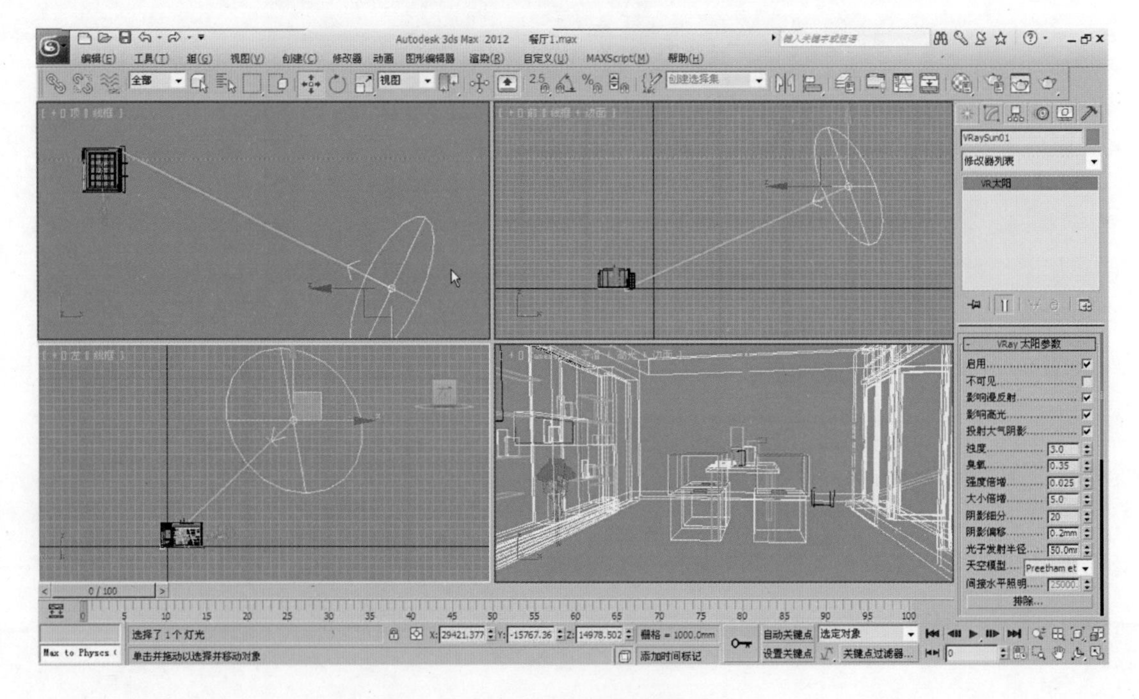

图 8-46 灯光在视图中的位置

图 8-47 测试渲染效果

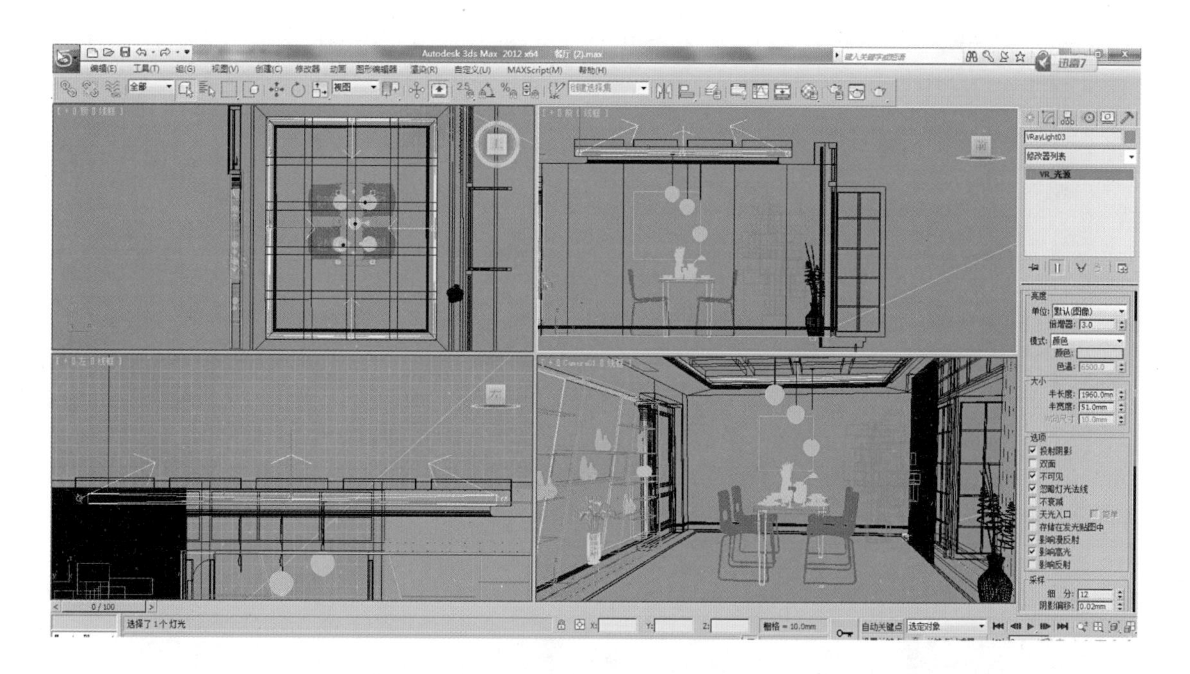

图 8-48 设置 VR 平面光

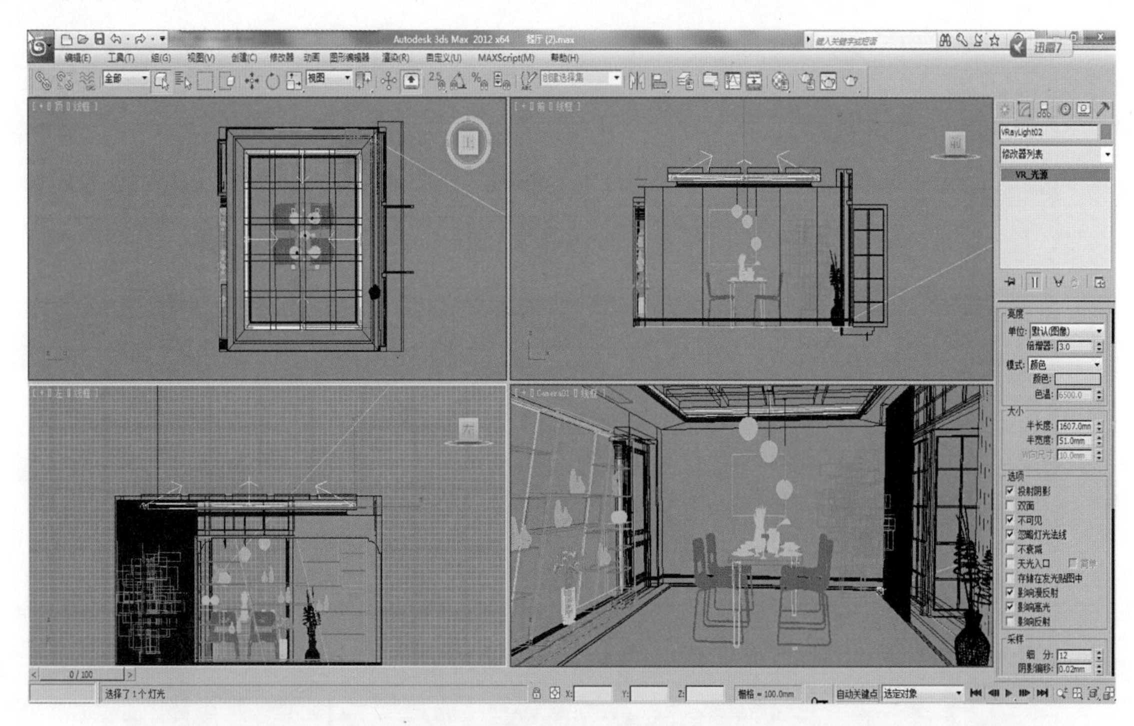

图 8-49　放置 VR 平面光的位置

图 8-50　测试渲染效果

要渲染的区域
视图
选择的自动区域
输出大小
自定义
光圈宽度(毫米): 36.0
宽度: 1520
高度: 950
320x240
720x486
640x480
800x600
图像纵横比: 1.6
像素纵横比: 1.0

图 8-51 设置图像大小

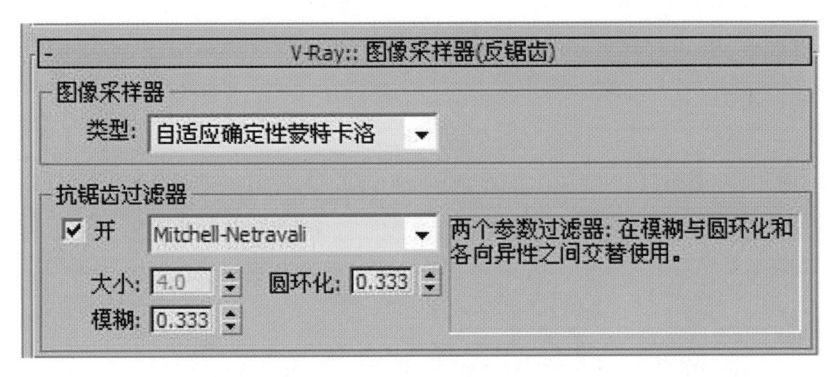

图 8-52 设置抗锯齿参数

2. 在“VRay 发光贴图”卷展栏中，在“当前预置”下拉列表中选择“高”，设置“半球细分”为 50，如图 8-53 所示。在“VRay 灯光缓存”卷展栏中把“细分”设为 1200，“采样大小”设为 0.01，如图 8-54 所示。关闭 VRay 帧缓存器，返回到“公用”选项卡，勾选“渲染帧窗口”复选框，如图 8-55 和图 8-56 所示。关闭 VR 帧缓存器是需要在渲染出图时设置通道，但此程序暂时不支持 VRay 帧缓存器，所以需关闭；为了显示图形，需勾选“公用”选项卡中的“渲染帧窗口”复选框。

3. 在 Render Elements 选项卡中单击 添加... 按钮，在弹出的对话框中选择 VRay 渲染 ID。设置后在成品图渲染完成后会出现一张通道图，如图 8-57 所示。

等待几个小时后渲染完成，最终效果如图 8-58 和图 8-59 所示。

V-Ray:: 发光贴图
内建预置
当前预置: 高
基本参数
最小采样比: -3
最大采样比: 0
半球细分: 50
插值采样值: 20
颜色阈值: 0.3
法线阈值: 0.1
间距阈值: 0.1
插补帧数: 2
选项
显示计算过程
显示直接照明
显示采样
使用相机路径

图 8-53 设置发光贴图参数

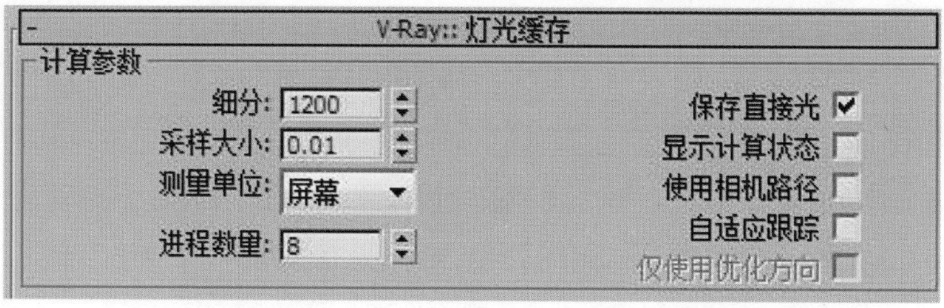

V-Ray:: 灯光缓存
计算参数
细分: 1200
采样大小: 0.01
测量单位: 屏幕
进程数量: 8
保存直接光
显示计算状态
使用相机路径
自适应跟踪
仅使用优化方向

图 8-54　设置灯光缓存参数

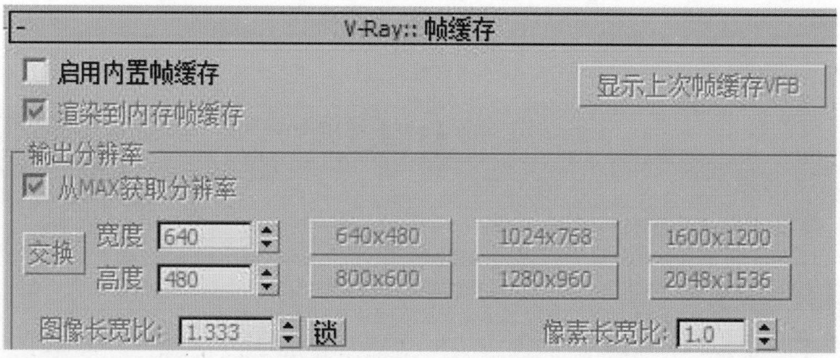

V-Ray:: 帧缓存
启用内置帧缓存
显示上次帧缓存VFB
渲染到内存帧缓存
输出分辨率
从MAX获取分辨率
交换
宽度 640
高度 480
640x480
1024x768
1600x1200
800x600
1280x960
2048x1536
图像长宽比: 1.333
锁
像素长宽比: 1.0

图 8-55　关闭帧缓存器

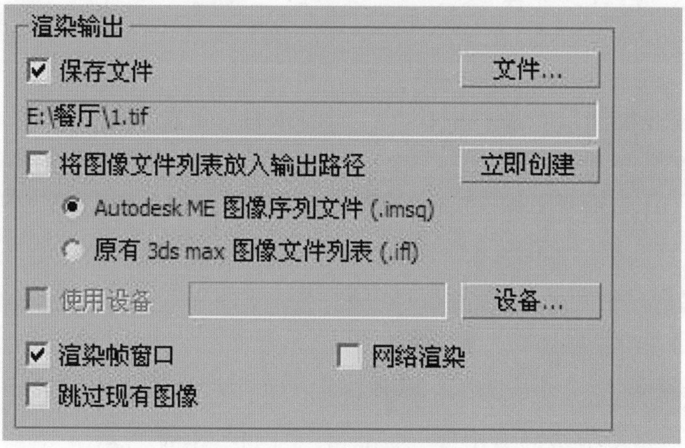

渲染输出
保存文件
文件...
E:\餐厅\1.tif
将图像文件列表放入输出路径
立即创建
Autodesk ME 图像序列文件 (.imsq)
原有 3ds max 图像文件列表 (.ifl)
使用设备
设备...
渲染帧窗口
网络渲染
跳过现有图像

图 8-56　帧缓存器设置

公用
V-Ray
间接照明
设置
Render Elements
渲染元素
激活元素
显示元素
添加 ...
合并 ...
删除
名称
启用
过...
类型
VRay 渲染 ID
打开
关闭
VRay 渲染 ID

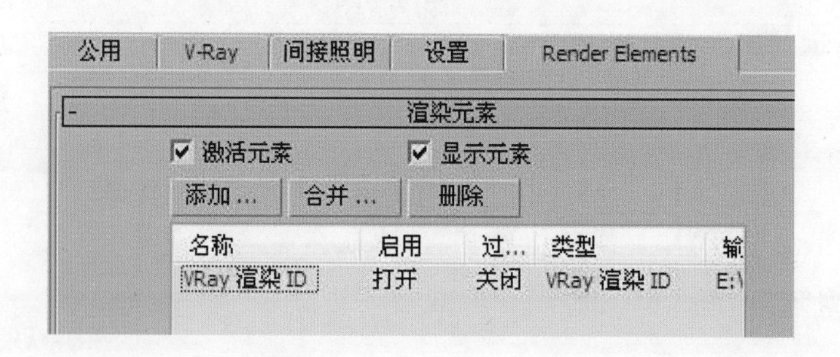

图 8-57　VRay 渲染 ID 设置

图 8-58　最终渲染效果

图 8-59　彩色通道图形

4. 单击菜单栏中的“文件→保存”命令，将此造型保存为“餐厅.max”。

七、Photoshop 后期处理

1. 运行 Photoshop CS3 软件，打开上面渲染的“餐厅.tif”和“通道.tif”文件，单击（移动）工具，按住 <Shift> 键将“通道.tif”拖动到“餐厅.tif”中，效果如图 8-60 所示。

图 8-60　将通道图片拖到餐厅中

注意：按住 <Shift> 键将“通道.tif”拖动到“餐厅.tif”中，这样更方便对文件进行修改。

2. 关闭“通道.tif”文件，在图层面板中将图层 1 关闭。观察餐厅效果，发现图面有些偏暗，需要先进行亮度和对比度的处理。复制背景层，按 <Ctrl+M> 键打开“曲线”对话框，调整参数如图 8-61 所示。

3. 需要把吊灯调亮一点，确认当前图层在通道层上，单击（魔棒）工具，然后在图像上单击吊灯，此时吊灯被选中，在图层面板上回到背景副本层，按 <Ctrl+J> 键把选区单独复制一个图层，按 <Ctrl+L> 键调节吊灯的亮度和对比度，如图 8-62 所示。

4. 用同样的方法把餐桌、餐椅、装饰画及一些小饰品单独复制一层，调整明暗变化，进行亮度对比度、色彩平衡的处理。调整完后，把可见图层合并，复制调整后的图层，在“图层”下拉列表中选择“柔光”，设置“不透明度”为 30%，如图 8-63 所示。

餐厅的后期制作已基本完成，读者可根据自己的喜好使用工具进行精确调整，最终效果如图 8-64 所示。

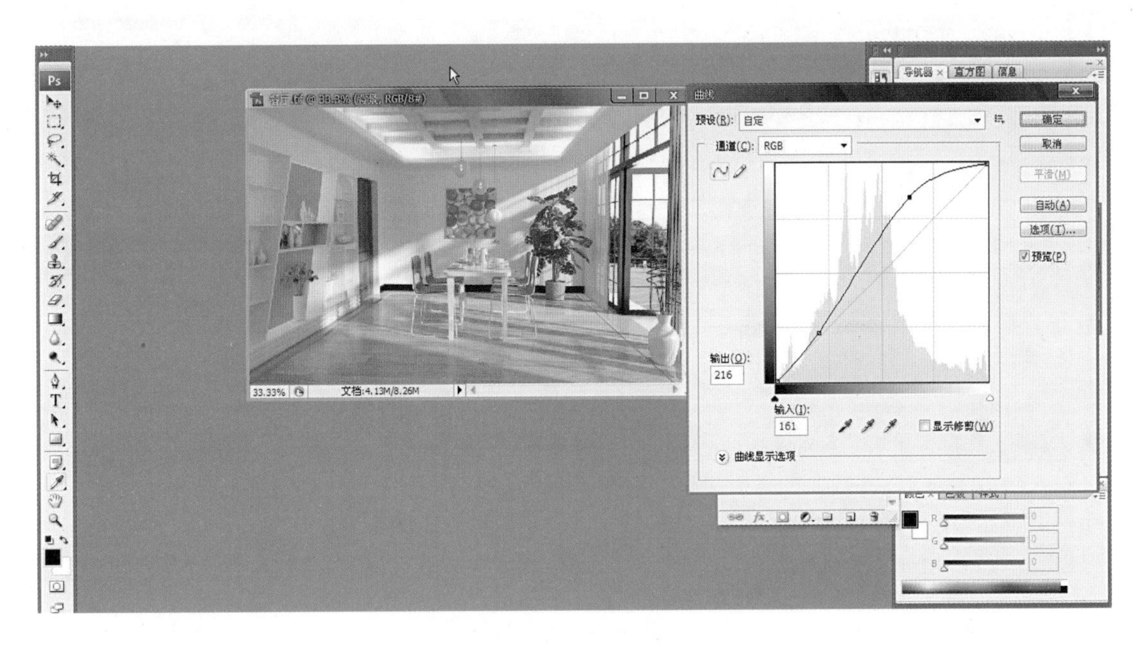

图 8-61 调整亮度

图 8-62 调整吊灯亮度

图 8-63　添加柔光效果

图 8-64　最终调整效果

【知识链接】

1. 为了使空间更有层次，需要在色彩上突出强烈的冷暖对比，比如餐厅装饰画、背景墙、餐椅的暖色调与装饰品以及室外景色的冷色调作对比。

2. 控制渲染时间在商业效果图表现中是比较重要的，可通过建模、灯光、渲染的设置来提高效率，缩短渲染时间。

【任务评价】

任务内容	满　分	得　分
本项任务需六课时内完成	10分	
餐厅的灯光效果是否合理	35分	
色彩搭配是否美观大方	35分	
家具的比例关系是否协调	20分	

项 目 九

温馨卧室的制作及后期处理

【项目概述】

卧室是家居设计中的重要空间之一。卧室在设计上要考虑功能性、整体色彩、灯光和使用者的具体兴趣和爱好。一个好的卧室设计能让主人感到放松和舒畅。打造温馨舒适的卧室要把握的原则有：一是在装饰上不要过于繁琐；二是色彩、灯光的营造要有助于睡眠；三是家具要和整体风格相协调。

【学习目标】

综合利用建模、灯光、材质、渲染制作卧室的效果图。

制作温馨卧室模型，如图 9-1 所示。

图 9-1　完成的效果图

【任务实施】

一、导入 CAD 卧室平面图形

1. 运行 3ds Max 2012 软件，单击菜单栏中的“自定义→单位设置”命令，将单位设置为毫米，如图 1-15 所示。

2. 单击→导入（按钮），将配套光盘中的“模块三　综合案例 \ 项目九　温馨卧室的制作及后期处理 \CAD 导入图 \ 卧室.dwg”文件导入到 3ds Max 2012 中，然后单击 打开(O) 按钮，如图 9-2 所示。

图 9-2　导入卧室墙体

3. 此时在弹出的“AutoCAD DWG/DXF 导入选项”对话框中单击 确定 按钮，“卧室.dwg”文件就导入到 3ds Max 的场景中了，如图 9-3 所示。

4. 导入的“卧室.dwg”平面，如图 9-4 所示。

注意：导入的平面图已提前在 CAD 中将尺寸删除，所以导入图样时只保留了墙体和一些家具，以便建模时能更清楚地理解这个房间的结构。

5. 按 <Ctrl+A> 键选择所有图形，单击菜单栏中的“组→成组”命令，然后单击 确定 按钮，如图 9-5 所示。

6. 选择图样，单击鼠标右键，在弹出的快捷菜单中选择“冻结当前选择”命令，将图样冻结起来，在以后的操作中就不会选择和移动图样了，如图 9-6 所示。

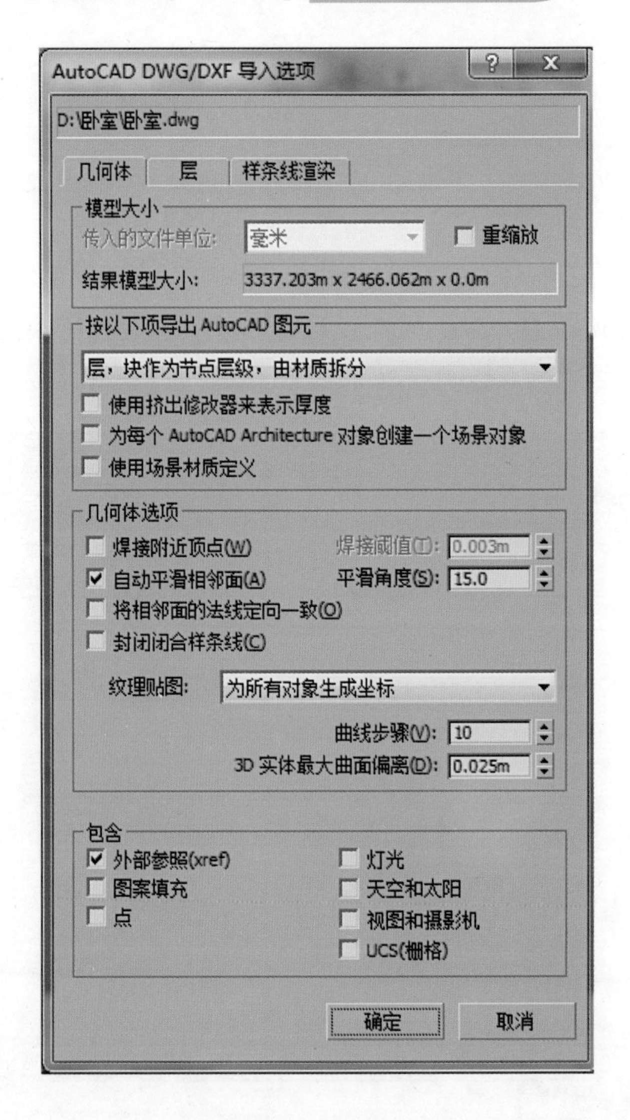

图 9-3 “AutoCAD DWG/DXF 导入选项”对话框

7. 右击（二点五维捕捉）按钮，在打开的“栅格和捕捉设置”窗口中设置“捕捉”及“选项”选项卡，如图 9-7 所示。

8. 单击（创建）→（图形）→ 线 按钮，在顶视图卧室的位置绘制墙体的内部封闭图形，如图 9-8 所示。

9. 为绘制的图形添加“挤出”命令，数量设置为 2800，按 <F4> 键显示物体的结构线，如图 9-9 所示。

10. 选择挤出的图形，单击鼠标右键，在弹出的快捷菜单中选择“转换为→转换为可编辑多边形”命令，将物体转换为可编辑多边形，如图 9-10 所示。

11. 按 <5> 键进入（元素）子物体层级，按 <Ctrl+A> 键选择所有多变形，然后单击

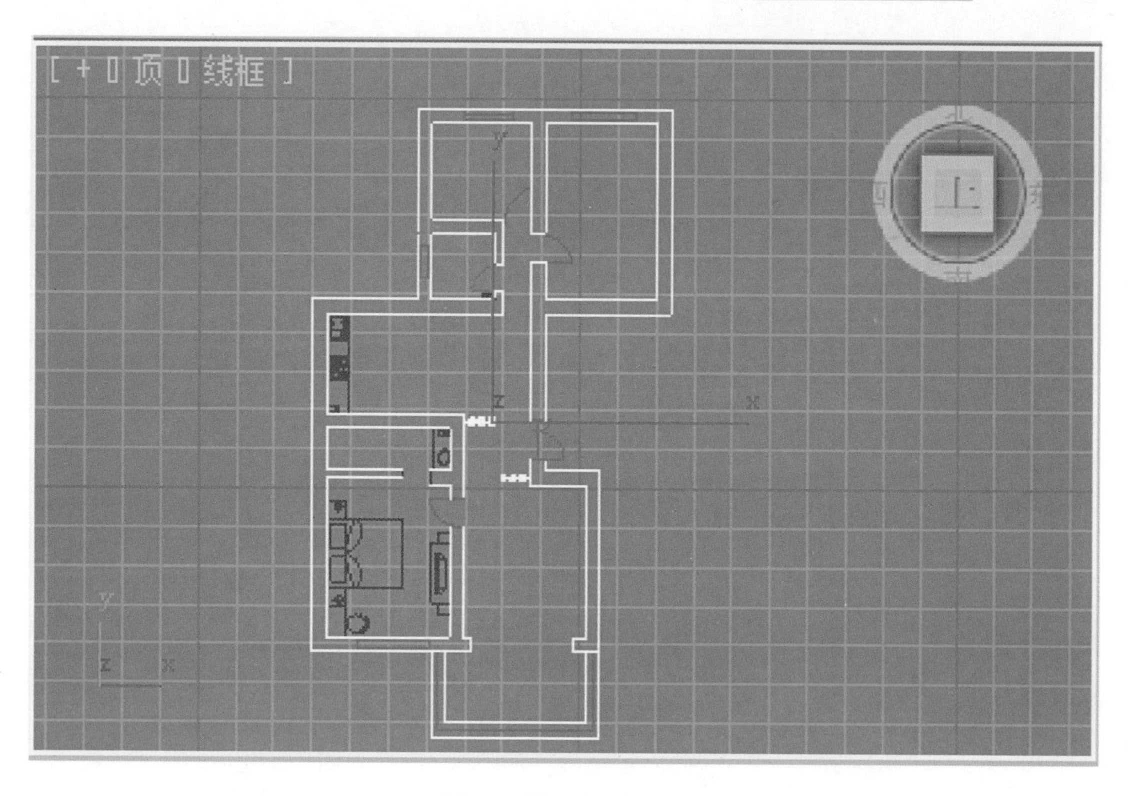

图 9-4 导入卧室的平面

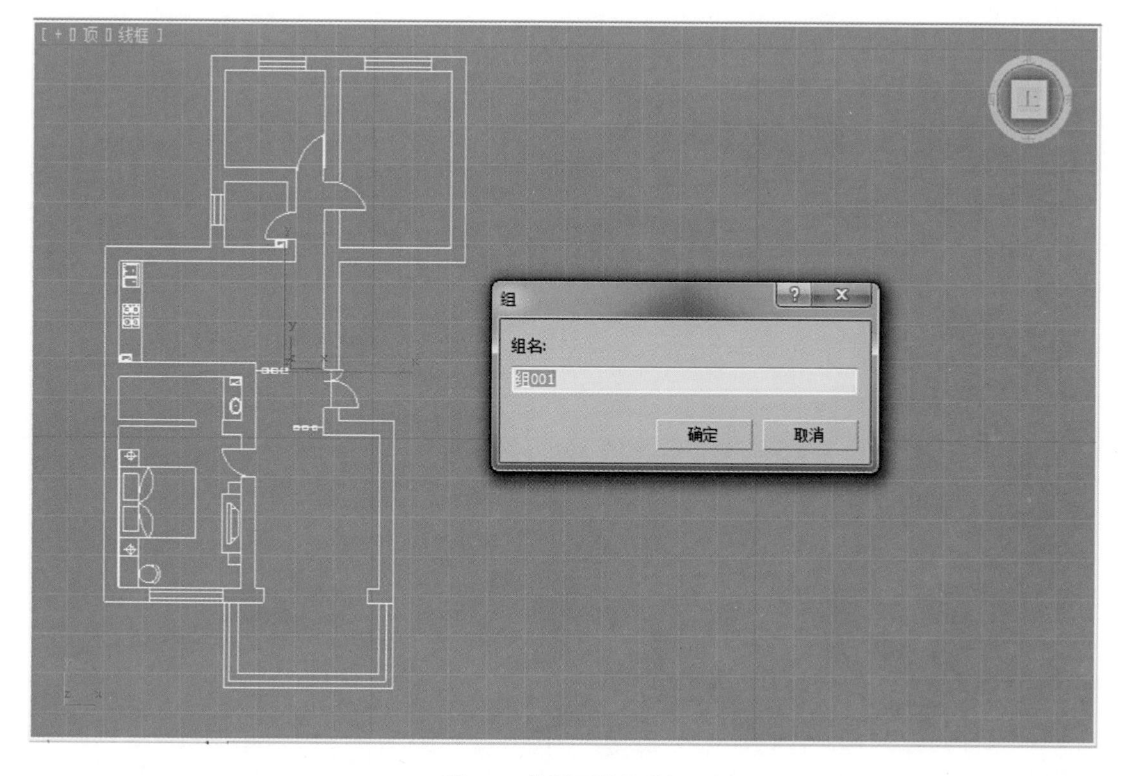

图 9-5 将平面图组成组

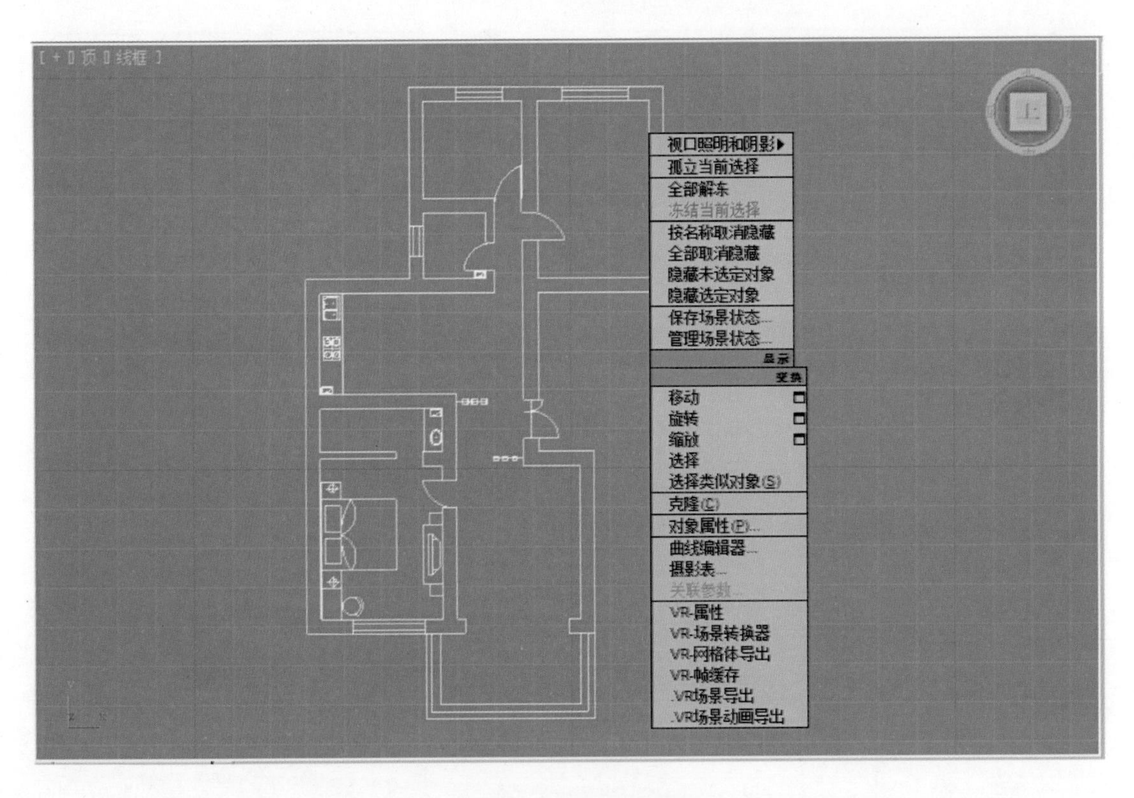

图 9-6　对图样进行冻结

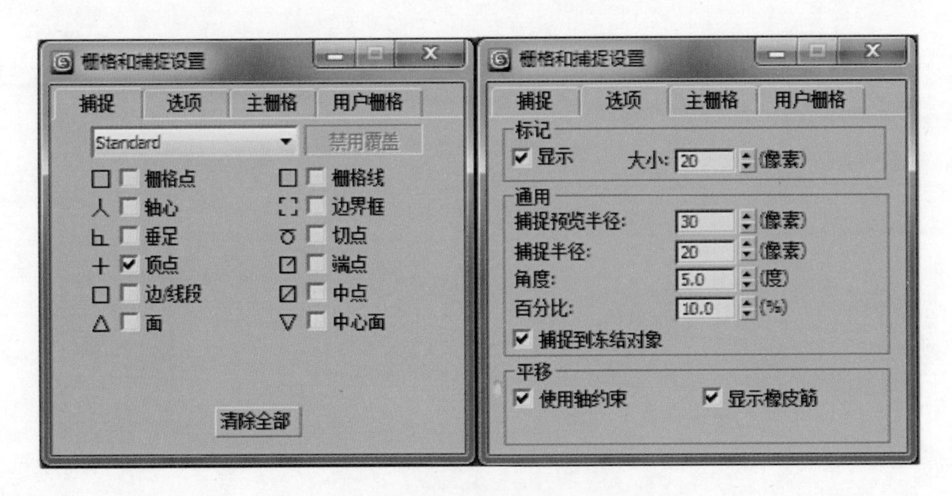

图 9-7　“栅格和捕捉设置”对话框

翻转 按钮翻转法线，如图 9-11 所示。

12. 单击 (元素) 按钮，关闭元素子物体层级。为了便于观察，对墙体进行消隐。单击鼠标右键，在弹出的快捷菜单中选择“对象属性”命令，如图 9-12 所示，然后在弹出

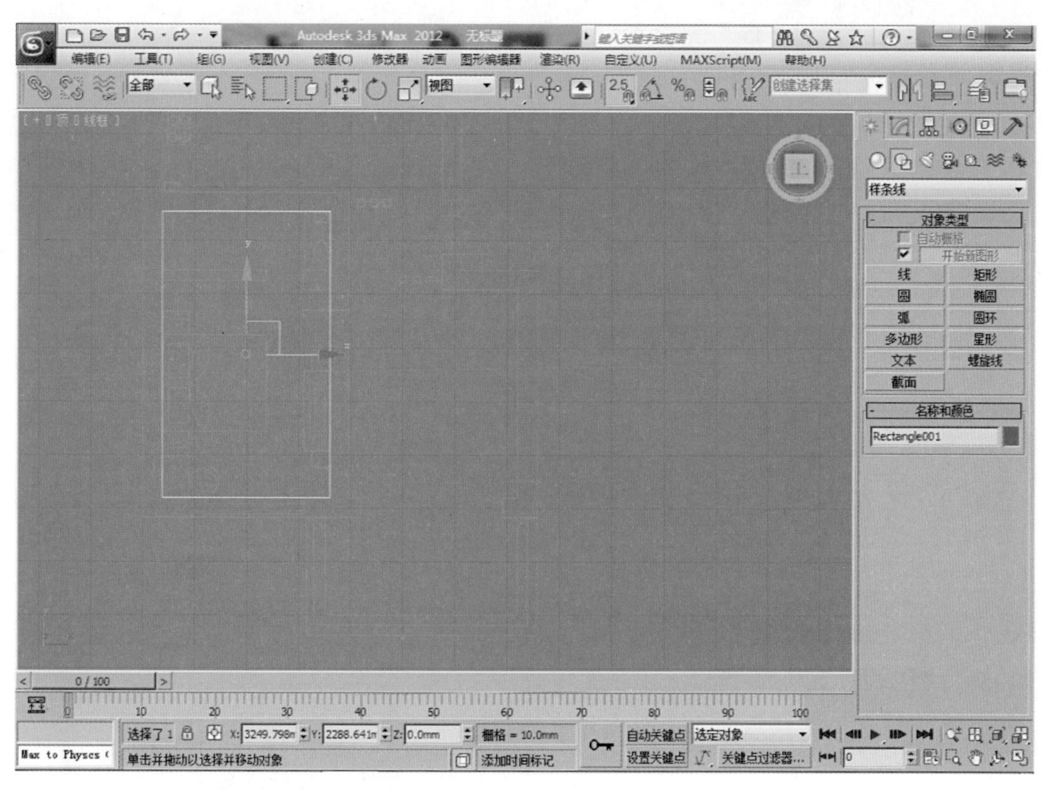

图 9-8 绘制墙体的内部封闭图形

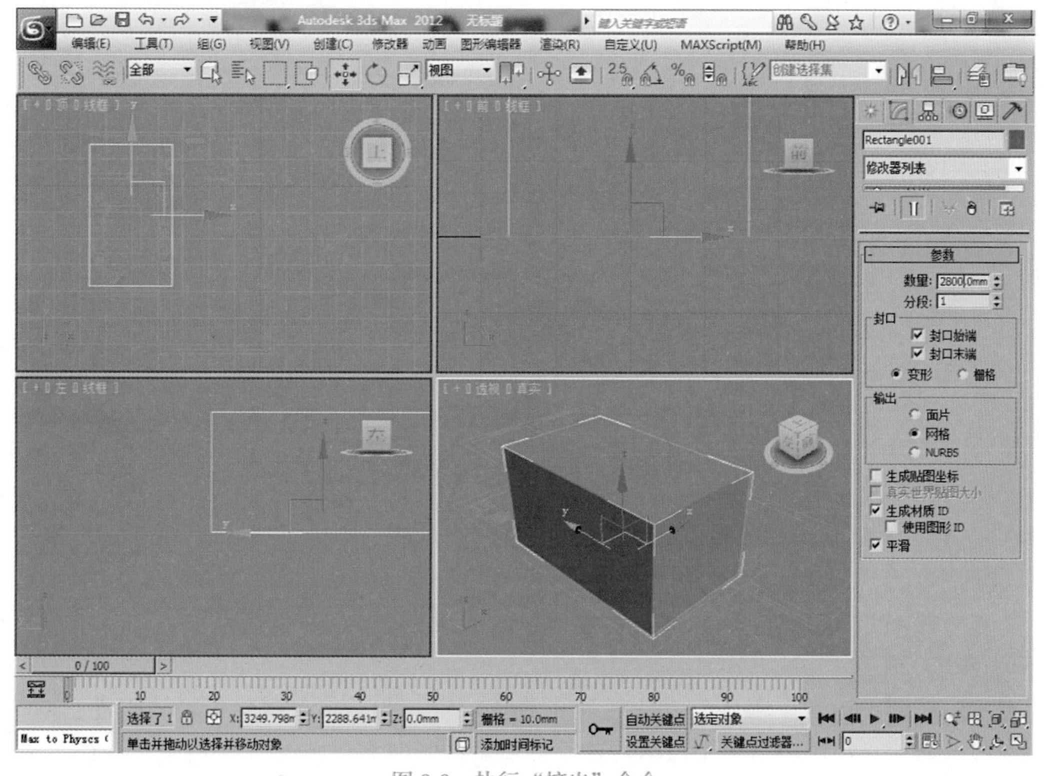

图 9-9 执行“挤出”命令

的对话框中勾选“背面消隐”复选框。此时，整个卧室的墙体就生成了，如图 9-13 所示。

二、制作窗户

1. 选择墙体，按 <4> 键进入多边形子物体层级。在透视图中选择卧室窗户面，单击“编辑几何体”卷展栏中的 分离 按钮，将这个面分离出来，如图 9-14 所示。

2. 选择墙体，按 <2> 键进入边子物体层级。在透视图中选择卧室窗户面垂直的两条边，单击“编辑几何体”卷展栏下的 连接 按钮，设定“分段”值为 2，如图 9-15 所示。

3. 按 <2> 键进入边子物体层级。在透视图中选择卧室窗户面垂直水平的 4 条边，单击“编辑几何体”卷展栏中的 连接 按钮，设定“分段”值为 4。按 <4> 键进入多边形子物体层级，选择如图 9-16 所示的多边形，并单击

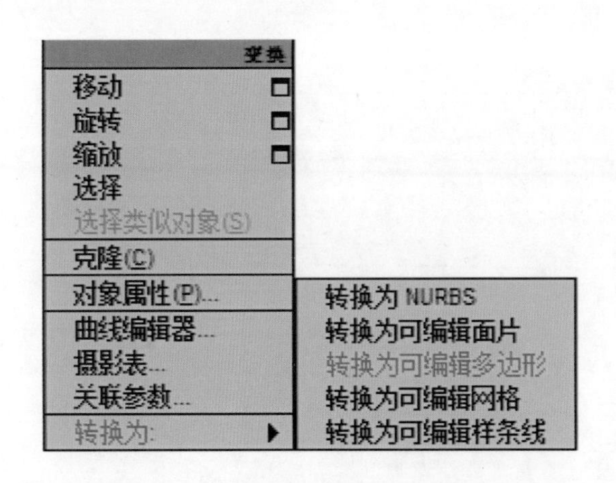

图 9-10 转换为可编辑多边形

图 9-11 修改命令面板下的“翻转”命令

“编辑几何体”卷展栏中的 挤出 按钮设定“挤出”值为 –200，制作突出的窗户形象，如图 9-17 所示。

4. 按 <1> 键进入顶点子物体层级。在顶视图中选择卧室窗户的蓝色节点调整位置，如图 9-18 所示。

5. 调整窗格的位置，如图 9-19 所示。

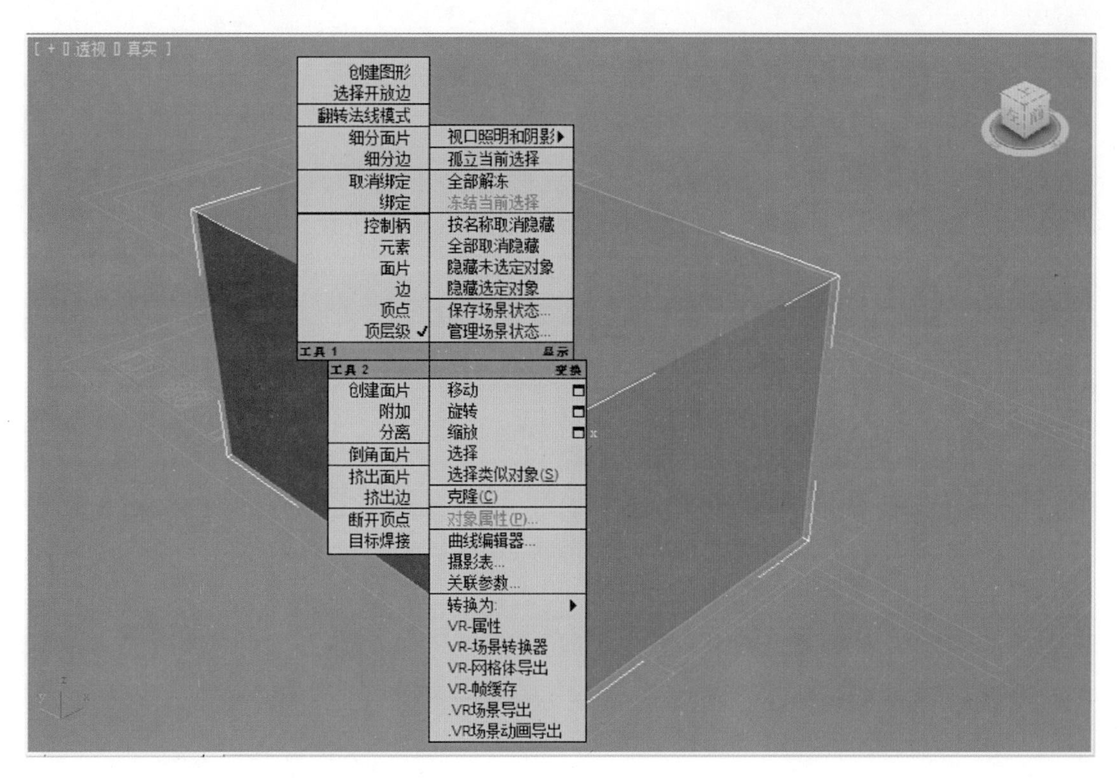

图 9-12 选择“对象属性”命令

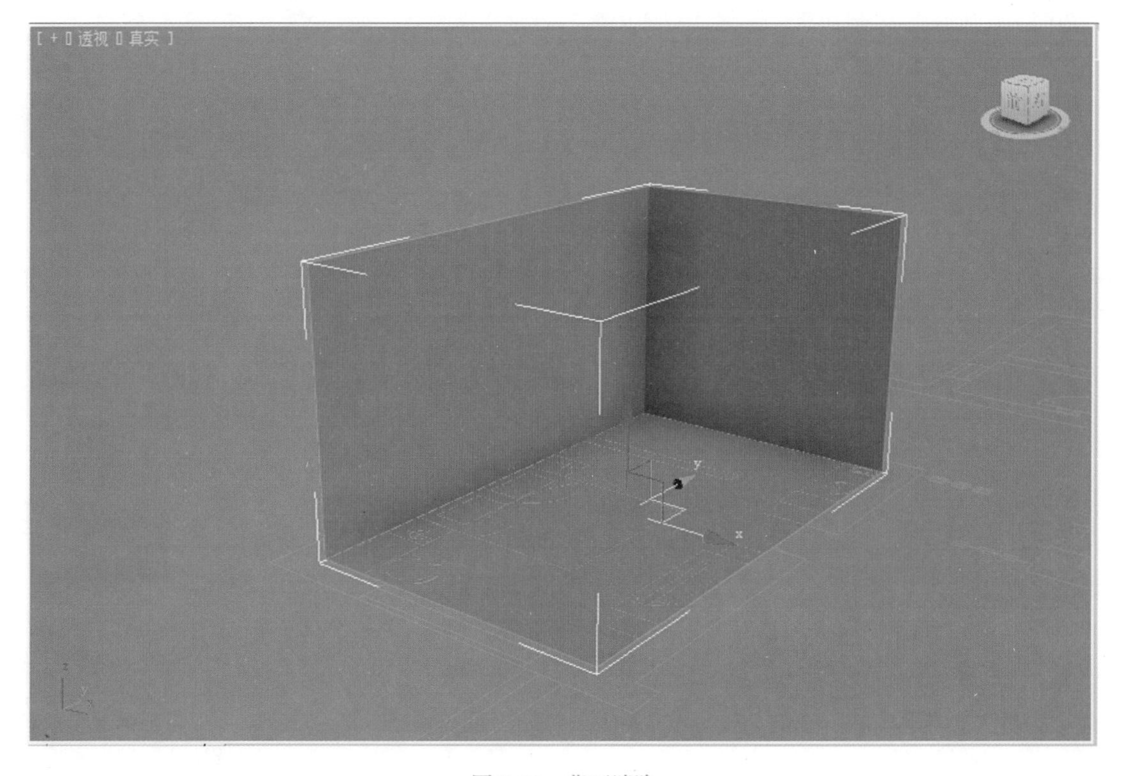

图 9-13 背面消隐

图 9-14　窗户的墙体分离

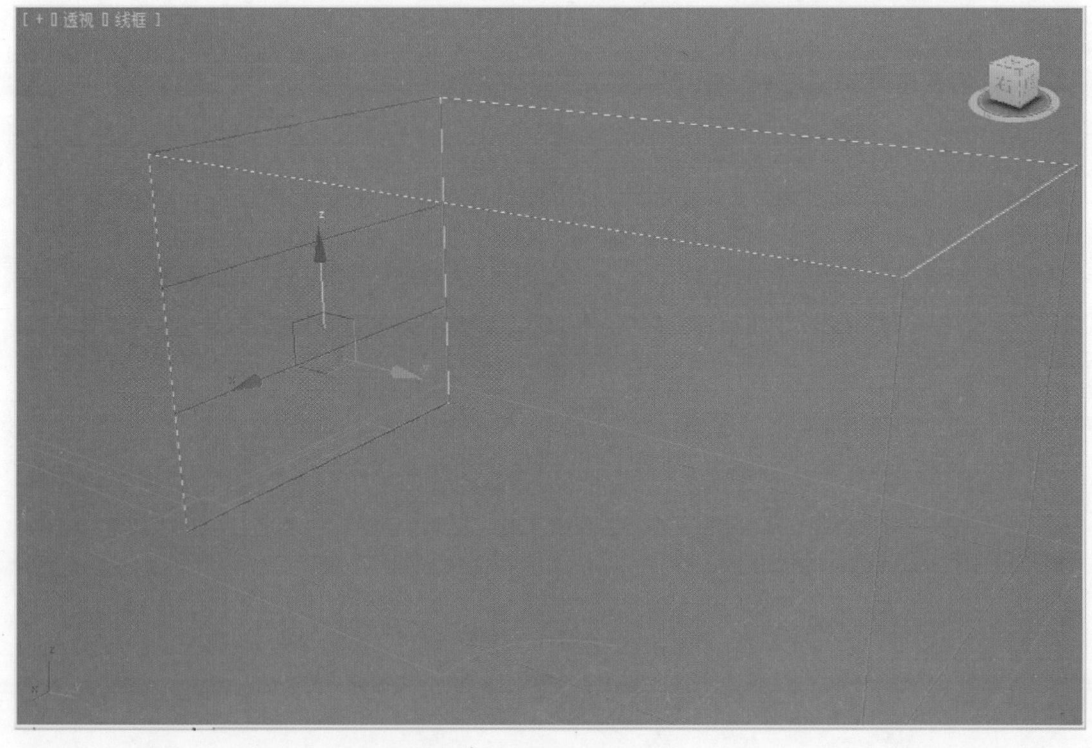

图 9-15　设定“分段”值

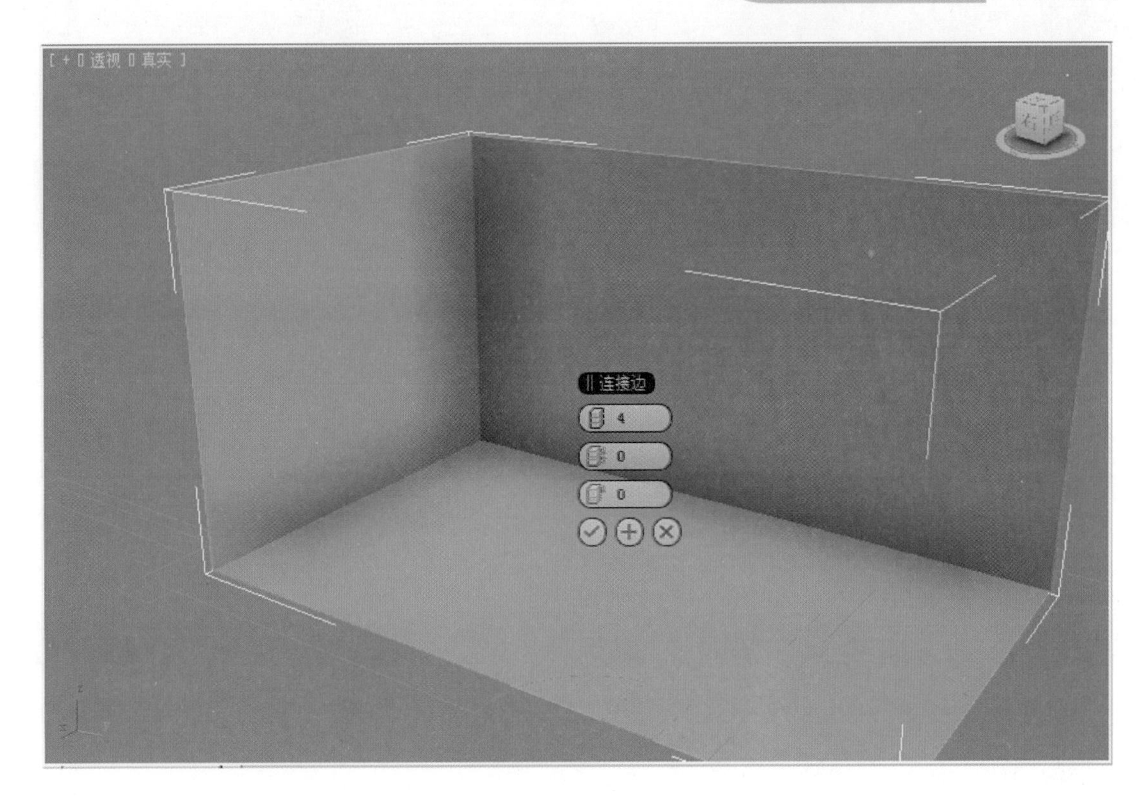

图 9-16 设定“分段”值

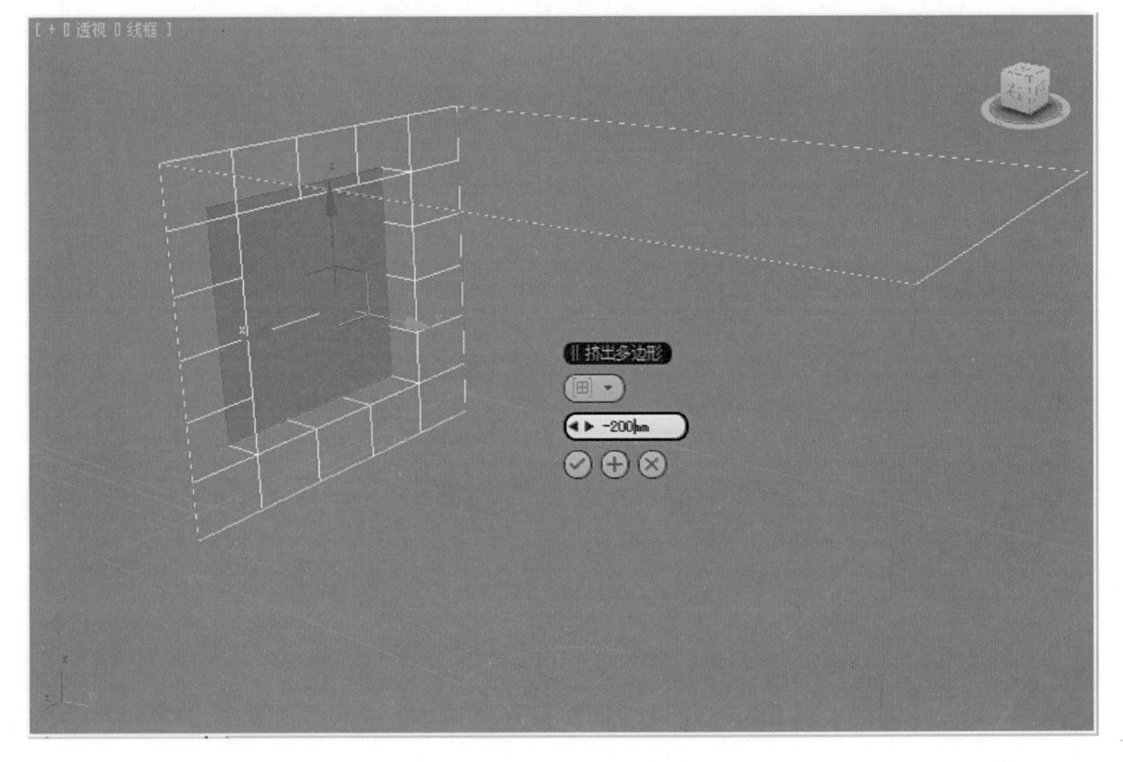

图 9-17 设定“挤出”值

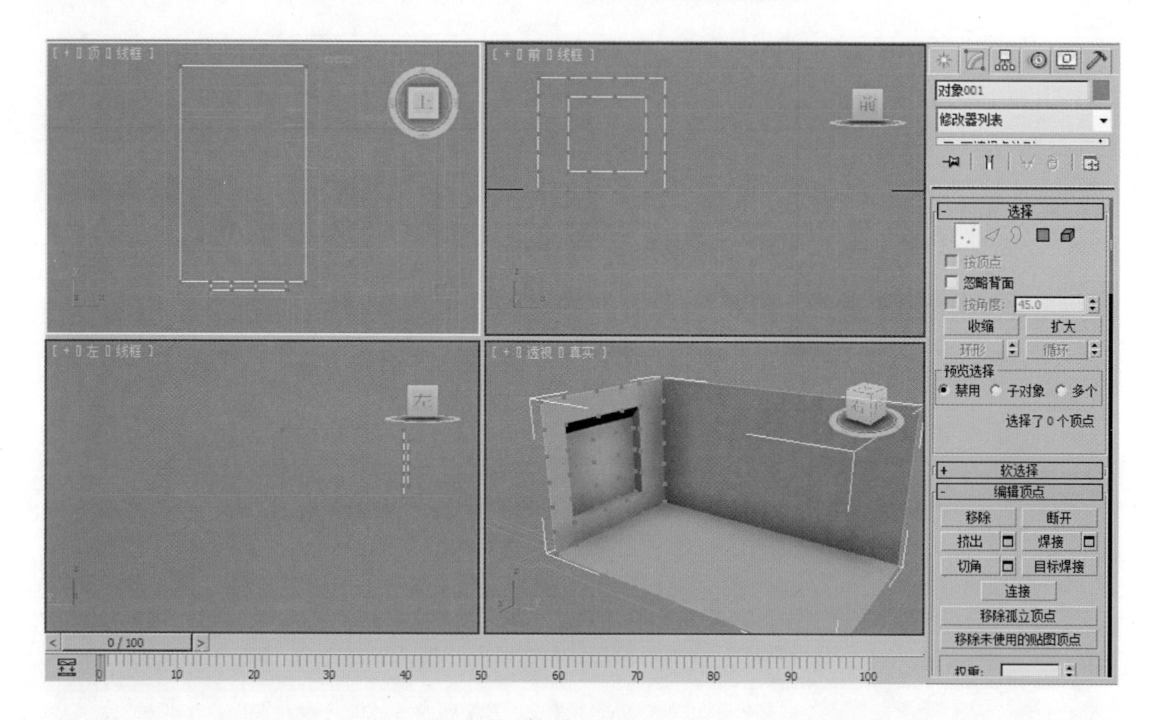

图 9-18　调整窗户位置

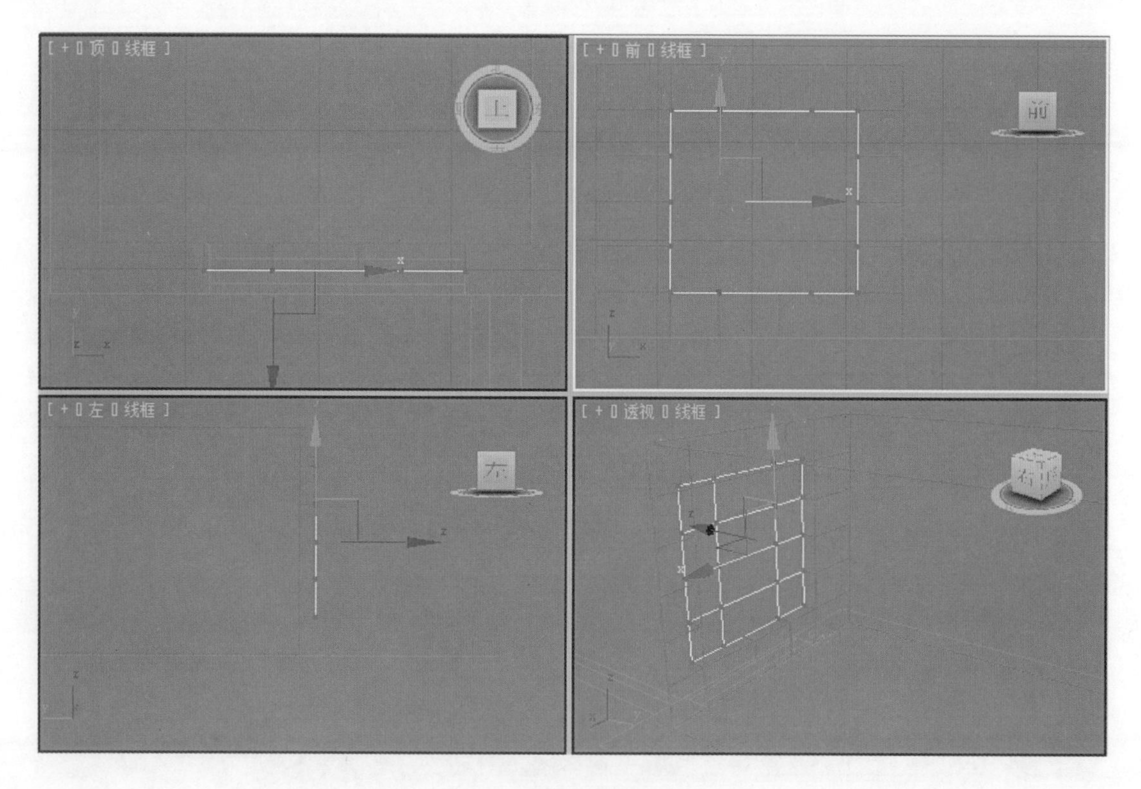

图 9-19　调整窗格

6. 按 <2>键进入边子物体层级。在透视图中选择窗格的交叉线，如图 9-20 所示。单击“编辑几何体”卷展栏下的 切角 按钮，设定“分段”值为 0.5，制作出窗格，如图 9-21 所示。

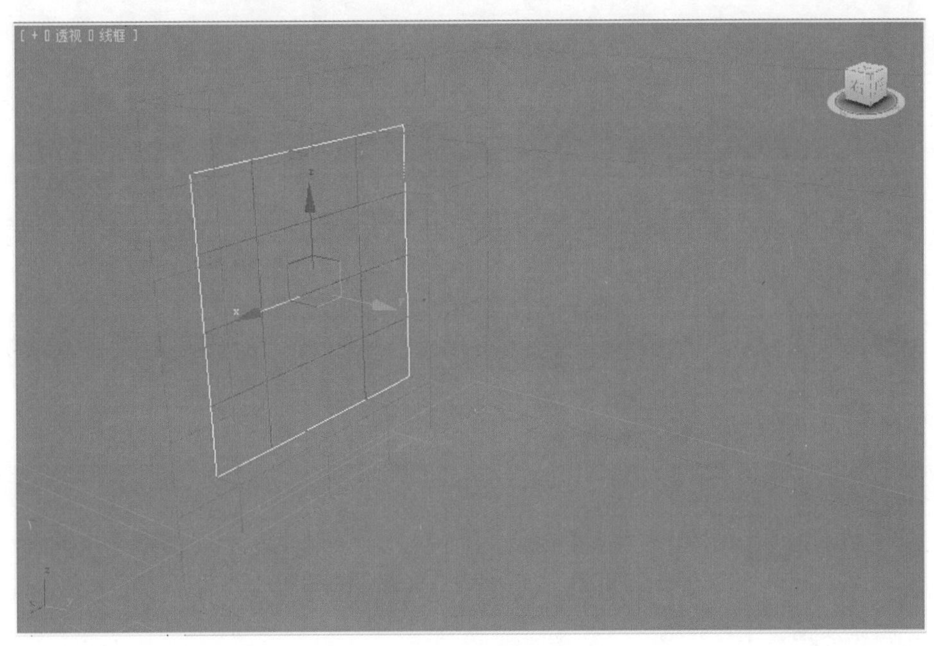

图 9-20 选择窗格的交叉线

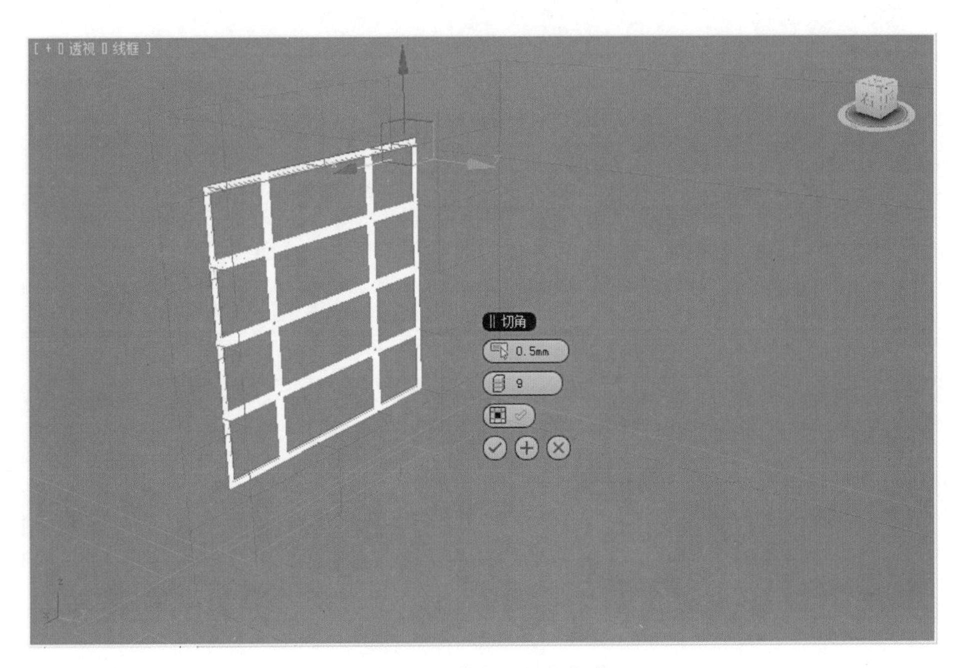

图 9-21 设定“切角”值

7. 选择墙体，按 <4>键进入多边形子物体层级。在透视图中选择卧室窗格，如图 9-22 所示，单击“编辑几何体”卷展栏中的 挤出 按钮，设定“挤出”值为 –0.2，然后单击

"编辑几何体"卷展栏中的 分离 按钮，将这个面分离出来并删掉来制作镂空的窗户。

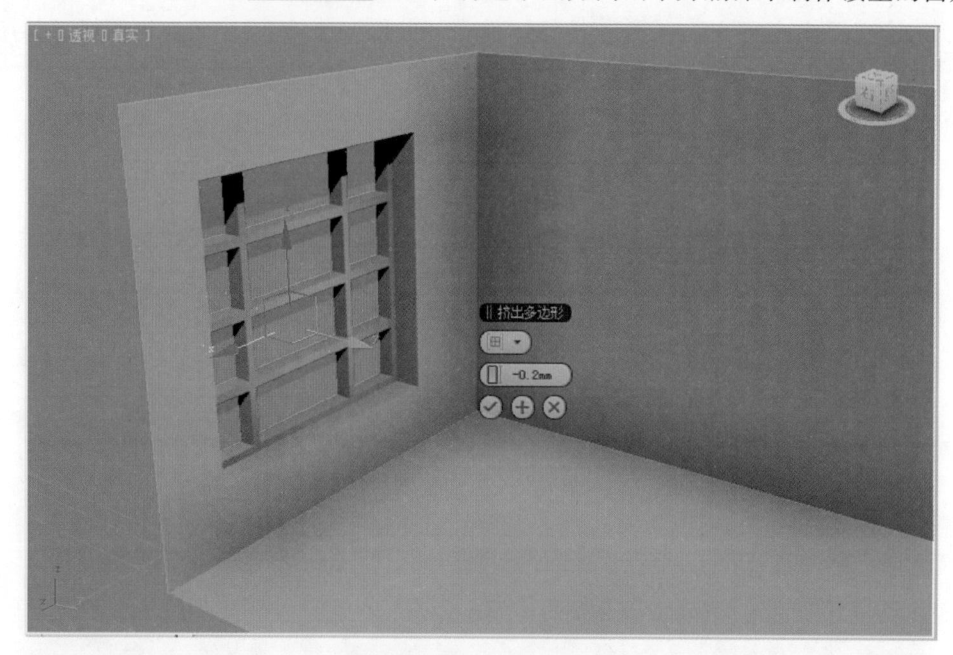

图 9-22 设定"挤出"值

三、制作顶棚、床背景墙

1. 运用制作窗户的方法制作顶棚，如图 9-23 所示。

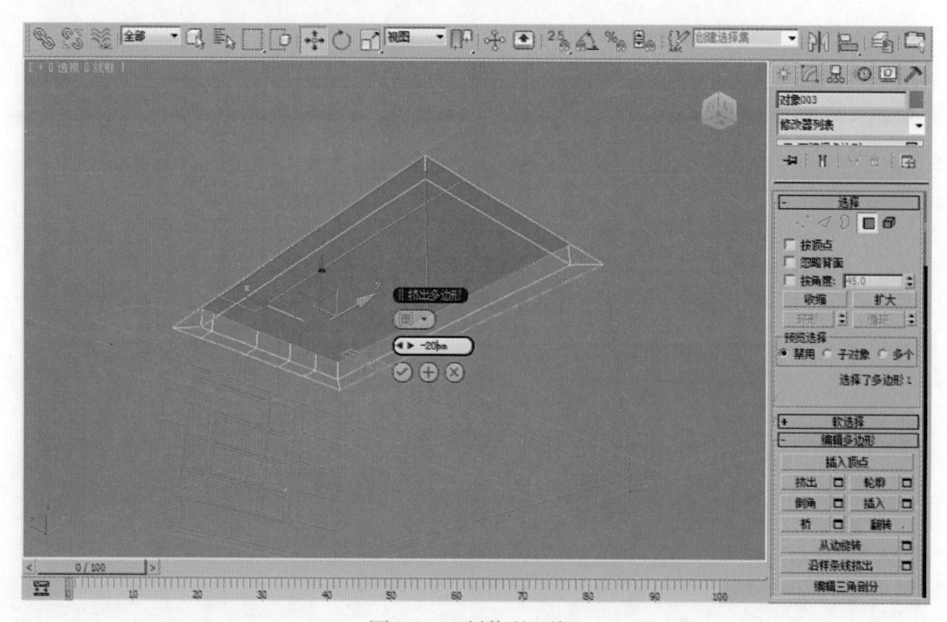

图 9-23 制作的顶棚

注意：在使用同样方法制作顶棚、床背景墙（见图 9-24）的时候，逐步熟练编辑多边形的子物体层级的命令。同时制作的部分要分离出来，以便以后赋予材质。

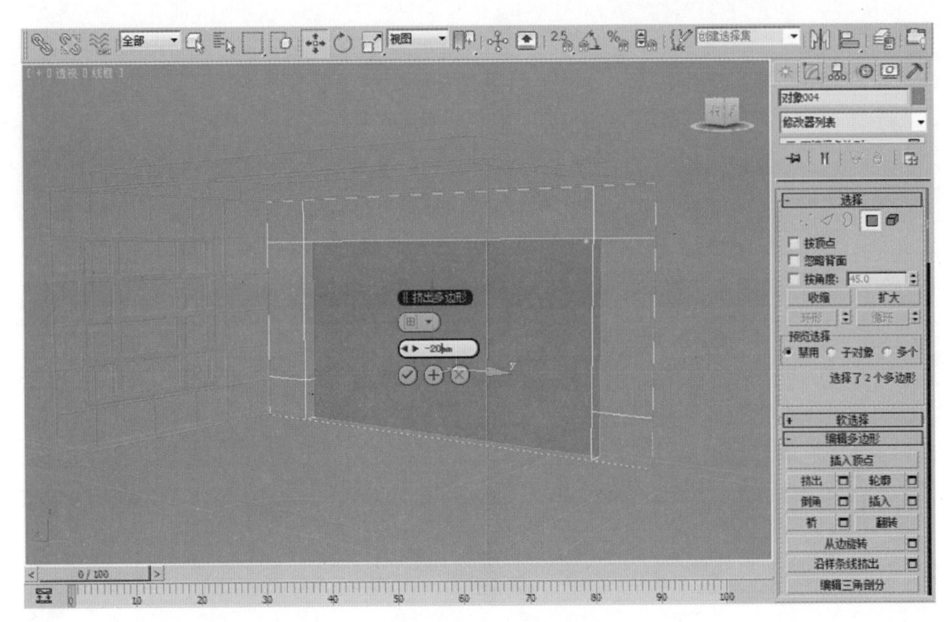

图 9-24　制作床背景墙

2. 最终完成的卧室模型如图 9-25 所示。

图 9-25　完成的卧室模型

四、导入卧室模型并设定摄影机

1. 单击菜单栏中的“文件→合并”命令，在弹出的“合并文件”对话框中选择配套光盘中的“模块三　综合案例 \ 项目九　温馨卧室的制作及后期处理 \ 卧室模型 \ 卧室家具.max”文件，然后单击“打开”按钮，在弹出的对话框中单击“全部”按钮，再单击 **确定** 按钮，如图 9-26 所示。

图 9-26　导入卧室家具

注意：导入的卧室家具模型如果不符合空间的比例，应先使用“缩放”、“旋转”命令将其放到适当的位置。

2. 单击 (创建)→ (摄影机)→ 目标 按钮，在顶视图中创建目标摄影机，并在前视图、左视图中调整摄影机的位置。激活透视图，按 <C>键，透视图即变为摄影机视图，如图 9-27 所示。调整摄影机到合适的位置，将“镜头”修改为 24，摄影机被墙体遮挡了一部分，勾选“手动剪切”复选框，调整数值，如图 9-28 所示。

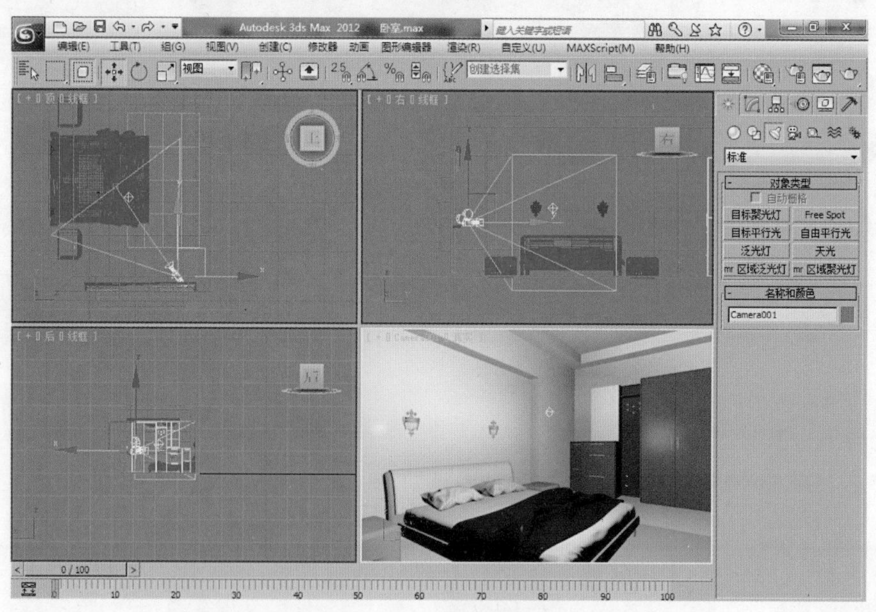

图 9-27　设置摄影机

五、设置材质

注意：在调制材质时，应先将 VRay 指定为当前渲染器，不然不能在正常状态下使用 VRay 材质。

1. 按 <F10>键打开“渲染设置”对话框，选择“公用”选项卡，在“指定渲染器”卷展栏中单击“产品级”右侧的当前的渲染器已经指定为 VRay 渲染器了，如图 9-29 所示。

图 9-28 摄影机参数

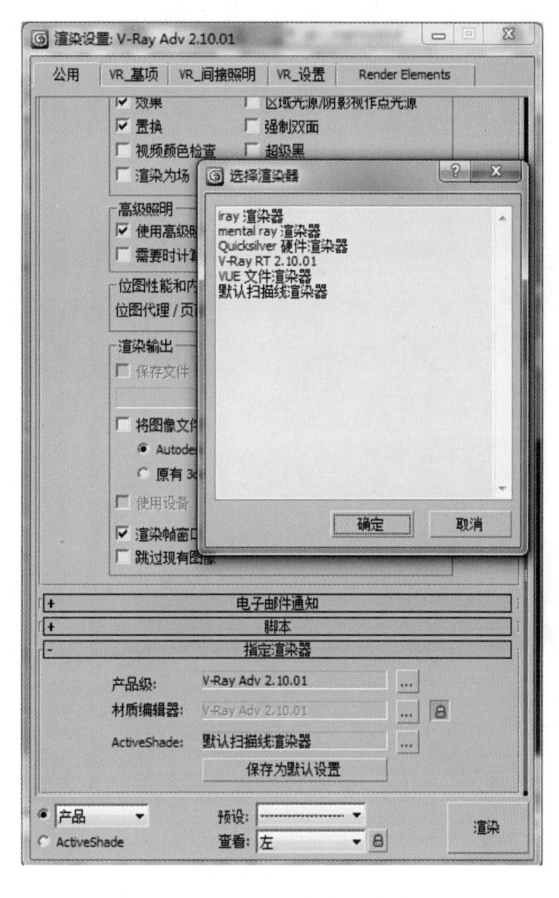

图 9-29 设定当前渲染器

2. 按 <M>键打开“材质编辑器”对话框，在菜单栏中的“模式”菜单中，选择“精简材质编辑器...”命令，即可打开精简材质编辑器。在任意一个材质球上单击鼠标右键，选择 6×4 示例窗，如图 9-30 所示。

3. 设置墙面材质。选择第一个材质球，单击 Standard （标准）按钮，在弹出的“材质 / 贴图浏览器”对话框中选择 VR 材质，将材质命名为“墙面”。设置漫反射颜色值为 R245/G245/B245，反射颜色值为 R20/G20/B20。将“选项”卷展栏中的“跟踪反射”复选框勾选取消，设置“高光光泽度”为 0.25，并将设置好的材质赋予墙面、顶棚造型，如图 9-31 所示。

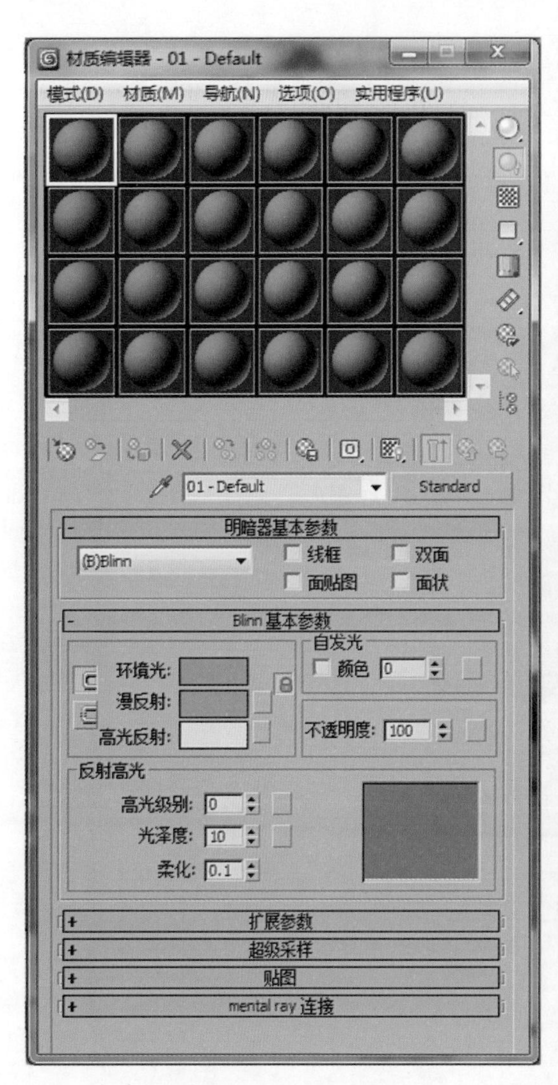

图 9-30 材质编辑器

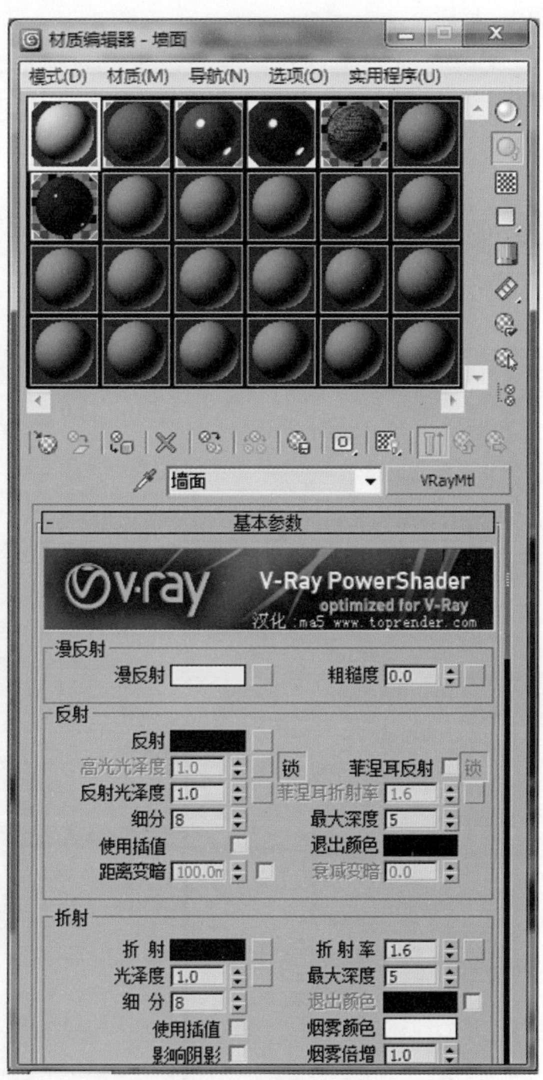

图 9-31 墙面材质

4. 设置床背景墙材质。选择第一个材质球，单击 Standard （标准）按钮，在弹出的“材质 / 贴图浏览器”对话框中选择 VR 材质，将材质命名为“床背景”。设置漫反射颜色值为 R194/G51/B78，反射颜色值为 R30/G30/B30。同时，设置材质“细分”值为 15，将设置好的材质赋予床背景墙，如图 9-32 所示。

5. 设置柜子材质。选择第一个材质球，单击 Standard （标准）按钮，在弹出的“材质 / 贴图浏览器”对话框中选择 VR 材质，将材质命名为“柜子”。在漫反射中添加一张“柜子.jpg”贴图。设置“坐标”卷展栏中的“模糊”值为 0.3，如图 9-33 所示。设置其他参

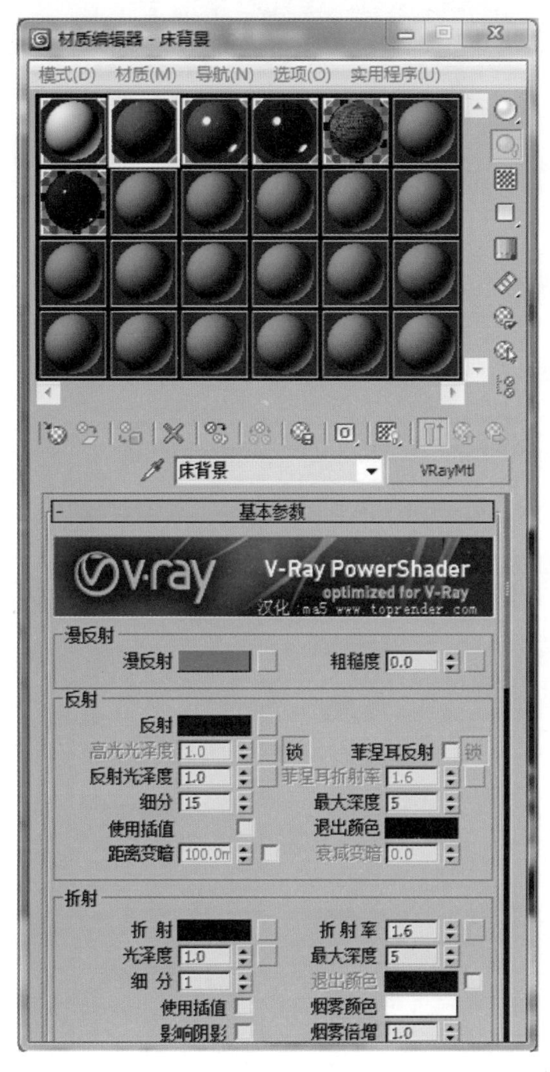

图 9-32　床背景墙材质

图 9-33　贴图参数

数，将设置好的材质赋予柜子、床头柜，如图 9-34 所示。

6. 设置金属材质。选择第一个材质球，单击 Standard （标准）按钮，在弹出的“材质 / 贴图浏览器”对话框中选择 VR 材质，将材质命名为“金属”。设置漫反射颜色值为 R47/G47/B47，反射颜色值为 R35/G35/B35。在“反射”选项组中，设置“反射光泽度”值为 0.8，同时设置“细分”值为 15，将设置好的材质赋予柜子把手，如图 9-35 所示。

7. 设置地面材质。选择第一个材质球，单击 Standard （标准）按钮，在弹出的“材质 / 贴图浏览器”对话框中选择 VR 材质，将材质命名为“地面”。在漫反射中添加一张“地板.jpg”贴图。设置“坐标”卷展栏中的“模糊”值为 0.3。在反射中添加衰减贴图，设置“衰减类型”为 Fresnel，让反射颜色稍偏蓝色以增强层次感，设置“高光光泽度”值为

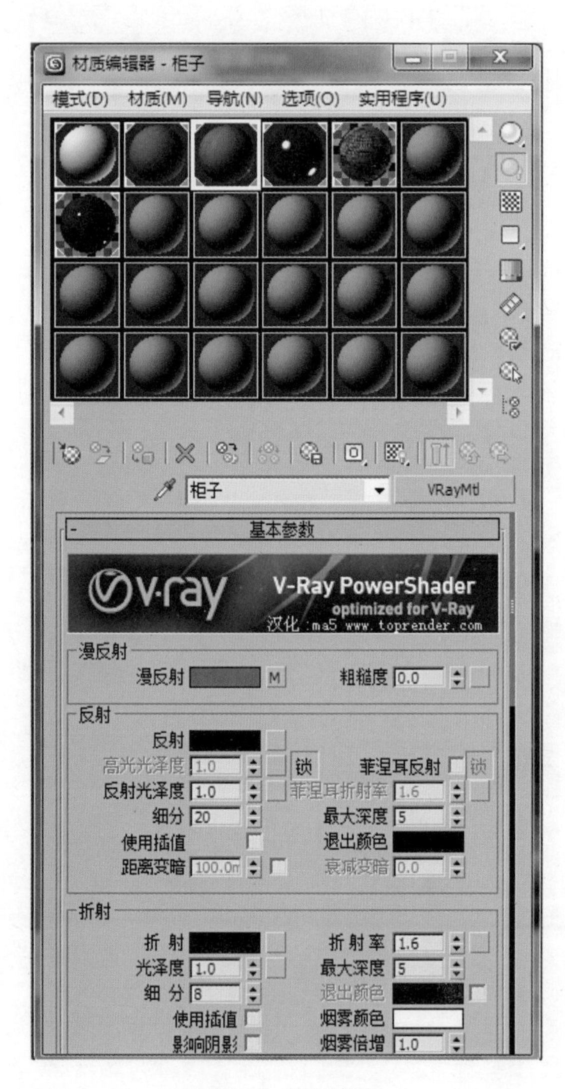

图 9-34 设置参数

图 9-35 金属材质

1.0，“反射光泽度”值为 0.9，同时设置材质“细分”值为 8，如图 9-36 所示。设置贴图参数如图 9-37 所示。

六、设置灯光

1. 测试参数设置。按 <F10>键打开“渲染设置”对话框，在“公用”选项卡中设置测试图像的宽度为 320、高度为 240，取消对“渲染帧窗口”复选框的勾选，如图 9-38 所示。

2. 在“VRay 帧缓存”卷展栏中勾选“启用内置帧缓存”复选框，在“VRay 图像采样器”卷展栏中取消对“开启”复选框的勾选，把“VRay 颜色映射”卷展栏中的“类型”改为“指数”，如图 9-39 所示。在“VRay 间接照明”卷展栏中勾选“开启”复选框，首次反弹倍增器改为 1.2，二次反弹倍增器改为 0.6，在“全局光引擎”下拉列表中选择“灯光缓存”，

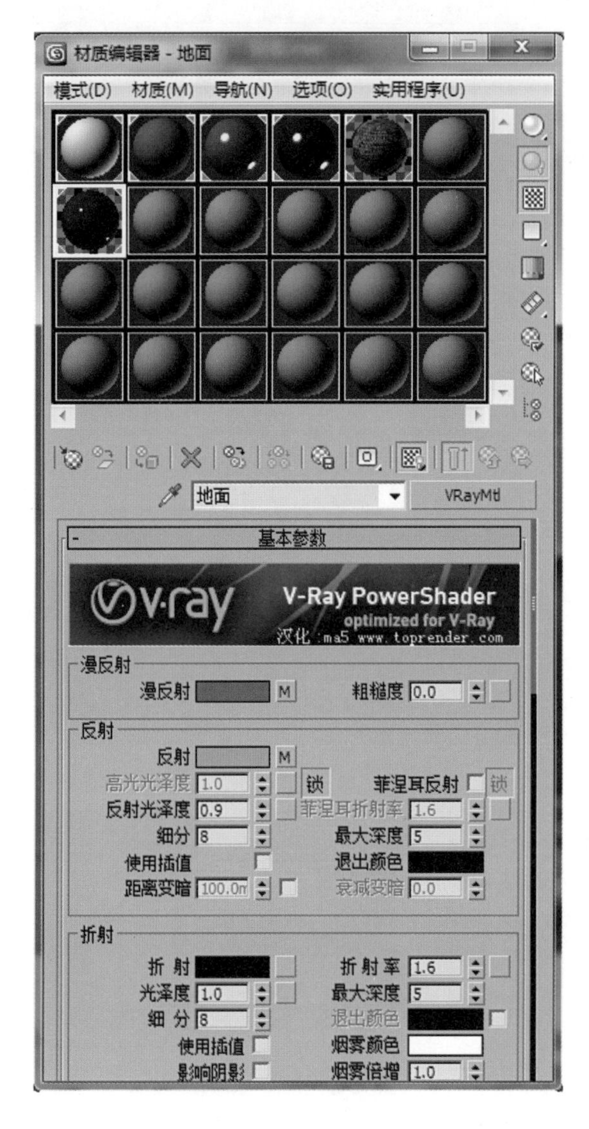

图 9-36　设置地面

图 9-37　地面贴图参数

在“VRay 发光贴图”卷展栏的“当前预置”下拉列表中选择“非常低”，如图 9-40 所示。

3. 设置主光源。单击命令面板里的（灯光）→ VR太阳 按钮，在左视图窗户的位置创建一盏 VR 阳光，具体设置如图 9-41 所示。

4. 自动给环境通道添加一个环境贴图，如图 9-42 所示。

5. 设置辅助光源。在左视图床背景墙壁灯位置创建一盏光度学目标灯光，在“灯光分布(类型)”选项组的下拉列表中选择“光度学 Web”，在其贴图框中选择配套光盘中的“模块三　综合案例 \ 项目九　温馨卧室的制作及后期处理 \ 贴图图片 \ 射灯.IES”文件添加光域网。设置好后把这盏灯复制放在床背景墙的另一边，如图 9-43 所示。复制设置好的射灯到

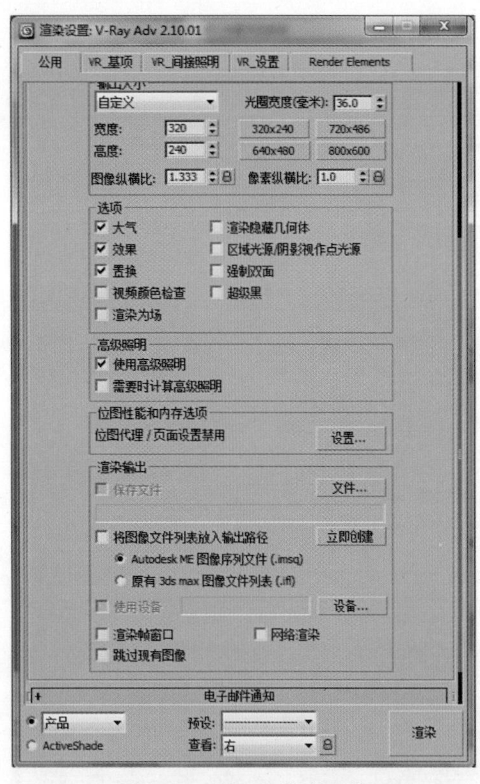

图 9-38　设置分辨率参数

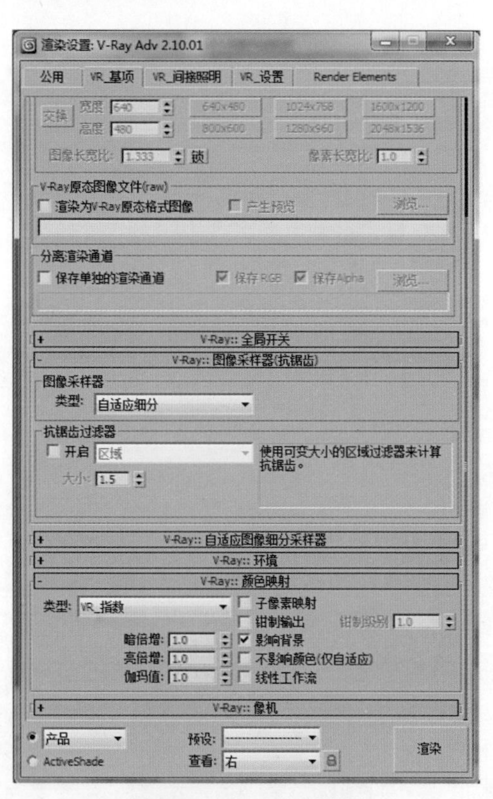

图 9-39　VR_ 基项设置

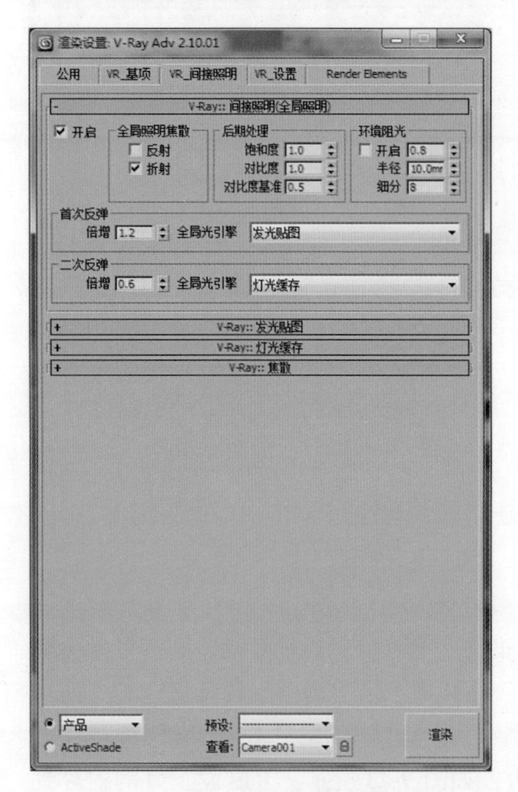

图 9-40　VRay 间接照明参数设置

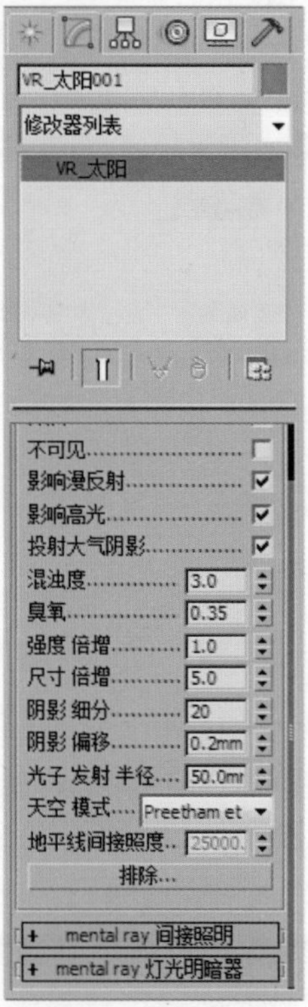

图 9-41　太阳光参数

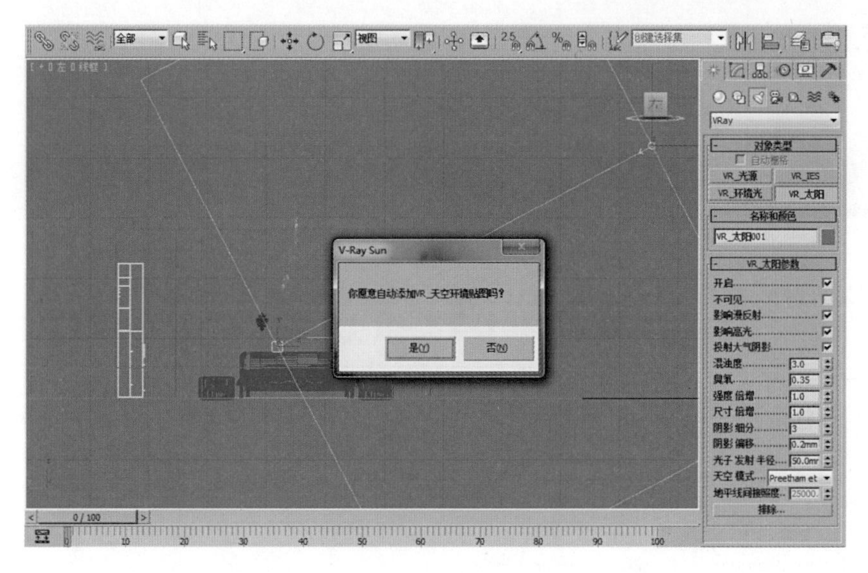

图 9-42　添加环境贴图

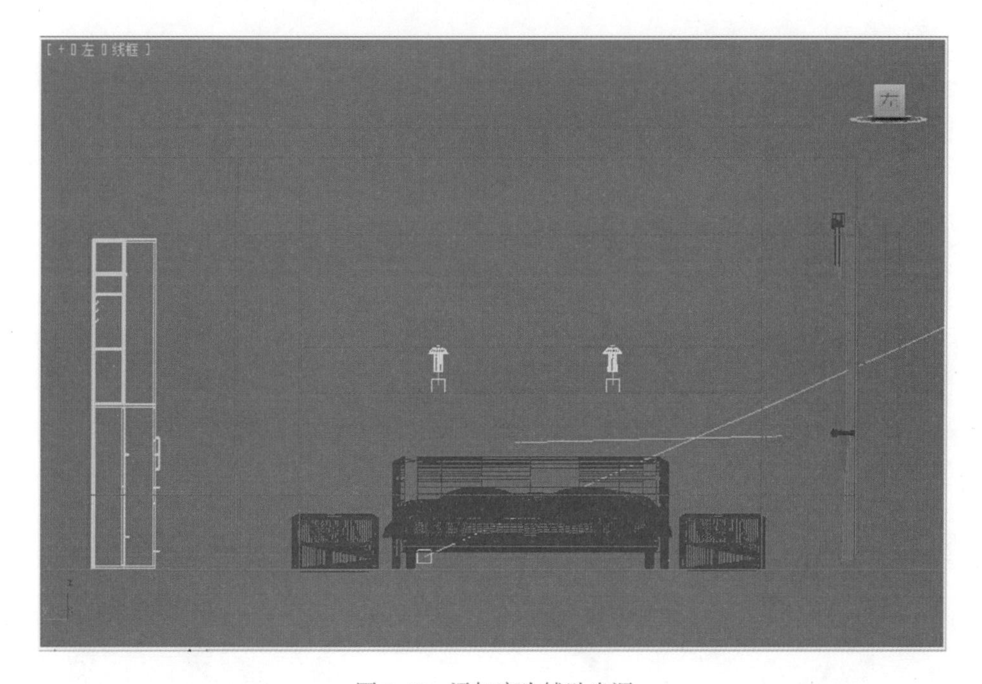

图 9-43　添加床头辅助光源

吊顶中，如图 9-44 所示。

注意：在复制灯光的时候按住 <Shift>键，移动要复制的灯，同时选择“实例”单选按钮，这样复制出的灯光具有关联性，如果灯光效果参数不合适，只要修改第一个原始灯的参数就可以同时修改复制出来的所有的灯光参数。

6. 按 <F9>键进行第一次测试渲染，测试渲染效果如图 9-45 所示。经过观察，发现画面基本达到卧室效果，存在的不足可以在后期处理软件 Photoshop 中进行调整。

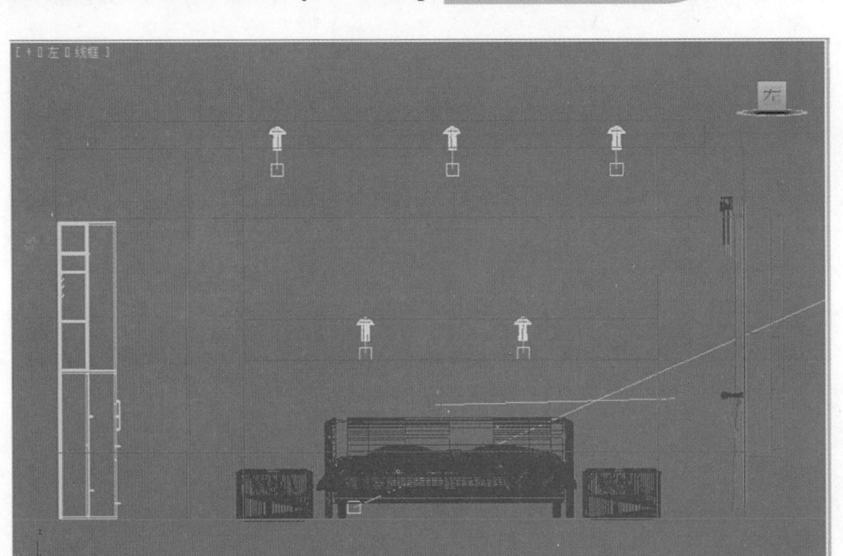

图 9-44　添加吊顶辅助光源

图 9-45　测试渲染效果

七、渲染出图

1. 设置渲染图像大小，将宽度设置为 1520，高度设置为 950，输出：卧室.tga，如图

9-46 所示。打开“VR_ 基项”选项卡中的“VRay 图像采样器”、“VRay 环境”卷展栏，详细设置如图 9-47 所示。

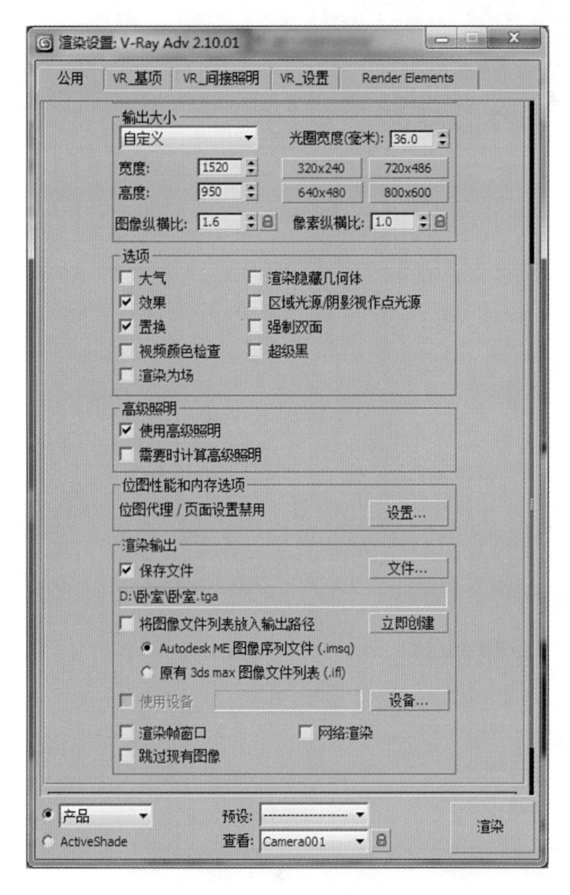

图 9-46 “公用”选项卡设置

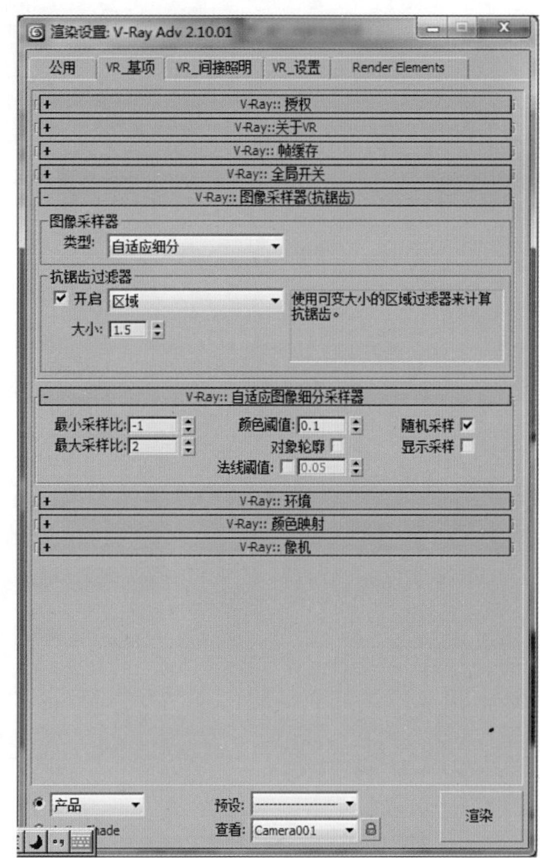

图 9-47 “VRay 图像采样器”卷展栏

2. 打 Render Elements 选项卡，详细设置如图 9-48 所示。

3. 设置完毕后单击“渲染”按钮，最终效果图如图 9-49 所示。

4. 同时保存一张通道图，以便随后在 Photoshop 软件中修改和完善，如图 9-50 所示。

5. 单击菜单栏中的“文件→保存”命令，将此造型保存为“卧室.max”。

八、Photoshop 后期处理

1. 运行 Photoshop CS3 软件，打开上面渲染的“卧室.tga、卧室 _VR_ 渲染 ID.tga”文件，效果如图 9-51 所示。

2. 将“卧室 _VR_ 渲染 ID.tga”文件拖到“卧室.tga”文件中，效果如图 9-52 所示。

3. 经过观察，发现卧室整体亮度需要调整，按 <Ctrl+L>键打开“色阶”对话框，调整参数如图 9-53 所示。

4. 经过再次观察，发现卧室局部地方亮度需要调整，关闭背景层，打开通道层，按 <W>键选取卧室的床背景。再次打开背景，单击菜单中的“图像→调整→亮度 / 对比度”命令，弹出“亮度 / 对比度”对话框，如图 9-54 所示。

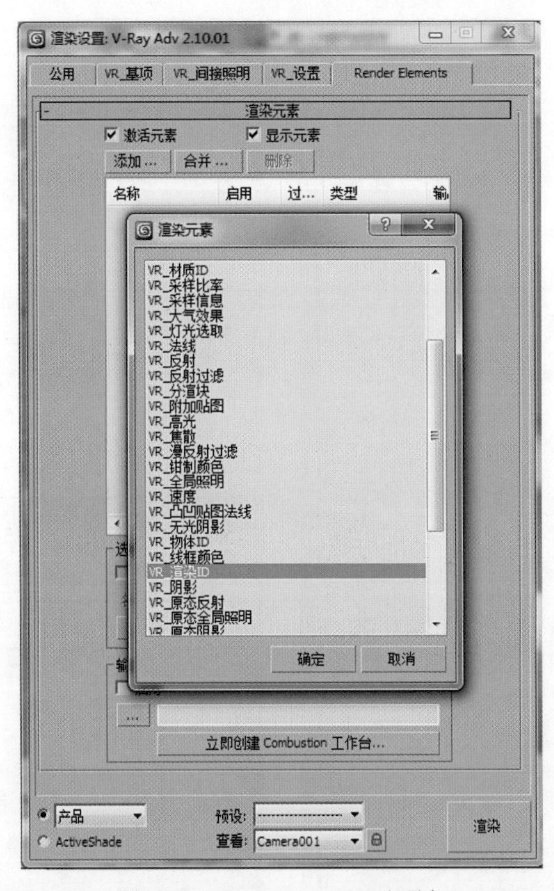

图 9-48 Render Elements 选项卡

图 9-49 卧室效果图

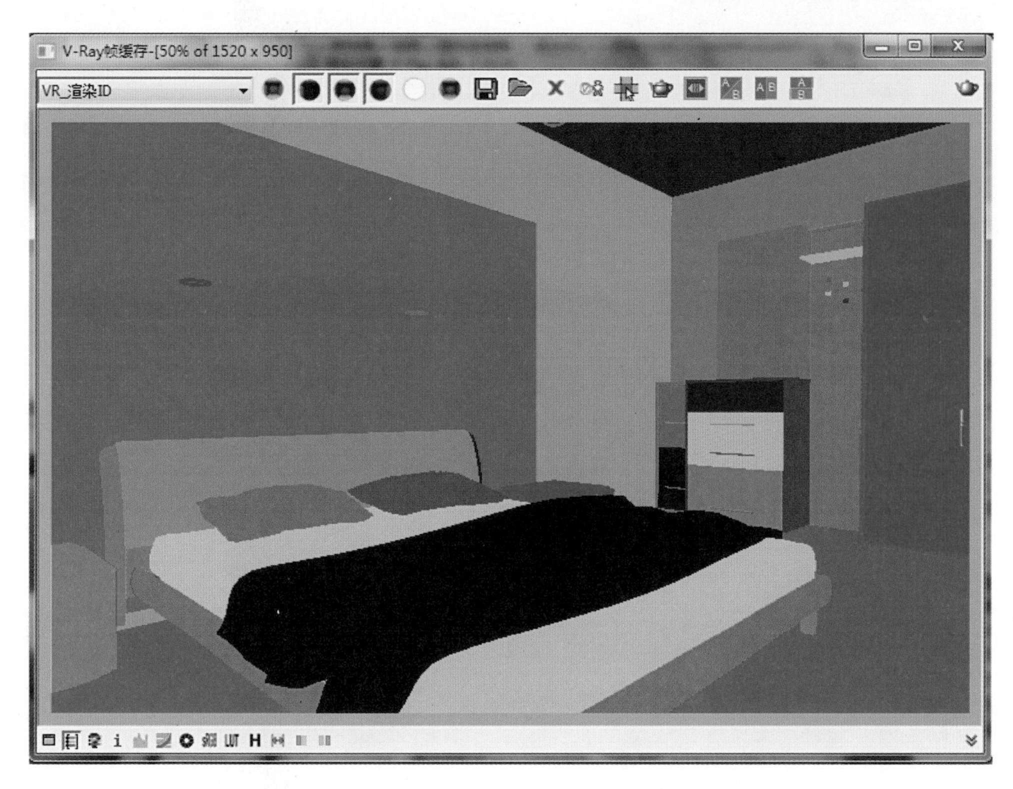

图 9-50　VR 彩色通道

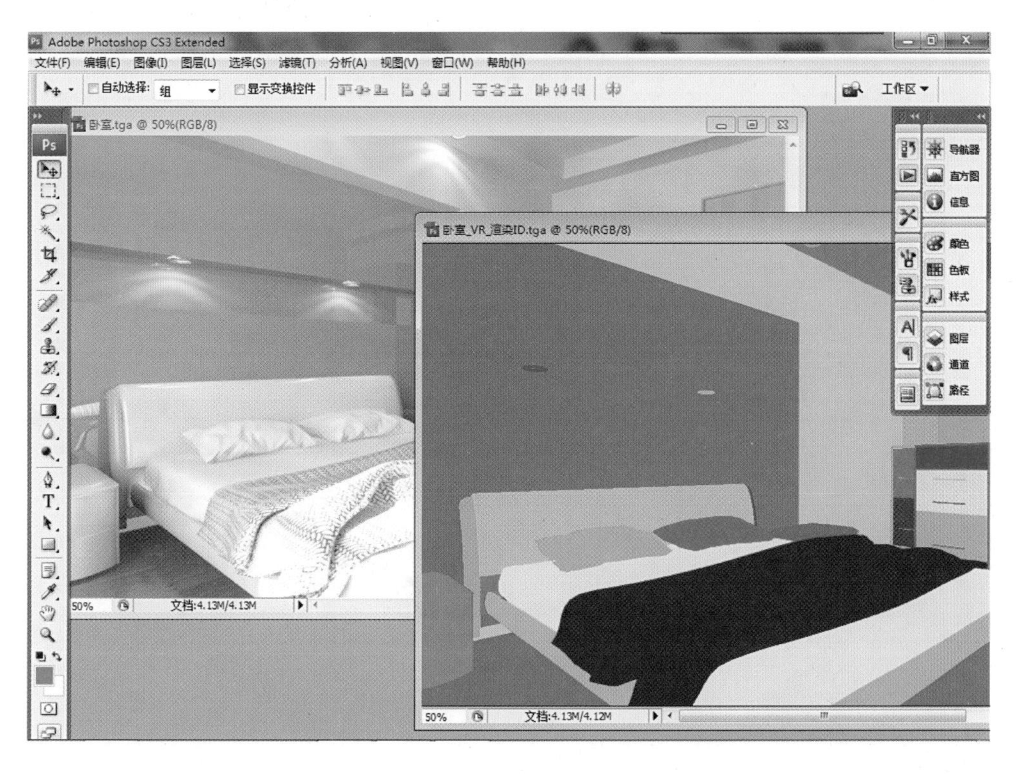

图 9-51　打开“卧室.tga”和“卧室 _VR_ 渲染 ID.tga”文件

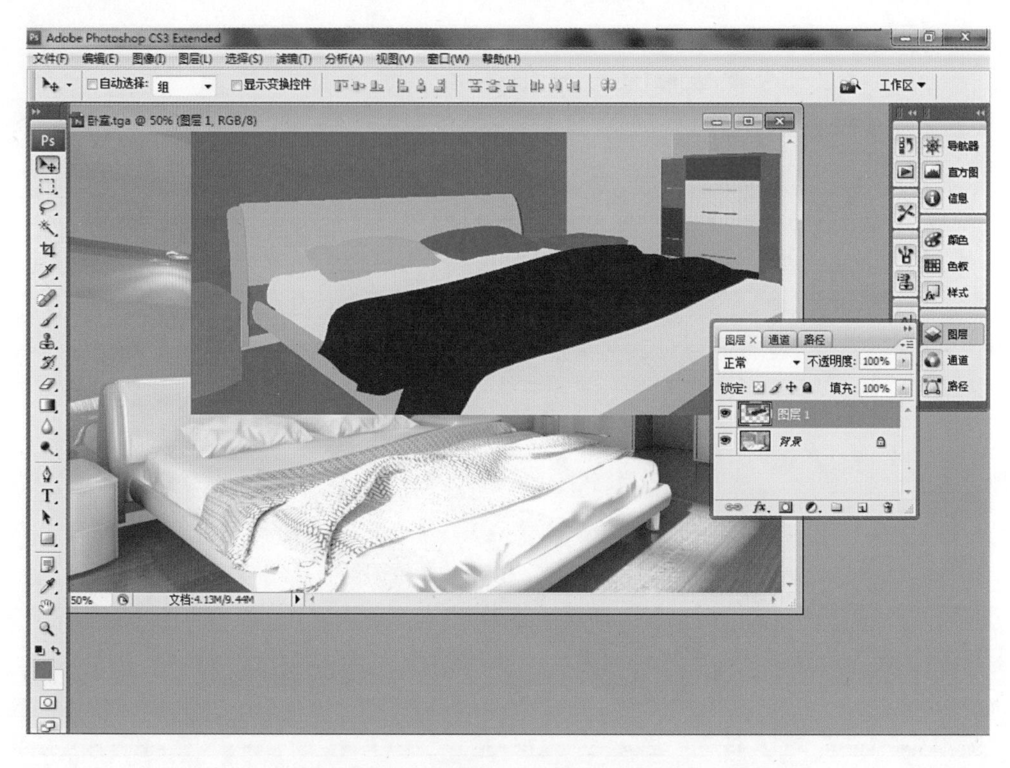

图 9-52 将“卧室 _VR_ 渲染 ID.tga”拖到“卧室.tga”文件中

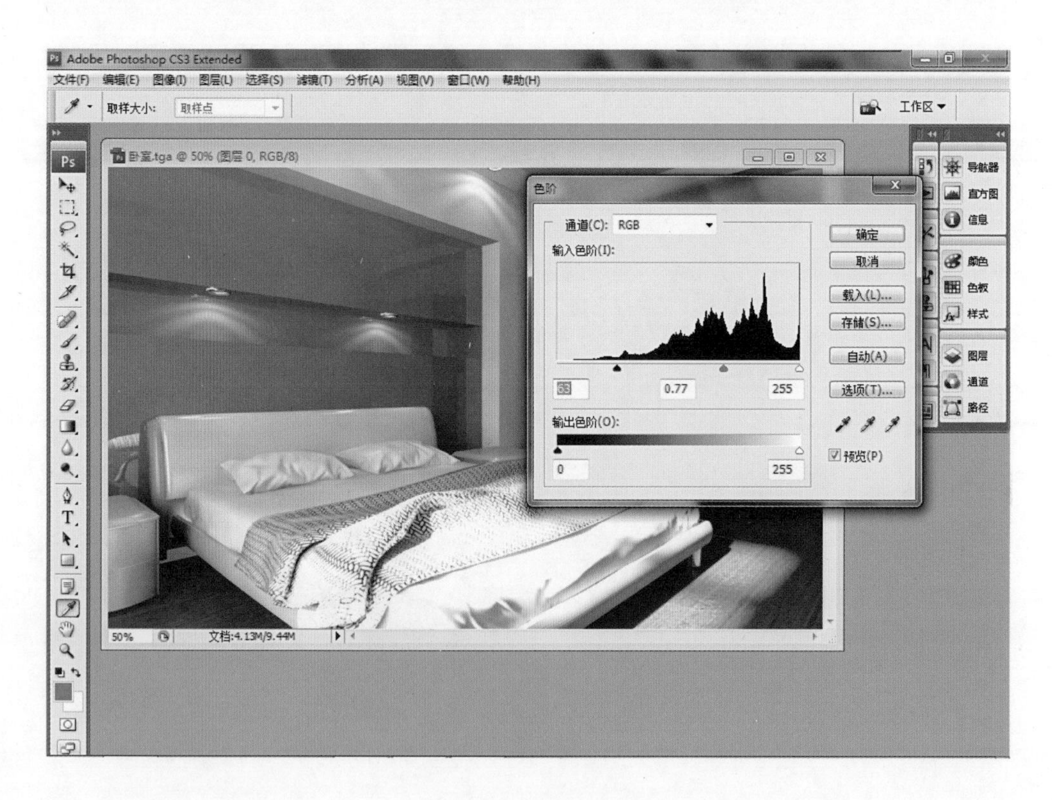

图 9-53 调整亮度

图 9-54 设置卧室的亮度 / 对比度

5. 关闭背景层，打开通道层，按 <W>键选取卧室的床。再次打开背景，单击菜单中的“图像→调整→亮度 / 对比度”命令，弹出“亮度 / 对比度”对话框，如图 9-55 所示。

图 9-55 设置床的亮度 / 对比度

注意：在卧室效果图中，局部亮度如需要调整，其调整方法一样。

6. 确认图层面板最上方为当前层，在图层面板下方单击 ◐.（创建新的填充或调整图层）按钮，在弹出的菜单中单击“照片滤镜”命令，然后在弹出的对话框中设置参数，如图9-56所示。

图 9-56　照片滤镜

7. 卧室的后期制作已基本完成，读者可根据自己的喜好使用工具进行精确调整，最终效果如图9-57所示。

图 9-57　卧室最终效果

【知识链接】

1. 卧室设计的要点主要是把握卧室的功能、材质、布局，从而满足业主的喜好。

2. 卧室家具、装饰品的大小要和室内空间的大小相协调，灯光和整个卧室的环境相协调。

【任务评价】

任务内容	满　分	得　分
本项任务需四课时内完成	30分	
卧室的布局是否合理	30分	
卧室的家具是否和空间比例协调	20分	
卧室整体色调是否统一	20分	

项目十

现代厨房的制作及后期处理

【项目概述】

厨房是家居设计中的重要空间之一。在现代生活中，厨房越来越成为一个情感交流的空间，而不单单为了烹饪。一个好的厨房设计能让业主感到轻松和愉悦。打造温馨舒适的厨房，要把握住以下原则：一是在视觉上干净、清爽；二是操作中心舒适、合理；三是有一定的生活情趣，各个家电摆放的空间关系合理。

【学习目标】

综合利用建模、灯光、材质、渲染制作厨房的效果图。

制作现代厨房模型，如图 10-1 所示。

图 10-1　完成的效果图

【任务实施】

一、创建厨房的墙体

1. 运行 3ds Max 2012 软件，选择菜单栏中的“自定义→单位设置”命令，将单位设置为毫米，如图 1-15 所示。

2. 单击 （创建）→ （几何体）→ 长方体 按钮，通过键盘设置长度为 3000、宽度为 2500、高度为 2800 的长方体，如图 10-2 所示。

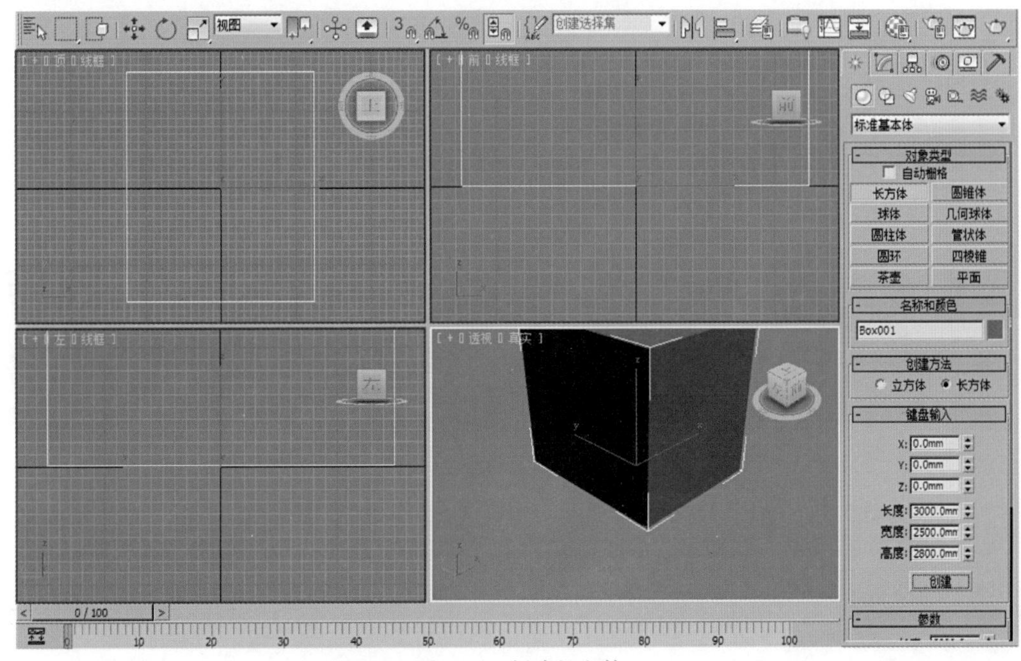

图 10-2 创建长方体

3. 选择创建的长方体，单击鼠标右键，在弹出的快捷菜单中选择“转换为→转换为可编辑多边形”命令，将物体转换为可编辑多边形，如图 10-3 所示。

4. 按 <5>键进入 （元素）子物体层级，按 <Ctrl+A>键选择所有多变形，然后单击 翻转 按钮翻转法线，如图 10-4 所示。

5. 单击 （元素）按钮，关闭元素子物体层级。为了便于观察，可以对墙体进行消隐。单击鼠标右键，在弹出的快捷菜单中选择“对象属性”命令，在弹出的对话框中勾选“背面消隐”复选框，如图 10-5 所示。

6. 此时，整个厨房的墙体就生成了，从里面看是有墙体的，但从外面看是空的，如图 10-6 所示。

二、创建厨房吊顶

1. 选择墙体，按 <4>键进入多边形子物体层级。在透视图中选择厨房的顶棚面，单击“编辑几何体”卷展栏中的 分离 按钮，将这个面分离出来，如图 10-7 所示。

2. 确认分离出的面处于选中状态，按 <2>键切换到边子物体层级。选择垂直的两条边，

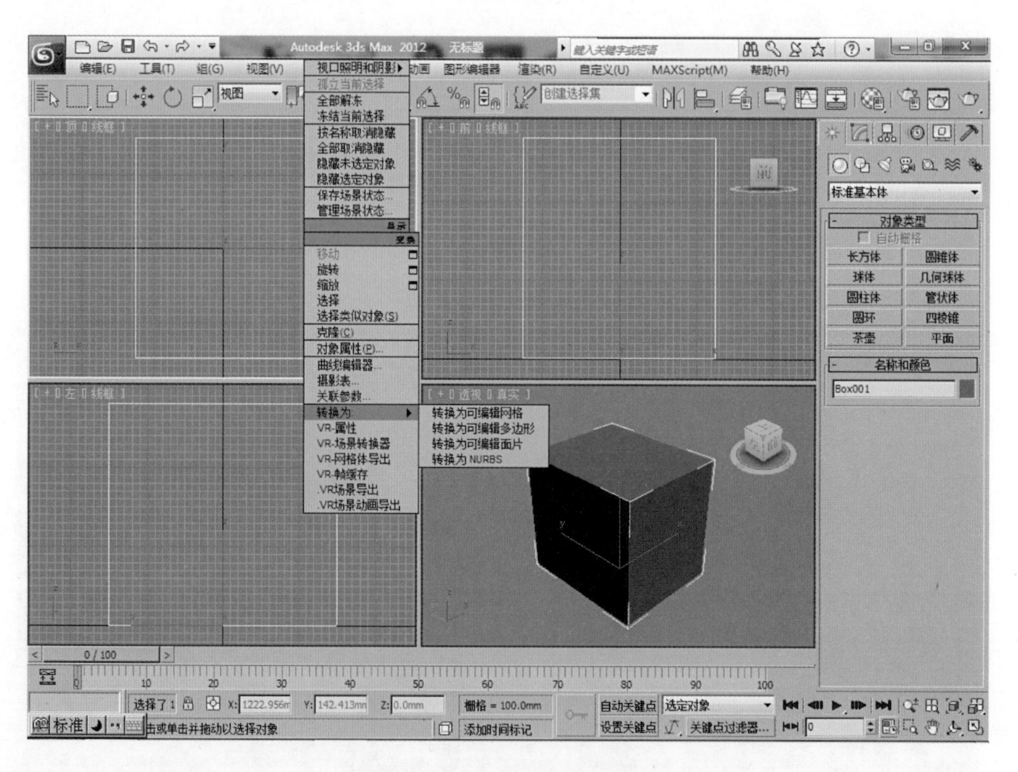

图 10-3 转换为可编辑多边形

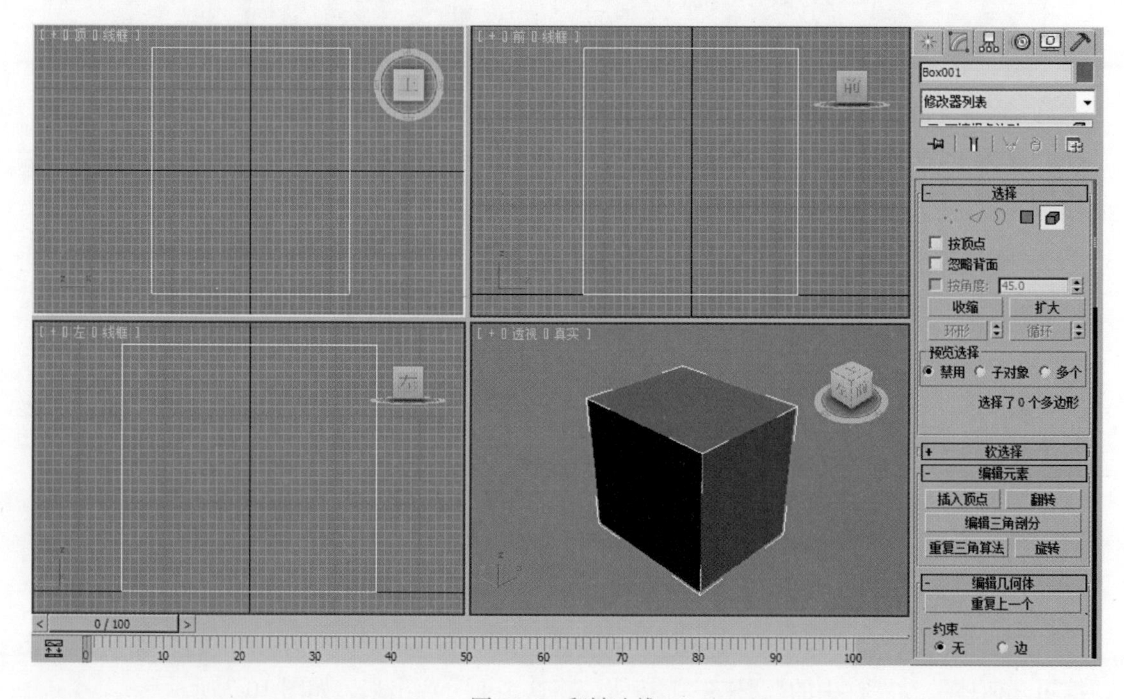

图 10-4 翻转法线

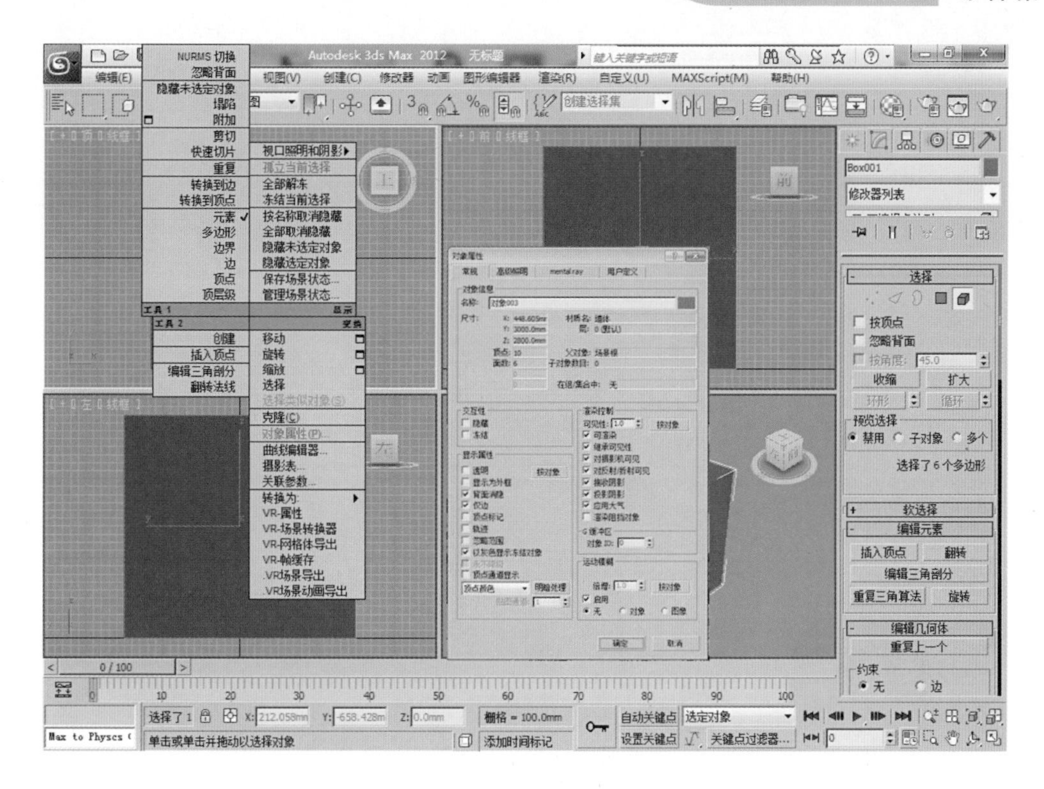

图 10-5　对墙体进行消隐

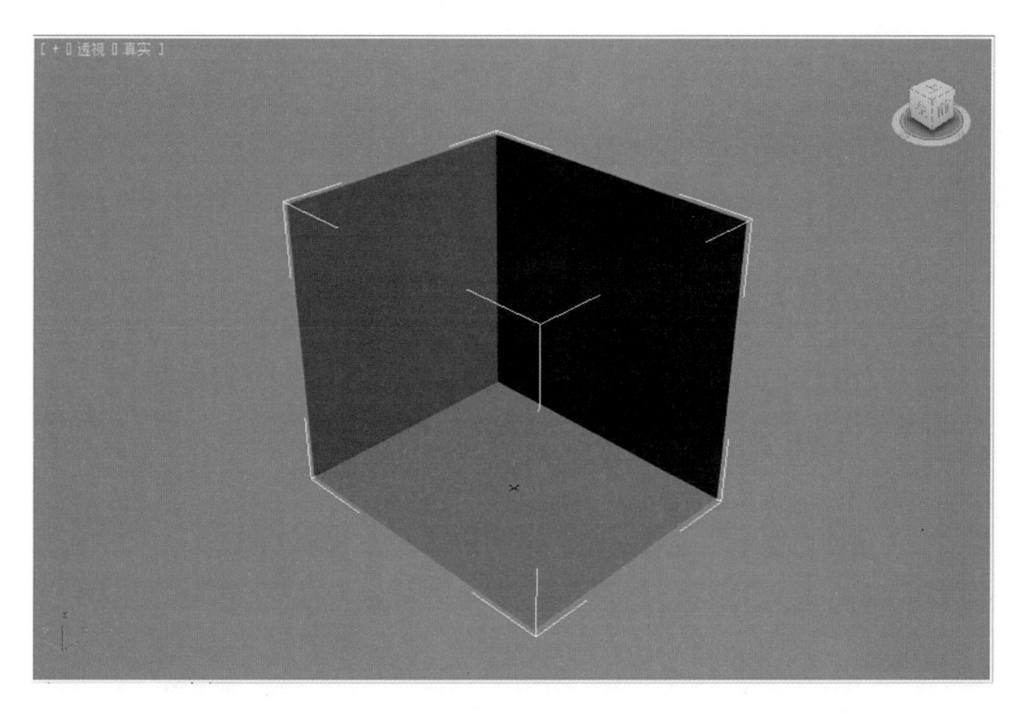

图 10-6　背面消隐后的空间

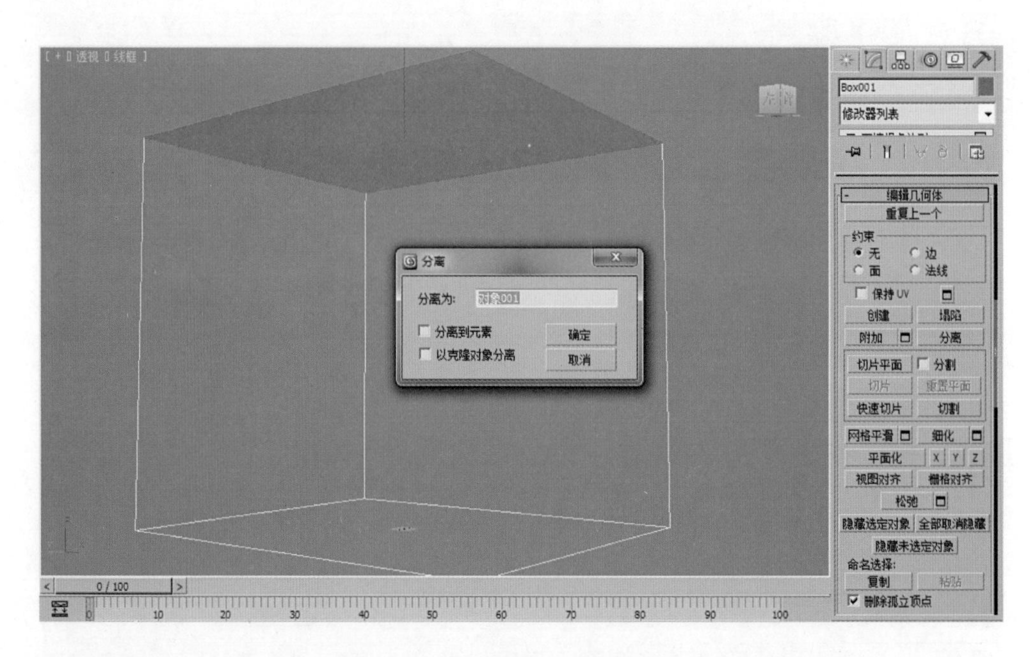

图 10-7　将厨房的顶棚分离

单击“编辑边”卷展栏下 连接 右侧的□按钮，在弹出的对话框中将“分段”置为 1，然后单击 确定 按钮，如图 10-8 所示。

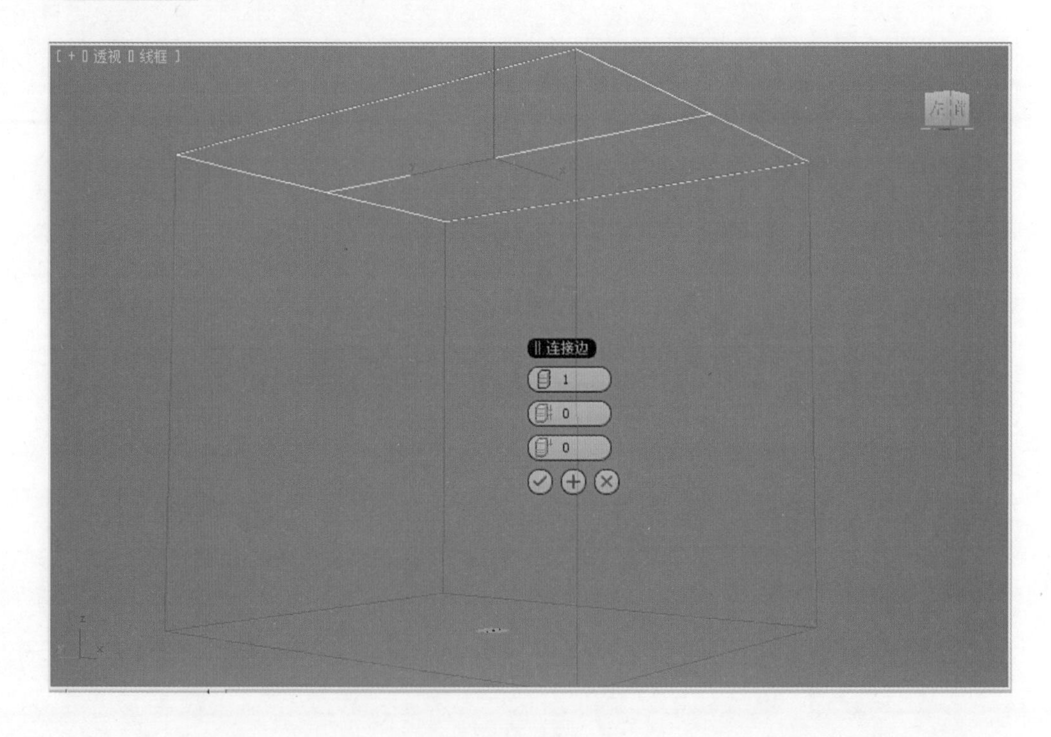

图 10-8　分段

注意：进行分段时如果边不好选择，可以将窗口的实体显示改为线框显示。

3. 单击“选择”卷展栏中的 环形 按钮，同时选择水平的3条边，单击“编辑边”卷展栏中 连接 右侧的□按钮，在弹出的对话框中将“分段”置为1，然后单击 确定 按钮，如图10-9所示。

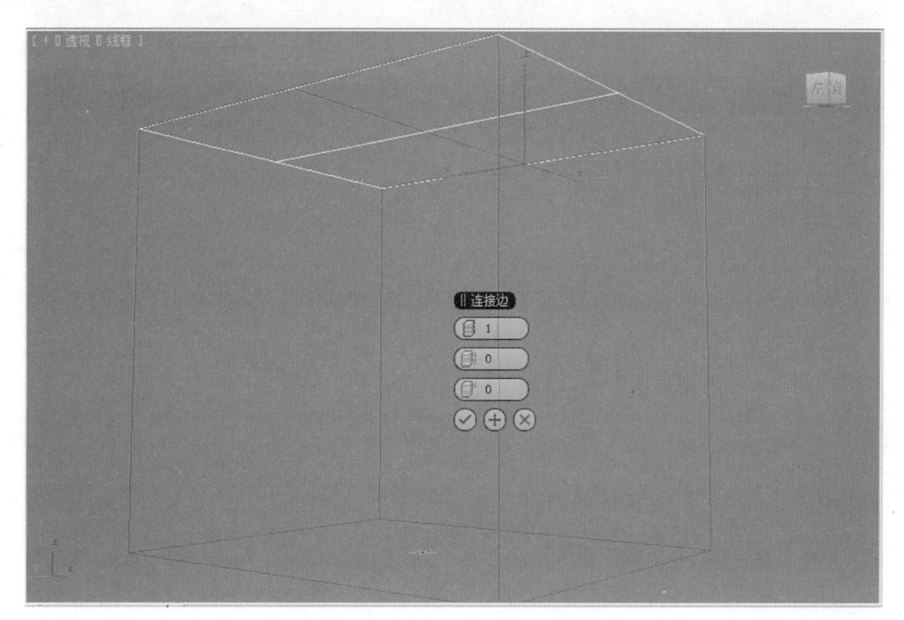

图10-9 垂直加一条线段

4. 按<1>键进入多边形子物体层级，将蓝色节点移至如图10-10所示位置。

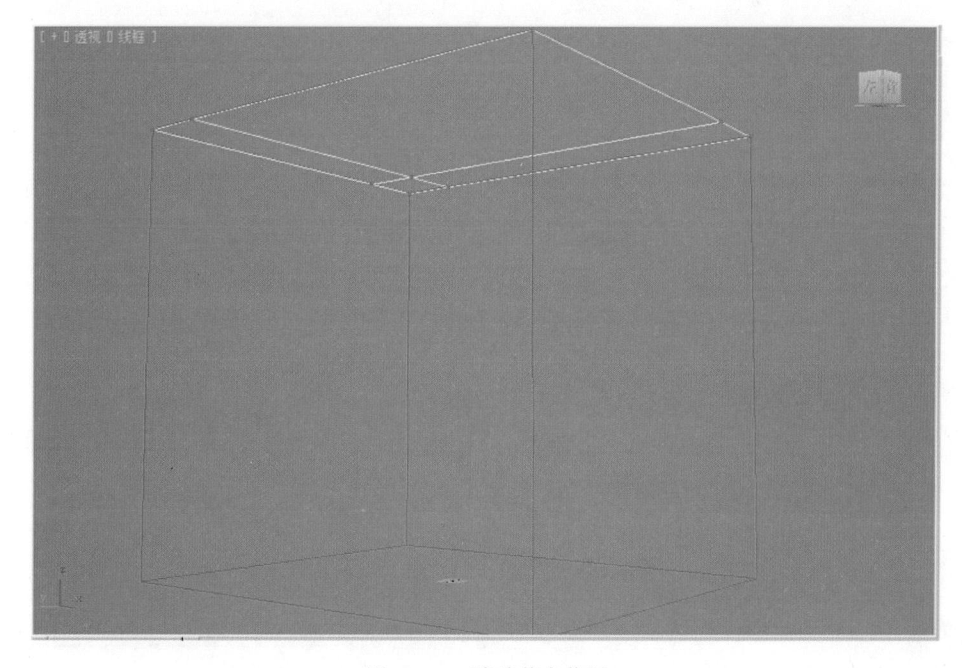

图10-10 移动节点位置

5. 按 <4>键进入多边形子物体层级。在透视图中选择中间的面，单击“编辑多边形”卷展栏下的 挤出 右侧的□按钮，将挤出高度设置为 –150，如图 10-11 所示。

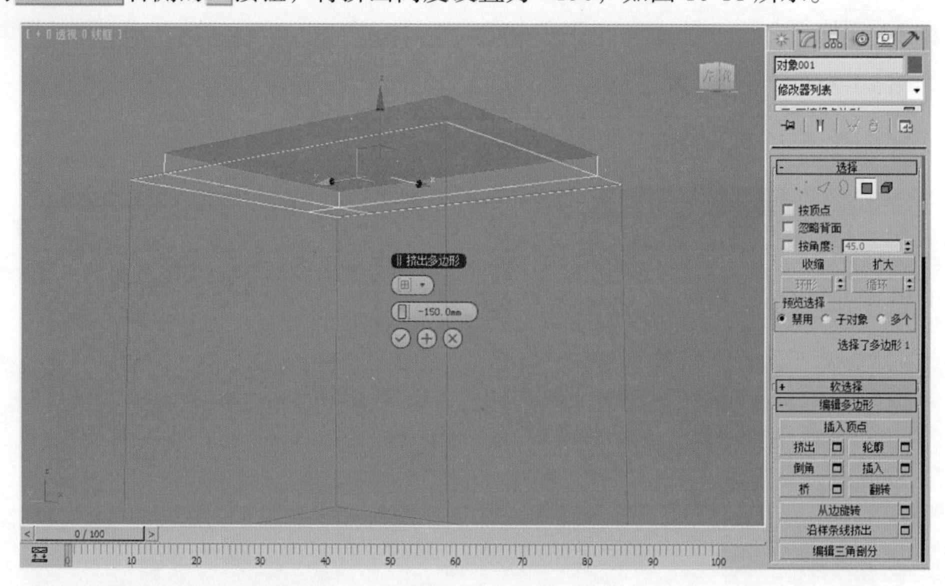

图 10-11　生成吊顶

三、导入橱柜模型并设定摄影机

1. 单击菜单栏中的“文件→合并”命令，在弹出的“合并文件”对话框中选择配套光盘中的“模块三　综合案例 \ 项目十　现代厨房的制作及后期处理 \ 厨房模型 \ 橱柜.max”文件，然后单击“打开”按钮，在弹出的对话框中单击“全部”按钮，再单击 确定 按钮，如图 10-12 所示。

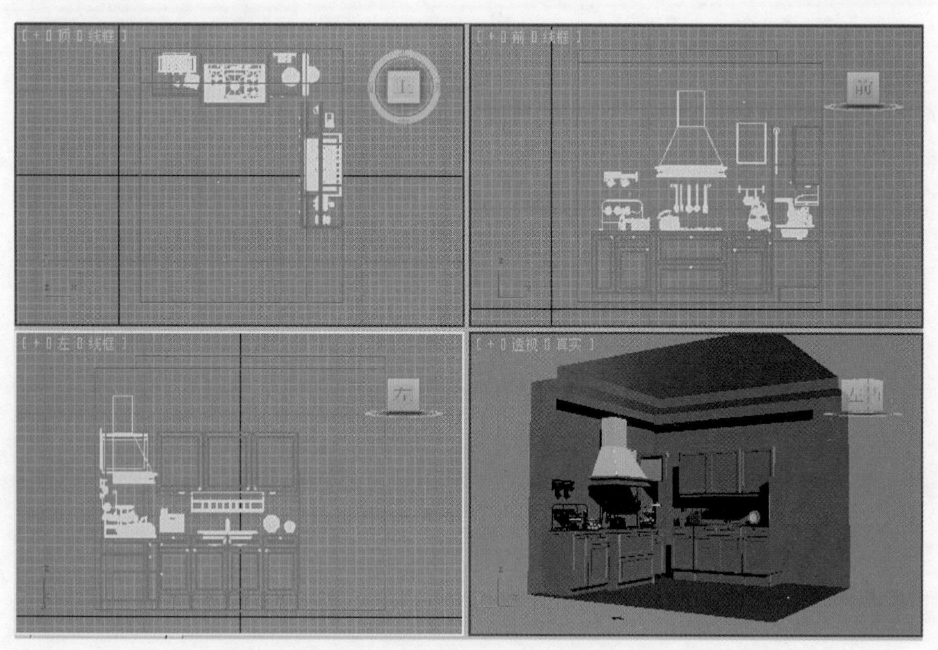

图 10-12　导入橱柜模型

注意：导入的橱柜模型如果不符合空间的比例，应先使用“缩放”、“旋转”命令将其放到适当的位置。

2. 在顶视图合适的位置创建一个目标摄影机，将摄影机移动到高度为 1000 左右。激活透视图，按 <C>键，透视图即变为摄影机视图。调整摄影机到合适的位置，将“镜头”修改为 28，摄影机被墙体遮挡了一部分，勾选“手动剪切”复选框，调整数值，如图 10-13 所示。

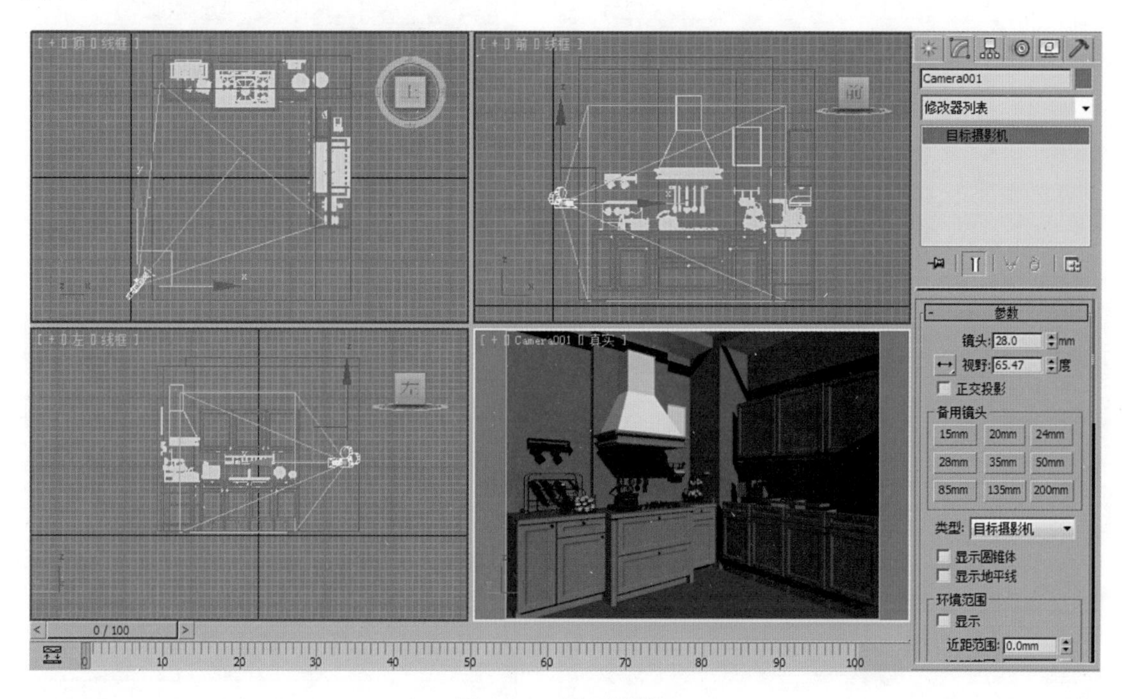

图 10-13 设置摄影机

四、设置材质

注意：在调制材质时，应先将 VRay 指定为当前渲染器，不然不能在正常状态下使用 VRay 材质。

1. 按 <F10>键打开“渲染设置”对话框，选择“公用”选项卡，在“指定渲染器”卷展栏中单击“产品级”右侧的 ... 按钮，选择 V-Ray Adv 2.10.01 ，当前的渲染器已经指定为 VRay 渲染器了，如图 10-14 所示。

2. 按 <M>键打开“材质编辑器”窗口，在菜单栏中的“模式”菜单中，选择“精简材质编辑器...”命令，即可打开精简材质编辑器。在任意一个材质球上单击鼠标右键，选择 6×4 示例窗，如图 10-15 所示。

3. 设置墙体材质。选择第一个材质球，单击 Standard （标准）按钮，在弹出的“材质 / 贴图浏览器”对话框中选择 VR 材质，将材质命名为“墙体”。设置漫反射颜色值为 R250/G250/B250，反射颜色值为 R20/G20/B20。将设置好的材质赋予墙体、顶棚造型，如图 10-16 所示。

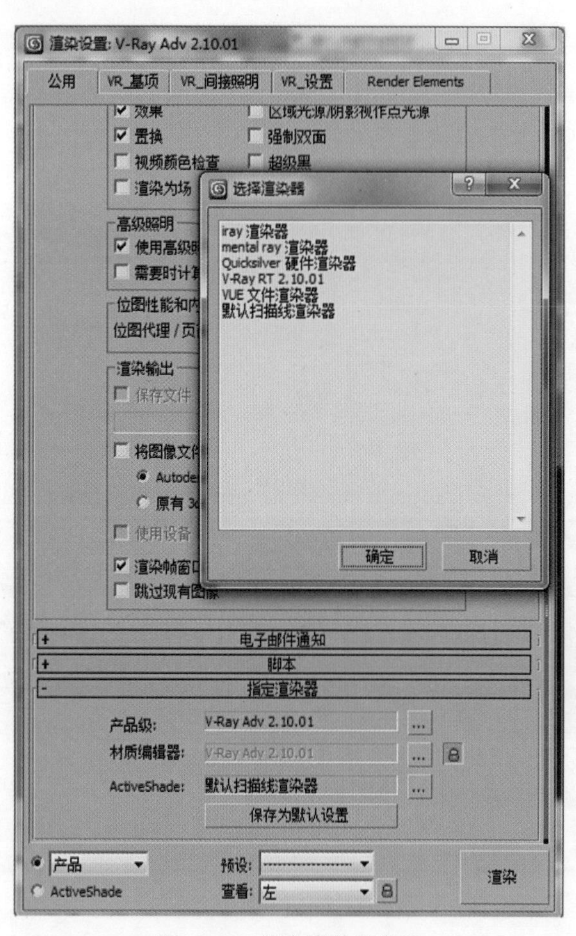

图 10-14　设定当前渲染器

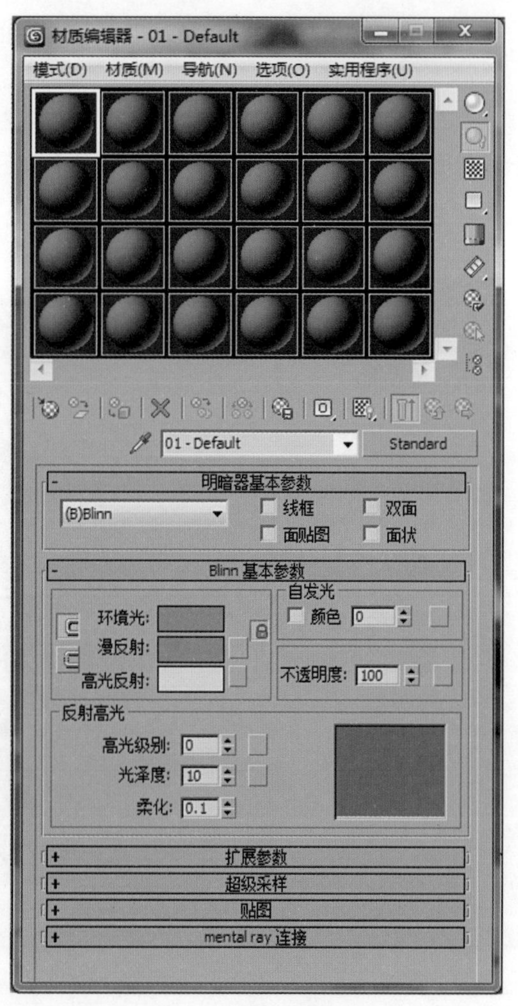

图 10-15　材质编辑器

4. 设置壁砖材质。选择第一个材质球，单击 Standard （标准）按钮，在弹出的“材质 / 贴图浏览器”对话框中选择 VR 材质，将材质命名为“壁砖”。设置漫反射贴图为配套光盘中的“模块三　综合案例 \ 项目十　现代厨房的制作及后期处理 \ 贴图图片 \ 壁砖 . jpg”，漫反射颜色值为 R80/G80/B80，反射颜色值为 R39/G39/B39。将设置好的材质赋予抽油烟机背面的壁砖，如图 10-17 所示。

为了增强地砖的凹凸感，在“贴图”卷展栏下将漫反射中的位图复制到凹凸通道中，将“凹凸”值设置为 40，如图 10-18 所示。

5. 选择第一个材质球，单击 Standard （标准）按钮，在弹出的“材质 / 贴图浏览器”对话框中选择 VR 材质，将材质命名为“金属”。设置漫反射颜色值为 R100/G100/B100，反射颜色值为 R13/G13/B13。将设置好的材质赋予模型中所有的金属部件，如图 10-19 所示。

图 10-16　墙体材质

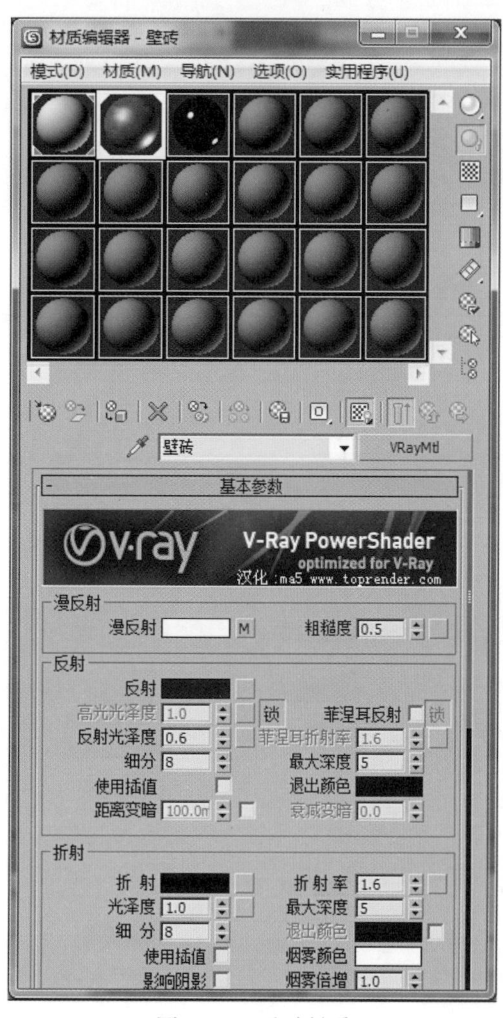

图 10-17　壁砖材质

6. 选择第一个材质球，单击 Standard （标准）按钮，在弹出的“材质 / 贴图浏览器”对话框中选择 VR 材质，将材质命名为“橱柜”。设置漫反射贴图为配套光盘中的“模块三　综合案例 \ 项目十　现代厨房的制作及后期处理 \ 贴图图片 \ 橱柜 .jpg”，反射颜色值为 R23\G23\B23。将设置好的材质赋予模型中所有的橱柜面板，如图 10-20 所示。

7. 选择第一个材质球，单击 Standard （标准）按钮，在弹出的“材质 / 贴图浏览器”对话框中选择 VR 材质，将材质命名为“地面”。设置漫反射贴图为配套光盘中的“模块三

贴图			
漫反射……	100.0	☑	Map #4 (dizhuan.jpg)
粗糙度……	100.0	☑	None
反 射……	100.0	☑	Map #5 (Falloff)
高光光泽……	100.0	☑	None
反射光泽……	100.0	☑	None
菲涅耳折射率.	100.0	☑	None
各向异性……	100.0	☑	None
各向异性旋转.	100.0	☑	None
折 射……	100.0	☑	None
光泽度……	100.0	☑	None
折射率……	100.0	☑	None
半透明……	100.0	☑	None
凹 凸……	40.0	☑	Map #6 (dizhuan.jpg)
置 换……	100.0	☑	None
不透明度……	100.0	☑	None
环 境……		☑	None

图 10-18　设置“凹凸”值

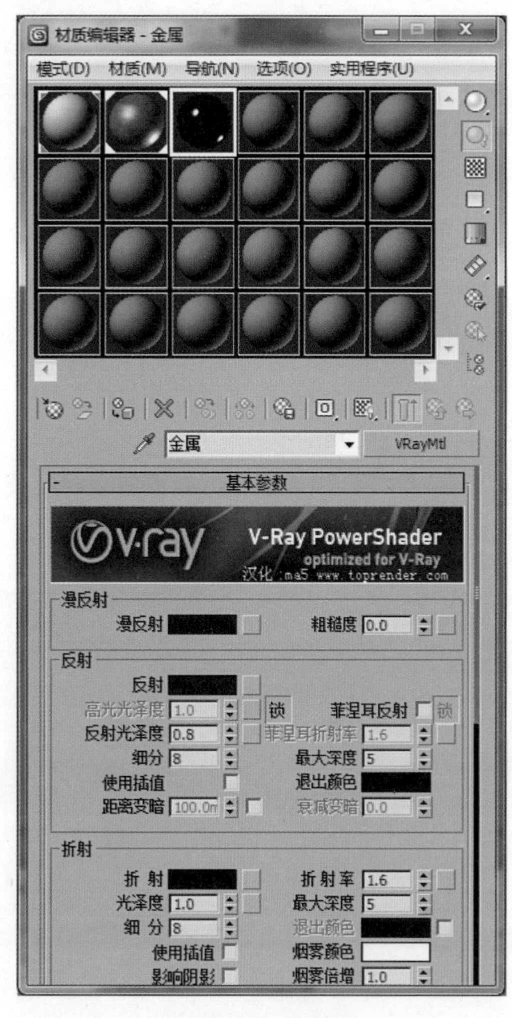

图 10-19 金属材质

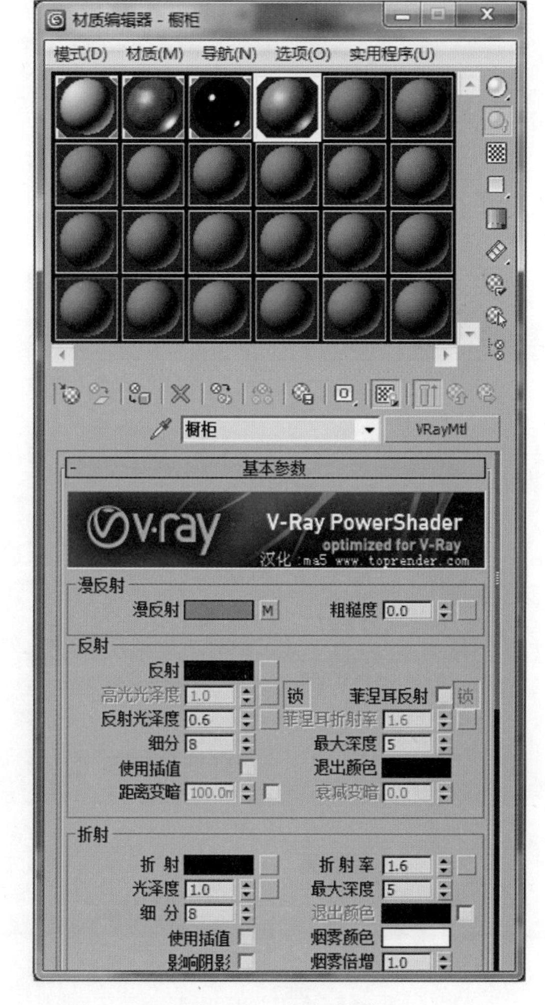

图 10-20 橱柜材质

综合案例\项目十 现代厨房的制作及后期处理\贴图图片\地面.JPG”，反射颜色值为R12\G12\B12。将设置好的材质赋予模型中的地面，如图 10-21 所示。

五、设置灯光

1. 测试参数设置。按 <F10>键打开“渲染设置”对话框，在“公用”选项卡中设置测试图像的宽为 600、高为 375，取消对“渲染帧窗口”复选框的勾选，如图 10-22 所示。

在“VRay 帧缓存”卷展栏中勾选“启用内置帧缓存”复选框，在“VRay 图像采样器”卷展栏中取消对“开启”复选框的勾选，把“VRay 颜色映射”卷展栏中的“类型”改为“指数”。在“VRay 间接照明”卷展栏中勾选“开”复选框，首次反弹倍增器改为 1.2，二次反弹倍增器改为 0.67，在“全局照明引擎”下拉列表中选择“灯光缓存”，在“VRay 发光图”卷展栏的“当前预置”下拉列表中选择“非常低”，如图 10-23 所示。

在“VRay 灯光缓存”卷展栏中把“细分”值改为 200，如图 10-24 所示。

2. 设置主光源。单击命令面板里的 (灯光)→ VR灯光 按钮，在左视图门口的位

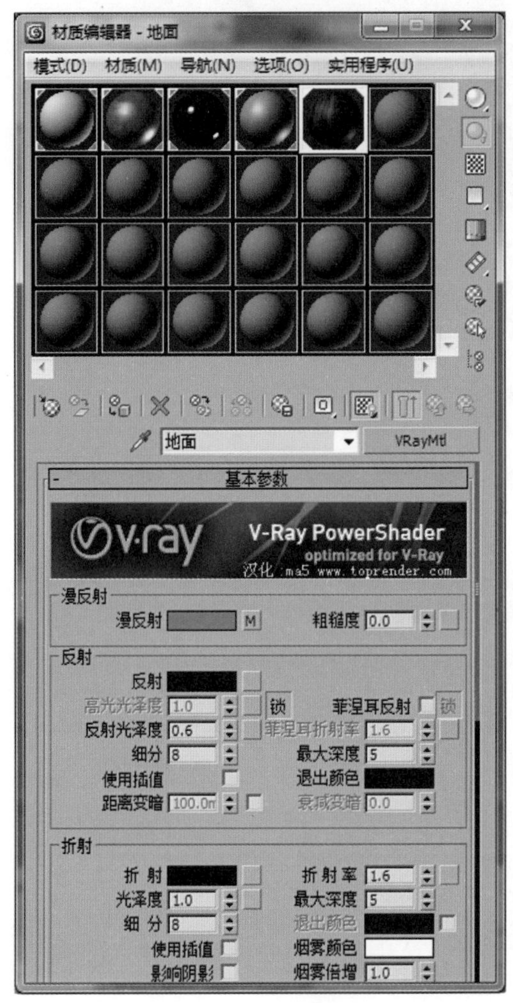

图 10-21 地面材质

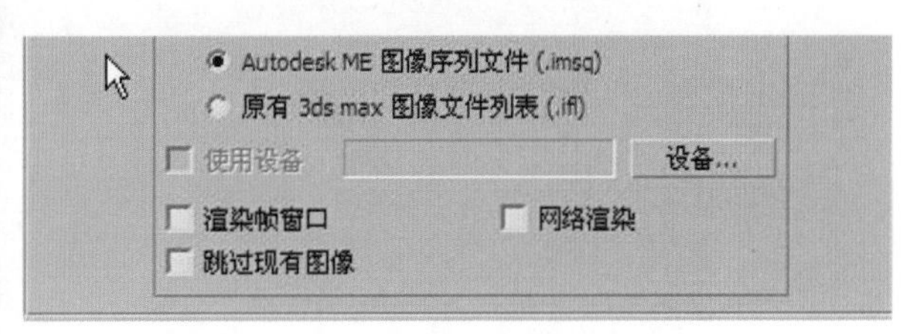

图 10-22 设置分辨率参数

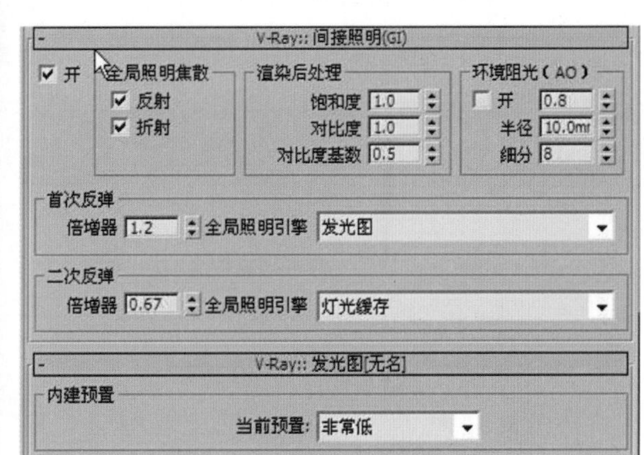

图 10-23 间接照明参数设置

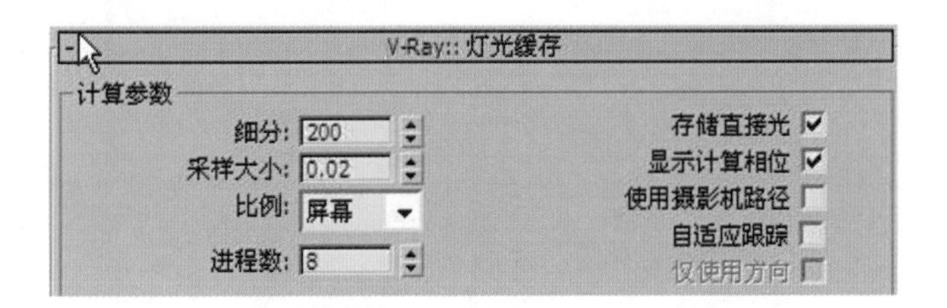

图 10-24 灯光缓存参数设置

置创建一盏 VR 灯光，大小与门口差不多，并将它移动到门口的外面，如图 10-25 所示。具体设置如图 10-26 所示。

3. 设置辅助光源。单击命令面板里的 (灯光)→ VR灯光 按钮，在左视图窗户的位置创建一盏 VR 灯光，大小与窗户差不多，并将它移动到窗户的外面，如图 10-27 所示。具体设置如图 10-28 所示。

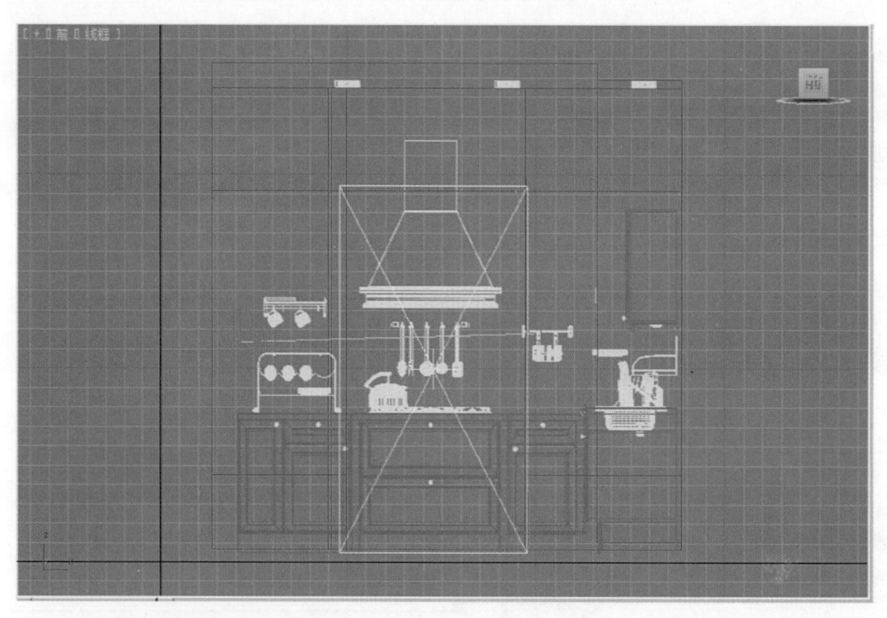

图 10-25　VR 灯光位置（主光源）

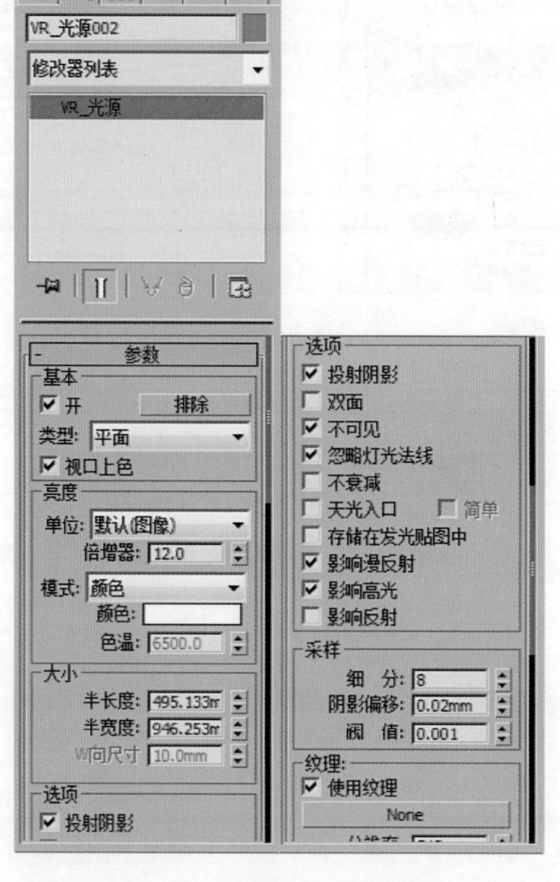

图 10-26　VR 灯光设置（主光源）

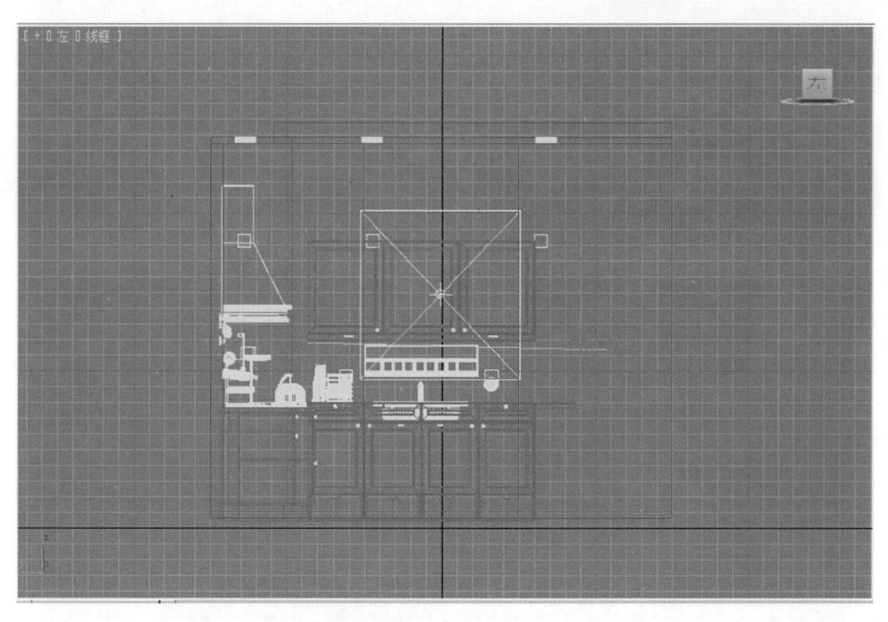

图 10-27 VR 灯光位置（辅助光源）

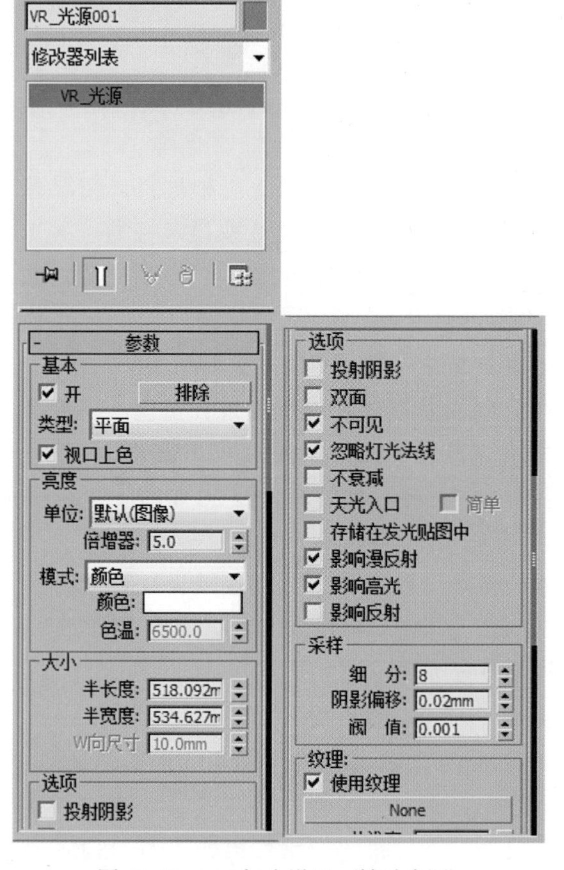

图 10-28 VR 灯光设置（辅助光源）

注意：窗户的洞口和门的洞口是分离墙体后，通过编辑子物体中的线段条数，然后删除窗口和门的面完成的，方法与吊顶制作相同，这里就不再赘述。同时创建 VR 灯光，其大小可以参考窗洞和门洞的大小，直接通过鼠标拖曳在视图中创建。

4. 设置点缀光源。单击命令面板里的 (灯光)→光度学，在前视图窗户的位置创建一盏目标灯光，在其贴图框中选择配套光盘中的“模块三　综合案例\项目十　现代厨房的制作及后期处理\贴图图片\射灯.IES”文件添加光域网，如图 10-29 所示。参数设置如图 10-30 所示。

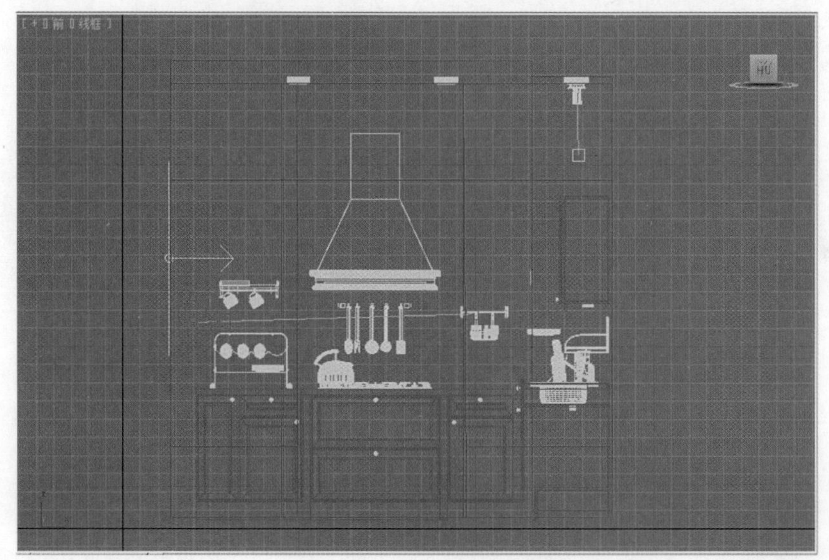

图 10-29　目标灯光位置

注意：点缀光可以增加效果图的气氛效果，可根据具体情况选择添加。其他点缀光源的设置方法一样，通过选取设定好的点缀光加按 <Shift>键实例复制和移动，可以很快得到其他的点缀光源，如图 10-31 所示。

按 <F9>键进行第一次测试渲染，测试渲染效果如图 10-32 所示。

注意：观察测试效果，画面基本达到理想效果，发现一些细部的阴影不是特别清楚，还有一些轮廓比较模糊，可以根据需要把一些灯光阴影、材质漫反射中的“细分”数值加大到 20 左右。

六、渲染出图

1. 设置渲染图像大小，将宽设置为 1520，高设置为 950，输出：厨房.tga。打开“VR_ 基项”选项卡中的“VRay 图像采样器”、“VRay 环境”卷展栏，详细设置如图 10-33 所示。

2. 打开 Render Elements 选项卡，详细设置如图 10-34 所示。

注意：设置 Render Elements 选项卡是为了渲染 VR 彩色通道，方便在 Photoshop 中进行处理。

设定好以后单击“渲染”按钮，最终厨房效果如图 10-35 所示。VR 彩色通道如图 10-36 所示。

图 10-30　目标灯光设置

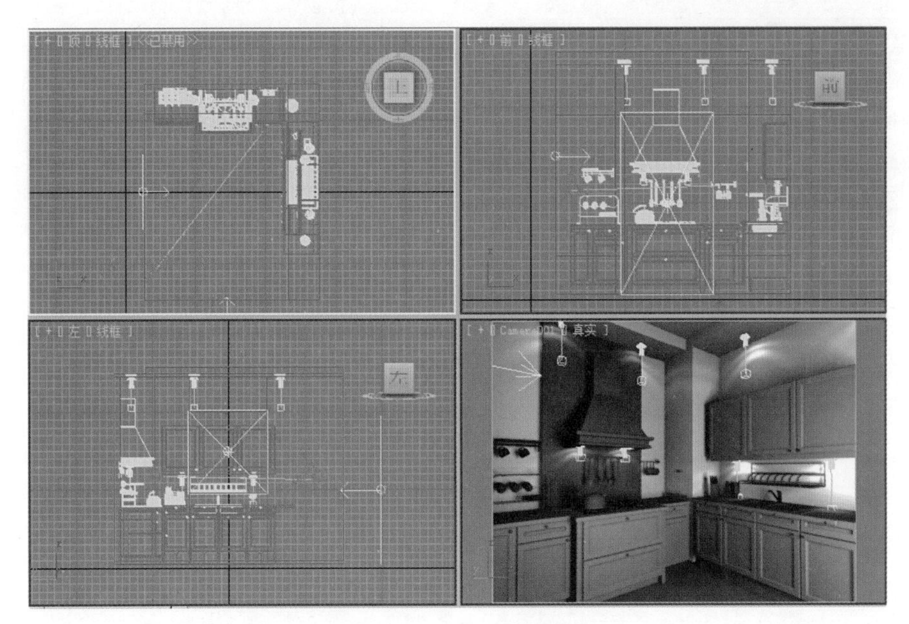

图 10-31　点缀光源的位置

图 10-32　测试渲染效果图

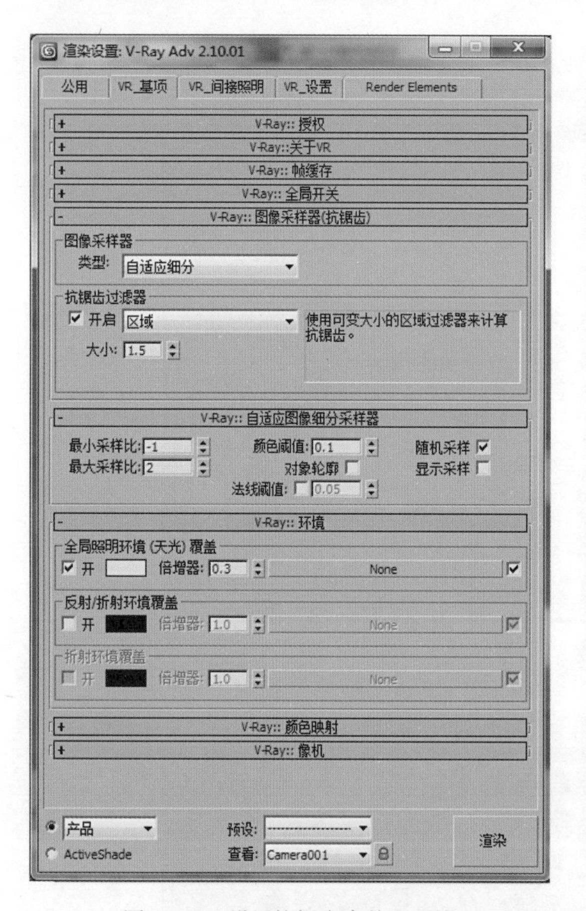

图 10-33　设置抗锯齿参数、环境

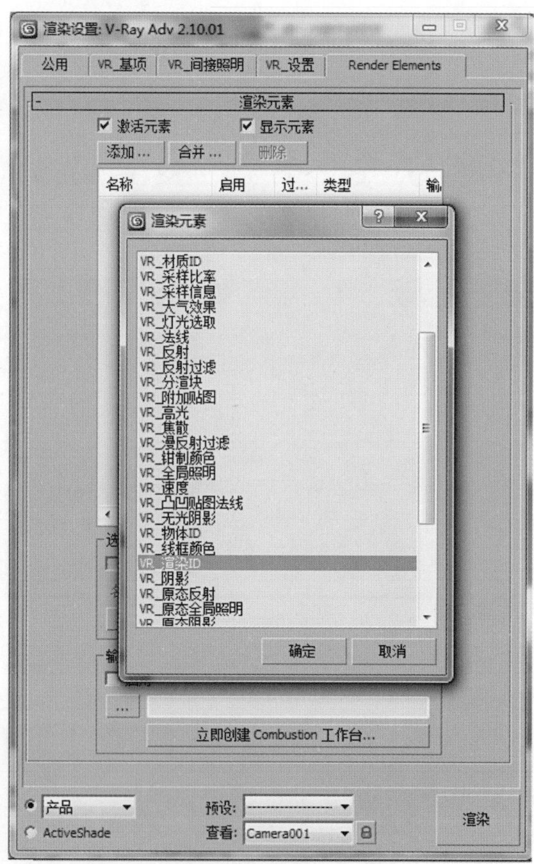

图 10-34　Render Elements 选项卡

图 10-35　厨房效果图

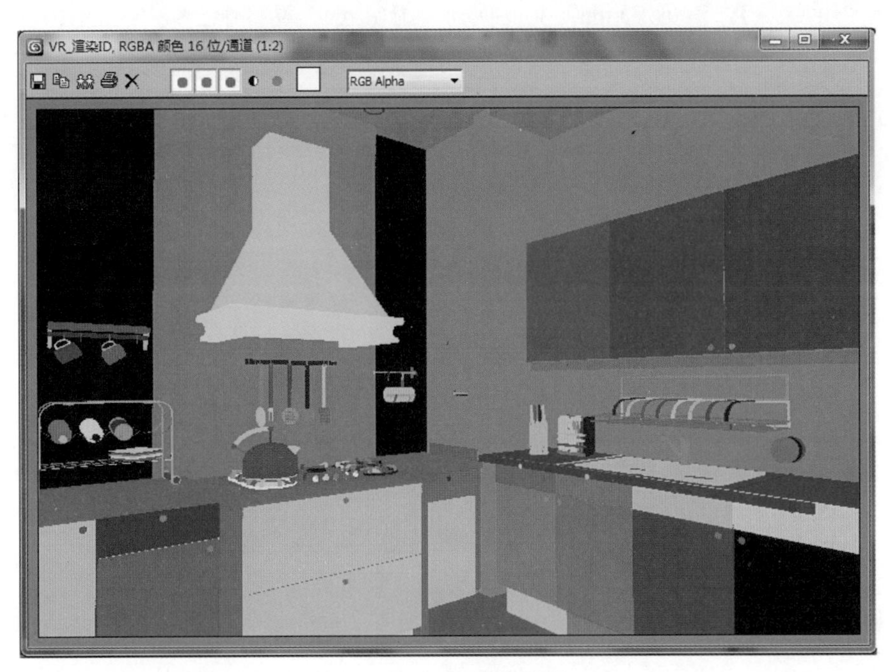

图 10-36　VR 彩色通道

3. 单击菜单栏中的“文件→保存”命令，将此造型保存为“厨房.max”。

七、Photoshop 后期处理

1. 运行 Photoshop CS3 软件，打开上面渲染的“厨房.tga 厨房 _VR_ 渲染 ID.tga”文件，效果如图 10-37 所示。

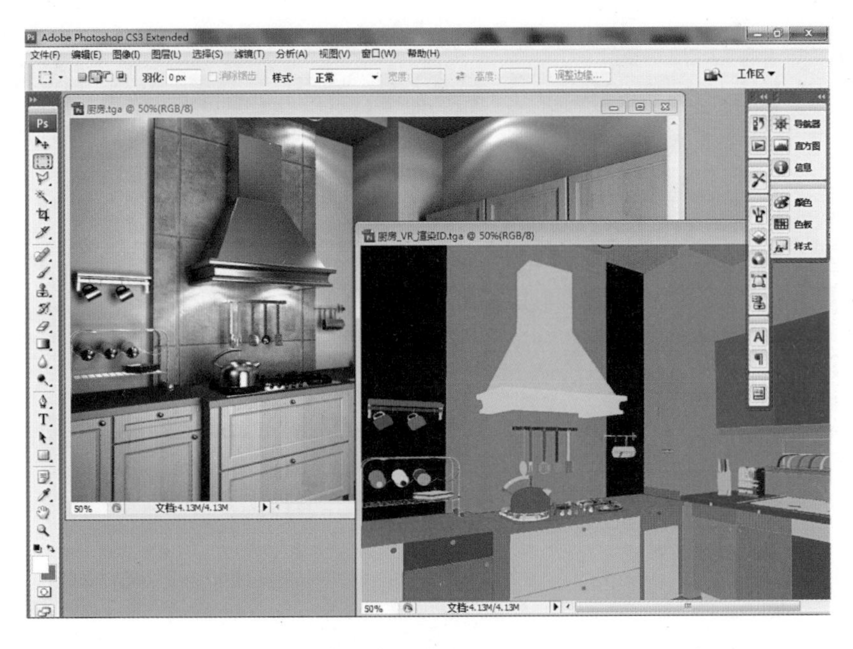

图 10-37　打开的“厨房.tga 厨房 _VR_ 渲染 ID.tga”文件

2. 将“厨房_VR_渲染 ID.tga”文件拖到“厨房.tga”文件中，效果如图 10-38 所示。

图 10-38　将“厨房_VR_渲染 ID.tga”文件拖到“厨房.tga”文件中

3. 经过观察，发现厨房整体亮度需要调整，按 <Ctrl+L>键打开“色阶”对话框，调整参数如图 10-39 所示。

图 10-39　调整厨房整体亮度

4. 经过再次观察，发现厨房局部地方亮度需要调整，关闭背景层，打开通道层，按<W>键选取厨房白色墙面，如图 10-40 所示。再次打开背景，单击菜单中的“图像→调整→亮度 / 对比度”命令，弹出“亮度 / 对比度”对话框，如图 10-41 所示。

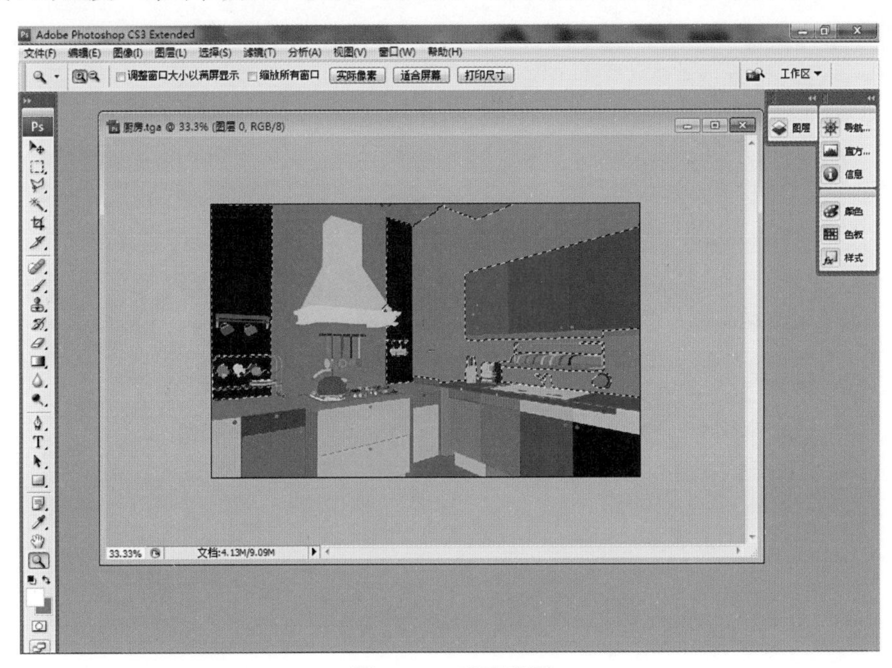

图 10-40 选取墙面

图 10-41 设置亮度 / 对比度

注意：在厨房效果图中，除了顶棚外，地板、抽油烟机、右侧吊柜的亮度都需要调整，局部调整方法一样。

5. 复制背景图层，调整图层叠加模式为柔光，背景不透明度调整为 55%，如图 10-42 所示。

图 10-42　添加柔光

6. 确认图层面板最上方为当前层，在图层面板下方单击 (创建新的填充或调整图层）按钮，在弹出的菜单中选择“照片滤镜”命令，然后在弹出的对话框中设置参数，如图 10-43 所示。

图 10-43　添加照片滤镜

7. 添加配景，打开配套光盘中的“模块三　综合案例\项目十　现代厨房的制作及后期处理\厨房配景\配景.psd”文件，如图 10-44 所示。

图 10-44　添加配景

注意：可根据具体情况添加配景，添加进来的配景不一定符合要求，可以通过自由变换进行修改。

8. 厨房的后期制作已基本完成，读者可根据自己的喜好使用工具进行精确调整，最终效果如图 10-45 所示。

图 10-45　厨房最终效果

【知识链接】

1. 厨房设计的要点主要是把握厨房的功能、材质、布局，从而满足业主的喜好和使用安全。

2. 厨房器具、装饰品的大小要和室内空间的大小相协调，同时注意一些新型材料的运用。

【任务评价】

任务内容	满　分	得　分
本项任务需四课时内完成	30分	
厨房的布局是否合理	30分	
厨房器具是否和空间比例协调	20分	
厨房整体色调是否统一	20分	

参考文献

[1] 孙启善，王玉梅. 深度 3ds Max/VRay 全套家装效果图完美空间表现［M].北京：兵器工业出版社，北京希望电子出版社，2009.

[2] 周厚宇，陈学全. 3ds Max/VRay 印象超写实效果图表现技法［M].2 版.北京：人民邮电出版社，2010.

[3] 杨伟. VRay 渲染圣经［M].北京：电子工业出版社，2011.